中国科技发展70年

1949—2019

中华人民共和国科学技术部 ◎ 编著

科学技术文献出版社
SCIENTIFIC AND TECHNICAL DOCUMENTATION PRESS
·北京·

图书在版编目（CIP）数据

中国科技发展70年：1949—2019 / 中华人民共和国科学技术部编著. —北京：科学技术文献出版社，2019.8
 ISBN 978-7-5189-5872-6

Ⅰ.①中… Ⅱ.①中… Ⅲ.①科技发展—成就—中国—1949-2019 Ⅳ.① G322

中国版本图书馆 CIP 数据核字（2019）第 157117 号

中国科技发展70年（1949—2019）

策划编辑：丁坤善 李 蕊　责任编辑：张 红　责任校对：文 浩　责任出版：张志平

出 版 者	科学技术文献出版社
地　　址	北京市复兴路15号　邮编 100038
编 务 部	（010）58882938，58882087（传真）
发 行 部	（010）58882868，58882870（传真）
邮 购 部	（010）58882873
官方网址	www.stdp.com.cn
发 行 者	科学技术文献出版社发行　全国各地新华书店经销
印 刷 者	北京时尚印佳彩色印刷有限公司
版　　次	2019 年 8 月第 1 版　2019 年 8 月第 1 次印刷
开　　本	787×1092　1/16
字　　数	562千
印　　张	32
书　　号	ISBN 978-7-5189-5872-6
审 图 号	GS（2019）4078号
定　　价	196.00元

版权所有　违法必究

购买本社图书，凡字迹不清、缺页、倒页、脱页者，本社发行部负责调换

编写委员会

主　任：王志刚

副主任：黄　卫　王宾宜　徐南平　李　萌　王　曦　李静海
　　　　　李　平　陆　明　苗少波　贺德方

委　员：马连芳　许　倞　张晓原　戴国庆　陈传宏　叶玉江
　　　　　秦　勇　兰玉杰　吴远彬　包献华　徐皓庆　高　翔
　　　　　叶冬柏　苗　鸿　李桂华　李永葳　戴国强　赵志耘
　　　　　胡志坚　梁颖达　邹立尧

编写组

组　　长：许　倞

副组长：薛　强　孙福全　刘琦岩

成　　员：李建华　常歆识　陈　涛　曾　骞　胡晓明　汤娇雯
　　　　　　陈志辉　刘志春　陈其针　马　强　常　明　李娟娟
　　　　　　孙友斐　江舒桦　张宝义　王晓松　张朝祥　方　叶
　　　　　　林　涛　许　谦

　　　　　　丁明磊　于　良　王书华　王　革　巨文忠　王罗汉
　　　　　　玄兆辉　龙开元　石长慧　朱欣乐　朱焕焕　邵学清
　　　　　　陈宝明　何光喜　张明喜　陈　志　李　哲　张　凡
　　　　　　李　研　杨　晶　杨欣萌　杨　娟　郑　菁　郭滕达
　　　　　　高艳茹　袁立科　黄　宁　康　琪　彭春燕　韩佳伟
　　　　　　韩秋明　臧红岩

　　　　　　胡红亮　丁坤善　李　蕊　丁芳宇　郝迎聪　崔　静
　　　　　　杨　杨　刘　英　崔灵菲　王瑞瑞　张泽玉　赵奕艺
　　　　　　吴宪宇　高雪茹　李子彪　李　晗　付晓铮

序 言

科技是国家强盛之基，创新是民族进步之魂。纵观人类发展历史，科技创新始终是一个国家、一个民族发展的重要力量，也始终是推动人类社会进步的重要力量。

新中国成立70年来，我国科技事业走过了辉煌的历程。从"向科学进军"到"科学技术是第一生产力"、从实施"科教兴国"战略到建设创新型国家、从实施创新驱动发展战略到开启建设世界科技强国的新征程，党中央在我国科技事业发展的每一个关键节点都做出了重大战略部署，牢牢把握我国科技创新发展的正确方向，中国特色自主创新道路在实践中越走越宽广。

在党中央的坚强领导下，一代又一代科技工作者艰苦努力、勇攀高峰，我国科技事业栉风沐雨、砥砺前行，取得的成就举世瞩目。陆相成油理论、人工合成牛胰岛素、铁基超导等基础研究重大成果产生重要国际影响力；量子信息、移动通信、生物技术等战略前沿领域实现若干重大突破；"两弹一星"、载人航天和探月工程、北斗导航、高速铁路等重大工程彰显了中国力量；超级杂交水稻、新药创制、污染防治技术等惠及社会民生改善。70年来，科技创新在国家发展全局中的地位和作用显著提升，成为共和国波澜壮阔发展进程中一道亮丽的风景线。70年来，我国科技事业积极探索实践了一条从人才强、科技强到产业强、经济强、国家强的创新发展新路径，科技创新成为新中国站起来、富起来、强起来的重要支撑。

党的十八大以来，以习近平同志为核心的党中央高瞻远瞩、审时度势，对科技创新进行了顶层设计和系统部署，重视程度之高、政策密度之大、推动力度之强前所未有，提出实施创新驱动发展战略，强调科技创新是提高社会生产力和综合国力的战略支撑，必须摆在国家发展全局的核心位置，把创新发展作为新发展理念之首。习近平总书记亲自推动召开全国科技创新大会，提出了科技创新"三步走"的战略目标。中共中央、国务院发布《国家创新驱动发展战略纲要》。党的十九大强调创新是引领发展的第一动力，是建设现代化经济体系的战略支撑，对加快建设创新型国家做出全面部署，推动我国科技创新事业实现了历史性、整体性、格局性的重大变化。

习近平总书记强调，当今世界正处于百年未有之大变局。历史和现实都告诉我们，要把握好历史大变局的趋势和机遇，找准发展领域、发展重点、发展路径、发展方法，向科技创新要答案，历来是重要而关键的选择，甚至是不二选择。当前，全球新一轮科技革命和产业变革加速演进，科技创新面临的外部环境复杂严峻，我国经济社会发展对科技创新的需求从未像今天这样迫切，科技创新从未像今天这样深刻影响着国家前途命运。面向未来，科技工作必须坚持以习近平新时代中国特色社会主义思想为指导，把习近平总书记关于科技创新的重要论述作为根本遵循，树牢"四个意识"，坚定"四个自信"，做到"两个维护"，坚持和加强党对科技工作的全

序 言

面领导，深入贯彻新发展理念，全面落实"五位一体"总体布局和"四个全面"战略布局，坚定实施创新驱动发展战略，面向世界科技前沿、面向经济主战场、面向国家重大需求，以科技创新引领高质量发展，加快建设创新型国家和世界科技强国。广大科技工作者要不忘初心、牢记使命，以科技报国之志、创新济民之情，大力发扬爱国奉献、坚持真理、开拓创新、攻坚克难的科学精神和优秀品格，肩负起历史赋予的重任，勇做新时代创新发展的排头兵。

值此新中国成立70周年之际，科技部组织编写了《中国科技发展70年（1949—2019）》一书，全面回顾了新中国成立以来我国科技事业发展的光辉历程，充分展现了科技创新的重大成果，系统总结了科技改革发展的实践经验，是对新中国成立70年来科技创新的全景式记录。希望这本书能够帮助广大干部群众深入了解科技发展，引导全社会的力量积极投身创新实践，共同为决胜全面建成小康社会、实现中华民族伟大复兴的中国梦贡献智慧和力量。

科技部党组书记、部长

2019年7月

前　言

70年弹指一挥间。新中国伊始，在一穷二白的艰苦条件下，我们党以高瞻远瞩的战略眼光，迅速重建科研机构，凝聚科技人才，制定科技规划，发出了"向科学进军"的伟大号召，中国的科技事业快速走上了正轨。1978年，全国科技大会胜利召开，摆脱了"文化大革命"的阴霾，"科学的春天"在热切的期盼中来临，伴随着改革开放的大潮，科技事业迸发出无限力量。在"科学技术是第一生产力"这一思想的指引下，科技事业迈出改革与探索的坚定步伐，向世界科技前沿奋力追赶。"科教兴国"战略引领科技事业为国家强盛和民族振兴积基树本。"建设创新型国家"擎起"自主创新、重点跨越、支撑发展、引领未来"的旗帜，科技创新实力不断提升。特别是党的十八大以来，在以习近平同志为核心的党中央坚强领导下，在习近平新时代中国特色社会主义思想指引下，开启了实施"创新驱动发展战略"新征程，这是党中央在新的发展阶段立足全局、面向全球、聚焦关键、带动整体的国家重大发展战略。科技事业正以崭新的姿态阔步前进，正以科技创新带动全面创新，以体制机制改革激发创新活力，以高效率的创新体系支撑高水平的创新型国家建设，推动经济社会发展动力根本转换，为实现中华民族伟大复兴的中国梦提供强大动力。

70年来，一代代科技人不忘初心，牢记使命，青蓝相继，砥砺前行，以实现国家富强、民族振兴、人民幸福为己任，着力攻克关键核心技术，破解创新发展难题，在重大科技领域不断取得突破，为我国科技事业发展做出突出贡献。

70年创新铸魂，我们对创新发展规律、科技管理规律、人才成长规律的认识不断深化，创新发展理念深入人心。70年创新铸剑，我国基础研究多点突破、战略高技术硕果累累，有力支撑起民族脊梁。70年创新铸业，科技支撑产业发展、助力脱贫攻坚、增进民生福祉成效显著，我国经济社会发展科技含量大幅提高。70年创新铸基，全社会创新创业创造活力在改革中不断释放，中国特色国家创新体系日益健全。70年春华秋实，科技事业呈现恢宏气象，我国成为具有重要影响的科技大国。

《中国科技发展70年（1949—2019）》一书的出版发行，对于坚持以习近平新时代中国特色社会主义思想为指导，全面落实"五位一体"总体布局和"四个全面"战略布局，坚持"三个面向"，全面深化科技体制改革和对外开放，强化科技创新自主供给能力与成果转移转化能力，对于促进中国特色国家创新体系更加成熟、更加定型具有重要作用。对于进一步宣传创新驱动发展战略对经济社会发展的巨大作用，传承和弘扬中华民族的创新精神和科学精神，激发全国人民的爱国热情，引导社会各界继续关心和支持科技事业发展，进一步增强科技创新的自信心，以必胜

前　言

的信念应对当前复杂多变的国际环境，全面建设创新型国家和世界科技强国都有着积极的意义。

由于中国科技事业70年发展史博大浩繁，与中国经济社会的发展相融相进，跨越时间长，历程曲折，涉及的事件、人物、史实丰富且复杂，要全面、准确、翔实地展现中国科技事业70年的发展历程难度很大，加之时间紧迫，书中难免有疏漏和不足之处，敬请读者谅解并给予指正。

编写组

2019年7月

目 录

第一篇　向科学进军

第一章　新中国科技百废待兴 3
　　第一节　科技体系的初步建立 3
　　第二节　科技人才队伍组建 11
　　第三节　行业科技萌芽 13

第二章　科技事业逐步发展 17
　　第一节　十二年科学规划 17
　　第二节　国家科技管理体系的确立 25
　　第三节　科研力量逐步加强 32
　　第四节　"文化大革命"期间的科技工作 33

第三章　重要科技成就 40
　　第一节　基础研究 40
　　第二节　应用技术 46
　　第三节　国防科技 54
　　第四节　航天科技 60

第二篇　科学技术是第一生产力

第四章　科学的春天 69
　　第一节　全国科学大会 69

　　　　第二节　科技机构恢复与重建 74
　　　　第三节　落实科技人才政策 81
　　　　第四节　智力引进与国际科技合作 85

　　第五章　开启科技体制改革序幕 88
　　　　第一节　依靠、面向 88
　　　　第二节　科技拨款制度 93
　　　　第三节　技术市场 95
　　　　第四节　国防科技体制 98
　　　　第五节　民营科技企业 100

　　第六章　国家科技计划体系初步形成 102
　　　　第一节　攻关计划 102
　　　　第二节　国家自然科学基金 107
　　　　第三节　国家高技术研究发展计划 109
　　　　第四节　星火计划 112
　　　　第五节　火炬计划 117
　　　　第六节　科技成果推广 121

第三篇　科教兴国

　　第七章　科教兴国战略和可持续发展战略 127
　　　　第一节　两大战略的制定 127
　　　　第二节　中国 21 世纪议程 133
　　　　第三节　技术创新工程 137
　　　　第四节　知识创新工程 138
　　　　第五节　高校科技创新 140
　　　　第六节　科学技术普及 142

　　第八章　持续推进科技体制改革 145
　　　　第一节　稳住一头，放开一片 145

第二节	科技法律法规	147
第三节	科研机构	152
第四节	科技人才	155
第五节	科技奖励	159
第六节	科技统计	160

第九章　不断提高科技创新能力 162
　　第一节　加强技术创新 162
　　第二节　基础研究 170
　　第三节　农业科技发展 176
　　第四节　高新技术产业化 180
　　第五节　国际科技合作 186
　　第六节　研究开发条件建设 188

第四篇　自主创新

第十章　建设创新型国家 197
　　第一节　增强自主创新能力 197
　　第二节　国家创新体系 203
　　第三节　人才强国战略 208
　　第四节　知识产权战略 211

第十一章　科技资源与能力建设 215
　　第一节　科技经费投入 215
　　第二节　科技计划 218
　　第三节　科技基础条件 223
　　第四节　基础研究能力 228
　　第五节　科普能力 230
　　第六节　对外科技合作 232

第十二章　自主创新成效显著 ... 237
第一节　基础研究 ... 237
第二节　前沿技术 ... 240
第三节　农业科技进步 ... 247
第四节　科技惠及民生 ... 250
第五节　高新技术产业与高新区 ... 253

第五篇　创新驱动发展

第十三章　科技体制改革和国家创新体系建设 ... 259
第一节　创新驱动发展战略纲要 ... 259
第二节　科技创新治理 ... 265
第三节　科技计划管理体制改革 ... 269
第四节　企业技术创新 ... 273
第五节　高等学校和科研院所 ... 278
第六节　科技监督评估与科研诚信 ... 281

第十四章　激发人才创新活力 ... 287
第一节　人才是创新的第一资源 ... 287
第二节　科技人才计划 ... 288
第三节　科技人才队伍 ... 292
第四节　聚天下英才而用之 ... 301
第五节　科普和创新文化 ... 307

第十五章　提升科技基础创新能力 ... 311
第一节　基础研究布局 ... 311
第二节　重大科学问题研究 ... 312
第三节　基础学科和新兴交叉学科 ... 318
第四节　国家（重点）实验室 ... 322
第五节　科研条件和资源共享 ... 325

目 录

第十六章　科技支撑国家竞争力提升 ... 332
第一节　全面实施国家科技重大专项 ... 332
第二节　支撑战略性新兴产业发展 ... 333
第三节　服务社会民生 ... 339
第四节　深化重大专项管理改革 ... 343

第十七章　科技促进产业高质量发展 ... 346
第一节　人工智能 ... 346
第二节　新一代信息技术 ... 348
第三节　新能源与新能源汽车 ... 351
第四节　高端装备 ... 355
第五节　新材料 ... 361
第六节　现代服务业 ... 368

第十八章　农业农村科技助力乡村振兴 ... 371
第一节　农业农村科技成果 ... 371
第二节　农业高新技术产业 ... 378
第三节　农业科技服务体系 ... 380
第四节　县域科技创新能力 ... 382
第五节　科技助力脱贫攻坚 ... 383

第十九章　科技支撑民生改善与社会发展 ... 389
第一节　资源开发与环境保护 ... 389
第二节　科技应对气候变化 ... 394
第三节　生物医药与人口健康 ... 400
第四节　公共安全与防灾减灾 ... 404
第五节　城镇化与城市发展 ... 409
第六节　可持续发展示范区和实验区 ... 413

第二十章　区域科技与经济协调发展 ... 416
第一节　支撑国家重大区域战略 ... 416
第二节　国家自创区与高新区 ... 425

第三节　区域创新与协同发展 431
　　第四节　科技对口支援和东西科技合作 435
　　第五节　科技成果转化 439

第二十一章　融入全球科技创新体系 446
　　第一节　国际科技创新合作布局 446
　　第二节　与港澳台科技合作 453
　　第三节　国际科技合作能力 456
　　第四节　"一带一路"科技创新合作 458

附　录

附录 1　国家科技规划总体情况 465

附录 2　国家最高科学技术奖获得者情况 473

附录 3　我国主要科技指标 479

致　谢 493

第一篇
向科学进军

中 国 科 技 发 展 70 年

第一章
新中国科技百废待兴

新中国成立时，全国科技人员不超过 5 万人，其中专门从事科研工作的人员仅 600 余人，专门科学研究机构仅有 30 多个，科研设备严重缺乏，基础条件落后，部分科学家流落海外，现代科学技术几乎一片空白。新中国成立后，恢复和发展经济对科技事业发展提出迫切要求。在党和政府强有力的领导下，我国科技事业逐步走上了正常发展的轨道。

第一节　科技体系的初步建立

一、科研机构

1949 年，中华全国自然科学工作者代表大会筹备委员会经过多次讨论，拟定了关于建设国家科学院的提案，提案对科学院的性质、任务、组织系统、计划调整改组的研究机构等都做了详尽的说明，并计划将该议案提交全国政协会议讨论。9 月 21 日，中国人民政治协商会议第一届全体会议在北京召开，科技界的代表也参加了此次会议。会议对建设国家科学院的提案进行了讨论，并将有关科学院的若干事项在《中国人民政治协商会议共同纲领》中予以明确规定，同时公布的《中央人民政府组织法》第 18 条也规定成立科学院。据此在政务院之下设立的科学院，被赋予了管理全国科学研究事业的政府行政职能。但是，科学院又与其他政府部门不同，其直接领导着若干研究所，各省（区、市）不再设置相应的分支管理机构。10 月 19 日，中央人民政府委员会第三次会议任命郭沫若为科学院院长。

中国科学院

1949年10月25日召开的政务院第二次会议决定，科学院的正式名称为中国科学院。11月1日，中国科学院在北京开始办公。主要职能有两个：以新中国经济发展为目标开展科学研究活动；行使负责管理自然科学和社会科学事务的行政职能。

11月2日，中国科学院接收了北平研究院在北京的原子学、物理学、化学、动物学、植物学和史学6个研究所，以及中央研究院在北京的历史语言研究所图书史料整理处。1950年3月，中国科学院华东办事处成立，接收了在上海的中央研究院化学、药物、医学、动物、植物、工学等研究所，以及北平研究院设在上海的结晶学实验室、药物研究所和生理学研究所。同年4月，成立中国科学院华东办事处南京分处，接收了中央研究院社会、物理、气象、天文、地质等研究所。此外，还接收了北京的静生生物调查所、上海的徐家汇天文台及佘山天文工作站等。

科研机构的接收工作完成后，经过反复酝酿斟酌，中国科学院决定把原来的中央研究院和北平研究院下属的24个研究所进行改编重整，设立15个研究所、1个天文台和1个工业实验馆，并筹建4个研究所。改编重整后中国科学院共有职工575人，其中，科研人员316人（高级研究人员122人、中级研究人员112人）。

1950年6月，《政务院文化教育委员会关于中国科学院基本任务的指示》明确了中国科学院工作的总方针：使科学成为思想改革的武器，培养健全的科学人才与国家建设人才，使学术研究与实际需要密切配合，真正能服务于国家的工业、农业、保健、国防建设和人民的文化生活。根据这个总方针，中国科学院的3项基本任务有：确立科学研究的方向；培养与合理分配科学研究人才；调整与充实科学研究机构。

1953年11月19日，中国科学院党组向中共中央送交《关于目前科学院工作的基本情况和今后工作任务的报告》，提出改进工作的建议，主要建议之一是按照科学分类成立学部，设学部委员。设立学部有助于更好地加强学术领导，团结全国的科学家，推进中国的科学事业。中共中央非常重视，明确了包括中国科学院和高等院校及产业部门科学研究机构在内进行分工合作的科研工作体系，初步勾勒出由政府通过计划进行宏观管理的国家科技体制的蓝图，成为中国科学院后来若干年的指导方针和行动纲领。

1954年6月，中国科学院开始筹备建立数学物理学化学学部、生物学地学学部、技术科学学部和社会科学学部（后改称"哲学社会科学学部"）。学部的主要任务是：根据国家建设的需要和科学发展的规律，制定科学工作发展的长远计划和目前计划；组织全国的科学力量，充分运用和发挥各单位的特长，将分散的力量集中起来，用以解决国家建设的重要任务。

中国科学院对学部委员的遴选非常慎重。在广泛征求国内各领域科学家和各学术部门意见的基础上，经中国科学院党组反复讨论，最后经国务院全体会议通过了学部委员人选。1955年6月，周恩来签发命令公布了233位学部委员的名单：自然科学172人（数学物理学化学学部48人，生物学地学学部84人，技术科学学部40人）、哲学社会科学学部61人。从学部委员（自然科学）的学历层次来看，博士121人、硕士22人、学士23人、自学成才者6人。

中国科学院学部成立大会于1955年6月1—10日在北京召开，除199位学部委员外，中央政府领导、民主人士、中国科学院各研究机构、高等院校及有关单位的负责人、有关国家代表共500余人参加会议（图1-1）。会议提出了中国科学院第一个五年计划期间的10项重点任务：原子能和平利用研究；配合新钢铁基地建设的研究；液体燃料问题研究；重要工业地区地震问题的研究；配合流域规划与开发的调查研究；华南热带植物资源的调查研究；中国自然区划和经济区划的研究；抗生素的研究；中国过渡时期国家建设中各种基本理论问题的研究；中国近代、现代史和近代、现代思想史的研究。还提出拟在第一个五年计划内，在各个领域开始建立与发展的若干薄弱与空白学科。

图1-1　1955年，中国科学院学部成立大会在北京举行

在学部大会期间，通过了中国科学院第一个五年计划纲要草案。科学家们还提出建议，希望迅速制定发展全国科学事业的长远规划，并把中国科学院的第一个五年计划同长远规划结合起来。在随后进行的制定国家科学技术发展远景规划、组织全国性学术会议、评定和实施自然科学奖励，以及分工领导中国科学院各研究所科研工作等方面，学部都起到了无可替代的重要作用。

到 1955 年，中国科学院共有科研机构 44 个，职工 7978 人，其中，科研人员 2977 人（高级、中级研究人员 1024 人），分别比 1949 年建院初期增长 1 倍、14 倍和 9 倍；经费支出（含科学事业费和基本建设投资）3742.5 万元，比 1950 年增长 12 倍。中国科学院在调整科学研究机构、发展科学研究规模、组织科学研究队伍、促进科研为生产服务等方面做了很多工作，对国民经济的恢复和发展起到了推动作用，为以后的科技事业发展奠定了基础。

地方科研机构

各地方人民政府在接管旧中国留下的科研、试验机构的基础上，根据本地区的实际情况迅速恢复、调整和建立当地的研究机构。东北地区针对科研事业基础薄弱和缺乏统一领导的情况，对伪满时期留下的大陆科学院、大连满铁中央试验所和公主岭试验场等研究试验机构进行改造和调整，组建东北科学研究所，进而又把东北科学研究所、大连大学科学研究所和东北地质调查所等单位统一组建成东北科学研究院。河南省针对本省传统产粮区的特点，先后建立了洛阳、新乡地区农科所和省水利科学研究所。陕西省在新中国成立前遗留下的林业科研基础上，建立了省农林科学院等研究机构，针对黄土高原水土流失严重的特点，开展了造林保护水土的研究，以促进本省农业生产的发展。浙江省先后成立了省农科所、黄岩柑橘试验场、省海洋水产试验所和省淡水水产研究所等研究机构。经过几年的发展，我国的科研机构和科技工作者数量得到了显著的提升。到 1956 年，全国共有地方科研机构 239 个，研究人员 4000 余人，分别占全国总数的 58% 和 21%。

二、高等院校院系调整

新中国成立以后，大规模的经济建设亟须大量的科技人才，然而当时我国面临着工业院校地区分布不合理、师资设备分散、系科庞杂、教学不切实际、培养人才不够专精、学生数量不适应经济建设需要的情况。1949 年，全国共有高等学校 205 所，在校生 11.7 万人，平均每 1 万人口中仅有高等院校学生 2.2 人，并且以文科为主。每年高等院校招收新生仅为 1.6 万人左右。

为了改变我国教育事业落后的面貌，中央人民政府决定实施"以培养工业建设人才和师资为重点，发展专门学院，整顿和加强综合性大学"的方针，对全国高等院校及所属院系进行大规模调整。

1951年11月30日,第113次政务院会议批准了《中央人民政府教育部关于全国工学院调整方案的报告》,提出了北京大学、清华大学、燕京大学、天津大学、浙江大学等高等院校的具体调整方案。调整内容包括将北京大学工学院、燕京大学工科各系并入清华大学,清华大学的文、理、法3个学院和燕京大学的文、理、法各系并入北京大学,撤销燕京大学;将北洋大学与河北工学院合并成立天津大学;将之江大学的土木、机械两系并入浙江大学等。

1952年下半年,以东北、华北、华东、中南地区为重点,高等院校开始了全面大规模的院系调整,大力发展专门学院和专科学校,整顿和加强综合性大学。

根据调整方案,削减了综合性大学,从之前的55家调整为14家。它们是中国人民大学、北京大学、南开大学、东北大学(后改为吉林大学)、复旦大学、南京大学、山东大学、厦门大学、武汉大学、中山大学、四川大学、云南大学、西北大学、兰州大学。

院系调整突出了专业性,甚至出现了专业院校,如华东化工学院、华东水利学院、华东航空学院、重庆土木工程学院、东北地质学院、东北林学院、沈阳农学院、八一农学院、重庆化工学院等。在院系调整中,周恩来指导在北京建立了"八大学院",即北京地质学院、北京钢铁学院、北京航空学院、北京石油学院、北京矿业学院、北京林学院、北京农业机械化学院和北京医学院。这些专业院校,以工、农、水利为主,实用性极强,设有水泥工学、耐火材料、硅酸盐工学、农学、水力学、地质学等专业。据统计,1946年,在全国高等院校学生中,工科仅占18.9%。院系调整后,该比例逐年升高,1952年为35.1%,1953年为42.9%,1954年则达到一半左右;工科专业数占全国专业总数的55.2%,超过一半。另外,农、医、水利等系科和院校也有较大幅的增强。

学校性质和课程教材也有了很大改变。私立学校改为公立或合并、取消,全国高等院校均成为公办学校。原来较为流行的欧美课程和教材,短时期内由苏联教学内容所代替。

为充分利用国内各大学的科研力量,中国科学院与中央人民政府教育部商定,在大学里建立若干科学研究室。例如,在南开大学设立化学研究室,在复旦大学建立数学研究室,在武汉测绘学院设立大地测量及重力研究室,在南京大学建立心理研究所,在清华大学建立动力研究室,北京大学和北京农业大学合作建立北京植物生理研究室,武汉大学和华中农学院合作建立微生物研究室,在东北地质学院建立长春地质研究室,在西南农学院建立重庆土壤研究室,在云南大学建立昆明生物研究所等。到1955年,共有

98所高等院校开展了科学研究工作，占当时全国高等院校总数的50%，参与科研的高校教师有1万多人，完成科研项目近万项。

通过院系调整，形成了新中国的高等教育体系。高等工科院校基本上形成了机械、电工、建筑、化工等主要学科专业比较齐全的新格局，师范、农林、医药院校也有所增加，较好地适应了快速培养社会主义建设专业人才的需要。新中国自己培养的科技人员数量迅速增加，质量得到提高。到1954年，全国高等院校有181所，在校学生人数增加到25.5万人，为今后的科技人才来源提供了良好的保障。

三、科技团体

除了科研机构和高等院校，自然科学团体也在新中国科技事业发展中做出了贡献。自然科学团体的兴起可以追溯至新中国成立前几十年，大体可以分为综合性社团和专业性社团两类。其中，影响力较大、活动时间较长的有中国科学社、中华学艺社、中华自然科学社、中国科学工作者协会等综合性社团，以及中国药学会、中国工程师学会、中华医学会、中国地质学会、中国化学会、中国物理学会和中国数学会等专业性社团。至新中国成立，全国已经有自然科学团体近40个。这些学会主要通过发行期刊和组织学术会议推动本学科的学术交流。

1945年5月，由中国科学社、中华自然科学社、中国科学工作者协会及东北自然科学研究会4个团体联合发起，在北京召开了全国自然科学工作者代表会议筹备会的促进会，并由这4个科学团体发起，邀请国内理、工、农、医各界知名人士及各地区有关机关和团体的代表，共同组成全国自然科学工作者代表会议的筹备委员会。经促进会的努力，推选出的筹备委员会于1949年7月在京召开，285名筹备委员会委员中的205人出席了会议，会议商定由以上4个科学团体发起并筹备召开全国自然科学工作者代表会议。经过一年多的筹备，1950年8月，中华全国自然科学工作者代表会议在清华大学礼堂开幕。来自政府有关科学机构、人民解放军和人民革命军事委员会所属有关科学机关、各地方等共469名代表参加了会议。会议决定成立中华全国自然科学专门学会联合会（简称"全国科联"）和中华全国科学技术普及协会（简称"全国科普协会"）两个组织，并选举产生了两个组织的全国委员会及常务委员会（图1-2）。

此次会议得到了党中央的高度重视，毛泽东接见了全体代表。周恩来在题为《建设与团结》的报告中号召全国科学工作者在《中国人民政治协商会议共同纲领》的基础上

第一章 新中国科技百废待兴

图1-2 1950年，中华全国自然科学工作者代表会议在北京召开

团结起来，从新民主主义的建设开步走，与全国人民一道为建设繁荣富强的新中国努力奋斗。这次会议基本上确定和提出了新中国成立后中国共产党科技工作的路线和方针，即提倡科学为人民服务，科学理论研究同国家建设的实际相结合。这次会议成为新中国成立之初团结和凝聚新中国科技力量的首次盛会。

全国科联按照党中央的提议开展了全国科技人员的调查统计工作。1952—1953年，重点在北京开展科技人员专长调查试点工作，统计整理了6000余人的专长卡片，为后续有关部门进行全国性科技人员专长调查工作提供了初步数据。为加强组织力量，扩大影响力，全国科联及其所属学会积极扩大规模、吸收会员。组织规模从1950年的19个学会、3个科联分会、1.7万名学会会员，发展至1957年年底的42个学会、35个科联分会、758个学会分会、9.25万名学会会员。

全国科联以理论联系实际的思想为指导，采取组织支持所属学会召开学术会议，创办学报、通报等多种形式开展学术交流。1950—1957年，全国科联所属各学会举行了100多次全国性学术会议，全国各地分会举办的学术活动共计1.5万多次。各学会编辑出版的学术刊物共94种，全年发行量达500万册。全国科联和各学会及各省市科联还开展了推广科学技术的各类活动，如组织科技工作者提供技术上门服务，开展科学实验活动，深入企业进行考察座谈，了解并协助生产企业解决遇到的技术问题，提出改进技术的建议。

全国科联积极开展国际学术交流活动，加强中国科技界与世界的联系，了解世界科技发展动态，扩大自身影响力。从1951年开始，历届世界科学工作者协会和执行理事会均有我国科联的代表参加。全国科联下属的多个学会，如建筑、医学、天文、地理、土壤等学会也积极参与国际学术交流活动。全国科联下属的16个学会与44个国家的科学团体开展了经常性的学术刊物交换，先后与来访的苏联、英国、印度、日本、匈牙利、保加利亚、波兰、墨西哥等国的科学家开展了相关学术交流。

全国科普协会积极开展科学知识普及工作，通过各类演讲、展览和放映科技电影等方式，帮助广大人民群众学习科学知识，了解自然现象，破除封建迷信。截至1956年年底，全国科普协会已在全国建立了4.6万个基层组织，发展会员102万人。

四、先进科技学习交流

1949年10月，我国政府与苏联政府建交。1950年2月，中苏两国在苏联克里姆林宫签订了《中苏友好同盟互助条约》，开始了广阔领域的全面合作。

中国科学院采取了一系列措施学习苏联。1951年8月，与高等学校同时开始派留苏学生。1952年10月，院务扩大会议做出加强学习和介绍苏联先进科学的决议。1953年，全院开展了俄文专业书籍阅读速成学习，到1954年，在全院研究人员中，已有93.2%学习了俄文，其中73.5%能阅读苏联科学文献，26.8%已能进行翻译，为进一步学习苏联科学创造了条件。当时，各研究所翻译的苏联科学文献总数已达1500万字。

1953年2—5月，中国科学院代表团访问苏联。代表团由19个学科的26位著名科学家组成，其任务有3个：了解和学习苏联是如何组织和领导科学研究工作的，特别是苏联科学从沙俄时代的旧有基础上发展壮大的历史经验；了解苏联科学的现状和发展方向；就中苏两国科学合作问题交换意见。

在历时3个月的行程中，代表团对苏联98个各种类型的研究机构、11所大学及许多工矿、农庄、博物馆、天文台等进行了参观访问，并同苏联科学家进行了广泛的接触，听取了苏联科学院主席团组织的7个全面性报告，考察了苏联培养科技干部的经验、科学研究计划的程序及效果、苏联科学院各研究机构的分工配合、研究所和大学与产业部门的关系等。

访苏结束以后，代表团提交了关于访苏的工作报告。报告指出，认真学习苏联的先进科学成就和经验，有助于改进我国的科技工作，会使我们少走弯路，稳步前进。

1954年，中国科学院聘请了苏联科学院通信院士、土壤学家柯夫达担任中国科学院总顾问。一些研究所也聘请苏联顾问帮助工作。

1955年4月6日，苏联派出以苏联科学院副院长、著名冶金学家巴尔金院士为团长的代表团到我国进行为期2个月的参观访问。代表团到我国东北、西北、华东、华南等地，做了多场学术报告和科普讲演,参加了多次座谈会,向中国科学院及有关机构提出了一些意见和建议。苏联科学院代表团对我国的访问,对我国科学技术的发展、科学为经济建设服务,以及促进中苏两国科学技术的合作等方面产生了重要的作用。同年12月,苏联科学家代表团又访问了中国。中苏两国科学家在广泛领域进行了交流和合作,交换期刊、图书、标本和种子,就有关科学问题进行咨询、合作研究,互派科学家参加学术会议,进行短期讲学等。

苏联还派出大批科技专家帮助中国开展经济建设,先后有数千名科技专家来我国工作。在1951—1958年来华的1200名专家中,理工科方面的专家有794人。例如,苏联物理学家将放射性地球物理勘探等新兴学科引入中国,帮助我国建立了现代化放射性测量实验室;苏联专家帮助我国进行大功率加速器和百道脉冲分析器的制造与调试工作。在我国高等院校的教学和科研工作中,苏联专家也给予了很大的支持和帮助。

第二节　科技人才队伍组建

一、科技人才政策

新中国对旧中国留下来的知识分子实行留用政策,在全面接收旧中国科学技术机构和教育机构的同时,尽最大努力把原来在这些机构工作的科学技术人员留下来服务于新中国的科技事业。再加上争取和安置归国专家,培养新一代科学技术人才,通过这3条途径,新中国的科技人才队伍迅速成长,不断壮大。

新中国成立伊始,科技人才主要来自原中央研究院和北平研究院、海外留学回国人员和延安革命根据地。1951年12月,中国科学院召开动员大会。1955年3月,中共中央发出的《关于宣传唯物主义思想批判资产阶级唯心主义思想的指示》强调,全党全国人民的思想必须统一到唯物主义上来,另外也指出"学术批判和讨论,应当是说理的,实事求是的""应当坚持党的统一战线政策和团结改造知识分子的政策"。1956年1月,中共中央召开了关于知识分子问题会议,初步明确和界定了知识分子政策。《关于知识分子问题的报告》提出,除了必须依靠工人阶级和广大农民的积极劳动外,还必须依靠知识分子的积极劳动。毛泽东在闭幕会议上发表讲话,号召全党努力学习科学知识,同党外知识分子团结一致,为迅速赶上世界科技先进水平而奋斗。

这样，1956 年形成了一个勃勃生机的局面：先后开展了关于知识分子使命、"百家争鸣"、遗传学的讨论；许多著名知识分子参与了长远规划的制定；300 多名高级知识分子加入了中国共产党；中国科学院、高等教育部招聘了一批尚未就业的高级知识分子；1956 年年底公布了北京地区科学家完成的一批学术专著。知识分子表现出了前所未有的积极性。

二、海外人才归国

根据有关部门统计，截至 1950 年 8 月，在国外的中国留学生有 5541 人，其中，专攻理工农医学科的占 70%，文教、政治、财经学科的占 30%；留学美国 3500 人，留学日本 1200 人，留学英国 443 人；出国时间集中于 1946—1948 年。许多人已经在自己的研究领域有所成就，成为有关学科的知名专家。在得知新中国成立后，他们希望尽快回到祖国，用自己的聪明才智为新中国的建设增砖添瓦，新中国迎来了海外人才归国的热潮。

1949 年 8 月，华北政府高级教育委员会（简称"华北高教委员会"）开始接待归国留学生，举行了由 17 位最近归国人员参加的座谈会。随后，又委托第一次中华全国归国科学工作者代表大会，筹备办理接待事宜，协助介绍安排工作。1949 年 11 月，中央人民政府高等教育部与有关部门和群众团体共 15 个单位接办了这项工作，组成了办理留学生归国事务委员会，统筹归国留学生的接待、组织学习及介绍工作。中华全国学生联合会致函留欧中国学生，表示欢迎留学生回到祖国来，并公开向留学生发出欢迎函电，以减少尚在国外留学生的顾虑。党和国家在归国人员待遇上尽可能提供方便，对归国人员就业问题、生活问题均做了妥善安排，这些在留学生中引起了良好反响。仅从 1949 年 8 月华北高教委员会开始接待留学生起，截至 1949 年年底来京登记的留学生就有 178 人，其中学自然科学的有 97 人（理科 12 人、工科 14 人、农科 15 人、医科 29 人、其他 27 人）；学社会科学的有 81 人（文科 30 人、法科 51 人）。这些留学生归国后很快走上了工作岗位，有 30% 在高等院校任教，40% 在政府部门工作，继续在华北大学深造的有 25%。在这之后，广州、上海、武汉等地均成立了有关团体与机构办理归国事宜，举国上下，向海外学子敞开了大门。

归国热潮大约从 1949 年持续到 1957 年春，人数在 3000 人左右，占新中国成立前在外留学生、学者总数的 50% 以上，可以说为新中国科技事业输送了极为宝贵的新鲜血液，这批回国人员成为我国高新科技领域和基础学科的开拓者，他们的成就得到了国际学术界的承认和赞誉，与我国从1951年开始派往苏联及东欧的留学人员一同成为我国科技事业两支主要的中坚力量，为发展中国的科技、教育、文化、经济和国防建设等事业做出了重大贡献。

三、科技人才培养

除了积极欢迎海外留学人员回国外，党和政府高度重视科技人才的培养。当时，我国主要采取两个措施：自己培养科技人员，向苏联及东欧国家派遣留学人员。通过选派优秀的在职干部进入高等院校深造，同时加紧修缮校舍、挖掘实验设备能力等，扩大招生与办学规模。截至1954年，全国高等院校在校生已增加到25.5万人，中等专业学校在校生已增加到66.9万人。

我国留学生派出的时间主要集中于新中国成立初期至1960年，但各阶段派出人员数量变化较大。1950年9月，新中国第一批留学生启程赴保加利亚、波兰等5国学习。1951年8月，首批派往苏联的375名留学生分两批出国。1953—1960年是派出的高峰时期，绝大部分留学苏联及东欧者都是这一时期派出的。截至1960年，中国先后选派专家1000余人、留学生和实习生8310人到苏联学习。

派出人员的学历水平，也与当时的实际情况密切相关。数量最大的是实习生，因为苏联援助的仪器、设备和资料，需要人去操作和阅读，再加上当时十分强调理论联系实际，所以出国学习实用技术的人不少；其次是本科生，他们出国的目的是为了攻读学位和学习理论；数量最少的是研究生，其目的是进一步深造和学习、研究当时的先进专业科技。

这些留学生有的成为我国科技领域和某些学科的开创者和奠基人，多数成为我国科研、教育、文化、外交、国防及经济建设各领域的技术骨干或国家重点建设、重点科研课题的承担者和组织者。

第三节 行业科技萌芽

钢铁工业方面。1953年，第一座自动化炼铁炉在鞍山钢铁公司出铁，第一根无缝钢管在鞍山无缝钢管厂实轧成功（图1-3）。同年，国家开始建设武汉、包头两大钢铁基地。

图 1-3 我国第一根无缝钢管实轧成功

为配合两大基地的建设,中国科学院组织研究所对矿石及辅助原料,通过地质勘探、矿产开采、选矿、冶炼到炼焦、耐火材料、成分分析等一系列研究工作,解决了含氟铁矿石的冶炼问题,为包头钢铁公司的设计提供了重要的科学资料。中国科学院金属研究所在国内首先建立了钢中气体和非金属夹杂物的分析鉴定技术,被鞍山钢铁公司、抚顺钢厂采用。该所与大连钢厂合作,研制成功平炉炉顶用的铝镁砖,寿命超过国际通用标准,并研究出电炉氧气炼钢技术。冶金陶瓷研究所研制的锰钢,可以代替汽车工业及机器制造业中大量使用的铬钢,对节约铬资源具有重要意义;在球墨铸铁研究中,采用纯镁做球化剂,成功研制了韧度较高的球墨铸铁。

石油工业方面。研究解决了我国天然石油的原油脱盐、脱水问题,在天然石油和油页岩的加工及合成石油方面开展了许多工作,包括原油和油品的评价鉴定、裂化、重整、合成催化剂的研制,高压加氢技术和水煤气合成液体燃料工艺的开发等,为改善和扩大液体燃料来源做出了贡献。

机械工程方面。1952—1955 年试制成功的新机械品种达 3500 种,包括 1 万千瓦水轮发电机组、6000 千瓦汽轮发电机组等成套发电设备,每小时烧结 90 吨矿石的烧结机、直径 2.4 米的矿井用轴流通风机等重型矿冶设备,单轴自动车床等金属切削机床,谷物联合收割机等农业机械,2680 吨江海客轮等,中国机械工程技术已经开始从修配走上仿制和自行设计制造的道路。

电子工业方面。开始从修理装配进入工业性生产的阶段，工艺技术水平特别是设计水平有了较大的提高。大批量无线电整机的投产促进了元器件工业的起步和发展，已能够自制变压器、继电器、介电器、可变电容器、波段开关、天线、磁钢、耳机、喇叭、话筒等多种电子元件。1952年，北京酒仙桥兴建了中国第一代现代化电子生产企业——北京电子管厂、华北无线电器材联合厂和北京有线电厂。1953年，南京无线电厂建成中国第一条全国产化收音机生产线，生产的"红星"牌电子管收音机开始投放市场。其他如灯泡、电池、电力变压器、电表、高压电力电缆、发电机、电动机、扩音机和电唱机等也都能够自行生产。

工程建设方面。淮河治理、荆江分洪、新安江水力发电站等工程建设有许多重要创造，如梅山水库的连拱坝高达88.24米，是当时世界上最高的连拱坝。铁路工程学家在修筑宝成铁路、兰新铁路、包兰铁路和其他铁路建设中做出了重要贡献。桥梁专家在武汉长江大桥的桥墩工程中使用新的管柱钻孔法获得成功。

化工技术方面。试制成功了几种合成橡胶、航空工程中使用的有机玻璃和性能良好的人造纤维，在化肥、染料、造纸等方面也有重要研究成果。试制成功"666""1605"等农药，并投入大量生产，有力地支援了农业生产。

农业科技方面。根据1955年12月农业部统计资料，新中国成立以来各地取得重要科技成果617项。农业科技工作者为提高农作物产量和农业技术改造深入农村，总结推广各地劳动模范的生产经验，如山西曲耀离种植棉花和江苏陈永康种植水稻的先进经验；调查、整理、筛选和推广各种农作物的优良品种。1955年大面积推广的粮食作物优良品种就有60～70种，种植面积达2000万公顷；推广棉花优良品种10多种，种植面积达400万公顷。土壤微生物学家研究了细菌肥料的使用问题，在东北平原推广使用大豆根瘤菌，使大豆平均增产10%。昆虫学家同农业部门的科技工作者合作，根据棉花蚜虫的生长规律，提出了除草防蚜的办法；还提出了有效防治水稻螟虫和小麦黑穗病的耕作措施。为了积极防治蝗虫对农作物的危害，科技工作者先后在洪泽湖、微山湖等蝗区研究了蝗虫类型和结构、飞蝗种群数量与空间动态，以及与旱涝等多种生态因素的关系，积累了丰富的资料，为进一步控制蝗害打下了基础。在全国范围内消灭了牛瘟，对猪瘟和猪丹毒也研究出有效的防治措施。

医学科技方面。基本上控制了霍乱、天花、鼠疫等曾经严重危害人民健康的传染病。医疗工作的水平不断提高，脑、肺、心脏等手术都积累了比较丰富的经验，胃、十二指肠和眼球角膜移植等手术已经在大城市推广。在中国科学院、卫生部、轻工业部等有关部门的合作下，我国已经能够大量生产青霉素和氯霉素，能够生产的合成药物已达140多种。研究整理了中国古代医学文献和针灸疗法，调查了药用资源，分析研究了中药成分。

国防科技方面。改建扩建了上百家电信修配企业，使之成为具有一定水平的生产制造厂。通信电台、步话机、野战电话机、交换机等通信设备几乎全部由国内自行解决；修复了一批警戒雷达，解决城市和要地防空的需要。从1955年起，我国对部分造船厂进行了扩建与技术改造，开始建造1000吨级中型常规鱼雷潜艇。

第二章
科技事业逐步发展

1956年,党中央发出"向科学进军"的伟大号召,全国掀起学科学、用科学的气氛高潮。"百花齐放,百家争鸣"方针的提出和《1956—1967年科学技术发展远景规划》(简称《十二年科学规划》)、《1963—1972年科学技术发展规划纲要》(简称《十年科学规划》)的制定,推动了我国科技事业的发展,培养了科技人才队伍,我国科技迈开了独立前进的步伐。

第一节 十二年科学规划

一、全国知识分子问题会议

1955年11月,毛泽东主持召开中共中央书记处扩大会议,商定举行全面解决知识分子问题的会议,并决定成立中共中央研究知识分子问题小组。

1956年1月14—20日,中共中央在北京召开了全国知识分子问题会议,会议指出社会主义时代比以前任何时代都更加需要充分地提高生产技术,充分地发展科学和利用科学知识,只有掌握最先进的科学,才能有巩固的国防,才能有强大先进的经济力量,才能在和平的竞赛中或在敌人发动的侵略战争中,战胜帝国主义国家。

全国知识分子问题会议提出,科学是关系我国国防、经济和文化各方面有决定性的因素,必须认真而不是空谈地向现代科学进军。强调要集中最优秀的科学力量和最优秀的大学毕业生开展科学研究,高等院校要大力发展科学研究工作,政府各部门要迅速建立和加强必要的研究机构,为发展科学研究准备一切必要条件,尽可能迅速地用世界最新的技术把我国各方面装备起来。

毛泽东在会议最后一天的讲话中号召，中国共产党人要努力学习科学知识，同党外知识分子团结一致，为迅速赶上世界科学先进水平而奋斗。会议向全国人民发出了"向科学进军"的伟大号召（图2-1）。这次会议既是号召全国人民向科学进军的动员令，又是中国共产党正确阐明知识分子政策的宣言书，对于调动广大科技人员的积极性发挥了巨大作用。

图 2-1　向科学进军宣传画

二、百花齐放，百家争鸣

新中国成立初期，在苏联学术思想的影响下，加之对阶级斗争理解简单化，在遗传学研究等方面，曾发生过推行一种学术观点、压制其他学术观点的错误做法，影响了科技事业的繁荣和发展。

1956年5月，中共中央提出了在科学、文艺事业上实行"百花齐放，百家争鸣"的方针。毛泽东指出，"百花齐放，百家争鸣"是促进艺术发展和科学进步的方针，是促进中国社会主义文化繁荣的方针。艺术上不同的形式和风格可以自由发展，科学上不同的学派可以自由争论。利用行政力量，强行推行一种风格、一种学派，禁止另一种风格、另一种学派，会有害于艺术和科学的发展。艺术和科学中的是非问题，应当通过艺术界、科学界自由讨论去解决，通过艺术和科学的实践去解决，而不应当采取简单的方针去解决。

根据"双百"方针的精神,中国科学院和高等教育部于1956年8月在青岛召开遗传学座谈会,给摩尔根学派摘掉了"反动的""资产阶级的""唯心主义的"3顶帽子,提倡在自然科学领域不同学派、不同学术观点的自由讨论。这次座谈会被学术界认为是贯彻"百家争鸣"的典范,是中国生物科学特别是遗传学发展的一次历史转折。

三、《十二年科学规划》

1956年1月下旬,毛泽东在最高国务会议上提出,在几十年内,要努力改变我国在经济和文化上的落后状况,迅速达到世界先进水平,并立即成立了10人科学规划工作组。周恩来在第二届第二次全国政协会议上阐述了制定十二年科学技术远景规划的指导思想,按照需要与可能,把世界科学最先进的成就尽可能迅速地介绍到我国来,把我国科学技术事业方面最短缺而又急需的门类尽可能迅速地补足起来,根据世界已有的成就来安排和规划我国的科学研究工作,争取在第三个五年计划期末使我国最急需的科学部门能够接近世界先进水平。概括起来就是"重点发展,迎头赶上"的方针。

1956年1月31日,国务院召开中国科学院、国务院各有关部门、高等院校的领导人和科技人员参加的制定《十二年科学规划》动员大会。在国家科学规划委员会领导下,以中国科学院数学物理学化学部、生物学地学部和技术科学部为基础,集中全国400多名科学家参加制定工作,近20位苏联专家应邀来华对规划提出意见和建议。

1956年8月下旬,《1956—1967年科学技术发展远景规划纲要(修正草案)》和4个附件(《国家重要科学任务说明书和中心问题说明书》《基础科学学科规划说明书》《任务和中心问题名称一览》《1956年紧急措施和1957年研究计划要点》)编制完成。规划从经济建设、国防安全、基础科学等13个方面凝练出57项重要科学技术任务、616个中心问题,并提出12项具有关键意义的重大任务。另外,还特别提出4项"紧急措施",予以优先发展。决定将国防科技发展规划列为《十二年科学规划》的组成部分统一下达执行。这个国家层面发展科学技术的长期规划,描绘了我国科学事业的发展轮廓,并做出了初步的安排。

专栏 2-1

《十二年科学规划》提出的重大科技任务

1. 发展新兴技术领域，如原子核物理、原子核工程及同位素的应用，自动学与自动化系统，半导体及其利用，飞机、导弹、火箭及电子计算机等。这类项目涉及当时的最新科学和技术，对于促进科技进步、加强国防力量具有重要的意义。

2. 调查研究中国自然条件和资源情况，保证重点区域的综合开发和工农业生产建设的需要。其中的重大项目包括中国自然区划和经济区划，青海、甘肃、新疆、内蒙古经济区综合开发的调查和研究，长江、黄河、黑龙江、珠江流域综合开发后的调查和研究，中国重要矿产分布规律及其预测方法的研究，中国地震活动性、地震预告及工程地震的研究，海洋的综合调查和研究等。这类项目的实施既能为国家经济建设提供重要的科学依据，又能促进地方科学事业的迅速发展。

3. 配合国家工业建设的有关项目，如能源工业方面的大型发电站与高压输电系统及其设备和高坝水利枢纽的研究，冶金和机械工业方面的有色金属复合矿石与低品位矿石选矿及冶炼方法的研究和合金系统建立中的科学问题，石化工业方面的石油及天然气生成、聚集、勘探及开采的问题和基本有机合成及其工艺，建筑方面的建筑企业工业化和建筑结构问题，仪器和计量方面的精密机械仪器、特种光学仪器与电子仪器和计量技术与计量基准，交通运输方面的综合研究等。这些项目的研究对解决工业建设中的重大技术理论问题至关重要。

4. 配合国家农业建设的有关项目，如土地资源和荒地开发的研究，施肥、灌溉的理论和方法的研究，适合于中国自然条件的农业机械的研究等。这类项目的研究对解决农业建设中的某些重大技术理论问题至关重要。

5. 医疗保健方面的科研项目，如中医中药的科学基础研究、抗生素的研究等。这类项目对于提高我国人民的健康水平具有重要意义。

6. 基本理论问题的研究。在确定的 57 项科学技术任务中，又选出了 12 个重点，即对整个国家生产技术基础有根本性影响的重大和复杂的科学问题。这 12 个重点是：原子能的和平利用；无线电电子学中的新技术，包括超高频技术、半导体技术、电子计算机、电子仪器和遥远控制；喷气技术；生产过程的自动化和精密仪器；石油及其他特别缺乏资源的勘探，矿物原料基地的探寻和确定；结合我国资源情况建立合金系统并寻求新的冶炼过程；综合利用燃料，发展重有机合成；新型动力机械和大型机械；黄河、长江综合开发的重大科技问题；农业的化学化、机械化、电气化的重大科学问题；危害我国人民健康最大的几种主要疾病的防治和消灭；自然科学中若干重要的基本理论问题，包括偏微分方程、非线性方程及统计数学、塑性力学、物理力学、场论、固体理论、液体理论，物质的化学构造和性能的关系、蛋白质结构及性能，遗传的规律、高级神经活动、天体演化、地球内部构成与组成及地壳演化的研究等。

为填补我国在一些急需的尖端科学领域的空白，还制定了4项紧急措施，即优先发展计算机技术、半导体技术、自动化技术、无线电技术、核技术和喷气技术；开展同位素应用研究；建立科学技术情报系统；建立国家计量基准，开展计量研究工作。部署了2个更重大的项目：原子能和导弹。

《十二年科学规划》是我国第一个长期科学技术发展规划，它比较全面地反映了我国社会主义建设对科学技术的需求；通过比较系统地分析研究世界科学技术先进水平和发展趋势，并客观评价中国科学技术的现有水平和力量，为制定一个全面而可行的长期的科学技术发展远景规划创造了条件，使我国的科学技术开始走上在国家统一领导下的远景规划和近期计划相结合的发展道路。

《十二年科学规划》符合国情，充分体现了中共中央和国务院发展科学技术的方针政策和社会主义建设的需要，指出了中国科学技术的发展方向，正确处理了当前和长远、理论和实际、重点和一般任务的关系问题，并且提出了实施《十二年科学规划》所需要的人才培训、基地建设等措施，极大地鼓舞了全国科技人员。一个大规模的、全面的向科学进军的热潮在全国蓬勃兴起。

《十二年科学规划》对于我国科学研究的发展和国民经济各部门技术水平的提高起到了重要的指导和促进作用。规划中包括基础研究、应用研究和发展研究的一大批重要课题和新学科，如生物物理学、分子生物学、电生理学、化学物理、催化动力学、低温物理、高能物理等研究的陆续开展，使一系列新兴技术从无到有地发展起来，许许多多新兴工业企业得到建立和发展。各个产业部门先后建立了一批规模较大、装备条件较好、科技力量比较雄厚的专业技术研究机构，成为产业部门的专业技术研究重要力量，高等院校也相继加强了科学研究工作。经过几年的努力，我国的科学技术事业发生了根本性的变化，逐步缩短了与世界先进水平的差距，开始走上现代化发展的道路。

四、独立自主，自力更生

"独立自主，自力更生"方针的提出，既是总结历史经验，又是由当时客观环境所决定的。新中国成立后，世界呈现以苏联为首的社会主义国家和以美国为首的资本主义国家两大阵营对峙的局面。中国属于社会主义阵营，从苏联获得了某些从理论到工艺方法的科技成果，以及某些技术的整套设备、资料和图纸。从新中国成立之初到1960年，苏联专家援华多达1.8万人次。

20世纪50年代后期，中国共产党开始思考自己的社会主义模式和发展道路。1956年4月25日，毛泽东在各省（区、市）党委书记参加的中共中央政治局扩大会议上发表了《论十大关系》的讲话，指出鉴于苏联在建设社会主义过程中的经验教训，我们要引以为戒。

1959年6月，苏共中央致函中共中央，单方面废除《国防新技术协定》。1960年7月，苏联政府照会中国政府，终止派遣专家，撕毁了同我国签订的600个合同，其中，专家合同343个、科技合同257个；苏联决定于1960年7—9月，撤走全部在华协助工作的1390名专家和技术人员。苏联撤走专家时带走了全部图纸、计划和资料，停止供应我国建设急需的重要设备，大量减少成套设备和各种设备中关键部件的供应，向苏联派遣进修学者和留学生也被迫中断，我国250多个企业和事业单位的建设处于停顿或半停顿状态。

中共中央深刻感受到单靠别人帮助、受别人制约的科技政策的不足之处，认识到中国必须走适合自己的发展道路，并且要防备那些掌握着先进技术的国家利用技术手段来控制我们。这既是一种不得已的决定，又是一种战略性的选择，要想使中国科学技术起飞，必须走"独立自主，自力更生"的道路。

五、《十年科学规划》

到1962年年底，《十二年科学规划》已经执行了7年，随着国家建设需要和国际上科学技术的新发展，在执行规划过程中增加了许多新的研究课题，在现代工业技术和尖端技术方面表现尤其明显。

为了实现赶上世界先进科学技术水平的宏伟目标，更充分地利用科学家的力量来解决国民经济、国防尖端和基础科学中的重大问题，中共中央决定在原有《十二年科学规

第二章
科技事业逐步发展

划》的基础上，根据中国社会主义建设的需要，参照世界科学技术进展的情况，制定《十年科学规划》。

1962年，在广州召开全国科学技术工作会议，总结制定和执行《十二年科学规划》的经验和问题，讨论新的《十年科学规划》的编制方法，明确了编制《十年科学规划》总的指导思想。会后，国家科委组织几百名专家参与制定规划，1963年6月正式定稿。同年12月，毛泽东在听取汇报时指出，规划要认真执行，条件工作要跟上；科学技术这一仗一定要打，而且必须打好；不搞科学技术，生产力无法提高。经中共中央、国务院批准，《十年科学规划》正式实施。

《十年科学规划》总的方针是"自力更生，迎头赶上"，其主要目标是：为农业增产提供各方面的科学技术成果，系统地解决实现农业技术改革中的科学技术问题；重点掌握20世纪60年代工业科学技术，为建立一个完整的现代工业体系，为发展新兴工业，提高现有工业的技术水平，提供科技成果；切实保证国防尖端技术初步过关；加强我国资源综合考察，加强资源的保护和综合利用的研究，为国家建设提供必要的资源依据；在保护和增进人民健康、防治主要疾病和计划生育等方面的重要科学技术问题上，做出显著成绩；加强发展基础和技术科学，充实科学理论的储备，加强科学调查和实验资料的积累，建立和加强重要和空白薄弱的部门；大力培养人才，充实现代化实验装备，在各个重要的科学技术领域，形成研究中心，建立一支能够独立解决我国建设中科学技术问题的、"又红又专"的科技队伍。

各科研单位和广大科技人员在规划的指导下，发扬自力更生、奋发图强的精神，努力开展规划确定的各项研究工作，我国科学技术事业稳步发展，为国民经济和国防建设提供了大量科学技术成果，我国的科学技术水平迅速提高。

专栏 2-2

《十年科学规划》的主要任务

《十年科学规划》包括重点项目规划，事业发展规划，农业、工业、资源调查、医药卫生等方面的专业规划，技术科学规划，基础科学规划，确定了重点研究试验项目374项（其中直接为经济建设和国防需要服务的333项，基础研究项目41项，第一批执行32个重点项目），3205个中心问题，1.5万个研究课题。

在农业科学技术方面，要求采用单科性研究与综合性研究相结合，总结提高农民生产经验和祖国农学遗产与发展现代科技相结合，科学研究与推广普及相结合的办法，达到下述目标：针对约占耕地2/3的好地或较好地，主要是大量生产商品粮、棉、油的地区和高产地区的土地，分别探寻多快好省地进行农业技术改革、尽快实现农业发展纲要规定指标的科学途径，5年做出样板，10年大面积推广。

针对低产地区，主要是黄淮海平原旱、涝、碱为害地区，黄河中游水土严重流失地区，亚热带酸性土壤低产地区，东北洼涝地带的新垦区，进行全面调查、综合研究，提出根治方案，在5～10年内，进行较大面积的改良示范。分别针对平原、丘陵、山丘、水域、水滨及热带地区，进行全面考察与综合性的研究试验，为合理开发、充分利用这些土地和水域（包括近、远海），因地制宜发展农、林、牧、副、渔提供科学依据。针对不同地区，研究实现农业机械化、电气化、化学化、水利化的各种条件，为各地区进行农业技术改革做好准备，逐步形成各主要学科、专业和重点地区的科研试验中心。

我国生产水平与世界先进水平的差距主要反映在工业技术上。当时我国工业技术水平大约相当于世界上工业先进国家20世纪40年代的水平，要在10年内尽可能采用新技术，提高基础工业的技术水平，建立新兴工业部门，把工业转变到国际20世纪60年代水平的基础上来。生产技术研究成果，应通过技术经济分析才能推广，为国家制定技术措施、政策和经济计划提供完整的科学依据。

医学领域的总目标是配合对当前影响国民经济建设和威胁人民健康较严重的疾病的防治工作，有效地解决其中关键性的科技问题，以控制和消灭这些疾病。在临床医学、预防和基础医学的理论和某些新技术在医学上的应用等方面取得重大成果，并形成有高度研究水平的医学科研中心。在总结中医的临床经验和对中医、针灸的研究工作中做出贡献；在用现代科学来整理研究我国丰富的医药遗产方面，形成比较完整的、更有效的方法。在药物、抗生素、生物制品和医疗器械的研究工作方面，为提高质量和增加扩大新品种提出科技依据，使药物和医疗器械基本上做到自给自足。

技术科学各学科的任务是着重研究工业生产和工程技术各个部门中具有共同性的科学理论，以解决多方面的工业生产和工程技术问题。一方面综合运用基础科学的研究成果；另一方面总结生产实践经验，并把二者有机地结合起来，发展为系统的理论。技术科学的发展目标是：密切配合国防和经济建设需要，研究解决关键性的技术科学问题，大力培养科技专门队伍，建立发展现代化实验技术，争取在若干重要领域方面接近和赶上世界先进水平。这方面制定了17个学科的规划，确定了32个重点项目。

基础科学部分分数学、物理学、力学、化学、生物学、地学、天文学7个学科，制定了专门规划。主要目标是要有效地配合解决我国社会主义建设中的重大科技问题，并在某些重大科学理论问题上取得重要成果。还要积极培养人才，使我国研究队伍配套，高、中、初级科技人员之间的比例大体平衡，并有计划地建立、充实研究中心和实验基地，形成我国现代基础科研体系。这方面一共确定了41个重点项目。

第二节 国家科技管理体系的确立

一、科技管理机构

为了更好地协调科学规划的制定，1956年3月，国务院成立了科学规划委员会。1956年6月，国务院批准国家技术委员会成立。该委员会是组织全国技术工作的职能部门，主要任务是着手研究一些综合性的技术政策和处理一些综合性的技术工作。1957年5月，国务院第四十八次全体会议确定了科学规划委员会是掌管全国科学事业方针政策、计划和重大措施的领导机关。

1958年11月，全国人民代表大会常务委员会举行第102次会议，决定将国家技术委员会和科学规划委员会合并为国家科学技术委员会（简称"国家科委"）。

为了发展我国的导弹和航空科技事业，1956年，国务院、中央军委决定在国防部成立航空工业委员会。1958年，国务院、中央军委决定在国防部成立第五部。随着国防科技的发展，为更好地发挥各方面的积极性，实现研究、试制、使用相结合，加强国防科学技术研究工作的组织领导，1959年，中共中央决定将航空工业委员会和国防部第五部及总参装备计划部科研处正式合并，成立国防部国防科学技术委员会（简称"国防科委"）。

各省（区、市）也相继成立了地方的科学技术委员会，作为地方政府管理本地区科学技术工作的综合职能部门，负责组织协调本地区科技力量，为本地区经济建设服务。各地开始普遍建立地、县两级科委及专业厅、局的科技管理部门（如科技处等）。

专栏 2-3

国家科学技术委员会

一、科学规划委员会

1956年3月，国务院成立科学规划委员会。负责科技远景规划的实施，特别是重点任务的实施；负责编制科学研究的长期计划和年度计划；解决各个系统在科学研究工作中的重大协调问题；负责研究和解决科学研究工作中重要的工作条件问题；负责统一安排科学研究工作的国际合作问题；管理全国重点科学的工作基金；制定高级专家的培养、分配和使用计划等。

二、国家技术委员会

1956年6月，国家技术委员会成立。归口管理国务院工业、交通运输部门技术政策与新产品、新工艺、新技术计划的制定，以及重大科技项目的组织协调工作。

三、国家科学技术委员会

1958年11月，中共中央批准科学规划委员会和国家技术委员会合并，决定成立国家科学技术委员会，负责统一协调科学和技术工作，代管国务院科学技术干部局。

设立16个职能机构：9个综合局，分管综合计划、地方科技、创造发明、标准计量、宣传出版、器材、科技情报和国际合作等工作；7个专业局，分别为一局（管国防尖端科学技术），二局（管冶金、化工、石油、建材等原材料工业的科学技术），三局（管机械、仪表、交通运输等的科学技术），四局（管动力、水利等的科学技术），五局（管农林渔牧、医药卫生等的科学技术），六局（管轻工、纺织、食品等的科学技术），七局（管资源考察、地质、煤炭、海洋、气象等的科学技术及资源的综合利用）。

四、国家科学技术委员会基本任务

1. 对科学技术的方针和政策进行研究，并向中共中央和国务院提出建议；

2. 制定国家科学技术发展的年度计划和长远规划，作为国家经济计划的一部分，采取有力措施，保证贯彻完成；

第二章
科技事业逐步发展

3. 组织、协调全国性的重大科学技术任务并监督检查其执行；

4. 总结、鉴定在生产与科学研究中的重大科学技术成就和新产品、新技术的发明创造，并向有关部门提出推广科学技术成就的建议；

5. 负责全国科学技术干部的培养和使用；

6. 管理计量和标准化工作；

7. 管理发展科学技术的各项工作条件；

8. 负责和开展科学技术方面的国际合作。

二、《科研工作十四条》

1957年，反"右"斗争扩大化，挫伤了知识分子的积极性。1958年，"大跃进"提倡破除迷信，敢想敢干，一方面促进了一些新技术领域的发展；另一方面也出现了许多违背客观规律的事情，严重破坏了正常的科研工作秩序和科研工作的客观规律。

为了纠正"左"的错误，中共中央发出大兴调查研究之风、一切从实际出发的号召，鼓励干部和群众如实反映情况，发表不同意见。国家科委、中国科学院及各部门先后召开各种形式的座谈会，许多科学家提出自己的意见和建议。经过中国科学院等有关单位深入调查研究，多方征求意见，1961年6月，中共国家科委党组和中共中国科学院党组针对当时不少科研单位因受"左"倾错误的影响，而出现的知识分子政策落实不够，一些科技人员受到冲击，科研工作客观规律得不到尊重，非业务活动繁多，科研时间得不到切实保证等阻碍和影响科技事业进一步发展的问题，起草了《关于自然科学研究机构当前工作的十四条意见（草案）》（简称《科研工作十四条》）。

在《科研工作十四条》的基础上，集中一些政策界限和重要措施形成《关于当前自然科学工作中若干政策问题的请示报告》。中共中央指出，报告中提出的各项政策规定和具体措施都是正确的，要求一切有知识分子工作的部门，在自然科学工作中都必须贯彻执行。

《科研工作十四条》总结了新中国成立以后科技管理和领导工作的主要经验教训，特别是针对"大跃进"中的错误，从科研机构的根本任务、知识分子政策和改进中国共产党对科技工作的领导方法这3个方面，规定了一系列的政策和措施。指出要团结一切爱国的知识分子，鼓励科技人员走"又红又专"的道路，并规定了"红"的标准是拥护党的领导，拥护社会主义，为社会主义服务；强调要进一步贯彻中国共产党提出的"百花齐放，百家争鸣"的方针，严格划清学术问题、思想问题与政治问题的界限；明确规定科研机构的根本任务是出成果、出人才。

《科研工作十四条》的中心问题是调整党和知识分子的关系，是对1949年以来关于科学工作和知识分子工作，在执行政策方面的一次经验教训的总结，在中国科技事业发展的历史上，起了扭转极"左"影响的重要作用。《科研工作十四条》《关于当前自然科学工作中若干政策问题的请示报告》，经中共中央批准正式以文件发布，先在中国科学院试行，随后转发全国，深受科学界欢迎，对稳定中国科学院乃至全国的科研工作都起到了重要的作用。

1962年，周恩来在广州全国科技工作会议上做了关于知识分子问题的重要报告，重申了中国知识分子绝大多数已属于劳动人民的观点，再次肯定了知识分子在中国社会主义事业中的重要地位和作用。会上明确宣布为知识分子"脱帽加冕"，摘掉资产阶级知识分子的帽子，加上劳动人民知识分子之冕。

通过贯彻《科研工作十四条》和广州会议精神，中国共产党对科技事业的领导和思想政治工作都得到了明显的加强，改善了党同知识分子的关系，激发了广大科技人员的爱国热情，极大地调动了科技人员的积极性和责任感。广大科技工作者认为，这是新中国成立以来，中国共产党对领导科学技术工作的全面总结，是调动广大科技工作者为社会主义建设服务、多出成果、多出人才的基本政策，是研究机构应该遵守的"科技宪法"。实践表明，《科研工作十四条》中规定的方针政策和提出的具体措施是完全正确的，尽管当时国家处于经济困难时期，但大家团结进步，思想活跃，认真踏实，干劲十足，毫无怨言，刻苦钻研，顽强攻关，呈现为科技事业尽心尽力、积极进取的生动局面。

专栏 2-4

《科研工作十四条》的主要内容

1. 研究机构的根本任务是提供科学成果，培养研究人才；

2. 采取定方向、定任务、定人员、定设备、定制度的方法，保持科学研究工作的相对稳定；

3. 正确贯彻执行科学为社会主义建设服务的方针和理论联系实际的原则；

4. 从实际出发，制订和检查科学计划，以适应科学工作的特点；

5. 发扬敢想、敢说、敢干的精神，坚持科学工作的严肃性、严格性和严密性；

6. 坚决保证科学研究的时间；

7. 建立系统的干部培养制度；

8. 坚持协作，发展交流；

9. 勤俭办科学，力求最有效地使用人力、物力，做出更多、更好的科学成果；

10. 坚决贯彻执行"百花齐放，百家争鸣"的方针；

11. 继续贯彻团结、教育和改造知识分子的政策；

12. 加强思想政治工作；

13. 坚持调查研究；

14. 健全和改进研究机构的领导制度。

三、科技情报工作

新中国成立前，我国没有专门的科技情报工作，少量的科技文献工作是在图书馆中进行的。虽然一些学会组织也曾出版过少数学科的文献索引、文摘等，但都是无计划的、短期的。

1952年，中国科学院图书馆开始进行科技文献工作，并编制了《苏联科学期刊论文索引》《自然科学期刊索引》等文献检索工具。1956年，中国科学院图书馆成立了"参考组"，开展咨询服务工作。

第一个五年计划的胜利完成，使我国国民经济发生了深刻的变化，现代化工业建设的发展，使得了解、跟踪和掌握国内外科学技术领域的各种重要成就与发展动向，并及时向经济部门、科学技术部门提供必要的情报资料，成为当时迫切需要解决的一个重大课题。发展科技情报事业迫在眉睫。

1956年10月，中国科学院科学情报研究所正式成立（图2-2）。1958年5月，国务院批准了《关于开展科学技术情报工作的方案》，从而有了中国第一个科技情报工作的法令性文件。它明确规定了科技情报工作的方针任务、组织建设、机构设置及建立国内科技情报网的原则。为了贯彻执行这个方案，更好地为社会主义建设服务，国务院科学规划委员会于1958年11月在北京主持召开了第一次全国科技情报工作会议，明确了科技情报工作"广、快、精、准地为社会主义建设总路线服务"的方针。

图 2-2　1956 年中国科学院科学情报研究所成立

1958 年 5 月，中国科学院情报研究所改称中国科学技术情报研究所，作为全国性的科技情报中心。截至 1958 年 11 月，国务院各部门中已有 17 个部门及其系统建立了 50 个专业情报机构，15 个省（区、市）建立了地方综合性科技情报机构，基层厂矿企业、科研单位也陆续建立起一批科技情报机构。至此，中国的科技情报工作系统已经初步建立。

这一时期的工作是以建立科技文献的基础为主。据 1958 年 11 月统计，全国已拥有各种国外报刊 12 686 种，收藏了若干种国际科学技术会议的资料，各情报机构已经编辑出版了综合性和专业性的科学技术情报刊物 457 种，翻译了不少介绍国外科学技术成就的文献与快报，编写各种学科总结 65 篇。

1960 年，国家科委将科委所属科技情报局与中国科学技术情报研究所合并，采取"两块牌子，一套人马"的措施，既精简了机构，又强化了对全国科技情报事业的领导。中国科学技术情报研究所在调整中一分为二，于 1960 年建立了中国科学技术情报研究所重庆分所。此后，逐渐形成了由中国科学技术情报研究所和 32 个专业部门科技情报研究所，29 个省（区、市）科技情报研究所，200 多个市（地）科技情报研究所和一些县级科技情报机构，大量的工矿企业、研究设计院（所）、大专院校的情报资料部门，以及各种科技情报网所组成的全国科技情报工作系统。

到 20 世纪 60 年代中期，全国各科技情报机构已拥有国外科技期刊 8000 余种，专利文献累计已达 250 万件，产品样本说明 40 余万件，各国技术标准资料 8 万余件，还有大量的特种文献及交换取得的图书资料。

第二章 科技事业逐步发展

四、科技奖励

1950年8月,中央人民政府政务院发布了《关于奖励有关生产的发明、技术改进及合理化建议的决定》,此后,又先后发布了《保障发明权与专利权暂行条例》《有关生产的发明、技术改进及合理化建议的奖励暂行条例》《中国科学院科学奖金暂行条例》。这些条例所涉及的范围虽然不够全面,但已包括了工业生产的发明、科学的发现和技术改进三大领域,开始形成了中国在自然科学方面的奖励制度。在执行中,主管部门还制定了实施细则,建立起一套按专业由专家审查评选获奖项目、报主管部门核准的审批程序。

1951—1957年,经发明审查委员会审查批准,6项成果被授予发明权,4项成果被授予专利权。1962年,国家科委成立了发明局,着手制定新的奖励条例。这次条例的制定工作,将原《有关生产的发明、技术改进及合理化建议的奖励暂行条例》拆分为《发明奖励条例》《技术改进奖励条例》两个单行条例,提出了更适合中国情况的简便易行的物质奖励办法。

条例规定,国家科委统一领导全国的发明评奖工作,负责条例的贯彻执行。1964年5月,由国家科委聘请15名专家组成发明评奖委员会。发明评奖委员会成立后,进行了制定发明评奖办法及审查评定发明项目等工作。到1964年年底,国家科委收到1100多项发明申报。经发明评奖委员会审查评定,确认了一批发明项目,并准备按条例发奖。当时,全国正开展"四清"运动,各方面对于是否给予物质奖励有不同看法。在当时的历史条件下,国家科委于1965年年初到1966年年初,陆续给253项发明和44项国防方面的发明颁发了发明证书。"文化大革命"开始后,条例执行中断。

获得1956年首次颁发的中国科学院自然科学奖一等奖的研究共3项,二等奖5项,三等奖26项。按专业划分,数学物理学11项,化学4项,生物学5项,地学5项,技术科学9项。这些成果大多数是在学术上有创造性而又具有一定国民经济意义,少数几项是纯理论方法的探索成果,或是在学术上创造性不够显著而实用价值较大的成果。

这是新中国成立后,第一次颁发面向全国的科学奖金,一等奖的获得者均系中国科学院的科学家,授奖仪式在1956年1月30日的中国科学院学部委员会第二次全体会议的闭幕式上举行。

第三节　科研力量逐步加强

1958年1月，毛泽东在中共中央召开的南宁会议上提出今后要把党的工作重点放到技术革命上去的思想。同年5月，中共中央提出了建设社会主义总路线，全国掀起建设社会主义的高潮和轰轰烈烈的群众性科学实验活动，掀起了地方科研机构发展高潮。各省（区、市）纷纷成立科学分院，各县成立农业研究所。据26个省（区、市）的不完全统计，截至1958年年底，全国县以上的地方科研机构已有1743个，其中省、地、县级农业研究所660个。全国初步形成了主要由省、地、县科研机构组成的地方研究开发体系。

1958年9月，中华全国自然科学专门学会联合会和中华全国科学技术普及协会两个团体合并，成立了一个全国性的、统一的科学技术团体——中华人民共和国科学技术协会（简称"中国科协"）。

1958年12月，国家科委为加强对地方科技工作的指导，在上海召开了第一次全国地方科技工作会议。会议经过讨论，在尖端科学技术、工业交通、农业、医药卫生、自然科学和基础理论6个方面，初步确定了一批重点任务，明确提出了地方科技工作要以解决当地、当时生产建设问题为主的指导方针。自1959年起，各省（区、市）科委普遍制订了年度发展计划和重点研究任务。

为了贯彻"调整、巩固、充实、提高"方针，解决地方科研机构发展中出现的问题，1961年7月，国务院决定对地方科研机构进行调整。各省（区、市）的尖端技术（原子能、电子计算机、半导体、电子学、自动化等）研究机构以大区为单位统一调整合并；省（区、市）一级工业、农业、医学等方面的研究机构以省（区、市）为单位进行调整，重复的研究机构予以合并；在调整过程中，特别注意加强有关农业和结合本地特点的研究机构建设；地、市、县所属研究机构，由各省（区、市）确定调整方针。

在调整中，地方科研机构和地方科技行政机构进一步得到精简、充实和加强。当时，华北、东北、西北、中南、华东5个大区将原来的197个科研机构合并为78个。在这些机构中，尖端技术、基础理论和结合地方资源与经济特点的研究机构大约各占1/3。由于集中使用了人力、物力和财力，科研效率也有所提高。各地的科学分院，有些撤销，有些合并，并在此基础上成立了东北、华北、西北、西南、中南和华东6个大区科学分院。全国大部分地方科委和科协实行了合署办公。

第二章 科技事业逐步发展

在调整中，地方科技工作的方向更加明确，中心任务基本上转移到为地方经济建设服务的轨道上来。全国各省（区、市）科委密切配合当地经济发展的需要开展科技工作。20世纪60年代初期，全国正面临着严重的自然灾害，人民生活非常困难。全国很多地方开展了解决"吃穿用"方面的科研工作，为国家分忧，为人民解难。

1963年起，中共中央制定的"调整、巩固、充实、提高"方针初见成效，国民经济形势开始好转，地方科研机构在充实和加强的基础上又有所发展。全国各地根据当地经济建设的需要新建了一大批科研机构。例如，1963—1966年上半年，内蒙古自治区结合本地自然、地理和经济特点，建立了包括交通、草原、气象、农牧业机械化、地方病研究在内的许多科研机构。截至1965年，全国共有省、地（市）两级所属独立科研机构1127个，专业科研人员4万多名，地方科技工作进入了兴旺发达时期。由于经济形势好转，地方科技经费大幅增加。例如，上海市从1963年起每年不仅由地方拨出2000万元作为科研经费，而且还拨出100多万美元用于进口科技情报资料；1962—1963年，全市投资1.25亿元，用以采用新技术、新工艺、新设备和新材料，对545项生产技术进行了改进。

到1965年年底，全国科技研究机构已经发展到1714个，专业科技人员达到12万人，科学技术的各主要领域大体上都有了相应的研究机构和研究人员，初步形成了一支具有较高素质的科学技术研究工作队伍。全国范围的科研工作系统已初步形成。这个系统由中国科学院，国务院各部门所属事业性科研机构，各省（区、市）的科学研究机构，国防系统科学研究机构及高等学校的科研部门5个部分组成。其中，中国科学院已发展成为拥有106个研究所、职工总数6万余人的大型综合性科研机构，工作方向是研究重大科学基础理论问题、国家建设所需要的最新技术，以及国民经济中的综合性、关键性的问题。高等学校则加强教学和科学研究的结合，努力使有些高等学校在某几门或某一门科学领域内，逐渐成为全国科学研究的中心或中心之一。国务院的各部门科研工作则密切结合行业生产和发展需要，开展应用技术研究并将技术成果应用到生产中去，使这类研究机构成为行业技术研发基地。地方科学研究机构则密切结合本地区经济建设的需要，有计划、有步骤、稳定地开展相关的科学研究工作。

第四节 "文化大革命"期间的科技工作

1966—1976年，中国遭受了"文化大革命"10年浩劫。新中国成立后17年来科学技术发展的路线、方针和政策被否定，科技战线上的干部和广大科技人员普遍受到歧视以致迫害，科研秩序被完全打乱，科技事业遭到严重摧残。但广大科技工作者在极为不利的环境中，坚持真理，坚守理想和信念，克服重重困难，努力排除动乱造成的严重干扰，推动科学技术事业取得了一系列重要成就。

一、科技事业遭到严重破坏

1966年7月30日，陈伯达、江青以"中央文化革命小组"的名义，召开科技界的万人大会，煽动科技界揪斗"走资派"。国家科委、中国科学院系统很快形成相互对立的派别，铺天盖地的大字报和各种名目的批斗会接连不断，一些领导干部和知识分子一夜之间成为"走资派""资产阶级反动学术权威"，遭到非法揪斗和批判。科技战线卷入"文化大革命"的重灾区，正常的科研秩序完全被打乱，科技工作遭到前所未有的严重破坏。

科技管理机构遭到冲击。在江青反革命集团的策划下，国家科委被诬陷为在科技界推行"反革命修正主义路线的黑班底"，领导成员被批斗，正常的工作秩序无法维持。1970年6月22日，国家科委被撤销，由国务院科教组代行相关职责。1973年8月，国务院科教组的科技管理职责又划归中国科学院。中国科学院成立了科学技术办公室，负责国务院各部门和地方的科技管理工作，直至1978年国家科委恢复。1967年1月24日，"造反派"夺取了中国科学院的领导权，迫使中国科学院党委和学部停止活动，各研究机构和院部各单位领导权也相继被"造反派"夺取。同年7月，成立了"中国科学院革命委员会"，"造反派"负责人进入中国科学院领导层并一直占据重要地位。1968—1972年"首都工人、解放军毛泽东思想宣传队"曾进驻中国科学院。1973年起中央先后派周荣鑫、胡耀邦、李昌等到中国科学院协助郭沫若开展工作，但一直遭受"四人帮"的百般阻挠和破坏。中国科协先是经历了两年的大冲击和大动荡。1968年7月，"军宣队""工宣队"进驻并实行了军管。1969年9月，全部干部"下放"到河南"五七"干校。中国科协基本上是名存实亡。1970年，中国科协与中国科学院合并，部分职能得以恢复，但各学术团体不复存在、学术交流中断、科普工作停顿，已无法开展工作。直到1978年4月，中国科协才得以实际恢复。

科研机构被解散或撤并。"文化大革命"初期，中国科学院所属研究所的研究工作几乎全部被运动冲垮。1967年，中国科学院新技术委员会（原新技术局）所属47个研究所全部划归国防科委。1969年，40多个直属研究机构下放到地方，实行地方和中国科学院双重领导。此外，部分研究机构被撤销。到1973年，中国科学院的科研人员只剩下1.3万人，直属科研机构仅存13个。其他专业部门和系统及地方科研机构也未能幸免，如中国农业科学院几乎被全部拆散。高等院校数目锐减，中国科学技术大学等20多所在京高等院校外迁到安徽、湖北、湖南、河北等省，搬迁中教学仪器设备几乎全部报废，教职工流失严重。

科研物质条件严重恶化。"文化大革命"期间，科研经费投入严重不足；大量图书资料被查抄、破坏、焚毁；全国原有的300多种学术期刊一度全部停刊；实验室和科研设备遭到严重破坏，实验设备或丢失，或因缺乏必要的维护管理而严重损坏；科学研究必需的物质保障条件严重恶化。

科研人员遭到迫害。"文化大革命"期间，一些莫须有的荒诞罪名，如"个人名利""洋奴哲学""爬行主义""科学神秘论"等被扣在了科技人员的头上。科技人员不仅被戴上"资产阶级"的帽子，成为"臭老九"，而且许多著名科学家都被定为"资产阶级反动学术权威"。许多科学家被列为专案审查对象，被抄家甚至迫害致死。全国有30多万名学有所成的科技人员被下放到"五七"干校，在厂矿、牧场、农村从事繁重的体力劳动；许多知识分子被戴上"特务""间谍""现行反革命"等帽子，被关进牛棚，听从"群众专政"，遭受折磨，身心受到了极大的摧残。

"文化大革命"导致科研工作几乎停滞，人才培养中断，国际学术交流中止，科技事业基本处于瘫痪状态，给中国的科技事业带来了无法估量和难以弥补的损失。

二、科技工作在困难中逐步恢复

1971年9月，林彪反革命集团被粉碎之后，中央开始纠正极"左"思潮。根据周恩来关于加强基础理论研究的指示，在科技战线开展了对极"左"思潮的批判。1971年年初，中国科学院召开了计划座谈会，周恩来等于3月17日接见了全体代表，并做了重要讲话。周恩来要求批判极"左"思潮，并且"生产、科研、教学三结合"。1971年4月15日至7月13日，国务院召开了全国教育工作会议。之后，国务院决定设立科教组，负责领导中国科学院和全国的教育工作。按照部署，中国科学院为恢复学术领导，于1972年成立了科研组，各所也相继设立了党委，恢复了部分所长和副所长的职务。

为从思想上、组织上纠正极"左"思潮的影响，1971年8月24日，国务院科教组、中国科学院向国务院上报了《关于编制科技计划和召开科技会议的请示报告》，提出会议将"主要就科技战线两条路线斗争和'斗、批、改'中共同性的问题进行讨论"。讨论的问题分为5个方面：进一步分清路线；研究落实党的各项政策；研究新形势下改进科技工作管理体制，交流"斗、批、改"的经验；交流科学实验群众运动的经验，研究加强科技队伍建设的问题；就制定科技长远规划问题交换意见。

根据周恩来的建议，1972年8月10日，中共中央召开全国科学技术工作会议。来自中国科学院，各省（区、市），国务院各部门和国防科技管理部门机构的代表249人出席了会议。这是"文化大革命"开始后召开的第一次全国性讨论科技工作的会议。会议集中对"文化大革命"前17年的科技工作路线是否正确进行了讨论。绝大多数代表以亲历的事实，肯定了17年来在科技工作中是正确路线占主导地位，其间的成就不容否定。

正当周恩来和广大科技人员迫切希望通过纠"左"以恢复各项工作的时候，"四人帮"又掀起了"批林批孔"运动，把全国科学技术工作会议看作"复旧回潮"，开展了严厉的批判。但这一短期的纠"左"行动，对科技战线产生了积极影响，广大科技人员和干部分辨是非的能力得到增强，从而排除各种干扰，努力潜心工作。与此同时，一大批干部和科技人员被解放，重新得到使用。

随着纠"左"的进行，科研工作也得以缓慢恢复。为做好学术交流和科技传播，1971年11月，恢复了《考古》《古脊椎动物与古人类》等刊物。随后，停刊了几年的《中国科学》，以及北京的20多种一级学术刊物和外地一些学术刊物也陆续复刊。

1972年2月，中美两国在上海发表了《联合公报》，开始了两国间的科技、文化等方面的交流。随后一些西方国家相继同中国建立了外交关系，官方科技交流与合作的大门终于打开了。1972年，联合国教科文组织召开第17次大会，中国政府第一次派代表出席了会议，这是中国政府参与国际科技活动的新开端。1972年11月，法国在中国举办了科技展览。1973年5月，美国科学家代表团应邀访华；6月，中国派科学家参加了在墨西哥召开的美洲大陆科学和人类讨论会；7月，美国高能物理学代表团访问中国。1974年5月，中国科学家代表团出访联邦德国、瑞士和法国；8月，瑞士工业技术展览在北京举行。这些国际科技交流活动，使我国沉寂和封闭多年的科技界开阔了视野，对促进我国的科技发展起到了积极作用，但这一良好势头，被后来的"批邓、反击右倾翻案风"所中断。

第二章
科技事业逐步发展

1973年，经毛泽东、周恩来批准，决定用43亿美元进口一批技术先进的成套设备和单机。同时，中国又派出医学代表团和科学家代表团先后出国学习和访问。这些工作提高了中国的工业生产能力和技术水平，带动了我国对外引进工作的全面开展，促进了对外科技交流，对我国此后的经济发展发挥了重要促进作用。

1975年1月，第四届全国人民代表大会第一次会议在北京举行。重新提出了1964年12月第三届全国人民代表大会确立的两步设想蓝图：第一步，用15年时间，即在1980年以前，建成一个独立的比较完整的工业体系和国民经济体系；第二步，在20世纪内，全面实现农业、工业、国防和科学技术现代化，使我国的国民经济走在世界的前列。这一奋斗目标给了科学技术工作者和全国人民以极大的鼓舞。

1975年，邓小平复出，主持中央、国务院工作，按照第四届全国人民代表大会确定的把中国建设成为社会主义现代化强国的宏伟目标，针对"四人帮"对科技事业的破坏进行了全面的治理整顿。在邓小平的支持下，中国科学院制定了发展科学研究的《中国科学院工作汇报提纲》（简称《汇报提纲》）。《汇报提纲》提出今后10年科学研究的基本任务为：积极承担国民经济和国防建设中若干综合性重大科研任务；开辟一批新兴科学技术领域；发展基础科学研究。为执行这3项任务，必须培养"又红又专"的科技新生力量，努力造就一批具有世界先进水平的科学家，大力开展科学普及和科学宣传出版工作，推广和交流科学成果，加速技术革新和技术革命，推动"百家争鸣"和学术进步。

专栏2-5

中国科学院《汇报提纲》的主要内容

1. 关于肯定科技战线的成绩问题。提纲指出："经过三大革命斗争实践的锻炼，绝大多数人是拥护党、拥护社会主义、愿意为人民服务的，并且为独立自主解决经济建设和国防建设中的一些重大科学技术问题做出了贡献……20多年来，科技战线上的绝大多数领导干部、科技人员和广大职工，辛勤工作，成绩是主要的。"

2. 关于科技工作的组织领导问题。中国科学院和国家科委合并以后，中国科学院承担的任务十分复杂和繁重,为此专设了"科技办公室",承担原国家科委的部分工作。但这种形式并不适应需要。提纲提出"为了集中精力搞好中国科学院这支专业队伍的工作,我们是赞成把原科委工作划出去的"。

3. 关于力求弄通毛泽东提出的科技战线的具体路线问题,提出了六个关系。①政治与业务的关系。政治是统帅,思想统一了,才能有统一的行动。对科技工作,一定要有坚强的政治领导,又有切实具体的业务领导。②生产斗争与科学实验的关系。提出了"不打这一仗,生产力无法提高"。科研要走在前面。③专业队伍与群众队伍的关系。发展科学技术要靠两支队伍:一支是专业队伍,一支是群众队伍。两条腿走路,发挥两个积极性。提纲强调,绝不能否定和取消实验室的研究工作。不能不加区别地要求任何科学研究工作都要实行"以工厂、农村为基地"的三结合。不宜笼统地、绝对地、不加分析地提"开门办科研"这样的口号。④自力更生与学习外国长处的关系。主张自力更生,既要反对崇洋媚外、盲目照搬,又要反对排外主义、闭关自守。必须经常地密切地注意和调查研究国际上科学技术发展的最新动向,有必要从国外引进一些先进技术、先进设备,必须积极开展同国际科学界的友好活动。⑤理论与实际、基础与应用的关系。要正确地贯彻理论联系实际的方针,要以大部分科技力量积极地认真地去解决经济建设和国防建设的实际问题,但是,又不能忽视自然科学的理论研究和基础性工作。⑥党的绝对领导与百家争鸣的关系。党对科学技术的领导就是路线、方针、政策的领导,就是用计划来领导。自然科学学术问题上不同意见的争论是好事,不是坏事。必须实行"百花齐放,百家争鸣"的方针,通过学术讨论的办法,通过科学实践来解决,不能以行政命令方法,支持一派,压制一派。

4. 关于科技战线知识分子政策问题。肯定了绝大多数知识分子是好的。落实政策把广大知识分子的积极性调动起来。

5. 关于科技十年规划轮廓的初步设想问题。初步拟定了今后科技工作的5个方面的战略设想。

6. 关于中国科学院院部和直属单位的整顿问题。整顿包括机构整顿,健全和调整领导班子,加快落实党的政策,整顿思想作风和关心群众生活。

第二章
科技事业逐步发展

在当时特殊的历史背景下,《汇报提纲》修改稿谨慎而留有余地,对极"左"思潮造成的危害一字未涉。即使如此,在1976年"四人帮"掀起的"批邓、反击右倾翻案风"运动中,《汇报提纲》仍被诬陷为一个妄图在科技界全面复辟资本主义的纲领。《汇报提纲》反映了广大科技人员关心和支持科技事业发展的迫切心情,体现了广大干部和科技工作者战胜邪恶、争取光明未来的信念和力量,为迎来严冬后的春天积蓄了力量。

第三章
重要科技成就

新中国成立后，我国科技工作者瞄准世界科学前沿，为我国科学技术事业的进步、为国家经济建设和国防建设的发展、为我国国际地位的提高，呕心沥血，艰苦奋斗，不断开创、填补和发展各个领域的科技事业，相继在多复变函数论、哥德巴赫猜想、陆相成油理论、人工合成牛胰岛素等方面取得了一批重要研究成果。

第一节　基础研究

经过我国科技工作者的艰苦努力，各门基础科学在原有水平上有了极大的提高，填补和充实了以往的空白和薄弱部门，在数学、天文、物理、生物等基础科学中的个别领域取得了很大成就，在我国的国防建设和国民经济建设中发挥了积极作用。

一、数学

1958年华罗庚的《多复变数函数论中的典型域的调和分析》一书出版，引起了国际上的高度重视，在许多数学前沿方向上有着广泛持久的影响，尤为重要的是带动了数学其他分支领域的产生与发展。在华罗庚的指导下，我国年轻的数学工作者王元、潘承洞和陈景润等人对"哥德巴赫猜想"进行了攻关，使我国该项研究水平从20世纪50年代起就一直处在世界前列，取得了许多重大成果。20世纪50年代，几位著名数学家共同工作，推动了拓扑学蓬勃发展，使之成为数学科学的主流之一。20世纪50年代末60年代初，伴随着计算机的发展，科学计算在西方兴起。1965年，我国数学家冯康的《基于变分原理的差分格式》一文发表在《应用数学与计算数学》上，建立了有限元方法严格的数学理论基础。有限元方法的创立，是计算数学发展的一个重要里程碑。

哥德巴赫猜想研究

中国科学院数学研究所陈景润在"文化大革命"中受到了严重冲击，但他在艰难的条件下，矢志不渝，夜以继日，潜心钻研"哥德巴赫猜想"问题，向着摘取这一"数学皇冠上的明珠"不懈努力。他在不足 6 平方米的房间里，在微弱的煤油灯光下，靠笔写手算，成功证明了"任何一个大偶数都可以表为一个素数和不超过两个素数乘积之和"（简称"1+2"），并于 1966 年 5 月在《科学通报》第 17 期上以简报的形式登载了这一结果。因为这一问题的证明手稿厚达 200 多页，必须加以简化才能更好地发表。又经过 7 年努力，1973 年 2 月，陈景润终于完成了"1+2"的简化新证明。同年，《中国科学》发表了陈景润的论文《大偶数表为一个素数及一个不超过二个素数的乘积之和》。论文发表后，在国际上引发了强烈反响。陈景润的证明方法被数学界称为"陈氏定理"，被誉为"筛法的光辉顶点"。

二、天文学

我国在天文观测、天文年历编算及世界授时等方面都取得了可喜成就。1965 年 1 月，紫金山天文台的科研人员发现了两颗长周期彗星"紫金山 1 号"和"紫金山 2 号"，这是我国天文工作者最早发现的两颗彗星。紫金山天文台的科研人员于 1964 年成功编算了本年度中国天文年历。在世界授时研究方面，上海天文台的叶叔华等科研人员与有关科研单位进行协作，使我国的授时系统所测定的标准时间精确度误差不超过千分之二秒，达到了当时的国际先进水平。

三、物理学

1958 年 6 月，中国第一台回旋加速器建成。回旋加速器是一种粒子沿圆弧轨道运动的谐振加速器，离子在恒定的强磁场中，被固定频率的高频电场多次加速，获得足够高的能量。加速器可用于原子核实验、放射性医学、放射性化学、放射性同位素的制造、非破坏性探伤等。1959 年 3 月，在 100 亿电子伏特质子同步稳相加速器上发现"反西格玛负超子"，这是通过实验首次发现的荷电反超子，引起科学界的轰动。60 年代中期，我国理论物理学家朱洪元、胡宁、何祚庥、戴元本等人提出"层子模型"，发表在《原子能》杂志和《北京大学学报（自然科学版）》上，在国际物理学界产生较强的反响。这一研究与当时国际上其他有关强子结构的研究工作一起，标志着粒子物理理论研究进入了探索强子内部本质联系的新阶段。

此外，1973年我国在陕西开展了长波授时台等筹建工作，加强了高能加速器、激光器、计算机、大规模集成电路等研制工作。

四、光学

1961年9月，中国科学院长春光学精密机械研究所研制成功了我国第一台红宝石激光器。这一成果使我国光学技术向前飞跃了一大步，而且表明我国激光技术已步入世界先进行列。1963年，我国研制成功氦氖激光器，并开始了批量生产，很快被应用于工业生产。1964年，在王大珩总设计师的带领下，研制成功了大型精密光学跟踪电影经纬仪，开创了我国独立自主地从事光学工程仪器研制和小批量生产的历史。1965年8月，我国第一台一级大型电子显微镜研制成功，放大倍数最大为20万倍，全部采用国产材料制成。

五、生物化学

1962年，我国生物化学家邹承鲁成功揭示了蛋白质功能基团的修饰与其生物活力之间的定量关系，"邹氏作图法"在国际上得到了广泛认可和大量应用。殷宏章等人在光合作用的光合磷酸化机制研究方面取得了重大进展，我国在国际上最早发现了光合磷酸化过程中高能中间态的存在。中国科学院上海生物化学研究所、有机化学研究所、北京大学化学系的30多位专家经过6年多的不懈努力，于1965年9月成功实现人工合成牛胰岛素（图3-1）。这是世界上第一个人工合成的蛋白质，它的结构、生物活力、物理化学性质、结晶形状都和天然的牛胰岛素一样，这是我国取得的一项具有世界水平的科技成果。1969—1974年，我国科学工作者先后在分辨率4埃（1970年）、2.5埃（1971年）、1.8埃（1973年）测定了猪胰岛素三方二锌晶体结构。这是我国测定的第一个蛋白质晶体结构，也是国际上测定的少数几个高分辨率晶体结构之一。研究论文发表于1972年和1974年的《中国科学》上，该成果达到当时世界先进水平，是继人工合成胰岛素之后我国蛋白质科学研究的又一重要成果。

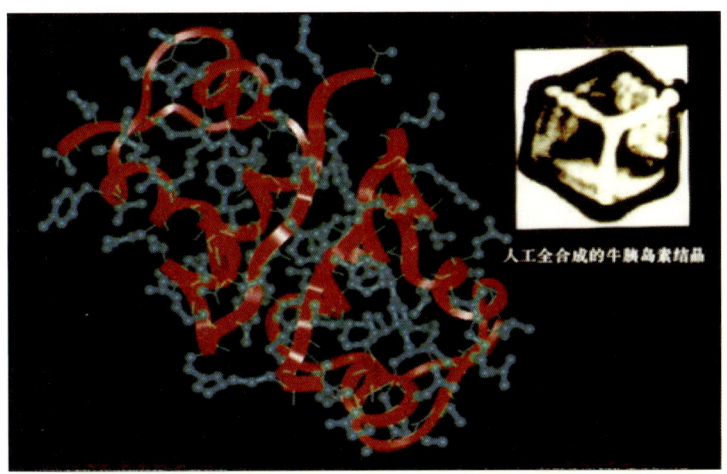

图 3-1 人工合成牛胰岛素

六、作物育种

陕西省在 1976 年前后培育成功"矮丰号"小麦新品种，推动了国内小麦矮化育种工作。广东育种专家黄耀祥培育出新的矮秆水稻良种。河北省农科院蔬菜研究所高级农艺师赖俊铭克服了缺少设备和经费等重重困难，培育出西红柿、黄瓜、白菜等 30 多个优良蔬菜品种，受到农民群众的称赞和欢迎。

籼型杂交水稻的育成推广，是我国农业科学技术领域的重大突破。袁隆平从 1960 年就开始从事水稻育种研究，1964 年成功选育出一株雄性不育水稻。在此基础上，开始了水稻"三系"的选育。后来改用远缘杂交，通过细胞质雄性不育途径来培育水稻"三系"。在"文化大革命"期间，袁隆平直面责难和破坏，克服各种困难，经过艰苦的试验和努力，撰写出重要论文《水稻的雄性不孕性》，发表在 1966 年的《科学通报》上。此后，他历经 8 年，使用上千个品种，做了上万个杂交组合，攻克了提高雄性不育率、三系配套、育性稳定、杂交优势、繁殖制种等技术难关，终于培育出米质优良、适应性广、抗逆性强的杂交水稻新品种，并在全国大面积推广。杂交水稻的培育成功，大幅提高了我国水稻产量，对世界农业科学和粮食生产均产生了巨大影响，袁隆平因而被誉为"杂交水稻之父"。

七、全国大规模综合考察

1955 年 12 月，中国科学院成立了自然资源综合考察委员会。根据《十二年科学规划》

制定的任务，在这一时期综合考察委员会曾先后组织了 15 个综合考察队，包括黑龙江、新疆、青海、甘肃、西部地区南水北调、西藏、内蒙古、宁夏等地区性综合考察队，以及黄河中游水土保持、云南热带生物资源、华南热带生物资源和治沙等专题性的综合考察队。在中国的东北、内蒙古、西北、西南、华南等占国土面积 60% 左右的边远地区，进行了广泛的调查和考察，取得了丰硕成果。

1960 年，中国科学院综合考察委员会组织有关部门对西藏自治区进行了大规模的综合考察。通过自然资源综合考察，基本上查清了西藏地区自然条件的特征和自然资源的数量、质量及其分布规律，积累了大量的第一手资料，填补了这些地区综合调查研究的空白，为边疆地区自然资源开发和生产力布局提出了综合开发方案和远景设想，并在不同程度上发挥了作用。1959 年，中国科学院和国家体委联合登山队首次从北坡登上珠穆朗玛峰，开展了珠穆朗玛峰东、西、北三面约 7000 平方千米范围内的考察，系统地记录了该地区的自然面貌和垂直自然带现象。1965 年登山队再次考察了该峰区，考察范围比 1959 年扩大约 7 倍，出版了包括地质、古生物、第四纪地质、自然地理、现代冰川地貌、生物与高山生理、气象与太阳辐射等分册考察报告。1964 年还组织了对希夏邦马峰的科学考察。

在此期间，还对青海地区进行了大规模的考察活动，包括对柴达木盐湖资源、祁连山冰川资源和青甘地区矿物资源、海北藏族自治州农牧业与土壤资源及祁连山生物资源等进行广泛调查。

1958 年，西北六省区召开了全国首次治沙会议。根据会议要求，中国科学院成立了治沙队，开展了大规模的沙漠考察，对塔克拉玛干、古尔班通古特、巴丹吉林、腾格里、乌兰布和、库布其沙漠，以及毛乌素、浑善达克、科尔沁沙地等野外考察工作历时 7 年，查明了上述地区的沙漠和戈壁的面积、分布、类型、成因及演变的规律，摸清了区域自然地理特征及土地资源状况，为干旱、风沙、盐碱的综合治理提供了科学依据。

为满足河西走廊工农业用水需要，高山冰雪利用研究队从 1958 年起对祁连山冰雪资源进行调查，并在山脉西段建立了我国第一个冰川观测站，初步查明祁连山现代冰川的分布类型和特征，估算了蓄水量与融水量，并积累了水文、气象、地貌资料，为解决该地区的用水需要提供了科学依据。

根据中苏两国政府于 1956 年 8 月 8 日签订的协议，黑龙江流域综合考察工作自 1956 年开始到 1960 年为止，共组织了 40 多个单位、700 人次的地质、自然资源、水能水利、交通运输、综合经济的科学考察，基本上摸清了自然条件和自然资源情况，完成了流域内水能资源和黑龙江干流、额尔古纳河各电站的勘察工作。

新中国成立以后，首先把根治黄河流域的规划提上了议事日程，国家在着手建设三门峡水库的同时，开始重视中游黄土区的水土保持和中下游平原灌区及盐碱地改良等重大问题。1953年，中国科学院和黄河水利规划委员会组织了黄河中游水土保持考察队，对黄河中游水土保持进行综合研究，采取农业、林业、畜牧、水利和田间工程等各种措施，以及因地制宜、自上而下、沟坡兼治、生物措施与工程措施相结合的综合治理办法，提出了不同类型的水土保持措施及合理配置方案。

水利部和中国科学院相继成立土壤调查队，对华北平原30万平方千米进行了野外调查，并进行了水、土、盐分析和资料整理。套色印刷了1：1 500 000的《华北平原土壤图集》，内容包括地形、河流改道、第四纪沉积、土壤改良分布等，为这一地区的经济建设提供了重要依据。

为了给长江流域综合治理提供有关的资料，1957年长江流域规划办公室组建了长江流域土壤队，与中国科学院土壤队一起，进行了长江流域土壤调查。从1958年开始，分阶段完成了湖北江汉平原、宜昌、襄樊地区，包括大洪山区的土壤调查任务；1959年，两个队分别对湖南、湖北交界的洞庭湖四周，包括常德、长沙及湘江中游地区进行了调查制图，对鄱阳湖四周及赣江流域进行了中比例尺土壤制图。根据上述实地调查所完成的区域报告，参考各省土壤调查资料、林业资料，最后编制了1：1 000 000长江流域土壤图。

在1952年华南三叶橡胶宜林地调查的基础上，1957年，中国科学院综合考察委员会组织了华南热带生物资源综合考察队，分别对广西红水河、桂西南龙津地区和十万大山、广东汕头专区、福建南部、桂东地区进行了点线面的以橡胶为主的热带植物自然条件和自然资源的综合考察。1961年，又对广东湛江和海南行政区进行了重点补查，分别提出了广东、福建、广西三省（区）以橡胶为主的热带植物宜林地综合考察报告和开发方案，阐明了华南三省（区）发展橡胶及其他热带植物的自然条件和经济条件，宜林地等级划分标准、面积和分布，为国家和地方开发华南地区的橡胶等热带植物资源提供了科学依据。

1956年，中国科学院综合考察委员会组织了云南热带生物资源综合考察队，重点进行了重要工业原料紫胶的调查和实验，先后考察了云南的思茅、西双版纳、文山、德宏、临沧、红河6地（州）及楚雄、玉溪的部分县。经过5年多的野外考察，编写了考察报告、开发方案、专题研究等著述87件。

中国科学院海洋生物研究所、水产部、山东大学海洋系及海军部队，在国家科委组织下，从 1957 年 9 月开始，在渤海海峡和黄海北部进行了 4 次多船同步观测，不仅为绘制水文气象图集积累了材料，而且通过对比同步与不同步观测资料，积累了浅海调查的经验。这一时期还进行了渤海海洋综合调查及黄海断面调查，调查内容包括海洋物理、化学、气象、地质、地貌和生物。其中，地质、生物每年一次，其他每月一次，这是中国首次开展的大面积海洋综合调查。

1958 年 9 月，根据《十二年科学规划》中"海洋综合调查"的要求，开展了全国近海海洋普查工作，普查分渤海和黄海、东海、南海 3 个海区进行，共设 83 条断面和 570 个大面积观测站。根据这次全国海洋普查，出版了 10 册《全国海洋综合调查资料》，系统地报道了中国近海水文、气象、化学、海流、潮流等的分布和变化情况，为开发海区自然资源奠定了基础。

继这次普查之后，国家又多次组织中国近海海区水文断面调查，对中国海水系、流场、温跃层分布与变异进行长期监测，为开发近海海洋资源提供了基础数据。

1976 年 3 月，我国派出"向阳红 5 号"和"向阳红 11 号"两艘万吨级科学考察船，进行了近两个月的首次远洋科学考察，除完成远程火箭试验海上落点靶区选择工作外，也在南太平洋中部开展了大洋多金属结核的海上调查，并从近 5000 米水深的海底采集到 10 多块锰结核样品。

对海湾滩涂的调查也在这 10 年内开展起来。为解决塘沽新港的泥沙淤积问题，中国科学院联合天津港务局进行研究，使问题得到了解决。华东师范大学、北京大学、山东师范学院等单位，进行了大规模的海洋动力学、海岸地质地貌的综合调查，分析了渤海湾海洋水文气象特征、潮流系统与泥沙运动的关系，取得了重要成果。

第二节　应用技术

一、工业

这一时期，工业科学技术进步突出表现为机械工业大型成套设备的研制生产。20 世纪 60 年代，我国试制成功了大量新产品，包括一些高级、精密和大型设备，如定位误差 6 微米的坐标镗床、1.2 万吨自由锻造水压机（图 3-2）、10 万千瓦汽轮机、精密轴承、质谱仪、高分辨电子显微镜、我国首创的"双水内冷"汽轮发电机组、1150 毫米初轧机等。

我国已能够自制135吨电气机车和内燃机车、电气化铁道、80马力链轨式履带拖拉机和万吨级远洋货轮。我国试制成功的新型金属材料、新型无机非金属材料、新型化工材料共12 800余项，在品种上可以满足导弹、原子弹、航空、舰艇、无线电方面科研和生产需要的90%以上，为新型材料立足国内打下了一定基础。

钢铁工业初步建立起适合中国资源条件的合金钢系统，为适应中国资源特点，用钒钛锰硼系统钢种代替汽车、拖拉机、机床用的镍铬系统钢种的科研工作取得了显著成效。中国科学院金属研究所的科研人员，与有关部门合作成功研制了我国第一代具有当时世界水平的铸造多孔气冷涡轮叶片，供国产飞机使用。中国科研人员

图3-2　1.2万吨自由锻造水压机

还创造性地研制出铬－锰－氮无镍不锈钢及廉价的铁－锰－铝系列奥氏体耐热钢和无磁钢，缓解了国内供求紧张的矛盾，有力地支援了国防和经济建设，并对稀土金属在民用钢铁、化工、轻工、农业等方面的研究、开发及综合利用进行了部署。

我国从无到有地建立了石油化工、高分子、分析化学等工业科研体系，一些质量要求较高的燃料、润滑油脂、电气绝缘油脂等产品试制成功，部分已投入生产。中国科学院长春应用化学研究所和北京化工研究院的科技人员，成功地开辟了顺丁橡胶单体合成新路线，并攻克催化剂这一难关，自行研究和生产出我国第一个性能良好的通用橡胶品种，不仅满足了国内大品种合成橡胶的急需，而且部分产品实现出口。轻纺工业生产中利用蔗渣和若干速生树种制造人造纤维也取得一定成果。

此外，我国在崇山峻岭之间修筑了成昆铁路，在浩瀚长江上架起了南京长江大桥，建成30万千瓦双水内冷发电机组，建设攀枝花钢铁基地、第二汽车制造厂、葛洲坝水利枢纽，在华北、松辽平原、江汉、中原等地区开展了油气资源勘探与开发。中国在重大工程建设方面取得了一系列振奋人心的进展。

二、化工与农业

为支援农业生产,我国在这一时期兴建了衢州化工厂、吴泾化工厂、广州化工厂等大中型化肥厂。截至1965年年底,全国投产的中型氮肥厂达到15个,合成氨产量达到了130万吨以上。在开发氮肥生产新工艺方面,成功研制了氧化锌脱硫剂、低温变换催化剂和甲烷化催化剂,使我国的合成氨技术达到国际较高水平。1961年,上海联合化工厂和上海医药工业设计院成功改进了有机氯农药"666"杀虫剂的生产工艺,大大提高了当时通用产品的数量和质量,减少了消耗,降低了劳动强度。1964—1966年,经过我国科技人员的研究开发,先后投产了福美砷、甲基胂酸钙、退菌特等有机砷杀菌剂,解决了一些农作物防治病虫害的急需,使我国的农药生产实现了年产百万吨的目标,农药的产品质量和原料消耗等项目的技术经济指标都达到了新中国成立以来的最好水平,为防治农作物病虫害、提高农业产量做出了贡献。

我国还初步完成了全国耕地的土壤普查,世界上最早育成的矮秆水稻得到大面积推广。通过选育可以推广的稻、麦、棉、玉米等8种作物169种优良新品种,一般可增产10%～15%。加快农业技术改革,采取灌溉、栽培、施肥等综合的技术措施,大大提高中国粮食作物的复种指数。我国科研工作者基本掌握了11种主要农业病虫害的发生规律,提出了不少有效的控制、防治方法,尤其是深入研究了东亚飞蝗的生活史,为预报虫情进而消灭飞蝗虫害做出了贡献。创制和改进了许多防治家畜疾病的疫苗,开展了适合中国国情的农业机械的研究试验。畜类改良、渔业资源及鱼类洄游规律、林木速生丰产、橡胶种植的研究等,已经在比较薄弱的基础上较快地发展起来了。

三、自然资源勘探

为了加快我国油气资源的勘查步伐,1954年12月国务院做出决定,要大力加强可能含油构造的勘测和勘探,迅速扭转石油勘探工作的落后局面,争取尽快发现含油气的地质区。1955年,地质部普查委员会召开了第一次石油普查会议,决定在华北平原、松辽盆地、四川盆地、鄂尔多斯盆地、准噶尔盆地、柴达木盆地进行重点普查。从1956年开始,地质部组成普查队伍开始对松辽盆地进行大规模的地质钻探、地球物理勘探等综合石油普查勘探,获得了大量宝贵的第一手资料。通过对这些资料的综合分析,我国科学家对松辽盆地的内部构造、轮廓、基底起伏、白垩纪地层的分层对比、岩性及厚度变化、分布,以及生油层和储油层的状况有了总体了解和认识,从而肯定了松辽盆地的石油远景。

经过石油部和地质部的共同勘探，松辽盆地石油普查有了较大进展，发现了可能生油层。1958年，中共中央做出战略性决策，把石油资源勘探由我国的西部向东部转移。石油部先后组建了松辽石油勘探局和华东石油勘探处，通过勘查进一步证实了松辽盆地确实具有良好的储油条件，1959年9月首次钻探出工业油流，日产原油9～12吨。经过扩大勘探试采，查明该地区有2000平方千米的含油面积，能够长期稳产。这一重大发现是在国庆10周年前夕发现的，因此将该油田命名为"大庆油田"（图3-3）。

图 3-3　参加大庆石油会战的钻井队

1960年，石油部调集全系统30多个厂矿、相关院校人员和各种装备，开始了一场声势浩大的大庆石油会战。经过3年多的艰苦奋斗，取得了巨大成功，大庆油田基本建成，从而改变了我国石油工业落后的面貌。1963年，周恩来在第二届全国人民代表大会上庄严宣告，中国实现石油基本自给。中国人靠"洋油"过日子的时代一去不复返了。

四、医学

医学科学技术取得了非常突出的成绩。控制和消灭了多种恶性流行病和急性传染病，如消灭了海南岛微小按蚊、根除了通辽地区鼠疫自然疫源地等，并且在临床医学的若干方面已接近或达到世界先进水平。福建省微生物研究所科研人员经过3年的努力，研制成功抗生素"庆大霉素"，填补了国内空白。在显微外科方面，1958年，我国成功治愈了烧伤面积达89%的患者，打破了国外关于"烧伤面积在80%以上患者无法治愈"的论断。1963年，成功完成了世界首例断肢再植手术，断指再植也获得了成功，在国际医学界受到高度评价；人工心肺机等器械和抗生素等药物达到了较高水平。另外，对中国传统医学遗产的整理、研究和发扬，也为现代医学的发展做出了独特的贡献。

青蒿素

1967年5月23日，国家科委和总后勤部在北京召开各有关单位参加的"全国疟疾防治研究协作会议"，最主要的任务是在较短时间内研究抗药性疟疾的防治药物和长效预防药物及驱蚊剂等问题（简称"523任务"）。在该任务中，寻找中药抗疟药成为防治热带耐药性疟疾（重点恶性疟）的重要途径之一。该项目共有超过60家科研机构和大约500名科学家参与其中。1969年1月，中国中医研究院参与了"523任务"，该院化学研究室组长由屠呦呦担任。

在承担任务过程中，屠呦呦和同事收集了2000多种方药，从中精选640种，然后筛选了380余种中药提取物，最终确定了包括青蒿在内的几种中药作为研究对象。当时，青蒿的临床效果并不理想，虽然曾出现过68%的疟原虫抑制率，但之后的实验中却只得到了12%～40%的抑制率。受东晋葛洪所著《肘后备急方》中用青蒿"绞汁"治疗疟疾的用药经验启发，屠呦呦改用沸点比乙醇低的乙醚提取，创建了低温提取青蒿抗疟有效成分的方法，并将该提取物分为中性和酸性两部分。历经190次反复实验，于1971年10月4日分离获得的191号青蒿中性提取物样品显示对鼠疟有100%抑制率，12月又通过实验证明对猴疟有同样效果。1972年11月，又进一步从抗疟有效部位中分离提纯得到有效单体——青蒿素（图3-4）。

从传统中药青蒿中分离出抗疟有效成分青蒿素是"523任务"的标志性成果之一。由于其在疟疾治疗中表现出的高效、速效、低毒和与其他抗疟药物无交叉抗药性等显著特点，青蒿素及其衍生物后来成为国际上被广泛应用的疟疾治疗首选药和主要药物，挽救了数百万人的生命。2015年10月，由于在青蒿素发现过程中的突出贡献，屠呦呦获得诺贝尔生理学或医学奖。

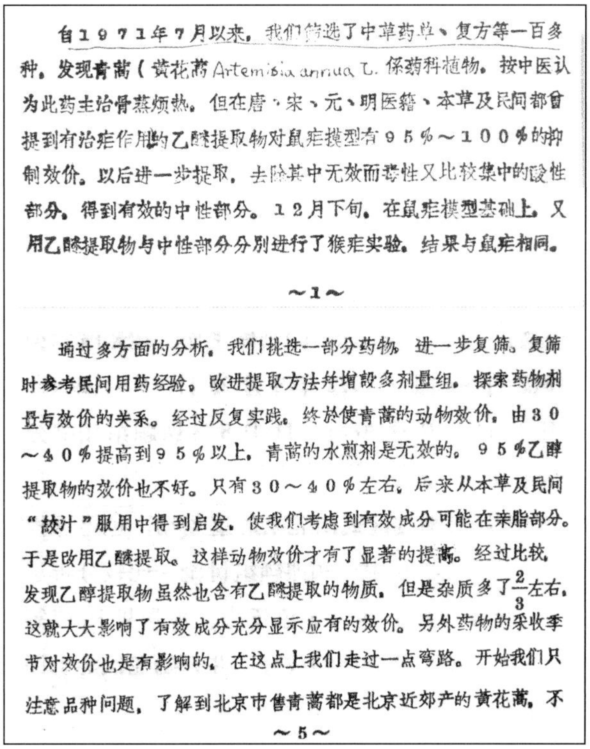

自1971年7月以来。我们筛选了中草药单、复方等一百多种。发现青蒿（黄花蒿 Artemisia annua L. 係菊科植物。按中医认为此药主治骨蒸烦热。但在唐、宋、元、明医籍、本草及民间都曾提到有治疟作用的乙醚提取物对鼠疟模型有95%～100%的抑制效价。以后进一步提取，去除其中无效而毒性又比较集中的酸性部分。得到有效的中性部分。12月下旬。在鼠疟模型基础上。又用乙醚提取物与中性部分分别进行了猴疟实验。结果与鼠疟相同。

～1～

通过多方面的分析。我们挑选一部分药物。进一步复筛。复筛时参考民间用药经验。改进提取方法并增設多剂量组。探索药物剂量与效价的关系。经过反复实践。终於使青蒿的动物效价。由30～40%提高到95%以上。青蒿的水煎剂是无效的。95%乙醇提取物的效价也不好。只有30～40%左右。后来从本草及民间“绞汁”服用中得到启发。使我们考虑到有效成分可能在亲脂部分。于是改用乙醚提取。这样动物效价才有了显著的提高。经过比较。发现乙醇提取物虽然也含有乙醚提取的物质。但是杂质多了$\frac{2}{3}$左右。这就大大影响了有效成分充分显示应有的效价。另外药物的采收季节对效价也是有影响的。在这点上我们走过一点弯路。开始我们只注意品种问题。了解到北京市售青蒿都是北京近郊产的黄花蒿。不

～5～

图 3-4　在 1972 年南京会议上中医研究院
疟疾防治小组提交的部分报告内容

五、新兴技术

新技术是现代科学技术发展的关键，尤其是无线电电子学、自动化、半导体和计算技术 4 个领域至关重要，由于我国在这些领域的基础非常薄弱，甚至是空白，为了在短时间内接近国际水平，我国采取多种措施，集中力量，大力发展这些新兴学科，并取得了一系列重要成果。

无线电电子学领域。在整机方面，已能生产多种雷达、导航设备、广播发射设备、无线电通信设备、自动交换机和电子仪器等产品。在元器件方面，已掌握了以电子管为基础的真空器件成套工艺及通用元件的生产技术，从仿制走向自行设计。1954 年，华东电子管厂与中国科学院物理研究所共同研制并投产了首批 γ 射线计数管、β 射线计数管等核辐射计数管；1956 年，研制成功我国第一只示波管；1957 年，研制成功第一批国产光电管；1958 年，成功仿制出 14 英寸黑白显像管。1958 年 3 月，天津无线电厂全部采用国产电子元器件，研制成功电子管式黑白电视机并取名为“北京”牌。同年 5 月，

我国第一座电视台——北京电视台开始实验性广播。北京广播器材厂、中央广播事业局所属的广播科学研究所和清华大学无线电系合作，试制成功黑白电视中心设备，包括电视摄像机、技术和音响控制台、录像机及电视转播设备、大功率电视发射机等，第二年又研制成功国内第一辆电视转播车。我国形成初具规模、门类齐全、地区分布合理的中国电子工业体系，并陆续建成华北光电技术研究所、北京真空电子技术研究所、成都通信研究所等一批电子研究机构。天津市研制成功中国第一台彩色电视机，并于1972年建立了中国第一个电视专业研究所。江苏省建成南京卫星地面接收站，为中国通信广播事业的发展迈出了重要一步。

自动化技术领域。围绕生产过程机械化及自动化等中心任务开展研究工作，取得了一系列科研成果。例如，小型空对空导弹飞行试验的无线电遥测设备。适用于飞行员航空生物医学试验的无线电遥测设备，以及能够快速准确测量核试验时火球温度和冲击波压力的观测仪器。中国科学院自动化研究所承担了我国第一颗人造地球卫星的遥控遥测系统及卫星地面实验用综合空间环境模拟设备的研制任务。

半导体领域。中国科学院半导体研究所研制出我国第一台硅单晶炉和区熔炉，并与北京电子管厂半导体实验室合作，采用电真空器件的封接技术，于1957年试制出锗二极管和锗合金晶体管。同一时期，南京电子管厂、上海元件五厂、北京电工研究所和辽河实验工厂等单位也相继开始研制和生产半导体器件。河北半导体研究所研制出6类锗高频台式晶体管和9种锗器件；1962—1964年突破硅外延工艺和硅平面技术后，先后研制出硅高频功率管等20多种硅平面型器件，并很快将成果向工厂推广。1965年，北京电子管厂建成我国第一条年产300万只锗低频小功率管生产线，同年5月，研制成功第一台晶体管8路同声传译设备。到1966年，全国半导体专业生产厂已有45家，年产量2700万只，超过同年电子管的产量。从20世纪60年代初起，半导体器件逐步开始取代电子管，使电台、雷达、计算机、测试仪等电子装备快速向小型化发展，加速了半导体器件向民用领域扩展，特别是在收音机上的应用。到1965年年底，我国半导体收音机的产量已达到50多万台，超过了电子管收音机的产量。"文化大革命"时期，上海冶金研究所的邹元曦、陈念贻，每天坚持在牛棚中整理资料和以往的实验数据，编写出了关于我国半导体材料发展的建议和近4万字的量子化学论文。

电子计算机领域。中国科学院计算技术研究所于1958年8月仿制成功我国第一台小型数字电子计算机（当时定名为"103型通用数字电子计算机"，简称"103机"）；

1959年9月，成功研制出我国第一台每秒能运算1万次的大型通用数字电子计算机（简称"104机"）。这两台计算机的研制，不仅填补了我国在电子计算机领域的空白，而且培养出从研究设计、生产制造、系统调试到技术保证的配套队伍。103机后来生产了36台，104机共生产了7台，解决了当时国家建设中许多复杂的计算问题，如工程设计中的多元联立代数方程式、建筑工程中"暂态现象"的微分方程、大地测量中测绘的平差计算、中期短期天气数值预报的计算、铁路线路选择方案的计算、东北地下水道设计的计算、刘家峡水电站大坝应力分析、未来长江三峡水利枢纽的"不稳定流"计算，以及我国第一颗原子弹的研制计算任务。1963年，中国科学院计算所自行设计制造出我国第一台109型通用晶体管电子计算机。1964年，第一部由我国自主设计的大型通用数字计算机119机研制成功，运算速度每秒5万次，保证了我国第一颗氢弹设计计算的需要（图3-5）。随着晶体开关管技术的成熟，中国开始了第二代全晶体管计算机的研制。1965年11月，华北计算技术研究所与北京有线电厂联合研制的108乙型晶体管计算机，采用当时国内刚刚面世的"与非门"小型数字集成电路和印制电路板，字长48位，配有宽磁带机和4台立式磁鼓存储器，运算速度达到每秒6万次，是当时质量好、性能最高的中型机。到20世纪60年代中期，我国已有5种晶体管计算机试制成功并投入小批量生产。

图3-5　1964年，我国研制成功的大型通用数字计算机——119机

第三节 国防科技

一、导弹

核武器需要有导弹作为发射工具。1956年2月,《建立我国国防航空工业的意见书》对中国发展航空及火箭技术,从领导、科研、设计、生产等方面提出了建议。随后,中央军委多次召开会议讨论关于发展航空火箭技术与制造导弹的问题。3月14日,周恩来召开专门会议,决定成立国防部航空工业委员会,具体领导这项工作。4月17日,航空工业委员会正式宣告成立。

为了争取时间,缩短摸索过程,中国政府向苏联政府提出在导弹制造、研究和使用方面给予援助的书面请求。1956年9月,苏联答复同意供应两枚教学用导弹样品,接收50名中国留学生到苏联学习火箭专业,并派5名苏联教授来华教学。

1956年10月,国防部第五研究院(导弹研究院)成立,组织建立了导弹总体、空气动力、发动机、弹体结构、推进剂、控制系统等10个研究室,由任新民等科技专家担任这些研究室的主任或副主任,与当年分配的100多名应届大学生组成了最初的导弹研究队伍。当时调来的人员没有一个是学导弹专业的。国防部第五研究院成立后的第一件事就是开设导弹技术研究班,并组织有关专家授课,结合导弹制造的实际需要,学习相关理论,边实践、边学习。

1957年11月,国防部第五研究院成立了一分院和二分院,分别承担导弹总体、火箭发动机和控制引导系统的研究工作。1958年3月,国防部第五研究院在北京地区建设导弹总体与发动机研制、控制导引系统研制、火箭发动机试验、空气动力研究4项工程。在抓紧研制基地工程建设,创造研究、试验条件的同时,重点开展了苏制伊尔-2型近程地对地导弹的仿制工作。

1959年6月,正在中国发展核武器的关键时候,苏联单方面撕毁了中苏两国1957年签订的《国防新技术协定》。为实现"独立自主、自力更生"地发展现代科技,特别是国防科技的目标,中共中央采取了一系列重大措施,组织全国大协作,把各方面的技术力量组织起来,全国"一盘棋",拧成"一股绳",从产品设计、试制、生产到原材料的供应都立足于国内,逐项安排落实新材料、新设备的研制生产,分工负责,共同完成科研任务。国防科研部门、中国科学院、工业部门、高等院校和地方科研部门5个方面的技术力量组成全国规模的协作网，充分发挥各自的优势，各有关部门相互配合。中国科学院先后动员了30多个研究所的大部分科研力量，承担了300多个科研项目的协作任务，解决了许多重大关键技术问题。

由于苏联中断援助，给导弹的仿制工作带来很大困难。科技人员怀着自力更生的决心，将这枚导弹起名为"争气弹"，发愤图强，不畏艰难，终于完成导弹的研制任务。1960年11月和12月，我国连续进行了3次导弹发射试验，都获得了成功。

二、原子弹

原子弹的研制是一个涉及多学科、多领域的复杂系统工程。新中国成立后，我国组建了中国科学院近代物理研究所等研究机构，先后组织吴有训、钱三强、王淦昌、赵忠尧、何泽慧、彭桓武、邓稼先等科学家和一批年轻科技人员开展核科学研究，取得了一批具有一定水平的科研成果，为我国核科学的发展奠定了人才基础。1954年起，我国陆续开展铀矿资源的勘探、开采和冶炼，建成了核燃料厂。1955年1月，毛泽东主持中共中央书记处扩大会议，决定建设中国的原子能工业。同年3月，中央成立3人领导小组，负责指导原子能事业发展工作。1956年11月，国务院成立了第三机械工业部（1958年后改称"第二机械工业部"，简称"二机部"），具体负责组织实施我国原子能事业的建设和发展工作。1958年7月，中国科学院近代物理研究所二部改名为中国原子能科学研究院（简称"原子能研究所"）。

1955年，北京大学创办技术物理系，清华大学创办工程物理系。1958年，中国科学院又创办了中国科学技术大学，采取所系结合办校方针。1957—1959年，原子能研究所先后举办了7期同位素学习班。这些都为我国培养自己的原子能科学专业技术人才发挥了重要作用。多次派专家、留学生出国考察，学习和实习，学习反应堆、加速器等物理仪器的制造和使用及放射化学、分析化学和辐射化学等新技术。

1955年，国务院专门成立了建筑技术局，并最终选定北京远郊的坨里作为建设反应堆和回旋加速器的地址。1957年，建立中国科学院兰州物理研究室（后改为"兰州近代物理研究所"），成为我国原子能科学的一个重要基地。1958年，北京坨里实验基地正式建成。同年，二机部在北京通县建立了"铀矿选冶研究所"，主要负责研究、生产氧化铀和四氟化铀。

原子弹研制历经艰苦攻关。经过两年多的大量计算和反复论证，科技人员从理论上对以浓缩铀为装料的原子弹的反应过程和性能有了比较系统的理解，提出了第一颗原子弹的理论设计方案。科技人员分别从爆轰和力学结构方面开展了核装置结构的两种方案研究。

点火中子源是原子弹的重要部件之一，原子能研究所与核武器研究所共同承担了这项任务。科技人员经过数百次试验，攻破了一系列技术难关，于1962年年底研制出符合核武器要求的中子源装料，并在1963年12月聚合爆轰试验中获得成功。原子能研究所等单位的科技人员测定了与裂变反应有关的重核中子截面、裂变中子能谱及裂变中子平均数，建立了各种放射性测量方法和标准，还协助核武器研究部门完成了快中子临界装置的理论计算、临界安全计算等课题。

我国第一颗原子弹以高浓缩铀作为核装料。生产高浓缩铀的兰州铀浓缩厂于1958年开始建设，1961年完成了扩散机组安装和扩散机的氟化处理。由于苏联毁约拒供所需原料六氟化铀，中国科技人员决定使用简法生产，在原子能研究所建成简法生产装置，并于1963年前得到了合格产品。

1962—1963年，在二机部矿业局的组织下，各地铀矿和铀水冶厂先后建成投产；包头核燃料元件四厂氟化铀车间和酒泉原子能联合企业六氟化铀厂也相继生产出合格产品，使兰州铀浓缩厂所需原料的供应有了可靠的保证。

1964年10月16日15时，我国第一颗原子弹在新疆罗布泊核试验基地试验爆炸成功，核爆炸威力为2.2万吨TNT当量（图3-6）。

图3-6　1964年10月16日，我国第一颗原子弹试验爆炸成功

从 1965 年 11 月起，我国自主研制改型的中近程地对地导弹在西北综合导弹试验基地连续进行了多次飞行试验，均获得成功。1966 年 10 月 27 日 9 时，首次用改型的中近程地对地导弹运载真实的核弹头，成功地进行了"两弹"结合的发射试验，核弹头与弹体分离后，按预定轨道飞向弹着区，在靶心上空爆炸。至此，我国不仅拥有了可用于实战的导弹核武器，而且基本具备了自行研制导弹的能力。

三、氢弹

氢弹研制在理论和技术上比原子弹更为复杂。当时，国外对氢弹技术严格保密，我国只能依靠自己的力量才能攻克这一难题。我国在进行第一颗原子弹研制的同时，已经开始了对氢弹原理的探索，并取得了一定进展。1960 年 12 月，钱三强组织原子能研究所黄祖洽、于敏等组成轻核理论组，开始了氢弹研制的探索。1963 年 9 月，核武器研究所组织科技人员围绕设计含热核材料的原子弹，开始了氢弹理论探索。1965 年 5 月，科技人员通过理论探索和试验数据，提出了氢弹的原理方案。1965 年 8 月，中央专委批准了二机部《关于突破氢弹技术的工作安排》。1965 年 9 月，在邓稼先的领导下，于敏带领科研小组逐步厘清了氢弹的可能原理，并通过几个月的连续奋战，经过大量计算，终于找到了解决自持热核反应所需要的关键条件，探索出一种新的氢弹制造理论方案，突破了氢弹制造最关键的环节。

加速氢弹研制的另一个重要条件是热核材料的生产和热核材料部件的研制。正当我国第一条氘化锂 –6 生产线建设工程进入安装阶段时，苏联政府中断了援助。二机部当即将原子能研究所从事轻同位素分离的科技人员调到包头核燃料元件厂，共同攻克技术难关。在原子能研究所、北京大学、清华大学的协助下，科技人员围绕热核材料生产中的 95 个课题展开全面攻关，保证了氘化锂 –6 生产线的安装投产。化工部组织大连油脂化工厂和上海化工研究院，加快用电解交换法制取重水的中间试验，生产出了合格的重水。

1966 年 5 月 9 日，我国在西北地区进行第 3 次核试验，成功爆炸含有热核材料的原子弹，验证了热核反应过程与理论预测的一致性，为氢弹设计提供了重要数据。1966 年 12 月 28 日，进行了第 5 次核试验，验证了我国科学家提出的氢弹原理，证明了这一新理论方案是先进简便且切实可行的。1967 年 6 月，我国在西北核试验基地进行了全当量氢弹试验，获得圆满成功，爆炸威力为 330 万吨 TNT 当量（图 3-7）。

从第一颗原子弹到第一颗氢弹，美国用了7年零4个月，苏联用了4年，英国用了4年零7个月，法国用了8年零6个月，我国只用了2年零8个月。我国第一颗氢弹爆炸成功，赶在了法国的前面，引起了全世界的轰动，表明我国已经掌握氢弹制造技术，进入了核技术先进国家行列。

四、核潜艇

核潜艇的研制极为复杂，涉及的专业领域广，难度大，是各类尖端科学技术的综合体现。

1958年年初，我国第一座研究性重水反应堆投入试验运行及第一批苏联转让制造的常规动力潜艇建成后，聂荣臻向中共中央

图3-7　1967年6月17日，我国第一颗氢弹试验爆炸成功

呈送了发展核潜艇的报告。毛泽东批准了这个报告。随后，成立了领导小组，负责筹划和组织核潜艇的研制工作。1961年，由于当时国家经济困难，核潜艇工程不得不延缓进行，仅保留了一部分技术骨干继续开展核动力、艇总体等关键项目的预先研究。直到20世纪60年代中期，国民经济有了明显好转，核潜艇研制工作重新上马，第一步先研制反潜鱼雷核潜艇（也称"攻击核潜艇"），第二步再研制弹道导弹核潜艇。

1966年，核潜艇各主要分系统及其他专用材料设备的研制全面展开。据统计，建造第一艘核潜艇所需的材料有1300多个规格品种，装艇设备、仪表和附件有2600多项、4.6万多台（件），电缆300多种、总长达90余千米，管材270多种、总长30余千米。参加这些材料设备研究、设计、试验、试制和生产的工厂和研究院所有2000多家，涉及24个省（区、市）和21个部委，协作规模之大在中国科技史上是空前的。对于这样一项技术难度大、涉及专业门类广、进度安排紧的跨行业、跨部门的系统工程，由

于实行了国家集中统一领导、组织指挥和全国大力协同相结合的原则,才得以逐项攻克技术难关。

潜艇核动力装置的研究设计由核动力研究所负责。确定了反应堆、控制棒、燃料元件等结构型式,以及反应堆的热功率和主参数等。在全国各相关部门的大力协同下,核动力装置的关键研制项目取得了成果。

我国第一艘核潜艇的外形呈水滴形。当时国内对水滴形线型的科研工作开展尚少,技术人员广泛收集国内外有关资料加以综合分析,从中选取最佳而又可行的方案和各种参数,利用风洞、深水拖曳试验水池和各种试验设施,开展大量的模型试验研究,对选定的方案做验证性试验,还建造了一批进行潜艇流体动力性能试验的大型试验设施,如操纵性旋臂水池、波浪水池、潜艇操纵性试验转台等,做到在实艇试航前就能较好掌握水滴形潜艇的操纵性能。实艇试验表明,第一艘核潜艇的水动力性能良好,水上、水下操纵性能优良,水下航速也远比常规线型潜艇高。

核潜艇的水声、通信、鱼雷武器和高精度惯性导航系统等关键项目的研制也都取得了较好成果,包括采用多种新技术的远距离噪声测向站、超长波收信机及大功率超快速短波发信机等,保证潜艇到远洋活动,可从1万多千米外向国内报告信息。反潜电动声自导鱼雷、深水鱼雷发射装置和数字式鱼雷射击指挥系统等也在20世纪60年代末到70年代中期研制成功,并陆续装艇。

1968年11月中国首艘核潜艇船体正式开工建造,1970年7月完成反应堆等设备的安装,12月26日胜利下水。此后,又进行了一系列舾装、动力系统联合调试、核动力装置试车,反应堆启动运行、出坞试航、深潜试验等项目考核,累计航行几千海里,证明其各系统和设备的质量良好,性能基本达到设计指标,中国自行设计研制的第一代核潜艇是成功的。1974年8月1日,中央军委发布命令,命名中国第一艘核潜艇为"长征一号",正式编入海军序列。

在反潜鱼雷核潜艇研制工作取得进展后,我国又开始了导弹核潜艇的研制工作。导弹核潜艇的技术关键是潜地导弹的水下发射技术和精确的水下导航定位技术。科研人员通过对缩尺模型的水动力、水中弹道、出水弹道和水下载荷环境等大量试验研究,初步摸清并掌握了水下发射的规律,同时展开全尺寸模型试验研究,以获得导弹水下运动更准确的参数,在真实海情条件下确定发射动力系统的参数。国防部第七研究院713所负责导弹发射装置的研究设计工作,根据一系列试验结果,确定了燃气动力、导弹冷发射方案。1972年10月,首次在常规导弹潜艇改装的试验潜艇上成功地进行了上述方案的全尺寸模型弹水下发射试验，并取得圆满成功，对攻克水下发射关键技术具有重要意义。

导弹核潜艇对导航定位系统有很高的要求，除了要保证潜艇水下航行安全外，还必须准确定位，以提高潜地导弹的命中精度。国防部第七研究院在有关单位的协作下，经过长期的艰苦努力，终于为第一艘导弹核潜艇装备了惯性导航系统及为校正惯导累积误差的星光导航与卫星导航系统。

1970年9月，中国第一艘弹道导弹核潜艇正式开工建造，1981年4月下水，1983年8月加入海军战斗序列。

第四节　航天科技

1957年10月，苏联发射了世界上第一颗人造地球卫星后，中国一些著名科学家积极倡议开展人造卫星的研究工作，部分高等院校相继开设有关航天的专业。1958年5月17日，毛泽东在中国共产党第八次全国代表大会第二次会议上提出"我们也要搞人造卫星"，随即聂荣臻要求中国科学院和国防部五院组织有关专家拟订人造卫星计划。中国科学院把研制人造卫星列为1958年的第一项重点任务，成立了以钱学森为组长、赵九章和卫一清为副组长的领导小组，并筹建3个设计院，分别从事人造卫星和运载火箭的总体、控制系统、空间物理和天文学探测仪器的研究、设计与试验工作。

由于当时我国的国力不强，尚不具备发展航天技术的条件。中国科学院后来调整了发展计划，提出"以探空火箭练兵，高空物理探测打基础，不断探索卫星发展方向"的步骤。从20世纪60年代初起，中国科学院在探测火箭研制、空间科学技术单项课题研究和试验设备研制方面都陆续取得了一些成果。1960年2月，中国科学院上海机电设计院自行设计的小型液体火箭T-7M首次飞上蓝天。中国科学院地球物理研究所、生物物理研究所与上海机电设计院通力合作，利用探空火箭进行高空环境参数探测和高空生物试验工作，获得了有价值的资料。中国科学院等单位为卫星工程安排了一批预先研究课题和设备研制任务，在空气动力学、轨道运行理论、热控制技术、火箭发动机及推进剂、姿态控制技术、无线电及空间电子学、空间环境模拟设备、空间物理学及航天医学工程等方面也取得了可喜的进展。这些科技成果，为中国开展人造卫星工程研制做了必要的技术准备。

第三章
重要科技成就

一、人造卫星

20世纪60年代中期，我国国民经济状况有了好转，中近程地对地导弹发射成功，已经有可能把研制和发射人造卫星提上议事日程。1965年元旦前后，赵九章、吕强及钱学森先后提出了研制人造卫星的建议，得到了聂荣臻的赞同。国防科委为此专门组织了可行性论证并报告了中央专委。同年5月初，中央专委批准了这个报告，并将卫星研制任务列入国家计划。8月，中央专委原则同意中国科学院提出的发展人造卫星的规划方案和第一颗人造卫星在1970年左右发射的安排。从此，我国的航天技术进入了有计划开展工程研制的时期。

"东方红一号"卫星是中国研制的第一颗人造卫星。中国科学院组成了由谷羽任组长，杨刚毅、赵九章任副组长的领导小组，负责组织第一颗卫星和运载火箭的初步论证及测控系统的研究工作。1965年9月，中国科学院组建了卫星设计院，并在技术负责人钱骥的主持下，进行了第一颗卫星的方案制定工作。同年10—11月，中国科学院召开方案论证会议，确定第一颗卫星为科学探测性质的试验卫星，并初步确定了卫星的总体方案。"东方红一号"卫星由结构、热控、电源、《东方红》乐音装置和短波遥测、跟踪、无线电7个系统及姿态测量部件组成，总质量173千克，外形为近似圆球的72面体，直径1米，采用自旋稳定方法在空间运行。另外，在末级火箭上设置了"观测裙"，以提高其在空间运行时的亮度，使人们不仅能听到卫星发送的《东方红》乐曲，而且能看见卫星在空间运行的轨迹。1968年，负责卫星研制工作的中国空间技术研究院成立，钱学森为首任院长。研制人员通过努力攻关，解决了一系列技术难题。

二、运载火箭

卫星发射所需的运载火箭被命名为"长征一号"，最初由第七机械工业部（简称"七机部"）第八设计院负责总体设计工作，1967年11月改由七机部一院负责，任新民等主持这项工作。"长征一号"运载火箭为串联式三级火箭，第一级和第二级采用中远程地对地导弹使用的液体燃料火箭发动机，第三级采用固体燃料火箭发动机，整个火箭起飞质量为81.5吨，起飞推力为1020千牛，火箭全长为29.5米，最大直径为2.25米，近地轨道的运载能力为300千克。火箭在第二级与第三级完全分离后，借助于起旋火箭，使第三级自旋，以保持飞行稳定。为了提高火箭的运载能力和增加入轨高度，在第二级发动机工作结束后、第三级发动机点火之前，火箭要进行200多秒的无动力（滑行）段飞行。与此相适应，在火箭的第二级上增加了滑行段姿态控制系统，以控制处于失重状态并有残留液体推进剂的火箭。

从弹道式导弹发展成运载火箭，需要解决由于两者有效载荷种类和要求等方面的差异而产生的一系列技术问题。20世纪60年代中期，我国在固体火箭发动机技术上刚刚走完小型发动机研制工作的全过程。研制"长征一号"运载火箭第三级所需要的直径770毫米、全长约4米、装药质量1.8吨的固体火箭发动机，是一项全新的课题。特别是这种发动机要可靠地在高空点火，并在每分钟180转的条件下工作，更增加了研制工作的难度。承担研制任务的七机部四院的研制人员，在副院长杨南生的主持下，克服技术和物质条件上的困难，攻克了壳体成型的工艺难关，先后进行了19次地面试车，使发动机的各项技术指标达到了设计要求。

七机部一院十二所和十三所等单位的研制人员，在控制系统专家黄纬禄、郝复俭、沈家楠等的主持下，研制出技术上比较成熟和先进的捷联式全补偿惯性制导系统，掌握了多级火箭的稳定和控制技术，制造出相应的惯性仪表，实现了电路晶体管化，这些成果为保证火箭飞行稳定、入轨精度达到设计要求起了重要作用。

三、卫星发射中心与测控系统

为满足人造卫星发射的需要，1965年3月，张爱萍受聂荣臻的委托，主持研究了中国发展人造卫星的可行性问题，并确定由西北综合导弹试验基地负责建设卫星发射中心。建设工程分两期进行，最终建成包括大型发射台、发射塔、地下发射控制室、推进剂贮存加注系统、高压气体供应系统和清洗消防系统等发射试验配套设施和无线电弹道测量、安全控制系统及其配套设施，基本具备技术检测、星箭装配、跟踪测控和发射各类低轨道卫星能力的卫星发射中心。

为完成"东方红一号"卫星的测控任务，中国科学院在1966年5月成立了专门负责研究、设计卫星测控系统的工程处，编制了卫星地面观测系统方案。同年12月，经国务院批准，卫星测控系统的建设任务由中国科学院移交国防科委，在西北综合导弹试验基地成立卫星测量部。卫星测量部机关与卫星测控中心均设在陕西渭南。

卫星测控一期工程由渭南卫星测控中心和酒泉、湘西、南宁、昆明、海南、胶东、喀什7个测量站组成。渭南卫星测控中心、酒泉站（临时控制计算中心）与各测量站通过不同速率的数据传输设备建立起计算机间远距离数字通信系统，并设计了简易的数据通信规程。这是中国最早的大型远距离数字通信系统。

卫星轨道计算是测控系统的重要任务之一。1967年4月，以酒泉卫星发射中心为负责单位的轨道计算组在南京紫金山天文台成立，并集中了发射中心、紫金山天文台和中国科学院西北计算技术研究所等单位的科技人员，投入卫星轨道确定方案的研究，在半年内完成了轨道确定、轨道预报方案与数学模型的设计，并利用紫金山天文台对外国卫星的观测资料，验证了方案和数学模型的正确性。1970年4月24日21时35分，"长征一号"运载火箭吐着烈焰，携带"东方红一号"卫星从发射台冉冉升起，扶摇直上。起飞后18秒，火箭开始程序转弯，朝东南方向飞去，酒泉测控计算中心的单脉冲雷达和双频多普勒测速仪首先捕获目标，遥测设备收到清晰的信号，记录仪自动描绘出火箭飞行轨迹和速度曲线，沿着预定轨道不断地延伸。5分钟后，湘西站发现目标。接着，南宁、昆明、海南3个站也发现目标并投入跟踪测量。这4个站获取的轨道数据，通过传输系统源源不断地传到测控中心，进行实时处理。21时48分，星箭分离，卫星进入预定轨道，酒泉测控计算中心迅速计算出卫星的初轨参数。湘西站、海南站将接收到的《东方红》乐音信号磁带用专机送往北京，由中央人民广播电台向全世界广播。卫星绕地球运行近1圈，再次进入中国上空时，喀什站立即捕获目标，并将轨道参数传送到测控计算中心。测控计算中心利用喀什站的数据进行了轨道改进计算，得到卫星的轨道参数，从而迅速给出了卫星飞经世界244个城市上空的时间和飞行方向的全球预报，并发往北京（图3-8）。

图3-8　1970年4月24日，中国第一颗人造地球卫星发射成功，中国成为世界上第5个能独立发射卫星的国家

"东方红一号"卫星发射成功,不仅标志着中国已进入世界上能自行研制和发射人造卫星的先进国家行列,其获得的大量工程遥测参数也为以后的卫星设计提供了依据和经验。鉴于这项成果对中国航天技术所做出的开创性贡献,1985年其被授予国家科技进步奖特等奖。

四、科学实验卫星和返回式遥感卫星

继"东方红一号"卫星发射成功后,我国又陆续研制发射了"实践一号"科学实验卫星和试验型返回式遥感卫星,陆续开展了测量高空磁场、X线、宇宙射线、外空间热流等太空试验研究,为以后应用卫星的研制提供高空物理环境参数。试验型返回式遥感卫星的总体设计任务由空间技术研究院承担。该卫星总质量约1800千克,由仪器舱和返回舱两个舱段组成,卫星上有结构、热控、摄影、姿态控制、程序控制、遥测、遥控、跟踪、返回、天线和供配电等系统;携带1台可见光地物相机,在轨道上对预定地区进行摄影,并用1台恒星相机同时对星空摄影,以校正姿态误差。在卫星完成预定拍摄任务后,将装有胶片暗盒的返回舱回收,以获取所需的信息。

研制返回式遥感卫星比研制科学实验卫星技术更复杂、难度更大,中国科研人员通过大量试验,在航天摄影技术、高精度姿态控制技术、卫星返回技术等方面都做出了重要突破。

为了确保返回舱在预定回收区内准确着陆,研制人员对返回轨道进行了精心设计,确定出返回航程最短、落点散布最小的最佳制动角。在有关单位的协同下,筛选和试制出适用于返回舱不同部位的防热材料,并根据热真空模拟试验和卫星首次飞行过程中暴露出的局部性问题,改进和完善了结构防热方案,从而保证了返回舱再入大气层后能以头部朝前的姿态稳定飞行,能经受住高热环境的考验。

承担制动火箭发动机研制任务的科研人员对这种球形燃烧室、星球形装药、潜入式喷管和尾部环形点火的发动机进行了多次地面试车,研制出中国第一代星上使用的固体发动机,为返回舱实现变轨、迈出返航的第一步提供了技术保证。承担回收系统研制任务的科研人员,对降落伞的强度和可靠性问题进行了理论分析、风洞试验及飞机的空投试验,为返回舱安全着陆、完好回收的技术设计奠定了基础。

姿态控制系统既要在卫星轨道运行阶段控制卫星的姿态,使地物相机对准地面要摄影的区域,又要在卫星返回前把卫星的纵轴调整到返回姿态,使制动火箭的推力方向满

第三章
重要科技成就

足设计要求。承担这个系统研制任务的卫星控制专家杨嘉墀与设计师张国富等设计了主动式三轴姿态控制系统,并解决了卫星返回前俯仰姿态的大范围调整和偏航姿态的测量问题。

1975年11月26日,卫星首次由"长征二号"运载火箭送入预定轨道,成功进行了飞行遥感试验,3天后按预定计划返回地面,取得了预定地区的探测资料,但降落时出现返回舱裙部和部分电缆、仪器在再入大气层时被烧坏,返回舱落点偏差较大等问题。研制人员迅速查找出原因,并提出了相应的改进措施。1976年12月,经改进的卫星再次由"长征二号"运载火箭发射入轨,3日后进入位于四川的回收区。卫星按照卫星测控中心的遥控程序指令,顺利与返回舱分离。卫星测控中心实时接收回收圈各测控站获得的轨道参数和遥测数据,并进行实时处理,迅速计算出返回舱的落点,并向回收站发送引导数据和预告信号。回收区内的地面定向测量设备及直升机将各自天线对准目标,接收返回舱信号并跟踪返回舱。最终返回舱圆满地降落到地面,装满照相胶片的片盒完好无损。中国成为继美国、苏联之后,世界上第3个掌握卫星返回技术的国家。

第二篇
科学技术是第一生产力

中 国 科 技 发 展 70 年

第四章
科学的春天

"文化大革命"后，党中央把工作重点转到经济建设上来。党的十一届三中全会确定了"解放思想、实事求是、团结一致向前看"的指导方针，做出了把战略重点转移到社会主义现代化建设上来的战略决策，提出对外开放的方针和重视科学、教育的方针。邓小平强调了"四个现代化，关键是科学技术的现代化"，并形成"科学技术是第一生产力"的重要论断，为我国科技工作发展指明了方向。

第一节 全国科学大会

一、科学和教育工作座谈会

1977年8月4—8日，邓小平主持召开了科学和教育工作座谈会，33名科学家和教育工作者出席会议。邓小平每天亲临会场，倾听与会科学家和教授们的意见，同时对大家提出的问题和困难及时加以解决。8月8日，邓小平发表了《关于科学和教育工作的几点意见》的讲话，充分肯定了中华人民共和国成立以后中国科学和教育工作的成绩，肯定了中国绝大多数知识分子对社会主义建设的贡献。他指出，为科研和教学人员创造必要的工作条件，悉心爱护和积极调动知识分子的工作积极性。要调动科学和教育工作者的积极性，光空讲不行，还要给他们创造条件，切切实实地帮助他们解决一些具体问题。邓小平提到对青年人才的培养，他认为："在科研队伍中，可以先解决一些比较有成就、有培养前途的人的困难。这些人不限于是老同志，还有中年、青年同志。'长江后浪推前浪'，在科学研究上，也往往是青年人赶过老年人，我们的老同志应当高兴地帮助青年人赶上来。"邓小平还特别指出，科学、教育工作者也是劳动者，要尊重劳动、尊重人才，要按劳分配，对有贡献的科学、教育工作者要给予奖励，提出要坚持"百家争鸣"的方针，允许争论，不同学派之间要互相尊重，取长补短，加强学术交流。针对科技人才短缺和断档的现实情况，邓小平决定执行新的教育制度并恢复中断整整10年的高考。

邓小平的讲话如和煦的春风，温暖了亿万知识分子的心。他们开始解除疑虑，放下包袱，以崭新的精神面貌投入到科研教育中，一股学科学、用科学的热潮在全国悄然兴起。

二、全国科学大会

1977年5月30日，中央政治局召开会议，决定召开一次全国科学大会，把广大科技人员的积极性调动起来，努力把科学技术搞上去，并提出科学大会的规模可以大些，对有贡献的科学家给予表彰和奖励，要在全国产生震动。1977年9月18日，《中共中央关于召开全国科学大会的通知》发布，全国各地和科技界积极响应，欢欣鼓舞。中国科学院在首都体育馆召开了万人大会，勉励科学工作者和青少年向科学技术现代化进军。

山西省召开了省直各单位和各地区、市、县有线广播大会，各条战线的科技人员152万人参加了大会。上海、天津、河北、江苏、浙江、陕西、吉林、黑龙江等省市都先后召开了动员会议。广大科技工作者和亿万人民群众以极其饱满的政治热情，埋头苦干，以严谨缜密的科学态度投入到各自的工作中去，争取用最优异的成绩向全国科学大会献礼。一股学科学、用科学、向科学技术现代化进军的热潮迅速在全国范围内兴起。新闻媒体也在为科学而呐喊，为科学家而讴歌。《人民日报》于1977年9月24日发表了题为《全党动员大办科学》的社论。社论指出，实现科学技术现代化是关系社会主义全局、关系我们国家前途和命运的大问题，强调要把党的工作重点放到技术革命上去。

1978年3月18日，全国科学大会经过近一年的筹备，在北京人民大会堂隆重开幕（图4-1）。出席大会的包括台湾在内的30个省（区、市）及国务院各部委、国防科工方面的5586名代表，其中，科技人员3478名，占代表总数的62.3%。

邓小平在开幕式上做了重要讲话，提出了对我国科技事业具有划时代意义的著名思想，明确而深刻地阐述了"科学技术是生产力"这一马克思主义的重要观点，论述了科学技术对推动经济社会发展的重要作用和科学技术现代化在实现四个现代化中的关键地位。他指出，四个现代化，关键是科学技术的现代化。社会生产力的发展，最主要的是靠科学的力量、技术的力量。没有现代科学技术，就不可能建设现代农业、现代工业、现代国防。没有科学技术的高速度发展，也就不可能有国民经济的高速度发展。邓小平强调：

第四章
科学的春天

图 4-1　1978 年全国科学大会

现代科学技术正在经历着一场伟大的革命。近三十年来，现代科学技术不只是在个别的科学理论上、个别的生产技术上获得了发展，也不只是有了一般意义上的进步和改革，而是几乎各门科学技术领域都发生了深刻的变化，出现了新的飞跃，产生了并且正在继续产生一系列新兴科学技术。现代科学为生产技术的进步开辟道路，决定它的发展方向。

专栏 4-1

从"科学技术是生产力"到"科学技术是第一生产力"

早在 1975 年，邓小平就提出了"科学技术是生产力"的思想。1975 年 9 月 26 日，在听取中国科学院工作汇报时，针对当时的实际情况，他明确指出："科学技术叫生产力，科技人员就是劳动者！"

1978 年 3 月，全国科学大会在北京人民大会堂隆重召开。邓小平在大会上指出："科学技术是生产力，这是马克思主义历来的观点。现代科学技术的发展，使科学与生产的关系越来越密切了。科学技术作为生产力，越来越显示出巨大的作用。现代科学为生产技术的进步开辟道路，决定它的发展方向。一系列新兴的工业，都是建立在新兴科学基础上的。当代自然科学正以空前的规模和速度，应用于生产，使社会物质生产的各个领域面貌一新。社会生产力有这样巨大的发展，劳动生产率有这样大幅度的提高，靠的是什么？最主要的是靠科学的力量、技术的力量。"

20世纪80年代中后期，科学技术进步推动社会经济发展的作用愈加显著，国际以科技发展进步为主要支柱和主要动力的经济、军事、国家实力的竞争更趋激烈。1988年，邓小平高瞻远瞩，以全新的视角，对科学技术在当代生产力和社会经济发展中第一位的作用，做出了及时、明确的理论概括。同年9月5日，邓小平会见捷克斯洛伐克总统，谈到科学技术发展时说："马克思说过，科学技术是生产力，事实证明这话讲得很对。依我看，科学技术是第一生产力。"同年9月12日，他在听取工作汇报中，再次谈到科技问题。他指出："要注意教育和科学技术。马克思讲过科学技术是生产力，这是非常正确的，现在看这样说可能不够，恐怕是第一生产力。对科学技术的重要性要充分认识。科学技术是第一生产力嘛，知识分子是工人阶级一部分嘛。"

1992年年初，他在视察南方并发表重要谈话时，再次强调："科学技术是第一生产力。近一二十年来，世界科学技术发展得多快啊！高科技领域的一个突破，带动一批产业的发展。我们自己这几年，离开科学技术能增长得这么快吗？要提倡科学，靠科学才有希望。高科技领域，中国也要在世界占有一席之地。搞科技，越高越好，越新越好。"

邓小平关于"科学技术是第一生产力"的重要思想，对提高全民族的科学文化水平，大力发展科学技术，促进科学技术进步，推动我国改革开放和社会发展起了十分重要的作用。

关于科学技术工作者与劳动者的关系，邓小平说，历史上的生产资料，都是同一定的科学技术相结合的；同样，历史上的劳动力，也都是掌握了一定的科学技术知识的劳动力。在社会主义历史时期中，知识分子的绝大多数已经是工人阶级和劳动人民自己的知识分子，因此，也可以说，已经是工人阶级自己的一部分。他们与体力劳动者的区别，只是社会分工的不同。从事体力劳动的，从事脑力劳动的，都是社会主义社会的劳动者。随着现代科学技术的发展，"越来越要求有更多的人从事科学研究工作，造就更宏大的科学技术队伍"。知识分子作为工人阶级中掌握科学文化知识较多的一部分，是先进生产力的开拓者，是发展科技事业的主力军。邓小平还指出："能不能把我国的科学技术尽快地搞上去，关键在于我们党是不是善于领导科学技术工作。我们的国家进入了新的发展时期，我们党的工作重点、工作作风都应该有相应的转变。""科学研究机构要建立技术责任制，实行党委领导下的所长分工负责制。"

邓小平的讲话明确地指出了科学技术在经济社会发展中的地位和作用，彻底解除了极"左"路线强加在知识分子身上的精神枷锁，对于提高全党和全国人民对科学技术作用的认识，为我国在新的历史时期制定发展科学技术的基本方针和各项政策，奠定了思想理论基础。

会上提出了科技工作的10项具体任务：整顿科学研究机构，建成科学技术研究体系；广开才路，不拘一格选人才；建立科学技术人员培养、考核、晋升、奖励的制度；坚持"百家争鸣"；学习国外的先进科学技术，加快国际学术交流；保证科学研究工作时间；努力实现实验手段和情报图书工作的现代化；分工合作，大力协同；加强科学技术成果和新技术的推广应用；大力做好科学普及工作。在全国各族人民向着农业、工业、国防和科学技术现代化进军的过程中，把科学技术工作提到十分重要的地位，标志着中国科学技术事业发展进入一个兴旺发达的崭新阶段。

在科学大会闭幕式上，以"科学的春天"为题的发言振奋人心，"我们民族历史上最灿烂的科学的春天到来了"。大会举行了隆重的授奖仪式，表彰了中华人民共和国成立以来的7657项科研成果，奖励了862个先进集体和1192名先进个人。大会期间，还在北京举办了全国科研成果展览会，展出重大科研成果600多项。

专栏 4-2

全国科学大会邮票

1978年发行的"全国科学大会邮票"具有特殊意义。邮票一套共3枚，第一枚印有科学大会会徽图案，代表"科技快速发展的愿望"；第二枚代表"向工业、农业、国防、科学技术四个现代化进军"；第三枚代表"努力攀登科学高峰"。这3枚邮票的面额总值为二角四分，在当时也仅为邮寄3封平信的邮资，然而在它背后却是如火山喷发般的高昂热情和中国科学家科技报国的宏愿。

第二节 科技机构恢复与重建

一、国家科委的恢复

"文化大革命"前，我国的科研管理体制中，统筹决策、规划、管理全国科学技术工作的政府职能由国家科委负责；国防科委负责组织领导、规划协调和监督检查全国国防科学技术研究工作；中国科学院是我国最高权威的学术研究机构；中国科学技术协会是中国科技界的群众性组织，是党和政府联系科技工作者的纽带，在提高我国的科学水平和普及科学知识方面发挥了十分重要的作用。在"文化大革命"中，各级科委、科协领导机构受到严重冲击，陷于瘫痪。仅存的中国科学院也被"造反派"夺权接管。广大科技管理干部、科技人员、专家、学者横遭批判斗争和迫害，科学技术事业受到严重摧残。粉碎"四人帮"后，百废待举，为尽快使科学技术事业恢复元气，在邓小平的倡导下，党中央决定重新组建国家科委。

邓小平对重建国家科委给予极大关注。在科学和教育工作座谈会期间，他表示，赞成重建科委，当然要经过党中央、国务院（研究）。然后又讲到科委的管理范围、工作内容等。他指出，需要有一个机构，统一规划、统一调度、统一安排、统一指导协作。在统一规划中，不但是项目，还有研究机构哪些该合，哪些该分，都要考虑。当然在机构调整中要解决一些具体问题，才能更好地调动积极性。

1977年9月，党中央做出《关于成立国家科学技术委员会的决定》。恢复后的国家科委主要任务有8项：调查研究有关科学技术工作的方针、政策的执行情况；组织编制全国科学技术发展的年度计划和长远规划；组织需要各部门参加的重大科研任务的分工与协调工作；组织重要科研成果、发明创造的鉴定、奖励和推广应用；研究与组织解决科技队伍的培养提高和管理使用问题；研究并组织解决科研工作中的情报图书、仪器、设备、试剂等条件问题；组织争取尚在国外的专家回国和安排他们的工作，聘请外籍科学家短期来华工作或讲学；组织协调对外科学技术交流活动。

二、《1978—1985年全国科学技术发展规划纲要》的制定

恢复后的国家科委立即投入到科技战线的拨乱反正及全国科技工作的统一规划、协

调和组织管理方面。1977年12月,国家科委召开了由1200多位科技专家和管理干部参加的全国自然科学规划会议,组织制定《1978—1985年全国基础科学发展规划》;年底又召开全国科学技术规划会议,集中了各部门、各地方科委(局)的领导和专家1000多人,讨论制定《1978—1985年全国科学技术发展规划纲要》(简称《八年规划纲要》)及《科学技术研究主要任务(草案)》和《技术科学规划(草案)》。为起草《八年规划纲要》,各地方和各单位做了大量准备工作,光是直接参加各种讨论会、规划会和参加编制规划的人员就超过2万人。1978年3月召开的全国科学大会通过了这项规划,激起了全国广大科技人员向现代科学技术进军的斗志。

《八年规划纲要》提出了"全面安排,突出重点"的方针。《八年规划纲要》包括前言、奋斗目标、重点科学技术研究项目、科学研究队伍和机构、具体措施、关于规划的执行和检查等几个部分,对自然资源、农业、工业、国防、交通运输、海洋、环境保护、医药、财贸、文教等27个领域和基础科学、技术科学两大门类的科学研究任务做了全面安排,从中确定了108个项目作为全国科学技术研究的重点。

《八年规划纲要》要求把农业、能源、材料、电子计算机、激光、空间、高能物理、遗传工程8个影响全局的综合性科学技术领域、重大新技术领域和带头学科,放在突出的地位,集中力量,做出显著成绩,以推动整个科学技术和整个国民经济高速发展。

规划明确提出"科学技术是生产力""四个现代化的关键在于科学技术现代化"的战略思想。在这个思想的指导下,在规划制定过程中,分析研究了当时国际上先进科学技术的状况和我国科学技术的差距后,提出了国家建设中需要解决的重大科学技术问题。

规划中首先提出了国家23年的远景设想,具体到科学技术工作时,则要求在20世纪内,"要拥有宏大的工人阶级的'又红又专'的科学技术队伍,包括一批世界第一流的科学技术专家,拥有最先进的科学实验设备,使科学技术大部分领域接近、部分领域赶上当时的世界先进水平,某些领域居于领先地位"。在制定《八年规划纲要》时,中国科学技术水平同世界先进水平相比,多数科技领域落后15～20年,有些领域落后更多一些。根据这种情况,在实现上述远景设想的关键8年,规划提出了1978—1985年科技工作的奋斗目标:部分重要的科学技术领域接近或达到20世纪70年代的世界先进水平;专业科学研究人员达到80万人;拥有一批现代化的科学实验基地;建成全国科学技术研究体系。

三、科研机构的重建

1977年3月，中国科学院进行整顿，那些在"文化大革命"中被撤销和下放的研究机构纷纷恢复和重新归属中国科学院。根据需要还成立了一批新的研究机构。到1978年年底，中国科学院共收回、恢复、新建研究机构46个，全院独立研究机构达到110个，并成立上海、成都、新疆、兰州、合肥、广州、沈阳、长春、武汉、南京、西安、昆明12个分院。

1979年，中国科学院正式恢复学部活动，并筹备召开第四次学部委员大会。当时，190名学部委员中有73名已经去世，健在的117名学部委员的平均年龄也已73.3岁，增补学部委员成为恢复学部委员制的先决条件。1980年春，中国科学院在北京召开全体学部委员会议，共有84名学部委员出席，会议讨论了学部性质、任务、章程和机构等有关问题，并增选出283名新学部委员。

中国科协也恢复了中断了10多年的学术活动，1977年4月23日至6月28日，连续举办了6场大型报告会，宣传了唯物辩证法，介绍了科技发展新动向，活跃了学术氛围，一些全国性学会也开始恢复活动。10月7日，中华医学会、中国药学会、中华护理学会和中国防痨协会在京联合召开了座谈会。同月，中国力学学会在黄山召开了爆炸力学学术会议。12月中旬，全国科协在天津召开了有中国动物学会、中国地理学会、中国航空学会、中国金属学会、中国林学会5个学会参加的学术会议，这是"文化大革命"后召开的第一次大型学术会议。

各省（区、市）科协和所属学会也相继恢复，到中国科协召开第二次全国代表大会时，全国性学会已达53个。中国科协恢复后，各级组织和所属团体坚决贯彻执行党的十一届三中全会以来的路线、方针和政策，自觉地围绕经济建设这个中心，动员、组织科技工作者广泛开展学术活动、科技普及、咨询服务等工作，积极主动地在科技工作面向经济建设中发挥党和政府的参谋、助手作用，在协助落实知识分子政策和弘扬"尊重知识、尊重人才"风尚中发挥了纽带作用。

各地全力以赴地重建在"文化大革命"中遭到严重破坏的科研机构，创办了一批新机构。1978年年底，各省（区、市）基本上建立健全了由省、地（市）、县三级科研机构组成的地方科研体系。1979年，全国共有省、地（市）两级所属的独立科研机构3495所，专业科研人员124 476名。以广东省为例，全省恢复和重建了350多个科研机构，其中，工业交通专业研究机构146个，106个县建立了农科所。很多省（区、市）根据本地区自然条件和资源特点，从经济建设的需要出发，重建和调整了科研体系。例如，陕西省恢复和新建了煤炭、冶金、建材、环保、机械、农机、气象、测绘、物理等 13 个省级专业研究所，并加强了地、市、县的科研机构。1978—1984 年，全国各地又先后成立或恢复重建了甘肃省科学院、黑龙江省科学院、陕西省科学院、河北省科学院、广东省科学院、江西省科学院、贵州省科学院、山东省科学院、河南省科学院、北京市科学技术研究院等地方科学院。地方科学院成为各地最重要的综合性研究机构。地方科研院所体系初步恢复发展，成为我国一支不可或缺的重要科技力量。

四、政策法规的出台

1977—1984 年，国家科委等有关部门为促进科技发展，理顺各种关系，制定了包括科技组织、人员管理、物资供应、档案工作和成果奖励等方面的政策、法律、法规达 50 多个。这些科技政策、法律、法规的制定与实施，对当时及后来的科技工作产生了积极的影响，使我国科技事业在较短时间内得到迅速恢复与发展。

1977 年以后，科技成果登记制度开始恢复并进一步健全。1978 年 11 月，国家科委发布了《关于科学技术研究成果的管理办法》，重申国家科委负责督促检查各部门、各地方科技成果的交流推广。同年 12 月，国家科委设立了科技研究成果管理办公室，负责全国科技成果的登记、统计、交流和推广等工作。1981 年创办《科学技术研究成果公报》，发布重要科学技术研究成果信息。1984 年 2 月，国家科委发布《关于科学技术研究成果管理的规定（试行）》，明确了科技成果推广应用的主要原则。

国家科委建制恢复后，即着手发明奖励的恢复工作。1978 年 3 月 18 日，全国科学大会对 7657 项科技成果举行了盛大隆重的颁奖活动，标志着国家科技奖励制度的正式恢复；5 月，由国家科委牵头，对原有科技奖励条例进行了修订；12 月，国务院发布了重新修订的《中华人民共和国发明奖励条例》（简称《发明奖励条例》），恢复了国家发明奖。1979 年 4 月 17 日，国家发明奖评选委员会召开第一次会议，组成了第二届国家发明奖评选委员会，从此开始每年进行国家发明奖的评选工作。1981 年 6 月，国家科委、国家农委在北京召开授奖大会，授予袁隆平等人发明的"籼型杂交水稻"国家技术发明奖特等奖，并颁发奖状、奖章和 10 万元奖金。

1979 年 11 月，国务院发布了《中华人民共和国自然科学奖励条例》（简称《自然科学奖励条例》）。1980 年 5 月，国家科委成立了自然科学奖励委员会，通过了《中华人民共和国国家科委自然科学奖励委员会暂行章程》。在1982年10月召开的全国科学技术奖励大会上，对第二次自然科学奖获奖项目和发明奖获奖项目举行了隆重的颁奖仪式。

1984年9月，国务院发布了《中华人民共和国科学技术进步奖励条例》，标志着国家科技进步奖正式启动。1985年，国务院正式批准成立了国家科学技术奖励工作办公室，同年进行了国家科学技术进步奖的首次奖励。

1978年，为了适应改革开放的需要，我国开始筹划全面建立知识产权制度。同年7月，党中央在外交部、对外贸易部、对外经济联络部的一份报告中做出了"我国应建立专利制度"的重要批示，这是党中央第一次明确提出我国应建立专利制度的文字批示。

国家科委根据党中央和国务院领导的指示，从1978年9月开始着手进行专利制度的筹建工作。1978年年底，在考察了日本的专利制度后，我国明确了建立专利制度首先要有一部符合我国国情的专利法。1979年3月，专利法起草小组成立。经过一段时间的初步调查研究之后，1979年10月，国家科委向国务院报送了《关于我国建立专利制度的请示报告》，其中，包括建立专利制度的必要性、要建立一个什么样的专利制度和建立专利制度必须做的几项工作。国务院于1980年1月批准了这一报告，正式批准组建中国专利局，负责全面开展专利制度的筹建工作。1984年3月，第六届全国人民代表大会常务委员会第四次会议通过了《专利法》，标志着我国现代专利制度的正式建立（图4-2）。1985年12月，中国专利局颁发首批中华人民共和国专利证书，对143项专利申请授予专利权。

图4-2 《专利法》于1985年4月1日起实行，中国专利局开始受理专利申请

五、国务院科技领导小组成立

1979年10月,党中央成立了科学研究协调委员会,在科学研究协调委员会第一次会议上,特别强调了科技战线加强统一领导和管理的重要性,责成国家科委担负起"统一认识、统一政策、统一规划、统一管理、统一组织和协调全国科技工作"的责任。

1982年5月,我国政府机关开始进行机构改革,目的是精简机构,军民结合,合理分工,提高效率,避免工作交叉重复,更有利于实行统一领导和统筹规划。经中共中央、国务院、中央军委批准,国防科委、国防工办、中央军委科学技术装备委员会办公室合并组成国防科学技术工业委员会(简称"国防科工委")。

经中央书记处批准,撤销了中央科学研究协调委员会。1982年12月,中共中央、国务院发出通知,为了加强对科技工作的领导,使全国军、民各方面的科技工作在一个有权威、有效率的精干机构的统一筹划和统一指挥下,协调地进行工作,决定成立国务院科技领导小组,包括国家计委、国家经委、国家科委、国防科工委、中国科学院、教育部和劳动人事部等部委在内的负责人参加。领导小组的主要任务:统一组织和管理全国科技队伍,按需要调动,集中使用;统一领导科学技术长期规划工作,包括重点企业的技术改造规划,使各个规划互相渗透、互相衔接;研究重大技术政策;决定重大技术引进和消化的项目;协调各部门的科技工作。国务院科技领导小组成立后,从宏观和战略方面统筹和协调全国科技工作。

国家科委作为国务院统一管理全国科学技术工作的职能部门,在以国家机关改革的目标为前提下,认真贯彻执行"面向、依靠"的科技发展新方针,推动科学技术同经济建设的紧密结合,从5个方面进行了机构改革:将编制科学技术计划工作纳入国民经济的统一计划之中;成立科技管理局,负责全国科技体制改革的研究与管理工作,提出技术上成熟的、经济上可行的科研成果推广应用建议,组织好实验室成果的中间试验和扩大试验工作,向经济部门提供必要的数据、资料和图纸,协助它们推广应用;设立协调攻关局,集中力量,务本求实,大力加强科技攻关工作,负责提出国家级科技项目的建议,组织安排农业、医药、能源、冶金、化工、食品、轻纺、机械、电子、仪表和交通运输、邮电通信等方面的科技攻关项目,制订重大科技攻关专项计划和科技攻关课题的实施方案,主管攻关经费的分配使用,加强攻关进展的检查、督促和总结工作等;设立科技政策局,以便制定科学技术工作的各项政策,研究重要领域的技术政策,负责科技立法工作;设立国际科技合作局,研究拟定和贯彻执行科学技术方面的外事政策，管理双边官方科技合作协定，组织国际科技合作事宜，并协调中国与联合国系统科技机构之间的交流工作。设立中国科学技术交流中心，在国家对外方针政策指导下，围绕中国科学技术发展和国民经济发展的需要，开展民间国际科学技术交流合作，组织实施科学技术交流合作项目。

专栏4-3

1982年国家科委机构改革后的职责任务

1. 研究中国科学技术发展的方针政策，提出重大的科学政策与技术政策，并调查了解贯彻实施情况，向中共中央、国务院提出报告和建议。负责起草和拟定科技方面的法规、条例、制度。

2. 对国内外科学技术发展趋势和方向，以及科技发展对社会经济发展的影响进行预测，并提出中国优先发展领域和重大研究课题。

3. 会同国家计委制定科学技术的中长期计划、年度计划和重点攻关项目计划，分配与管理国家科技经费。

4. 对国家确定的特别重大的新产品和科技成果，或有争议的重大科技项目、成果，组织有关方面进行论证、评审、鉴定。协同国家计委对限额以上的引进技术、利用外资进口成套设备进行咨询。掌握安排进行预测必需的专项经费。

5. 对国家科技计划中开拓性的、较长期的新兴科学技术的重点项目，负责组织力量，协调攻关，督促检查，并按项目管理所需经费和物资，协同国家计委等部门制定科技成果推广应用计划。

6. 组织协调重大自然科学基础研究，以及有关科学技术研究、科学技术管理方面的基础性和综合性工作。

7. 研究科学技术的体制改革和管理工作。研究全国科研机构的布局，组织对现有科研机构的调整、整顿，负责审批新建立的独立科研机构，组织和推动科技管理部的教育培训工作。

8. 组织协调科技情报、图书、信息处理、分析测试、大型精密仪器等方面的科技服务和科技条件工作。

9. 执行国家《发明奖励条例》和《自然科学奖励条例》，实施《科学技术保密条例》，负责技术出口的审查工作，负责科技成果的登记，以及奖励、鉴定的立法。

  10.调查研究国际科学技术动态，组织协调国际科技交流与合作事宜，负责由国家科委代表政府出面的外事工作，指导与管理驻外科技机构的工作，派遣、调整驻外科技干部。

  11.办理中共中央和国务院交办的其他事宜。

  国家科委积极组织开展科研机构的整顿与调整，推行所长负责制，实行"定方向、定任务、定人员、定设备、定制度"的"五定"原则，以明确方向、落实任务，积极稳妥地精简科研人员，使各类人员的比例趋向合理，组织精干的研究队伍，努力提高管理水平，扩大研究所自主权，实行专题管理，推行合同制，建立和健全以岗位责任制为中心的各种规章制度，节约开支。通过这些具体措施，调动了科研人员的积极性，提高了科研工作效率，加快了科技与经济结合的步伐。

第三节　落实科技人才政策

一、培养科技后备力量

  1977年8月8日，邓小平发表了《关于科学和教育工作的几点意见》的讲话，讲话充分肯定了绝大多数知识分子对社会主义建设的贡献，强调要为科研和教育人员创造必要的工作条件，细心爱护和积极调动知识分子的工作积极性，还特别指出科学、教育工作者也是劳动者，要尊重劳动、尊重人才，坚持按劳分配，对有贡献的科学、教育工作者给予奖励，坚持"百家争鸣"，允许争论，不同学派之间要互相尊重，取长补短，加强学术交流。

  恢复高考制度是拨乱反正的第一个突破口。1977年6月，教育部召开的全国高等学校招生工作会议提出，继续采取"文化大革命"中"自愿报名、群众推荐、领导批准、学校复审"的招生办法，引起了社会的极大不满。邓小平审时度势，就恢复高考做了系列指示，指出"招生主要抓两条：第一是本人表现好，第二是择优录取"。教育部于同年9月再次召开全国高等学校招生工作会议，起草了《关于1977年高等学校招生工作的意见》，恢复了"文化大革命"前的新生入学考试制度，在全国引起强烈反响。次年，国务院批转了教育部《关于1978年高等学校和中等专业学校招生工作的意见》，自1978年起高等学校招生实行全国统一命题，各省（区、市）组织考试、评卷等决定，高等学校招生步入正轨（图4-3）。恢复高考制度这一重大措施，对解决科技队伍青黄不接的状况具有重大意义。它极大地激发了全国人民尤其是广大青少年学科学、用科学，为四个现代化建设做贡献的热情，迅速在全国掀起了学知识、学科技的热潮，为改革开放和社会主义现代化建设培养和造就了一大批科技后备力量。

图4-3　北京大学迎来恢复高考后录取的第一批新生

高考招生制度的恢复带动了整个教育工作的整顿和改革，研究生教育和学位工作也开始启动。1978年，中国第一个研究生院——中国科学院研究生院成立；1979年3月，中央提出建立学位制度；1980年12月，第五届全国人民代表大会常务委员会第十三次会议通过了《中华人民共和国学位条例》，规定学位分学士、硕士、博士三级，自1981年1月1日起施行。学位制度的建立对培养、选拔科学技术专门人才具有重要意义和作用。

教育部还制定了新时期海外留学政策，向西方发达国家派遣各类留学生、研修生。1978年年底，第一批52名留学人员抵达美国。

二、加强科技队伍建设

为贯彻全国科学大会精神，党中央、国务院决定，在全国范围内进行一次自然科学技术人员普查。普查结果显示，截至 1978 年 6 月底，全国共有科技人员 595 万人。其中，全民所有制单位从事科技工作的人员和工程技术人员 157 万人，农林技术人员 29 万人，医药卫生技术人员 128 万人，科技研究人员 31 万人，教育人员 89 万人，其他 161 万人。与发达国家相比，无论从数量上还是从水平上都处于相对落后状态，不能适应加速四个现代化建设的需要。

国家科委等部门在给国务院的普查情况报告中，提出了加强科技队伍建设的几点建议：进一步落实党的知识分子政策；调整用非所学及尚未从事科学技术工作人员的工作，加强党的领导；大力提高现有科技人员的水平，为他们创造学习、提高的条件，大力培养新生力量，特别是新兴的科学技术领域的力量；建立健全科学技术干部管理机构，对科技干部的分配和使用要贯彻"学用一致、专业专用"的原则，尽快制定技术职称的审批、晋升办法。

全国科学大会后，科技领域立即开始落实知识分子政策。1978 年 3 月 16 日，中国科学院为科学家平反昭雪、恢复名誉，砸碎了长期以来套在知识分子及其家属身上的精神枷锁，在科技界产生巨大影响。1978 年 4 月，中共中央决定全部摘掉"右派"分子的帽子。同年 8 月，又决定对错划的"右派"予以改正。这一落实知识分子政策的重大决策的贯彻实施，解放了大批人才。

1978 年 10—11 月，中共中央组织部分批召开落实知识分子政策问题的座谈会，回顾全国科学大会以后各级党组织和政府部门落实知识分子政策的情况。座谈会期间，中共中央组织部发布《关于落实知识分子政策的几点意见》，要求各地区、各单位对知识分子队伍应有一个正确的估计；继续做好复查和平反冤假错案工作；充分信任，放手使用，做到有职有权有责；调整用非所学，做到人尽其才；努力改善工作条件和生活条件；加强领导作风等。要求把其中觉悟高、业务能力强、工作干劲大、群众关系好的知识分子提拔到适当的领导岗位上来；要在政治上关心知识分子，解决知识分子入党难的问题。

专栏 4-4

落实科技人员的配套政策和具体措施

解决人员归队。在恢复和新建科研机构的同时，一个突出的问题就是科技人员严重不足，而又有大批科技人员被闲置一旁，没有放手使用。据有的省（区、市）统计，中华人民共和国成立以来培养的大学生，仅占全省总人口的0.2%，而其中又有1/3用非所学。从1978年起，大批被遣散到农村、工厂的科技人员迅速归队。到1982年，全国共有34 000多名闲散科技人员重新回到了科技岗位，18万名用非所学的科技人员得到调整，使他们在自己的专业领域发挥积极作用。

恢复专业技术职称的评定工作。专业技术职称是科技人员学术和技术水平的标志。从1977年起，中国科学院恢复了技术职称评定，大胆晋升有真才实学的科技人员。首先晋升在数学研究中有突出贡献的陈景润为研究员，在全国引起了反响。此后，大批有贡献、有成就的科技人员得到了晋升，甚至越级晋升。1979年年底，国务院科技干部局发出《关于做好科技干部技术职称的评定工作的通知》。到1983年年底，全国科技人员获得技术职称的共有595万多人。

解决各种困难。恢复时期，科研设备落后，工作条件差，科技人员工资偏低，住房状况不好及其他不合理的现象，是长期未能得到解决的问题。中央书记处多次召开会议，讨论如何解决知识分子待遇问题。在当时国家财政十分困难的情况下，仍保证了科研经费不断增长，并逐步改善了科研环境和条件，稳定了科技队伍。

为改善科研环境，中国科学院和全国的一些科研院校采取多种办法，积极更新研究设备，大量建造工作用房，使科研人员的工作条件大为改观。同时注意创造条件，提高科技人员的业务水平。对中青年科技人员通过在职培训，促进知识更新，并根据工作需要，选派部分科研骨干出国进修、考察访问或参加学术会议。由于科技人员政策的落实，后顾之忧被解除，科技人员的积极性和创造性空前焕发出来，许多老科学家老当益壮，壮心不已，中青年科技工作者激情高涨，青胜于蓝，为我国科技事业从艰难中起步走向繁荣做出了重要贡献。

1978年11月，中共中央组织部提出了"要充分发挥现有科技人员的作用，把其中政治觉悟高、业务能力强、工作干劲大、群众关系好的知识分子（包括非党干部）提拔到适当的领导岗位上来"的要求。根据党中央的指示精神，各地区、各单位陆续选拔了一批优秀的科技干部充实到各级领导岗位上。这些从科技人员中选拔的领导干部，极大地改善了管理队伍的知识结构，适应了现代化建设发展的需要。

第四节　智力引进与国际科技合作

1978年全国科学大会上，邓小平指出，提高我国的科学技术水平，必须坚持"独立自主，自力更生"的方针。但是，独立自主不是闭关自守，自力更生不是盲目排外。我们要积极开展国际学术交流活动，加强同世界各国科学界的友好往来和合作关系。《1978—1985年全国科学技术发展规划纲要》中也提出要加强国际科技合作和技术交流，邀请外国科学家、工程技术专家来华讲学，加强我驻外机构的科技调研工作，积极参加国际学术组织和国际学术会议等学术活动，积极、有计划地派遣科学技术人员等出国学习、进修、考察等。自此，我国国际科技合作开启了新的征程。

1978年以后，我国实行对外开放和对内搞活的政策。为学习国外先进科学技术，开始有计划地选派科技人员出国进修、留学，同时广泛地开展了科技领域的国际学术交流活动。打开国门，新鲜气息扑面而来，使封闭了多年的国人不由大吃一惊，外面世界高速发展，我国与发达国家在科技方面的距离骤然拉大。如果不把中国的科技事业置于世界发展的背景之下，奋起直追，我国所确立的经济发展目标将是一句空话。

1978年1月21日，中法两国签订了《中华人民共和国政府和法兰西共和国政府科学技术协定》。这在中国国际科技合作史上具有重要地位和意义，是中国改革开放后与西方国家签订的第一个政府间科技合作协定，是中法两国科技交流进一步发展的基础。1981年，双方科技合作主管部门共同成立了中法科技合作混合委员会。到1985年年底，该混合委员会已召开了3次会议和1次工作组会议，共商定了382个合作项目。两国相应部门根据中法政府间科技合作协定签订了25个专业对口合作协议、会谈纪要和备忘录。

德国（1978年10月）、意大利（1978年10月）和英国（1978年11月）相继与中国签订了政府间科技合作协定。中国以前所未有的信心和勇气，打开了国际科技合作的大门，科学的春天就此来临。

1978年8月，召开了第一次全国科技外事工作会议，提出要"解放思想，全面开展对外科技活动"的科技合作方针。1981年8月召开的第二次全国科技外事工作会议，修订了对外科技合作与交流的方针，即"在独立自主、自力更生的前提下，从国内实际情况出发，讲求实效，认真学习各国对我国适用的先进科学技术和科技管理经验，积极、稳妥、深入、扎实地开展国际科技合作与交流活动，为发展我国国民经济和科学技术服务"。

1979年1月，邓小平访美期间与美国总统签署了《中华人民共和国政府和美利坚合众国政府科学技术合作协定》，从而使我国与主要发达国家的科技合作全面展开。1984年1月，我国与美国签署了《关于延长两国政府科学技术合作协定的协议》。根据中美两国政府科技合作协定，成立了中美科技合作联合委员会。1978—1985年，该联合委员会召开4次会议。双方达成协议的政府间科技合作项目约400个，来往活动640起，人员交流达2700人次。这期间通过政府间合作渠道，中方已派出约9000名留学生和学者赴美国学习、进修和研究；美方派出的官方研究学者来华近300人，另有5000多名学生来中国进行长期或短期学习。

中美双方从1981年9月起就和平利用核能合作问题举行了6轮会谈。1985年7月，中美双方正式签订《中美和平利用核能合作协定》。1984年，美方提出了中美开展空间科技合作的建议，同年10月，在北京举行了第一次中美空间科学专家组会议。在中美政府间科技合作发展的推动下，两国半官方及民间科技合作交流也取得了相当大的发展，每年双方均派出大量的专家和学者互访。据不完全统计，仅1985年访问美国的中国科技团组就达218个，共计1013人次。

我国科技外事工作的计划协调和管理工作移交给国家科委，改变了原来由对外经济联络委员会、外交部、中国科学院分散管理的局面。驻外科技干部的归口派遣业务也从中国科学院移交给国家科委管理。国家科委在我国一些主要驻外使领馆设立科技处或科技组，第一批首先在驻英、法、德、日4个使馆和驻美联络处设立科技处，在部分驻其他西方国家的使馆设立科技组，之后逐步扩大驻外科技机构，在我国驻苏联、捷克、波兰、民主德国、印度及巴西使馆设立了科技处。

1983年7月，邓小平提出："要利用外国智力，请一些外国人来参加我们的重点建设以及各方面的建设。"8月，中共中央、国务院联合发出《关于引进国外智力以利四化建设的决定》。9月，国务院发布《关于引进国外人才工作的暂行规定》，中央引进国外智力工作领导小组正式成立。1985年11月，中国国际人才交流协会成立，推进了民间国际人才交流活动。此后，南开数学研究所首聘外国科学家为所长，开创了外国人担任中国研究机构主管领导的先例。1984年，武汉柴油机厂聘任外国专家为厂长，引进国外以质量、市场为核心的管理理念，对我国国有企业管理理念产生了重要影响。

第四章
科学的春天

在政府的大力推动下,我国国际科技合作逐步恢复、发展,恢复了与苏联的科技合作关系,与东欧国家的科技合作从恢复开始走向稳定发展,与有关国际科技组织之间的科技合作和交流有了较大的发展,也开始与西方发达国家进行政府间的科技合作。到1985年年底,我国已同世界106个国家建立了科技交流关系,同其中的53个国家,包括西方发达国家签订了政府间科技合作协定或经济、工业、科技合作协定,双方开始实施科技合作与交流计划,合作形式包括交换科技情报和资料,互派科技代表团、科学家、考察专家、进修生和实习生,组织双边科技讨论会等。

第五章
开启科技体制改革序幕

1985年,《中共中央关于科学技术体制改革的决定》出台,揭开了全面科技体制改革的序幕。此后,陆续推出了包括改革科技拨款制度、科研事业费管理办法、专业技术职务聘任制度、自然科学基金制度、建立技术市场等一系列重大举措,改革的核心是确立科技成果商品化的思想,革除原有体制下科技与经济脱节的弊端,促进科技与经济的结合,进而解放和发展科技生产力。

第一节 依靠、面向

一、"依靠、面向"方针

1980年12月25日至1981年1月5日,国家科委召开全国科技工作会议,会议肯定了全国科学大会之后我国科学工作取得的成绩,也指出了存在的问题,主要是经济调整期间科学技术发展的方针还不是很明确,科学技术与经济结合不够紧密。会议着重清理了在科学技术的发展目标、事业规模、发展速度、管理体制上的"左"的影响。会议认为,要注意纠正那种只重视高精尖科学技术,不重视量大面广的生产技术,好高骛远、盲目赶超的倾向。会议明确提出,今后一个时期我国科学技术的发展方针首先要促进国民经济的发展。会议提出了《关于我国科学技术发展方针的汇报提纲》。国家科委在1981年2月向党中央提交了该提纲,4月,中共中央、国务院转发了这一提纲。提纲明确提出了新时期发展科学技术的具体方针,其要点包括:科学技术应当与经济、社会协调发展,并把促进经济发展作为首要任务;着重加强生产技术的研究,正确选择技术,形成合理的技术结构;必须加强工农业生产第一线的技术开发和科研成果推广工作;保

第五章
开启科技体制改革序幕

证基础研究在稳定的基础上逐步有所发展；把学习、消化、吸收国外科学技术成就作为发展我国科学技术事业的重要途径。这是中华人民共和国成立以来第一个比较系统、完整的科技发展方针。

1982年9月召开的中国共产党第十二次全国代表大会重申了科技现代化是实现四化的关键，第一次明确提出科学技术是国民经济建设的战略重点之一。同年10月，全国科学技术奖励大会明确提出了"经济建设必须依靠科学技术，科学技术工作必须面向经济建设"的战略指导方针（图5-1）。新的科技发展方针对正确处理科技与经济、社会发展的关系，基础研究、应用研究和开发研究之间的关系，解决技术结构的选择和正确对待国外先进科技成就等一系列原则问题起到了十分积极的作用。这一方针的提出，为我国科技体制改革指出了明确的方向。科技体制改革的根本目的就是要改革以前科学技术同经济建设严重脱节的状况，走上一条"依靠、面向"的新路子。

图5-1　1982年10月23日，全国科学技术奖励大会在北京人民大会堂隆重开幕

1984年，中共中央制定并发布了《中共中央关于经济体制改革的决定》。经济体制的改革使得科技体制到了非改不可的地步。考虑到科技体制的改革事关重大，党中央决定组织大规模的调查研究，单独起草一个科技体制改革的决定。中共中央领导人多次听取调研班子的汇报，并对科技体制改革的目标和方向提出指导意见。同年5月16—22日，国家科委主持召开全国科技体制改革座谈会。这次座谈会是制定《中共中央关于科学技

术体制改革的决定》的准备工作之一。会议指出改革的指导方针：改革要有利于促进科技与经济紧密结合；有利于充分发挥科技人员的积极性和创造性，打破"大锅饭"；有利于促进科研单位的社会化，打破部门所有制；提倡多样化发展，既加强发展全民所有制研究部门，也允许建立和发展集体与私人的研究部门。

1985年3月2—7日，国务院在北京召开全国科技工作会议。会议对科技体制改革工作进行了专门研究和讨论，邓小平在会议上发表了题为《改革科技体制是为了解放生产力》的讲话，明确指出了科技体制改革的任务和目的："经济体制，科技体制，这两方面的改革都是为了解放生产力。新的经济体制，应该是有利于技术进步的体制。新的科技体制，应该是有利于经济发展的体制。双管齐下，长期存在的科技与经济脱节的问题，有可能得到比较好的解决。"

二、《中共中央关于科学技术体制改革的决定》

1985年3月13日，《中共中央关于科学技术体制改革的决定》正式公布，标志着科技体制改革由1978年以来科技界自发进行的探索试点阶段进入有领导、有步骤、有组织的全面展开阶段。进行科技体制改革的根本目的，就是使科学技术成果迅速广泛地应用于生产，使科学技术人员的作用得到充分发挥，大大解放科学技术生产力，促进经济繁荣和社会发展（图5-2）。

科技体制的改革首先是改革科研管理模式和组织结构。改革和调整的原则与方向是：国务院各部门实行政研职责分开，开放科研机构，国家对科研机构的管理由直接控制为主转变为间接管理；扩大研究机构的自主权；鼓励研究、教育、设计机构与生产单位的

图5-2 《人民日报》刊登《中共中央关于科学技术体制改革的决定》

第五章
开启科技体制改革序幕

联合；强化企业的技术吸收与开发能力；提出技术开发型科研机构进入企业。

其次是改革科研人员管理制度，实行专业技术职务聘任制。其目的是打破科技人员使用终身制，促进合理流动，同时相应提高科技人员的工资收入水平。开放第二职业劳务市场，允许科技人员在完成本职工作的情况下从事兼职，针对我国科技人员相对数量少，又受单位所有制约束，积压严重而又难以流动的状况，充分发挥科技人员的积极性和主动性，从而获得主要科技资源的宏观效益。

针对在职称评定中，论资排辈、降低标准、扩大评定范围和片面强调学历、论文等倾向突出，职称既与职责分离，却又作为晋升的依据；既具有称号的性质，又有职务的因素；不受数量限制，没有任命期限，一旦获得终身享有等问题，1983年9月1日，中共中央办公厅、国务院办公厅发出通知，决定暂停职称评定工作，进行一次认真的总结和整顿。1986年1月24日，中共中央、国务院批准转发了中央职称评定工作领导小组的《关于改革职称评定、实行专业技术职务聘任制度的报告》。同年2月18日，国务院发布了《关于实行专业技术职务聘任制度的规定》，指出应根据需要设置专业技术工作岗位，规定明确的职责和任职条件，在定编定员的基础上，确定高、中、初级专业技术职务的合理结构比例，由行政领导在经过评审委员会评定的、符合相应条件的专业技术人员中聘任，受聘者有一定的任期。

科技体制改革推动科技与经济的结合。为进一步放活科研机构，促进科技与经济形成休戚相关的依存关系，1987年1月，国务院发出了《关于进一步推进科技体制改革的若干规定》，提出科研机构全部实行所长负责制，逐步实行科研机构所有权与经营管理权的分离；鼓励技术开发型科研机构和科技人员以多种方式进入经济建设主战场，倡导有计划地组织科技人员从事各类技术经济活动，促进多层次、多形式的科研生产联合，推动科技与经济的紧密结合；进一步改革科技人员管理制度，放宽放活对科技人员的政策，为充分发挥科技人员作用创造良好的环境。针对我国当时生产力和商品经济发展水平较低，经济发展尚缺乏依靠科技进步的压力、动力和活力的实际情况，1988年5月，国务院又发出了《关于深化科技体制改革若干问题的决定》，鼓励科研机构以多种形式长入经济，发展成新型的科研生产经营实体；积极开发和组织生产高新技术产品，在智力密集地区兴办新技术产业开发区，发展高新技术产业；支持集体、个体等不同所有制形式科技机构的发展；引入竞争机制，积极推行各种形式的承包经营责任制。

三、《1986—2000年科学技术发展规划》

要加快我国的经济发展，必须集中力量解决经济建设中亟待解决的重大关键技术和共性技术问题，加强已有单项技术的集成配套和工程化研究。为此，1982年国家计委和国家科委联合召开会议，研究制定《1986—2000年科学技术发展规划》，其指导思想是从经济建设中提出问题，科技为经济服务。前后共有上千位各部门和各方面的科技专家参与规划的讨论，同时成立了19个专业规划组，目的是摸清各行业的现状和存在的问题，以及行业未来发展中需预先解决的技术问题，从而使科技工作有的放矢。还邀请了德国、日本、欧共体、美国等国家和地区的知名人士和工程技术专家进行座谈，从中了解国际发展趋势和一些国家发展中的经验教训，对我国规划的制定起到了很好的参考作用。

此次规划围绕2000年中国工农业总产值比1980年的7100亿元翻两番、达到28 000亿元的总目标，提出了科学技术发展的5个主要任务：传统产业方面，依靠科技进步，把经济发达国家20世纪70—80年代初已经普遍采用了的先进生产技术逐步在我国普及，使我国工农业生产转移到新的技术基础上来；研究开发一批新兴技术领域，包括生物技术、微电子信息技术、新材料技术、新一代自动化技术、航天技术、核能技术等，建立若干技术密集的新兴产业，为"翻两番"开拓一些新路子；切实安排好国家重点建设项目的前期科研工作和建设中的重大技术关键攻关，使重点建设项目能够建立在先进的技术基础上；搞好重大技术的引进和消化吸收，以及重要的科技成果特别是军转民重大技术的推广应用；从科学技术的长期发展着眼，安排好一批基础研究项目。注意加强科技自身发展的基础性工作，不断提高科技开发能力。

与以前的规划相比，此次规划具有以下特点：制定了统一的技术政策，把其作为编制规划的重要依据和组成部分；强调了科技发展规划同技术改造规划、经济发展规划紧密结合，把国家经济发展目标作为科技规划的出发点和落脚点；重点突出，不搞面面俱到，集中力量编制好农业、能源、交通运输、钢铁、有色金属、石油化工、煤化工、电子、机械、纺织、食品、医疗保健、环境保护等领域的科技发展规划，并相继出台了高新技术研究发展计划、推动高新技术产业化的火炬计划、面向农村的星火计划、支持基础研究的国家自然科学基金等科技计划，保证了规划的实施；不片面追求赶超世界先进水平，大力发展具有中国特色的技术体系，力求提高产品质量，降低消耗，注重经济效益；组织并使用好现有的科技队伍，大力选拔人才。

《1986—2000年科学技术发展规划》包括27个行业和新兴领域15年发展规划的轮

廓设想、12个领域的技术政策、15年科技发展规划纲要和"七五"科技发展计划。各部门还制定了行业科技发展和技术改造中长期规划大纲。每个专项规划由国内外发展现状、奋斗目标与战略方针、主要科技任务和措施4个部分组成，从中又确定了11个重点行业和6个新兴技术领域。

国家科委、国家计委和国家经委联合组织全国性技术政策论证工作，编制了《中国技术政策》蓝皮书。《中国技术政策》蓝皮书包括4个部分内容：国家技术政策要点、技术政策要点说明、背景材料和专家论证材料。国家技术政策要点属于国家政策性指导文件，在全国颁布实施，作为指导、监督、检查我国技术发展方向的基本政策依据。技术政策要点概述了此项技术的国内状况，并确定今后的基本发展方向和2000年的目标、主要的技术路线和重点工作。在认真分析各个行业的状况和国际趋势基础上进行规划，确定了农业、能源、交通运输、原材料、机械、电子工业、食品工业、纺织工业、饲料工业、石油化工、煤化工11个行业为发展重点，并提出了各重点行业到2000年的发展目标和重大任务。决定开发微电子、生物工程、光纤通信、计算机软件、新型结构和功能材料、机械电子技术6项新兴技术，并提出了各领域的设想和重点任务。

第二节　科技拨款制度

改革科技拨款制度是引导科技工作面向经济建设主战场的一个重要突破口。改革前，我国科技拨款是"供给制"式的，即地市级以上独立研究机构和开发机构的经费由政府财政供给。这种"供给制"式的拨款方式，必然带来科研任务与生产相脱节，科研投入强度低、力量分散、低水平重复等弊病。改革拨款制度，目的是从资金供应上改变科研机构对行政部门的依附关系，使其主动为经济建设服务，用商品经济规律调整科技力量的布局，扩大全社会的科技投入，加速科技成果商品化。国家集中有限财力，加强国家长远发展和经济、国防建设中关键问题的研究。

1979年起，四川、上海等地就开始在少数科研单位开展以扩大自主权和发展横向联系为主要内容的改革试点。接着，北京、湖北、辽宁等地开始探索用经济办法对科研单位进行管理，试行科研责任制和合同制，有的地方还对有收益的科研项目试行贷款制或部分偿还制。沿着科技与经济结合的方向，各地方、各部门都在摸索科技体制改革的具体途径。1984年4月，湖南推广株洲电子研究所对外实行有偿服务，对内实行课题承包、独立核算、自负盈亏、经费自立的改革做法。党中央肯定了这个研究所的改革经验。此后，全国开发型科研单位的改革试点迅速扩大。在科研管理体制改革试点的同时，技术市场和技术贸易也开始出现并逐步发展，逐渐步入较为正规的阶段。

这一阶段改革的基本特征是：对长期采用事业费收支管理的科研机构逐渐引入经济管理办法，采用经济手段管理科研项目，允许科技人员从有偿技术合同收入中提取技术酬金，有效地调动了科技人员的积极性，有力地推动了科研与生产的结合。1984年4月，国家科委、国家体改委发布了《关于开发研究单位由事业费开支改为有偿合同制的改革试点意见》，把有偿合同制推向了全国。通过试点改革，科研院所对内实行课题承包制，对外实行有偿服务制，科研任务和经费直接挂钩，明确了科研单位的技术责任和经济责任，增加了科研院所、科研人员的压力，激发了科研院所、科研人员的活力，推动了科研活动与生产活动紧密结合。该意见对试点原则、内容做了一定的要求和规定，为1985年后全面进行的科技拨款制度重大改革提供了实践基础。

1985年，随着《中共中央关于科学技术体制改革的决定》的颁布，全面进行科技拨款制度的重大改革也逐步开展。对技术开发工作和近期可望取得实用价值的应用研究工作，逐步推行技术合同制，主要从事这类工作的独立研究机构，通过承包国家计划项目、接受委托研究、转让技术成果、合资开发、出口联营、咨询服务等多种形式，在为社会经济创造效益的过程中，取得收入，积累资金。原由国家拨给的事业费要逐步减少，争取在三五年的时间内，这类研究机构中的大多数能够做到事业费基本自给。

1986年1月，国务院发布了《关于科学技术拨款管理的暂行规定》，决定改变科研机构任务和经费单纯依靠国家包揽的状况，引入竞争机制和经济杠杆作用，对科研机构按任务和活动特点进行分类管理。其重点在于推进科研事业费管理改革；对科研基本建设和科技三项费这两部分经费，在保持原渠道不变的条件下，部分试行了有偿使用的改革措施。

在科研事业费改革中，对技术开发型机构实行技术合同制，逐步削减事业费拨款，鼓励和推动它们在为经济建设服务的过程中，从国家和社会获取多渠道的任务和经费。在保留约占事业费基数30%的退休金、医疗保险、专项奖励等拨款补助的前提下，逐步实现事业费自给。事业单位的性质和待遇不变，减拨下来的事业费国家财政不收回，继续用于行业或地方的重点项目资助、科技贷款贴息及建立健全技术开发机构的中间试验手段。国家在中试产品、新产品税收和能源交通基金方面给予政策优惠，积极开辟科技信贷渠道，并创造了一批行业和地方科技发展基金、科技创业或风险基金，支持技术开发型机构向科研生产经营一体化方向发展。对社会公益型机构、农业科研机构和科技服务机构，实行科研事业费包干制，包干经费随国家科技投入的增长逐步增加，鼓励支持它们在完成国家任务的前提下，积极为经济建设和社会发展服务，取得技术性收入，弥补包干费的不足。对基础性研究机构，保留事业费，实行科学基金制，研究课题和经费通过竞争获得；同时拨给一定额度的专项经费，组织实施重大课题研究计划，逐步增加重点课题的投资强度。

为了配合科研单位的分类，1986年3月，国家科委颁布了《关于科研单位分类的暂行规定》。1987年2月，国家科委、财政部颁布《关于科学事业费管理的暂行规定》，对于科学事业费的分类管理做了进一步的规定。

科技拨款制度改革有力地促进了科技为经济建设服务，有效调动了科研机构面向经济建设、面向市场的积极性。经过几年努力，各科研机构拓宽了任务来源，大批科技人员走出"大院"，深入生产第一线"找米下锅"，开辟了国家财政、银行信贷、税收优惠、企业和社会投入、自身创收及利用外资等多种经费渠道，活力大为增强。

第三节 技术市场

开拓技术市场，树立"技术成果商品化"的观念，是我国科技体制改革工作在理论和实践上的一大突破，也是社会观念的一大更新。通过实施《技术合同法》《专利法》，以及开拓、培育技术市场，确立了技术成果的商品地位，建立了按价值规律、以合同形式有偿转让的市场调节机制，为科学技术成果的研究开发、应用推广注入了新的活力，取得了很大的经济效益和社会效益。

20世纪50—70年代，我国科技成果的推广主要依靠行政渠道，由各级政府组织推广实施。70年代末至80年代初，随着改革开放的深入，一些地方的科研单位开始向生产单位有偿实行成果转让或提供科技咨询服务，帮助企业解决生产中的难题，出现了技术市场的萌芽。

1979年，天津市科委率先办起了"技术商店"；1980年，沈阳市科委成立了科技开发中心；同年8月，武汉地区举办了首届科学技术交易活动。这些技术市场的雏形是把技术当作商品，寻求向生产转移的渠道，促进了科研与生产紧密结合。对此，中央给予了极大的关注。1980年10月，国务院颁布了《关于开展和保护社会主义竞争的暂行规定》，首次指出"对创造发明的重要技术成果要实行有偿转让"。1981年4月，中共中央批转国家科委党组的《关于我国科学技术发展方针的汇报提纲》，提出了对科技成果实行有偿转让，并提出改革价格、税收等鼓励科技成果推广的政策，对采用的科技成果实行优惠。为了保障有偿转让的实行，1981年9月，财政部、国家科委发布了《关于有偿转让技术财务处理问题的规定》，对技术转让收入留成的比例进行了规定。1982年2月，财政部又发布了《关于对技术转让费的计算、支付和技术转让收入征税的暂行办法》，对技术转让费的计算与支付，技术转让收入的营业税、所得税等做了具体规定。1983年3月，财政部、国家科委发布《关于放宽技术有偿转让收入留用问题的规定》，进一步放宽技术转让收入留成的比例。

1984年11月，国务院第五十一次常务会讨论了《技术有偿转让条例》，指出这是科技体制改革的突破口。同年12月，由国家科委牵头召开了全国技术市场工作座谈会，提出了我国技术市场工作方案（《关于开放技术市场几点意见的报告》）。经国务院批准后，成立了全国技术市场协调指导小组，提出了中国开拓技术市场的方针为"放开、搞活、扶植、引导"。所谓放开，就是要国家、集体、个人一起上，凡是愿意为振兴社会主义经济做贡献的人，都可以贡献自己的才智。所谓搞活，就是可以多层次、多渠道、多形式地开展技术贸易，不局限于一种模式。只要有利于科学技术源源不断地流向经济，有利于科学技术成果转化为生产力，创造经济效益，各种形式都可以采用。所谓扶植，就是在组织上完善，在经济上扶植。所谓引导，就是在社会主义经济体制下，如何使市场与计划经济协调起来。在上述方针指引下，中国的技术市场得到了蓬勃的发展，技术市场受到各级政府的重视，从而使技术市场在内容、规模、形式上都跃入了一个新的阶段。从单项技术转让，发展到联合开发，合资经营；从项目的合作、单位间合作，发展到一个部门或几个部门联合起来同省、市实行全面、长期的经济技术合作；从承担乡镇企业、中小企业计划外的项目，发展到承担计划内的科研项目、技术改造项目、技术引进项目及计划内工程项目的技术承包等业务工作；从单项的技术贸易发展到成套技术直至整个工程承包，包括设计、设备安装、人员培训及工艺实施等；从买、卖、中介三方参与技术贸易，发展到财政、银行等金融界也介入技术市场交易活动。用资金和信贷支持技术市场成交项目，使技术交易项目得到落实，技术市场和金融市场开始结合。

1985年1月，国务院发布了《关于技术转让的暂行规定》，提出单位、个人可以不受地区、部门、经济形式的限制转让技术；一切有利于开发新产品，提高产品质量，降低产品成本，改善经营管理，提高经济效益等的技术都可以进行转让；技术转让费由出让方和受让方协商议定，中介人可以取得合理报酬；转让双方应签订合同，并明确有关责、权、利。此外，还规定了技术转让的效益、转让费、转让税收及转让收入的使用原则。

该文件为我国科技成果实行有偿转让及技术市场的发展奠定了法律依据,从此中国科研院所的科技成果推广便正式走上了有偿转让的道路。1985年3月,《中共中央关于科学技术体制改革的决定》中明确提出,技术市场是我国社会主义商品市场的重要组成部分,并把开拓技术市场列为科技体制改革的一个重点。随着该决定的实施,地区性乃至全国性的技术市场迅速形成。同年5月,国家科委、国家经委、国防科工委和北京市人民政府在北京联合举办了首届全国技术成果交易会(图5-3)。29个省(区、市)和49个有关部委的78个交易团,共计3000多个单位参加了交易会。会上,可供转让的技术有15 000余项,其交易总额达80亿元,签订各种协议15 181项,成交合同4180项。

图5-3 1985年5月,首届全国技术成果交易会在北京举办

1987年3月,国家科委发布了经国务院批准的《技术合同管理暂行规定》,指出技术合同是我国技术成果商品化的基本法律形式,涉及科技、经济、工商行政管理、财政税收等各个方面。要求各级科委、工商行政管理局和其他行政管理部门应当按照社会主义商品经济的特点和要求,协同做好技术合同管理工作。该规定的公布与实施,对于发展中的技术市场起到了极大的推动作用和规范作用。20世纪80年代末,我国形成了全国范围的多层次、多形式和多种所有制的经营体制与网络。

1987年6月,第六届全国人民代表大会常务委员会第二十一次会议通过《合同法》,在政策和法律上明确技术成果也是商品,建立了按照价值规律有偿转让的机制。1989年3月,经国务院批准,国家科委颁布了《技术合同法实施条例》,制定了技术开发、技术转让、技术咨询、技术服务等各种技术交易的基本规则。1988年,国家科委设立技术市场管理办公室。

技术市场加快了科学技术向生产转移，科技成果利用率有了明显提高。一大批科研机构尤其是应用型研究机构通过技术成果有偿转让和实行社会化服务，使自身经济实力明显增强，为科技体制改革的深入开展奠定了基础。技术成果的有偿转让调动了研究开发机构和广大科技人员的积极性，使他们面向经济主战场的自觉性空前提高。

第四节　国防科技体制

1986年8月，国家计委、国家经委、总参谋部和国防科工委联合发出调整军工科研、生产能力的通知，要求各国防工业部门采取积极、稳妥的方针，先易后难，有步骤地分批进行。先把多余的军品科研、生产能力腾出来开发民品，迅速投入国民经济建设中去；缩短战线，突出重点，将军品科研任务相对集中；按军品骨干、军民结合和全部转民3类进行分类调整。经过调整，大体上保留了原来生产能力的1/3，腾出来2/3左右的能力支援国民经济建设。科研能力的调整比生产能力的调整更为复杂，难度更大，需要深入地进行论证，逐步实施。总的调整原则是调整科研方向和任务，压缩规模，减少重复，精于科研队伍；加强预先研究和技术基础研究，增强新兴技术的科研能力，使国防科技在和平建设时期得到新发展。

1984年，邓小平在军委座谈会上提出，将武器装备研制改成订货关系，实行合同制。1986年4月，中央军委批准了国防科工委上报的《国防科研试制费拨款管理暂行办法》和《武器装备研制合同暂行办法》，于1987年1月颁布实施。为了与上述改革配套，国防科工委随后又组织制定了《国防科学技术应用、基础研究暂行管理办法》《国防科学技术研究和武器装备研制计划管理暂行办法》，以及战略武器装备、常规武器装备和人造卫星3个研制程序，并于1987年8月、9月由国家计委、财政部、总参谋部、国防科工委联合发布并实施。

新的拨款管理办法是将国防科研试制费分为武器装备研制费、应用和基础研究费、技术基础费三大部分，并根据各自的特点，实施分类管理。武器装备研制费直接用于武器装备型号研制，按照计划立项的任务分配给军兵种，通过合同、协议的形式，用经济、法律和行政手段参与武器装备研制工作的管理；应用和基础研究费主要用于武器装备的预先研究，根据预先研究项目分配给承担任务的工业部门，通过合同、承包、择优资助和基金制等形式分配给承担任务的科研单位，实行项目管理；技术基础费主要用于军用

第五章
开启科技体制改革序幕

标准、计量和国防科技情报、成果管理等技术保障和技术服务工作,主要分配给国防工业部门从事这方面工作的研究单位使用。

国防科工委于1986年开始,组织力量制定了《国防科学技术应用、基础研究暂行管理办法》,明确了国防科技预先研究实行以行政部门为主体,充分发挥专家的作用,领导与专家相结合的集中统一领导和分层管理负责的管理体制;从计划、经费、技术3个方面加强预先研究管理工作;对先期开发类和大部分应用研究类项目,实行合同制;应用基础研究类和少部分应用研究类项目,实行基金制管理。1988年,国防科工委在有限范围内进行了基金制试点。

1980年5月,国防工业办公室等制定了《军工企业生产民品暂行管理办法》,并组织各下属部门制定了26类240种民品的发展规划。1982年11月,国家计委、国家经委和国防科工委共同拟订了"六五"期间包括轻工、机械电子产品,以及为能源、交通、化工、建筑等行业提供设备、仪器和材料在内的18类275种民品的发展规划。1983年3月,国防工业部和19个民用工业部门,就军工企业开发民品,以及可能为民用工业的技术改造、基础工业的发展提供装备和技术支持等问题进行了协商。同年8月,国家计委、国家经委、国防科工委联合召开了军民结合工作会议,制定了《国防科技工业民品生产科研管理办法》,又对"七五"期间军工企业开发民品的重点进行了初步规划。随后,国家先后安排了两批共300项军民结合重点技术改造项目,对国防工业有计划地发展国家需要的民品生产起了重要作用。1983年,国防科工委与天津签订了《经济技术合作协议书》,并组织国防工业部门与天津签订了109项协议。各部门也先后与一些省、市和沿海地区进行经济、技术合作,促进和带动了地方经济和技术的发展,为实施沿海经济发展战略做出了贡献。在部与省合作的同时,部与部之间的合作也进行了有益的尝试。航空工业部在纺织工业部的支持配合下,瞄准引进的新型纺织机,先后研制生产了气流纺纱机、剑杆织机、喷水织机等6种具有国际先进水平的纺织机械,显著提高了工效,增加了经济效益。国防工业系统的民品产值平均每年以20%以上的速度递增,从1979年到1988年增长了11.6倍。民品生产的发展,还部分弥补了军品生产大幅下降和科研、生产能力大量闲置所造成的亏损,使相当一部分企业扭转了被动局面,稳定了军工队伍,出现了军品以技术支援民品开发,民品努力提高经济效益、支援军品发展的可喜景象。国家根据军民统筹的原则,把军工的民品开发和生产逐步纳入全国和地区的经济发展计划,使其成为国民经济的一支重要力量。

1986年,国务院决定设立军转民科技开发专项贷款,由国防科工委、国家计委、国家经委、国家科委、中国工商银行联合审核开发项目，编制和实施"军转民科技开发计划"。中国工商银行每年专门划出一定的额度指标，作为军工技术转民用的专项贷款，重点支持电子信息工程，生物、化工、医药工程，新材料、新技术、新工艺，环境保护技术和装备，能源开发利用技术，光机电一体化，现代农业相关技术等领域。军工技术转民用一直是技术市场的重要组成部分，并取得了显著的经济效益和社会效益。从1986年起，不仅合同数量稳定增长，技术水平也不断提高，开始向高新技术方向发展。

第五节　民营科技企业

随着科技体制改革的不断深入，科技人员的思想观念也在发生着巨大的变化。放活科研单位，放活科研人员，其直接的结果就是兴起了一股由科技人员领衔创办民营科技企业和民办科研机构的热潮。北京中关村是我国科技智力最密集地区，中国科学院的大部分研究所，清华大学、北京大学、北京理工大学等数十所高校皆云集于这一地区。1980年10月，中国科学院物理研究所研究员扔掉"铁饭碗"，从国家科研机构率先"下海"，创办了全国第一家民营科技企业——北京等离子体学会先进技术发展服务部。1982年3月，国务院发布了《试行科学技术人员兼职、交流的暂行办法》，为科技人员的流动创造了条件。在中央允许创办集体或个人科技机构等政策的推动下，很多科技人员利用节假日，纷纷走向社会和企业，开展技术咨询等服务，涌现了许多"星期天工程师""聘任教授"。

1983年，在以北京白石桥路、海淀路和中关村路为中心的地带，出现了各种所有制形式的科技企业11家；1984年增加到40多家；1985年达到90多家；1988年达到140多家，其中电子信息企业占80%以上，营业额增长到7亿元。从此，北京中关村电子一条街闻名遐迩（图5-4）。这一模式在全国许多大城市都得到了运用，如武汉的东湖科技一条街、沈阳的三好街、成都电子一条街等，都是这样发展起来的。全国先后有数以万计的科技人员陆续走出科研院所和高校围墙，带着科研成果找企业转化或试办企业、中介机构等，探索将科技与经济相结合，促进科技成果转化、商品化之路，形成了一股创办民营科技企业的洪流。

1986年7月，国务院发布《关于促进科技人员合理流动的通知》，鼓励科技人员到工农业生产第一线，支援中小企业和集体企业。随后，国务院和国家科委先后颁布了《科学技术干部管理工作试行条例》《聘请科学技术人员兼职的暂行办法》《实行科学技术

第五章 开启科技体制改革序幕

图 5-4 北京中关村电子一条街

人员交流的暂行办法》《关于科技人员合理流动的若干规定》等。1988 年 1 月，国家科委《关于科技人员业余兼职若干问题的意见》得到批准，对于贯彻按劳分配原则、正确处理科技人员做好本职工作和业余兼职的关系、促进人才合理流动、推动民营科技企业发展发挥了重要作用。

民营科技机构逐步得到了社会的理解和接受。民营科技机构的主要特点是：不要国家的编制，不需国家的投资，也没有行政级别。在所有制形式上，以集体所有制为主，还有个人创办、合伙创办、私营、中外合资、股份制等多种形式。科研、生产、销售一体化。民营科技机构是以科技人员为主体，以科技成果开发与商品化、产业化为目标的机构。在激烈的市场竞争中，民营科技机构要求得生存，就必须到市场中去找课题，不断地把科研成果转化为商品，才能在经济上立于不败之地。在运行机制上完全以市场为导向，以科技为依托，自愿组合、自筹资金、自主经营、自负盈亏，将风险和效益融为一体。这种民办科技机构充满勃勃生机，给我国科技事业的发展注入了新的活力。

第六章
国家科技计划体系初步形成

在科技体制改革的有力推动下，我国实施了一系列推动科技与经济发展的国家指令性科技计划，如科技攻关计划、国家自然科学基金、国家高技术研究发展计划（863计划）、星火计划、火炬计划等，形成了面向经济建设主战场、发展高新技术及其产业和加强基础性研究3个层次的纵深部署，构筑了我国新时期科技发展的战略框架。

第一节 攻关计划

全国科学大会后，我国的科技事业进入了一个新的历史阶段。中共中央和国务院制定了"依靠、面向"方针，要求科技、经济界运用集中优势兵力打歼灭战的方法，有选择、有重点地发展那些对国民经济发展有重大影响的、产业关联度比较大的技术，集中人力、物力、资金等各个方面的力量，攻克技术难关，提高经济发展水平和产业技术水平。

然而，由于对国民经济实力和科技水平估计过于乐观，《1978—1985年全国科学技术发展规划纲要》（简称《八年规划纲要》）对规划任务、目标明显表现出要求过高、规模过大的倾向，规划的重点发展领域和重点研究项目也比较笼统，偏离了"重点发展"的方针。因而，有必要进行调整。国家计委和国家科委结合制定《1986—2000年科学技术发展规划》时科技专家们提出的项目建议，在此基础上进行汇总筛选，把《八年规划纲要》的108个重点项目调整为最迫切和最有条件实现的38个项目，从中又选出对国民经济全局关系重大的7个"重中之重"项目，编制成《"六五"国家科技攻关计划》，于1982年11月30日经第五届全国人民代表大会第五次会议讨论通过，并下达实施。

《"六五"国家科技攻关计划》是我国第一个被纳入国民经济和社会发展规划的国家指令性科技计划，它的出台是我国综合性科技计划从无到有的一个重要里程碑。从此，国家科技攻关计划（简称"攻关计划"）成为国家科技计划体系的主体和我国国民经济和社会发展计划的重要组成部分。

"六五"攻关计划涉及农业增产技术、食品及轻纺消费品、能源开发及节能、地质和原材料、机械电子设备、交通运输、新兴技术和社会发展8个方面的38个项目、114个课题、1467个专题。项目包括：农畜育种技术及繁育体系；农业区域增产综合技术；饲料开发技术；速生丰产林选育和木材综合利用的研究；高效低残留的新农药开发；提高磷肥、钾肥在化肥构成中比例的研究；南水北调工程的研究；食品储藏、保鲜及加工技术；日用轻化工产品的开发研究；化纤纺丝工艺及设备的研究；织物印染及整理技术；煤炭开发技术；长距离管道输煤技术开发；提高石油钻采效率及常温输送工艺的研究；大型水电站的技术开发；节能技术的开发；新能源的开发；煤成气的开发；煤的转化、燃烧技术；石油、天然气、钾盐等重要矿产资源的勘探方法；新型建筑材料研究；水泥窑外分解技术及装备；浮法玻璃的技术开发；三大共生矿和钨锡铝黄金及江西重稀土的开发和综合利用；石油化工深度加工及综合利用；新型材料开发研究；贫红铁矿选矿技术；机械工业基础技术；大型成套设备的研制；大规模集成电路工业化生产技术及电子元器件高可靠性技术开发；计算机的开发；铁路重载列车成套技术研究；港口建设和港口装卸技术；新兴技术研究；计划生育药具与避孕方法的研究；病毒性肝炎、癌症的防治及新型中西药物的开发；环境保护和污染综合防治技术；华北地区水资源综合评价及开发利用的研究等。

"重中之重"项目包括：农畜育种技术及繁育体系；大规模集成电路工业化生产技术及装备的开发，计算技术的开发；能源开发及节能技术；化纤纺丝工艺及织物印染和整理技术；石油化工深度加工及综合利用研究；金川、攀枝花、包头三大共生矿的采、选、冶及综合利用研究，贫红铁矿选矿技术，国防、电子工业等急需的关键新材料开发；研制新型的轧钢、发电、海上石油钻探和开采等大型成套设备。

"六五"期间，国家拨款15亿元，参加计划的科技人员近10万人，取得3896项重要成果，用于重点建设、技术改造和工农业生产的有3165项，直接经济效益达127亿元。还建立了122条试验生产线、297个中试车间和中试基地、168个不同生态地区主要农作物品种区域试验点，并给一批行业的重点实验室增添了装备和仪器，增强了我国技术开发能力，对农业和农村经济发展、工业产业结构调整和技术升级、社会事业的全面发展起到了积极的推动作用。1986年5月3日，"六五"国家科技攻关成果展览在北京举办。

在农业方面，共育成小麦新品种30多个，区域实验面积达4000万亩，占全国小麦播种的10%，一般增产5%~10%；育成水稻新品种40个，特别是籼型杂交水稻新品种，

第六章
国家科技计划体系初步形成

和抗原制备技术，研制成功了新型非线性激光材料磷酸氧化钾和锗酸铋晶体，攻克了非金属人工晶体热锻工艺技术，人工合成了云母和核糖核酸。在技术基础方面，建立了包括6个基本量在内的140种国家计量基准标准等。这批科技成果不仅对提高工农业生产起到积极作用，有些已接近或达到世界先进水平。

《"七五"国家科技攻关计划》根据《1986—2000年科学技术发展规划》的方向和任务安排而制订。"七五"攻关计划的中心思想是为把经济搞上去提供新技术、新产品、新设备，力求和经济发展目标的要求相衔接，讲求实际效益。"七五"攻关计划包含重点科技项目计划、重点工业性试验项目计划、重点技术引进和消化吸收项目计划、科技事业重点建设项目计划、重点基础研究项目计划5个部分，包括200项技术开发和推广应用项目，76个重大科技攻关项目，其中有种子和粮食转化、国外成熟技术的消化吸收项目等34个；轻工、纺织、农产品的加工转化、金属和化工原料的深度加工项目等16个；新兴技术领域即微电子、信息技术项目等11个；社会发展包括资源、生态、环境、医药卫生项目等15个。

"七五"期间，攻关计划拨款32亿元，共有13万名科技人员参与，获得成果1万多项。在农业方面，共育成稻、麦、玉米、棉花、大豆、油菜等14类农作物新品种397个，累计推广面积6.4亿亩，增产粮食140亿千克，皮棉3.3亿千克。在林业方面，建立了主要用材林树种速生丰产栽培体系，使我国人工林集约栽培提高到一个新水平。在农作物病虫害防治、畜禽水产、食品和饲料工业等方面也取得了较好成绩。

在资源勘探理论和方法上实现了重要突破，实现了天然气新增探明储量2993.9亿立方米，比"六五"期间平均年增长率提高48.7%，发现或扩大大中型规模的金、银、铜、铅、锌等矿床51个；大气污染防治技术使工业型煤有了较好的发展，烟尘量比烧原煤减少60%～80%。石油工业中的定向井和丛式井钻井技术配套研究获得重大进展，产生了巨大效益；开发的大马力电力和内燃机车系列提高了机车的牵引能力，在全铁路新增营业里程仅1.05%的情况下，客货周转量增加了47.52%；研制成功了30万千瓦和60万千瓦火电机组成套设备，显著提高了我国电力设备和电站建设的自主开发能力。

以电子信息技术为核心的新兴技术，在传统产业的技术改造方面有了良好的开端。研制成功了10万个晶体管的计算机辅助设计系统，成功开发了487种各类CMOS专用集成电路；开发出500多种新材料，用于集成电路、计算机、新型元器件的生产；研制出铁道、汽车、建筑、工程机械、能源和石化等行业的专用钢种180个。

在"依靠、面向"方针指引下，积极探索科技为经济建设服务的多种形式。例如，组织科技力量参与国家重大工程建设的前期技术经济论证与重大关键技术研究，为决策提供科学依据，为工程实施提供技术支撑。三峡工程的前期论证与关键技术研究就是一个生动的例证。根据国务院领导指示，国家科委与国家计委联合组织了10多个部门的上千位专家，按照系统工程的指导思想，组成10多个专题论证组，就三峡工程发电、航运、防洪的工程目标与综合效益，以及地质地表灾害、泥沙、电力系统、对全流域生态环境影响、移民、地下文物抢救、大型发电装备与升船机等问题进行系统研究，为决策提供依据。同时，将论证中提出的关键技术问题列入攻关计划，开展科学研究与试验，为三峡工程建设提供了有力的技术支撑。

通过攻关计划的实施，凝聚、造就了一大批能打硬仗、敢攀高峰的优秀科技人才，培养和锻炼了我国自己的科技队伍，建设和完善了一大批科研设施，使我国整体科技水平有了较大提高，为我国科技事业的继续发展打下了基础，增强了后劲。

此外，我国在其他科技领域也取得了长足发展。开展了黄海、东海和南海的海洋水文断面调查、大陆架综合调查、沿岸海洋水文气象特征调查、西沙和南沙群岛海域科学考察、渤海石油污染调查及数次远洋调查，成功取得水深4784米大洋底质样品，并首次获取大洋锰结核。1983年5月，"向阳红16号"海洋调查船进入太平洋中部海区开展大洋多金属结核资源专项调查，为我国后来最终拥有专属勘探权和优先商业开采权的7.5万平方千米多金属结核矿区奠定了基础。参加了联合国世界气象组织统一组织的全球大气试验观察任务，与美国合作进行海洋沉积过程调查研究，与日本进行为期7年的黑潮联合调查。1983年6月，我国正式成为南极条约组织的成员国。1984年12月，中国南极考察队在乔治王岛登陆，建立第一个南极科学考察站暨长城站并进行首次南极考察。1988年11月，中国首次东南极考察队乘"极地"号船赴南极内陆，开始建立常年科学考察站暨中山站并进行东南极科学考察。建成了包括"远望1号""远望2号"测量船和"向阳红10号"调查船在内的远洋测量船队，建设了新的西安卫星测控中心和覆盖全国及链接全球的导弹卫星通信与测控网络；提高了新一代核武器性能，进行了洲际弹道导弹研制，并完成了中国至南太平洋海域的全程发射飞行试验；研制出潜地导弹，使核潜艇具备了水下发射能力。自20世纪80年代初以来，先后建成新的西昌卫星发射中心和太原卫星发射中心，研制出"风暴一号""长征三号""长征四号"大功率运载火箭，多次成功发射中国设计研制的两种返回式遥感卫星和"实践"系列技术试验卫星，并能做到"一箭三星"，成为世界上第4个掌握这一技术的国家。1984年4月8日，首次成功发射试验通信卫星"东方红二号"，我国成为世界上第5个掌握卫星通信能力的国家。

1988年9月,"长征四号"运载火箭将"风云一号"气象卫星准确送入901千米高的太阳同步轨道。

第二节　国家自然科学基金

设立国家自然科学基金是我国科技体制上的一项重大改革,对于推动我国科学事业发展、四个现代化建设具有重要作用。早在1982年,根据中国科学院89位学部委员的建议,党中央批准设立面向全国的自然科学基金——"中国科学院科学基金"。该基金采用国家财政拨款、自由申请、同行评议、择优支持、课题管理制的办法,资助基础研究和应用研究中的基础性工作,并明确规定要"面向全国"。此后,地震、教育、卫生与邮电等部门和地方也相继设立了学科或行业的科技基金。

1985年发布的《中共中央关于科学技术体制改革的决定》中确定了"对基础研究和部分应用研究工作,逐步试行科学基金制"的方针。国务院科技领导小组决定,由国家科委、国家教委、中国科学院等部门和国务院科技领导小组办公室指派专人,立即开展设立国家自然科学基金委员会的筹备工作。1985年7月底,由国家科委高技术与基础研究局牵头,国家教委、中国科学院和国务院科技领导小组有关人员联合组成文件起草小组,起草了向国务院正式报告的《关于成立国家自然科学基金委员会通知》的讨论稿。建议即将成立的国家自然科学基金委员会由科学家、管理专家25人组成,实行任期制,主任由国务院任命;设顾问委员会,由国家自然科学基金委员会主任聘请中外知名学者、专家和实业家50人左右组成;国家自然科学基金委员会设职能机构,不设科学研究实体。8月31日,在国务院科技领导小组第八次会议上讨论了国务院设立国家自然科学基金委员会的具体问题。

1986年2月14日,国务院发出了《关于成立国家自然科学基金委员会的通知》,明确:"为了加强基础研究和部分应用研究工作,逐步试行科学基金制,国务院决定成立国家自然科学基金委员会。"

国务院确定的国家自然科学基金委员会的任务是:根据国家发展科学技术方针、政策和规划,有效地运用科学基金,指导、协调和资助基础研究和部分应用研究工作,发现和培养人才,促进科学技术进步和经济、社会发展。其主要职责是:根据国家科学技术发展规划,制定和发布基础研究和部分应用研究项目指南,受理课题申请,组织同行评议,择优资助;接受委托,对国家的基础研究和应用研究方面的重大问题提供咨询;

支持其他面向全国的科学基金会的工作，并在课题安排上给予协调和指导；同其他国家的科学基金会和有关学术组织建立联系并开展国际合作。国家自然科学基金委员会成立当年，国家财政对科学基金的年度拨款为 8000 万元（图 6-2）。

图 6-2　1986 年 12 月，国家自然科学基金委员会第一届第一次全体委员会议在北京召开

自然科学基金制是适合基础性研究特点，由国家拨款、自由申请、专家评审、择优支持、按课题拨款等组成的一种经费管理制度。国家自然科学基金主要来自国家财政拨款，同时接受国内外单位和个人的捐赠。其中，国家财政拨款包括原由中国科学院管理的面向全国的科学基金、原国家科委用于支持基础研究的经费、从中国科学院等国务院有关部门划转的基础研究和部分应用研究经费，以及国家每年对基础研究和部分应用研究增加的经费与专项拨款。自然科学基金制的具体实施由国家自然科学基金委员会来承担。国家自然科学基金委员会下设数理科学、化学科学、生命科学、地球科学、材料与工程科学、信息科学等学部，负责组织学术评审和项目管理；设有发展战略与政策局（含管理学科组）、综合局、国际合作局、办公室等职能机构，负责综合管理和行政事务，发展战略与政策局还负责管理科学学术评审的组织和项目管理。还设立了顾问委员会，由国家自然科学基金委员会主任聘请中外知名专家、学者和实业家组成，对学科发展和资助方向等重大问题提供咨询。

国家自然科学基金委员会贯彻"依靠、面向、攀高峰"的要求，坚持依靠专家、发扬民主、择优支持、公正合理的评审原则,充分发挥项目指南和资助政策的宏观引导作用,不断完善资助格局,持续发展规范管理的制度体系,促进学科前沿发展,大力培养创新人才,稳定支持基础研究和部分应用研究,极大地调动了广大科技人员的积极性和创造性,有力推动了我国基础研究的发展,也支持和促进了各部门、各行业科学基金工作的发展。

高水平科研人才是基础研究最重要的资源。为了尽快填补因"文化大革命"而造成的人才断层现象,培养青年科研人才,国家自然科学基金委员会自成立起就设立青年科学基金项目,支持35岁以下的科研人员独立开展研究工作。同时设立地区基金项目,为科研相对落后地区培养人才。

为了更有效地为经济建设服务,国家自然科学基金委员会在择优资助量大面广的自由申请项目的同时,采取自上而下、上下结合的办法,组织不同部门、不同学科的优秀科研人员,对基础研究和部分应用研究的重大问题开展合作研究,给予强度较大的经费支持,并加强项目管理和成果跟踪。重点项目要针对我国学科发展中的关键科学问题,资助学科发展前沿和新的生长点。重大项目主要针对我国科学技术、经济和社会发展中的重大科学技术问题而建立,部分项目是国际性研究计划的组成部分。重大项目除要求具有重大的理论意义或应用前景外,还要求有总体思想和目标,课题之间具有有机联系,能够发挥跨学科、跨部门合作研究优势,有创新的学术思想和研究方法,有先进、合理、可行的研究方案,具备国内领先的研究基础,有学术水平高、组织能力强的学术带头人和相应的学术梯队,能够形成高水平的研究队伍,有利于科研与生产、教育结合,加速研究成果推广和高水平人才培养。

国际合作交流是科学基金工作的重要组成部分,直接服务于我国科学基金制的实施。国家自然科学基金委员会国际合作的内容包括:与外国科学基金组织及其有关机构建立联系,商定合作交流计划并组织实施;调查国外科技发展战略、学科发展政策、实行科学基金制的经验,为我国科学基金工作提供借鉴;与国外有关研究单位就双方感兴趣的科学问题开展合作研究;参加重要的国际学术会议;在华召开较高水平的国际学术会议;专业人才互访和讲学等。

第三节 国家高技术研究发展计划

20世纪中叶以来,以高技术为核心的新一轮科技革命对社会生产力的提高和人类创造力的发挥产生了巨大的影响,引起了世界经济、政治、军事、社会、文化等各个方面的深刻变化。高技术不仅促使一个国家（地区）经济明显发展，也促使各国综合国力对比发生巨大变动，国际关系格局亦随之变化。

1983年，美国提出了"战略防御倡议"（也称"星球大战"计划），力图把全国的科技力量有效地动员组织起来，促进高新技术的发展，以增强本国的竞争力。此后数年间，各种各样符合或针对"星球大战"计划的对策、计划纷纷出台，日本首先出台了"科技振兴基本国策"，西欧17国联合签署了"尤里卡"计划，苏联及东欧集团制定了"科技进步综合纲领"，印度发表了"新技术政策声明"，韩国推出了"国家长远发展构想"。这些着眼于21世纪的高技术发展战略计划掀起了新的技术竞争浪潮。

面对世界范围科学技术日新月异发展的趋势，为尽快实现我国经济振兴、跻身于世界强国的战略目标，党和国家领导人非常关心我国高科技的发展。邓小平明确指出："世界上许多国家都在制定实施高技术发展计划，下个世纪将是高科技的世纪。任何时候，中国都必须发展自己的高科技，在世界高科技领域占有一席之地。高技术的发展和成就，反映了一个国家和民族的能力，也是国家兴旺发达的标志。"

从1984年起，国家有关部门就开始多次组织专家学者，从各个方面对"星球大战"计划进行分析研究。专家学者们普遍认为，从表面上看，"星球大战"计划只是一个重点针对苏联军事威胁的战略防御计划，但此计划囊括了大批新兴尖端科学技术，除了军事目的外，还有其深远的政治目的。美国试图通过"星球大战"计划的实施，促进国防科技的发展，进而带动高新技术和国民经济的全面振兴，以确保美国在世界军事、政治、经济中的优势地位，抢占21世纪战略制高点。

鉴于当时我国所处的国际环境和国内情况，绝大多数专家认为，虽然我国的经济实力还不允许全面发展高科技，但争取在一些优势领域首先实现突破是有可能的。1986年3月，王大珩、王淦昌、杨嘉墀、陈芳允4位科学家提出《关于跟踪研究外国战略性高技术发展的建议》。邓小平充分肯定了这份建议，并于3月5日做出了批示，指出"这个建议十分重要"，并请国务院负责同志主持，"找些专家和有关负责同志讨论，提出意见以供决策。此事宜速作决断，不可拖延"。根据邓小平的批示，1986年4—9月，国务院组织了几百名专家进行调查论证，在进行充分论证的基础上，制定出了我国的《高技术研究发展计划纲要》。不久，中央政治局扩大会议审议批准了该纲要。这个计划根据科学家提出的建议，采取了针对有限目标实行重点突破的方针，重点选择那些对综合国力影响大的战略性领域和重点项目，强调项目的预研先导性、储备性和带动性，并按照邓小平的指示，实行军民结合、以民为主的原则。这是一个跟踪国际水平、缩小国内外科学技术水平的差距、在有自身优势的高技术领域创新、解决国民经济亟须解决的重大科技问题的国家高技术研究发展计划。这个计划建议的提出和邓小平的批示都是在 1986 年 3 月做出的,因此,被称作 863 计划(图 6-3)。

图 6-3　863 计划标志

根据中共中央、国务院批准并转发的《高技术研究发展计划纲要》,863 计划的目标是集中一部分精干的科技力量,希望通过 15 年的努力,力争达到下列目标:在几个重要高技术领域,跟踪国际水平,缩小同国外的差距,并力争在我国有优势的领域有所突破,为 20 世纪末特别是 21 世纪初的经济发展和国防安全创造条件;培育新一代高水平的科技人才;通过伞型辐射,带动相关方面的科学技术进步;为 21 世纪初的经济发展和国防建设奠定比较先进的技术基础,并为高技术本身的发展创造良好的条件;把阶段性研究成果同其他推广应用计划密切衔接,迅速地转化为生产力,发挥经济效益。

863 计划是我国改革开放以来推出的第一个以国家利益为目标的高技术发展计划,是全局性的、中长期的、重大的战略任务。依据这一特点,863 计划在确定发展目标时采用了"军民结合,以民为主"的总方针,体现了"瞄准前沿,积极跟踪"的思想,坚持了"有限目标,重点突出"的原则,结合中国国情,具有中国特色,并把培养新一代高水平人才作为一个重要目标。

高科技的重要特征是高投入、高效益、高风险。从总体上讲,20 世纪 80 年代后期我国的研究开发总投入不高,占国民生产总值的 0.5%～0.6%。我国不能对所有前沿高技术领域进行广泛的投入,必须根据国情,选定优先发展的领域,发挥优势,集中力量,重点投入,以点带面,从而带动我国高科技水平的整体跃升和国家实力的增强。

为了实现以有限的投入在高技术前沿占有一席之地的目标,863 计划对所选研究领域进行了反复论证。专家们认真分析研究了国外高技术发展趋势,结合我国实际情况,本着"有限目标、突出重点、瞄准前沿、积极跟踪"的原则,推荐出我国优先发展的生物技术、航天技术、激光技术、自动化技术、信息技术、能源技术、新材料 7 个技术领域。此后,由国务院科技领导小组牵头,国家计委、国家科委、国防科工委、国家教委、国务院发展研究中心和中国科学院等机构组成联合工作班子,在专家推荐项目的基础上,采取专题研究和综合评议相结合的办法，先后邀请了 100 多名专家对项目进行了审查和筛选，将 7 个领域具体化为 15 个主题项目，同其他有关计划做了分工和衔接，确定了各项目的总目标、阶段目标和经费估算，最终提出了实施计划的政策和措施，确定 863 计划实施时间共 15 年，总经费按 100 亿元安排，作为中央专款单列控制使用。863 计划的实施采取领域专家委员会和主题专家组的管理办法，充分发挥专家在项目管理中的作用。

通过实施 863 计划，逐渐形成了适应我国国情的高技术研究和开发的发展战略，完成了高技术研究与开发的总体布局，建立起了一批高技术研究和高技术产品开发基地，培养造就了新一代高技术科技队伍，获得了一批具有国际水平的高技术成果，突破了一大批重大关键技术，提高了我国高技术研究开发水平，增强了我国的科技实力，部分成果已向商品化、产业化方向延伸，开始对国民经济和社会发展产生较大的影响。

第四节 星火计划

一、星火计划

制订和实施星火计划，用科学技术振兴农村经济，是 20 世纪 80 年代中国科学技术面向经济建设主战场的又一个重要方面。国家科委于 1985 年 5 月向国务院提出了《关于抓一批"短平快"科技项目促进地方经济振兴的请示》。该请示提出，为了推动科学技术与经济的密切配合，进一步贯彻"依靠、面向"的方针，国家科技工作的重点要做适当调整。在不放松继续抓好那些对国计民生有重大战略意义的中长期项目的同时，还应抓一批针对中小企业特别是乡镇企业有示范和推广意义的、科技与经济紧密结合的"短平快"项目，即科技商品化周期短，与中小企业技术水平相适应，取得经济效益快的技术开发项目，以提高中小企业、乡镇企业和农村建设的科学技术水平，为进一步发展地方经济植入新的胚胎。因此建议，在"七五"规划中科技计划部分，专列一项"促进地方经济振兴技术开发计划"，拟命名为星火计划。每年拨给人民币 2 亿～3 亿元，外汇 5000 万美元，由国家科委负责组织各地方落实和具体实施。

这份请示得到国务院的高度重视。国家科委于 1985 年 10 月在扬州召开第一次全国星火计划工作会议，讨论和确定了星火计划的目标、宗旨、指导原则和组织管理等问题，以及选择和安排技术开发项目的"短平快"原则。所谓"短"就是科技成果的商品化周

第六章
国家科技计划体系初步形成

期短;"平"就是与农村中小企业,特别是乡镇企业的技术水平和接受能力相适应;"快"就是取得经济效益快、资金周转快。此后,国家科委组织了全国第一批41项星火计划试点项目,取得了组织实施的初步经验,证明了计划项目的可行性。

1986年1月,中共中央发布了关于农村经济发展的文件。文件指出,中共中央和国务院批准国家科委组织实施星火计划。星火计划是一项指导性科技计划,由政府组织引导,以政府、社区(乡镇)、企业(尤其是乡镇企业)、农户为主体,联合有关部门和社会各界共同参与;在资金筹集方面,首创了国家、地方、企业共同集资的原则,改变了过去单纯依靠国家投资的做法。

星火计划的主要任务是贯彻党中央关于大力加强农业和促进乡镇企业健康发展的方针,引导农村产业结构调整,增加有效供给,推动科教兴农;积极促进农村经济增长方式由粗放型向集约型转变,依靠科技进步提高劳动生产率和经济效益,引导农民改变传统的生产生活方式;建设一批以科技为先导的星火技术密集区和区域性支柱产业,推动乡镇企业重点行业的科技进步;推动中西部地区经济发展;培养农村适用技术和管理人才,提高农村劳动者整体素质。

星火计划在各级政府的领导下,实行国家、省、地、县分级管理。国家科委星火计划办公室是全国星火计划的归口管理部门,负责制定有关方针、政策、规划和项目计划的编制,以及指导、协调全国星火计划的实施。各省、地、县都设有星火计划管理机构,负责本地区星火计划的组织与管理工作。国家通过星火计划,资助一批引导性、示范性项目,将逐步提高地方经济,特别是乡镇企业的技术水平和管理水平,造就一支具有一定技术素养和管理能力的乡镇企业职工队伍。

星火计划迅速落地实施,仅实施的第一年(1986年)就落实国家计划项目700多个,省市计划项目1000多个,地县计划项目约2300个,总计约4000个。其实施范围遍布全国各地,几乎覆盖了全国所有的县。随着星火计划向广度和深度发展,以星火项目为"生长点"的区域性支柱产业逐渐形成,能够开发和有效利用区域内的自然资源和社会资源,形成较大规模或连片发展,为社会提供大量优质商品,创造更高经济效益,并对区域的农村经济发展有举足轻重的影响。我国在畜牧、养殖、珍贵毛皮动物、食用菌、饮料、果品、保健药品方面,形成了一批年创产值超亿元的产业。这些产业的兴起,带动和促进了一批星火产业集团及各种民间科技服务组织的出现。

星火计划的实施为广大科技人员开辟了更为广阔的用武之地。一大批科技人员从人才积压的科研单位、高等院校走出来,深入农村,施展自己的才华,为发展农村经济做出了重大的贡献。截至1989年，全国共有50多万名科技人员下乡参与星火计划的实施。

星火计划在国际上引起强烈反响。联合国拍摄了大型《星火》纪录片，推荐给发展中国家播放，一些国际组织和国家对星火计划给予高度评价，认为其有可能为众多发展中国家提供具有普遍意义的经验。

二、丰收计划

在星火计划实施后不久，1987年，农业部和财政部也推出并组织实施了一项科技兴农计划——丰收计划。

丰收计划的主要宗旨是加快农牧渔业科技成果、先进技术的普及和推广应用，以促进农牧渔业生产发展，实现高产、优质、低耗、高效，达到大面积增产增收。其项目选定的原则和条件是：必须能大幅增产，并显著提高经济效益和社会效益；要优先考虑关系国计民生的粮食增产项目和对国民经济影响较大的农牧渔业重点项目；技术先进实用；推广的地区比较广阔；投资少、收益大、见效快，要求1~2年见效；能够显著提高农牧渔业的产量和品质，降低能源和原材料消耗，提高劳动生产率，降低成本。计划的主要内容包括：推广农牧渔业优良新品种；推广农作物高产模式栽培技术、低产田土壤改良技术和各种单项增产技术；推广设施农业、地膜及其他化学材料利用技术；推广优化配方施肥及其他科学施肥方法；推广节能省水机具和科学灌溉技术；推广农作物病虫草鼠害、畜禽鱼疫病的综合防治技术；推广优化配方饲料，畜、禽、鱼科学饲养、繁殖技术，取得最佳饲料报酬技术；推广海、淡水产品精养技术和近海、湖泊、江河等大中型水域水产资源增殖技术；推广农牧渔业产品保鲜、加工、贮运等技术；推广农牧渔业适用机械化先进技术。

同星火计划一样，丰收计划也是多层次的，分为国家级、省地（市）和县级。为了充分发挥地方的积极性和主动性，对省级的计划不做统一规定，可以在国家项目的基础上根据当地的实际情况加以扩大。为了使计划更符合农业生产实际，不编制长期计划，每年编制一次年度计划。

丰收计划受到各级领导的重视和全社会的关注，得到有关部门的大力支持与合作，财政部在国家财政比较紧张的情况下，每年拿出2000万元专款作为国家级丰收计划基金，中国农业银行每年也配套贷款1亿元左右，使丰收计划有了资金上的保证。农业、财政和生产资料等部门有机结合，形成科学技术同资金、生产资料的优化组合。农业系统的

3股科技力量（农业科研单位、教学单位和推广单位）也积极密切协作。这些举措使丰收计划实施顺利。实施的第一年，共落实21个项目，与相关省（区、市）和计划单列市签订合同151份，各省又与各县签订二级合同800份。

三、科技扶贫

20世纪80年代，中国科学技术在为振兴地方经济、振兴农业服务方面，除了实施星火计划、丰收计划外，还有一项重要举措，即科技扶贫。

党的十一届三中全会以后，随着改革的进行，广大农村发生了巨大变化，但仍有一部分地区未摆脱贫困状态。党中央、国务院对此十分重视，强调要充分运用科学技术治穷致富。在党中央、国务院的关怀指导下，20世纪80年代初，一些科技部门和科研单位、高等院校开始着手探索用科学技术扶持贫困地区摆脱贫困、走向富裕的路子。"六五"期间，国家科委组织各个方面的科技力量，在河北省政府的统一部署下，对太行山区10多个贫困县进行科技开发扶贫工作。5年里，用710万元投资取得了2.7亿元的效益，使全区人均纯收入从1981年的75元提高到1985年的300元以上，充分显示了科学技术治穷致富的巨大作用。

1985年年初，中共中央、国务院发布了《关于帮助贫困地区尽快改变面貌的通知》。同年，国家科委向党中央提交了《关于开发贫困地区建设的报告》，提出在全国范围内，依靠科学技术使贫困地区脱贫致富，是当代中国的一篇大文章，具有重大的经济和政治意义。根据依靠科技开发太行山区的经验，建议从各部委、高等院校、中国科学院、中国社会科学院组织一批各专业的优秀干部到贫困地区用科学技术扶贫治穷。这份报告迅速得到党中央的赞同。

从此，科技扶贫工作引起各部门、各地方、各单位的重视，并在全国范围内广泛开展起来。从1986年开始，国家科委又开展了向大别山老区输送实用科学技术、帮助老区人民摆脱贫困的活动，并收到良好效果（图6-4）。这项工作很快扩展到井冈山地区和陕北老区。此外，国家科委还将贵州毕节地区、黔西南州和四川巴中市等部分少数民族地区列为重点，进行科技扶贫。农业部、商业部、民政部、水电部、林业部、国家民委、中国科协等部门及所属单位也选派了大批科技人员和管理干部组成科技开发团，分赴全国各个贫困地区开展科技扶贫工作，帮助当地制订经济开发计划，将技术和资金等生产要素优化组合，进行技术示范，传授适用技术。各省（区、市）也积极组织科技人员、

图 6-4　科技挺进大别山，开展"板栗栽培技术"电视讲座

高校师生到贫困地区参与科技开发与服务工作。

为了推动科技扶贫工作的广泛深入开展，动员更多的科技人员参加贫困地区的开发建设，各部门、各地区都根据各自实际情况制定了相关的政策与措施。1986年年底，国家科委在经过调查研究的基础上，提出了鼓励科技人员到贫困地区工作的若干政策原则。例如，鼓励人才比较集中的单位有组织地选派科技人员到贫困地区承包、租赁、领办中小企业、乡镇企业，或在企业及技术开发、服务、培训机构任职；派出人员的单位可以技术、资金、设备入股，参加分红和共担风险；允许、支持和鼓励部分科技人员以调离、辞职、停薪留职等方式脱离所在单位，到贫困地区的城镇和农村兴办、经营各种所有制形式的企业、技术开发、技术服务等机构，带领群众脱贫致富；对长期在贫困地区工作的科技人员，其职称的考核和聘任应以他们的工作实际业绩为主要依据；大专院校的教学人员支援贫困地区的工作应计入他们的教学工作量；在科技扶贫工作中做出贡献的科技人员应予奖励等。这些政策极大调动了广大科技人员支援贫困地区开发建设的积极性。从此以后，科技扶贫工作的规模不断扩大，效益不断提高，成为科学技术为经济建设服务的主要战场之一。

第五节　火炬计划

一、高新技术产业兴起

20世纪70年代以来，随着以微电子技术为主导的信息、生物、新材料、新能源等高技术的蓬勃发展，出现了机械电子工业、光电子工业、办公自动化设备，以及信息处理系统、电子医疗设备、新能源、新材料、现代生物制品等高新技术产业。与传统产业相比，其技术与资金都密集得多，产品增值也高得多，并带来生产力的飞跃和产业结构的调整，促进了劳动就业和经营管理方式的变化，为企业带来巨额利润。高新技术产业的发展，加剧了世界市场的激烈竞争，成为各发达国家进行国际贸易角逐的焦点。发达国家和一些新兴的工业国家及地区，为了加强经济实力和国际竞争能力，都在重新调整产业结构，加速发展高技术、新技术产业。高新技术产品在世界贸易结构中的比重越来越大。

与高新技术产业同时兴起的还有科学园区。最早的科学园区出现在美国"硅谷"等地。到1980年，美国已有20多家科学园区，欧洲也出现了6家。随着新技术革命的浪潮席卷全球，科学园区这种培育发展高技术产业的有效方式也形成一股世界性潮流，几乎所有发达国家和较有实力的发展中国家及地区都建起各种类型的科学园区。

我国经过几十年的建设，已初步建立起门类比较齐全、布局趋向合理的工业体系。在航天、计算机、生物工程、光机电一体化和新型材料等高技术领域已具备相当基础，拥有较强的产品开发能力，科技成果也为数不少，有的已基本形成产业。通过科技体制改革，科技成果商品化、技术进入市场等新观念也逐渐形成，促成一些勇于开拓的研究院所和科技人员在开发高新技术产品和创办科技型企业方面取得了初步进展，在一些地方已形成自发的"智力密集区"。1985年7月，由中国科学院和深圳市政府共同创办了我国第一个高新技术产业开发区——深圳科技工业园。

从世界形势来看，高新技术产业的发展，不仅带来生产力的飞跃和产业结构的变革，而且导致经营管理与劳动就业的巨大变化，以及市场竞争力和综合国力的极大提高。因此，我国政府十分重视加快高新技术产业的发展。《中共中央关于科学技术体制改革的决定》中明确提出，为加快我国新兴产业的发展，要在全国选择若干智力密集区，采取特殊的政策，逐步形成具有不同特色的新兴产业开发区。1986年，党中央、国务院批准863计划时，就阐明要"有选择地在几个重要的高技术领域跟踪世界水平，建立必要的高技术产业"。1987年10月，党的十三大报告中又明确提出，为了合理调整和改造产业结构，要"以运用先进技术改造和发展我国传统产业为重点，同时注意发展高技术新兴产业"。

1988年2月，中央财经领导小组会议指出，要"发挥我们科技力量较强的优势，努力发展高技术产业"，并确定这是沿海经济发展战略的一个重要内容。3月，全国科技工作会议召开，提出要加紧推动高技术产业发展，创办高技术产业开发区。5月，国务院正式批复《北京市新技术产业开发试验区暂行条例实施办法》，并施行18条优惠政策。同年，邓小平提出："世界上许多国家都在制订实施高科技发展计划，下个世纪将是高科技的世纪。任何时候，中国都必须发展自己的高科技，在世界高科技领域占有一席之地。高科技的发展和成就，反映了一个国家的能力，也是国家兴旺发达的标志。现代世界的发展，特别是高科技领域的发展，一日千里，中国也不能不参与。我们不仅要搞加速器，还要参与其他高科技领域的发展。"

二、火炬计划的制订

国家科委于1988年年初向国务院提交了《关于动员和组织科技力量为沿海地区经济发展战略服务的决定》，明确提出拟从下半年开始实施火炬计划，以便"动员和组织研究机构、高等学校、大中型企业的科技力量，开发高技术、新技术产品，创办科技型企业，为国家高技术研究发展计划、重点科技攻关计划及其他重大研究项目的成果商品化搭桥铺路，以促进沿海地区建立一批高技术、新技术产业，推动高技术、新技术产品进入世界市场"。8月4日，中共中央政治局常委扩大会议听取了国家科委关于火炬计划筹备工作的汇报，正式批准此项计划。8月5日，国家科委召开由各部委科技局（司）长和各省（区、市）和计划单列市科委主任参加的第一次全国火炬计划工作会议，宣布火炬计划正式出台。

火炬计划的宗旨是贯彻执行改革、开放、搞活的总方针，发挥我国的科技力量优势，促进高新技术成果商品化、高新技术商品产业化和高新技术产业国际化；发展目标是到"九五"期末，形成一批发展高新技术产业的基地，培育一批高新技术的新兴支柱产业，有效地促进产业结构的合理调整，大幅提高全员劳动生产率；重点发展一批具备现代企业制度，具有名牌产品的高新技术企业；重点扶植一批用高新技术改造传统产业的大中型示范企业；重点促进一批具备条件的乡镇企业技术水平和管理水平上档次；重点支持一批民营科技企业、高新技术企业发展上规模；通过高新技术创业服务中心对中小科技企业进行全方位、全过程的孵化服务，促进高新技术成果向商品化、产业化、国际化的转化和再开发，为高新技术产业持续不断地提供高新技术企业新的生长点；造就一批懂专业、会管理、善经营、勇于创新、敢于拼搏的发展高新技术产业的开发、经营、管理人才（图6-5）。

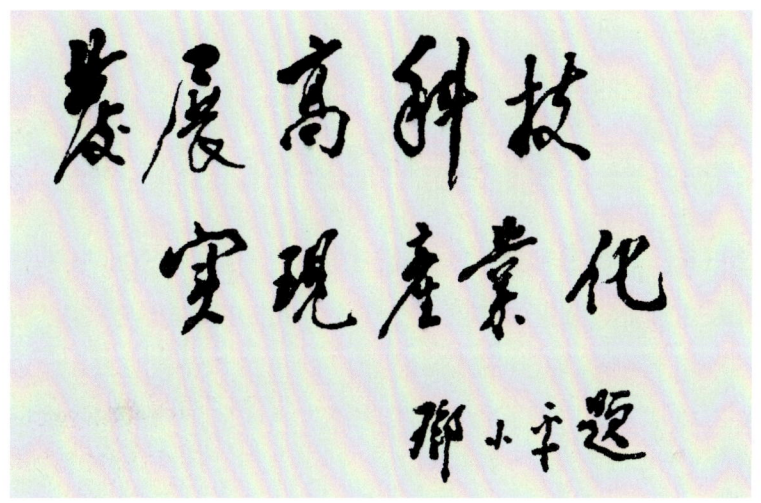

图6-5 邓小平为863计划和火炬计划题词

火炬计划项目一般是以国内外市场需求为导向，以国家、地方和行业的科技攻关计划成果、高新技术研究开发计划成果及其他科研成果为依托，以发展高新技术产品、形成产业为目标，择优评选并组织开发的具有先进水平、广阔的国内外市场及较好经济效益的高科技项目。通过火炬计划项目的实施，造就高新技术企业和企业集团。火炬计划项目重点支持的技术领域是：新材料、生物技术、电子与信息、光机电一体化、新能源、高效节能与环保。

火炬计划的另一项关键性任务是建设特色产业基地，即在一些有条件的地方建设特色产业基地，加速特色产业的集聚和发展，促进区域经济的发展，并对产业结构的调整和优化起示范带动作用。该计划的工作重点放在积极鼓励、引导、推动科研院所、高等学校、大中型企业和广大科技人员，以各种形式建立一大批具有国际竞争能力和灵活运行机制的新型科技企业。也要促进科技力量与企业的横向联合，用高技术、新技术改造传统产业。

加强国际合作，推动高新技术产业走向国际化道路，是火炬计划的主要内容之一。其途径是在平等互利的基础上，通过政府和民间各种渠道，同世界各国和地区建立广泛的合作关系，谋求与国外的科技、金融、企业、商业等各界开展多种形式的交流与合作，既要引进来，又要走出去，从而推动我国高新技术产品进入国际市场，推动高新技术企业走向国际化道路。火炬计划国际化工作的基本思路和长期任务是：扩大开放，充分利用火炬计划实施以来所形成的资源和工作网络，以支持和推进高新区、创业服务中心、科技型企业的外向型发展为目标，在人才、技术、资金、市场、信息、管理等方面开展多层次、多渠道、宽领域的国际交流与合作。

三、发展高新技术产业开发区

火炬计划的出台，有力地推动了高新技术产业开发区的建设。火炬计划的实施内容之一是建设高新技术产业开发区和创业服务中心。高新区属于科学园区的一种，主要以智力密集和开放环境条件为依托，依靠我国自己的科技和经济实力，通过软硬环境的局部优化，最大限度地把科技成果转化为现实生产力，面向国内外两个市场，成为发展我国高新技术产业的集中区域。

我国高新技术创业服务中心是在吸取了国外"孵化器"成功发展经验的基础上，结合中国国情而建立起来的一种新型社会公益类科技服务机构，也是高新技术产业发展支撑服务体系的重要组成部分。其宗旨是依靠国家制定的有关政策和各级政府提供的必要条件，创造局部优化环境，培育高新技术产业发展新的经济增长点，促进高新技术成果的商品化，从而"孵化"高新技术企业，为高新技术企业创业提供综合服务。因此，创业服务中心是高新技术成果转化为产业的重要环节，是高新技术企业的生长点，是实验室与企业的结合点，是培育科技企业家的学校，也是连接开发区与科研院所、大专院校和大中型企业的纽带。

1985年3月，《中共中央关于科学技术体制改革的决定》指出："为加快新兴产业的发展，要在全国选择若干智力资源密集的地区，采取特殊政策，逐步形成具有不同特色的新型产业开发区。"1988年5月，国务院发布的《关于深化科技体制改革若干问题的决定》中进一步提出："智力密集的大城市，可以积极创造条件试办新技术产业开发区，并制定相应的扶持政策。"当月，国务院批准在北京市海淀区中关村建立我国第一个国推广5000万亩，平均每亩增产约50千克；育成蔬菜品种46个，以及"鲁棉1号"高产稳产棉花新品种，进行了大面积推广。

"六五"期间解决了一批国民经济建设中的重大关键技术，如年产1.5万吨涤纶短纤维纺丝及后处理成套设备攻关获得成功，该项技术当时只为少数西方国家所掌握；铁路重载列车成套技术的研究成果已成功地应用于大同—秦皇岛运煤干线铁路建设工程，为晋煤外运提供了先进的运输手段，还开发了一批关键共性技术，并使之得到应用，从而提高了基础产业、基础设施和支柱产业的科技水平，加快了传统产业的技术改造，促进了产业结构的优化与升级。通过新材料的开发研究，为大规模集成电路等国家十大工程提供了1900多种新材料。

通过科技攻关，掌握了石油数字地震勘探技术、半潜式海上石油钻探平台建造技术和缓倾斜中厚矿床开采技术，突破了贫红铁矿选矿技术，高钛型磁铁矿高炉冶炼技术，钒钛综合利用回收技术，稀土元素分离提取技术和铜、镍等贵金属共生矿的开采、选矿、冶炼综合回收技术；日产700吨水泥熟料窑外分解试验线投产成功；成功地建设了葛洲坝大型水利水电工程（图6-1）。

在新兴技术方面，研制成功了亿次大型电子计算机，解决了中同轴电缆4380路载波通信的有关技术，攻克了卫星运载工具无线电测控系统、试验通信卫星及微波测控系统，运用生物工程技术创造了维生素C二步发酵法生产技术，解决了乙型肝炎病毒核心抗原

图6-1 长江葛洲坝大型水利水电工程

家级高新技术产业开发区——北京市新技术产业开发试验区,并制定有关试验区的18条政策。

按照火炬计划实行的分类管理,国家科委对火炬计划项目、国家高新技术产业开发区等分别依照不同的管理办法和管理政策进行管理。国家级火炬计划项目由国家科委火炬计划办公室(1998年机构调整后更名为科学技术部火炬高技术产业开发中心)负责组织、认定、立项和跟踪管理;地方级火炬计划项目由各地方科委负责组织、认定、立项和跟踪管理。

根据国务院授权,国家科委归口管理和协调指导全国国家高新技术产业开发区;国家高新技术产业开发区所在省、市人民政府是当地开发区的领导机关;开发区管理委员会是开发区日常管理机构,可以行使各省(区、市)和计划单列市人民政府所授予的省市级规划、土地、工商、税务、财政、劳动人事、项目审批、外事审批等经济管理权限和行政管理权限,对开发区实行统一管理。

随着火炬计划在全国范围内付诸实施,高新技术产业开发区这种促进高新技术产业发展的有效形式,由小到大、由少到多在全国相继建立和发展起来。

第六节 科技成果推广

一、国家重点新技术推广项目

国家重点新技术推广项目是国家经委、国家计委、国家经贸委为贯彻"面向、依靠"方针,从"六五"期间开始组织实施的一项国家科技指导性计划,主要面向企业。其目的是使科技成果尽快转化为生产力,为经济建设服务。其任务是推广先进适用、量大面广、投入少、产出多、见效快、经济和社会效益显著的科技成果,包括新技术、新工艺、新材料、新设计、新设备及农业新品种等。加速新技术的转移和扩散,用新技术改造传统产业,提高生产技术水平和经济效益。

1983年,国家经委科技局在桂林召开了第一次新技术推广工作会议,提出了40项国家重点新技术推广项目,1985年又在佛山召开推广会议。此后,许多地区相继成立新技术推广站、交流站、经济技术市场发展中心等机构,这些机构传播了技术经济信息,促进了科技与生产的紧密结合,为企业提供技术交流、技术服务和技术咨询,起到了科技成果向生产力转化的桥梁和纽带作用。

为了使地方的新产品、新技术的开发和推广有一个稳定的资金来源，并能充分发挥资金效益，加速科技成果向商品化、产业化转化，1988年，国家计委和财政部按照技术开发推广经费管理办法的改革方案，决定建立各省、市的国家拨款与地方财政拨款相匹配的"新产品新技术开发推广基金"，对基金实行有偿使用，并拟定了《新产品新技术开发推广基金管理办法（试行）》。

1989年，全国新技术开发推广协作网在贵阳正式成立。随着全国协作网不断发展壮大，形成了工业新技术开发推广和技术创新服务领域中条块结合、层次分明的新技术开发推广网络体系，覆盖全国50个省市，专门从事技术推广的人员近千人，对新技术开发推广起到重要推动作用。

"七五"国家重点新技术推广项目共选择了70项，其中20项来自"六五"国家科技攻关成果。这些重点项目选择的原则是：技术先进、成熟，应用的量大面广，投资少、见效快，经济或社会效益显著的科技成果；对农林、轻纺、能源、交通、原材料和机电工业能提高质量、降低物质消耗、扩大出口创汇能力的科技成果；有助于增强传统产业新产品、新技术开发能力的科技成果和对企业技术改造适用性强的科技成果。

在国家重点新技术推广项目的实施过程中，各部门和各地区重点开展了用电子技术改造传统产业，推广应用节能降耗技术、先进的制造技术和治理环境污染综合利用技术，每年约有14万项新技术在企业中得到应用。"七五"期间，以70项指导性推广计划为主线，各部门、各地区节约能源4000万吨标准煤，节约钢材150万吨。通过风机水泵、工业炉窑的节能改造和机械设备改造，大力推广相关的电子技术，取得了明显的成效。在冶金、化工、建材、轻工、机械、电力等行业用电子技术改造炉窑取得的效益尤为突出。

二、国家重点工业性试验项目

1983年5月，国家计委、国家经委、国家科委在关于"六五"国家科技攻关项目向中央的报告中提出，"这批攻关项目大都要进行中间试验、重大设备试验或者工业性试验，以便达到能在生产中应用的程度"，肯定了工业性试验是科技成果转化为现实生产力的重要途径。因此，国家计委牵头组织了一批专家对我国各行业的技术需求做了调查，针对行业发展所需要的关键技术，从已有的科技成果中选择了一些比较先进、成熟的项目，列入第一批国家重点工业性试验项目，于1984年开始正式实施。

第六章
国家科技计划体系初步形成

该项目定位于科技成果向生产转化的中间阶段,即选择一些对国民经济和社会发展有重大影响的科学研究项目,在取得中间试验成果的基础上,进行放大规模的生产试验和技术集成,进一步验证和完善规模生产的工艺参数、工业设计和技术经济等方面的试验研究,从而保证科技成果在生产运用中的技术可行性和经济合理性,达到产业化的目标。工业性试验项目所采用的科技成果,主要来自国家重点科技攻关项目计划和其他具有较高水平的研究开发成果。

项目内容分为示范性试验生产线和工业性试验基地两种,其中大部分为示范性试验生产线,少量为工业性试验基地。示范性试验生产线大都由科研机构和企业共同承担,在企业中建设和试验,以便在同行业中示范推广。这类项目成功后即可投入生产,可直接获得经济效益,但一次性投资较大,故一般要求采用比较成熟的技术。工业性试验基地则是根据国家技术政策,在技术开发能力较强的科研机构、高等学校及国有大中型企业中建设开发性基础设施类项目。通过工业性试验基地,可以不断地把新的、成熟的技术成果,以及相关工艺和装置向生产转移,推动某一行业或产业领域的技术进步。基地本身可凭自身的经济效益维持正常运转。

该项目与其他国家重点科技项目计划(主要是科技攻关计划)相衔接,根据这些项目完成情况,通过年度计划滚动安排。通过工业性试验示范线的建设和推广应用,促进了一批技术难度较大、国民经济发展急需的重要科技成果转化,为后续的上规模生产建设及技术改造奠定了良好的基础,为科技成果推广应用到工业生产中去提供了成熟配套的技术装备、设计依据和工业规范等科技成果产业化的基础条件,起到了科技导向性示范作用,增强了企业依靠科技进步提高经济效益的动力,促进了产业化并推动了新的经济增长点的形成。

第三篇
科教兴国

中 国 科 技 发 展 70 年

第七章
科教兴国战略和可持续发展战略

进入20世纪90年代,世界科技革命出现新的高潮,科学技术对经济社会发展的推动作用日益明显,成为决定国家综合国力和国际地位的重要因素。党中央根据世界科技的发展潮流和我国现代化建设的需要,及时提出并实施了科教兴国、可持续发展等多项战略,对中国特色社会主义事业的跨世纪发展起到了强有力的推动作用。

第一节 两大战略的制定

一、科教兴国和可持续发展战略的提出

科教兴国战略是在科学技术对我国现代化建设的推动作用日益受到重视的基础上逐步形成的。1992年,国务院颁布《国家中长期科学技术发展纲领》(简称《纲领》),对面向新世纪的科技发展做出规划。为落实《纲领》的各项要求,国家科委和有关部门联合推出一系列科技和经济体制综合配套改革措施,并先后在沈阳、南京等8个城市进行科技体制和经济体制综合配套改革试点,为科学技术服务于经济建设积累了宝贵经验。1993年5月,国务院召开全国科技工作会议,提出要进一步动员和组织我国科技力量和社会各界,抓住机遇,加快改革开放,大力解放和发展科学技术的生产力。7月2日,第八届全国人民代表大会常务委员会第二次会议通过《科学技术进步法》,自1993年10月1日起施行。这是新中国成立以来第一部关于科学技术的法律,是中国科技史上的一件大事,更是科技体制改革的重要成果。

1993年2月,中共中央、国务院颁布《中国教育改革和发展纲要》,提出到20世纪末我国教育发展的总目标,即全民受教育水平明显提高;城乡劳动者的职前、职后教

育有较大发展；各类专门人才的拥有量基本满足现代化建设需要；形成具有中国特色的、面向 21 世纪的社会主义教育体系的基本框架。1995 年 3 月 18 日，第八届全国人民代表大会第三次会议通过《教育法》，从法律上为教育事业的发展提供了保障。

1995 年 5 月 6 日，中共中央、国务院进一步做出《关于加速科学技术进步的决定》，正式提出科教兴国战略。1995 年 5 月 26 日，中共中央、国务院在北京召开全国科学技术大会，进一步强调在全国实施科教兴国战略是总结历史经验和根据我国现实做出的重大部署。

可持续发展战略是在我国经济高速粗放增长、经济规模不断增大的形势下逐步提出的。实现经济和社会的全面发展，既要依靠科技进步，更要充分考虑资源、环境和人口等多种因素与经济发展相协调。可持续发展，就是既要考虑当前的发展需求，又要考虑未来发展需要，不以牺牲后人的利益为代价来满足当代人的利益。1992 年，联合国环境与发展大会后，经党中央、国务院批准，中共中央办公厅、国务院办公厅转发《关于出席联合国环境与发展大会的情况及有关对策的报告》，明确提出将实施可持续发展战略。1994 年，我国发布《中国 21 世纪议程——中国 21 世纪人口、环境与发展白皮书》，提出可持续发展的总体战略、对策和行动方案。

1995 年 9 月，党的十四届五中全会审议并通过了《中共中央关于制定国民经济和社会发展"九五"计划和 2010 年远景目标的建议》。全会指出，实现"九五"和 2010 年奋斗目标，关键是实现在经济体制和经济发展方式两个方面具有全局意义的根本性转变，促进国民经济持续、快速、健康发展和社会全面进步。全会指出，转变经济增长方式，归根到底要靠科技进步和提高劳动者素质，关键是抓好科技和教育。要把实施科教兴国战略作为一条重要方针，最重要的是落实。全会同时强调，在现代化建设中，必须把实现可持续发展作为一个重大战略。要把控制人口、节约资源、保护环境放到重要位置。使人口增长与社会生产力的发展相适应，使经济建设与资源、环境相协调，实现良性循环。

1996 年 3 月，第八届全国人民代表大会第四次会议的《政府工作报告》明确提出：实施科教兴国战略和可持续发展战略，对于今后 15 年的发展乃至整个现代化的实现，具有重要意义。会议批准的《国民经济和社会发展"九五"计划和 2010 年远景目标纲要》，对实施这两大战略做了具体规划。之后，党的十五大和第九届全国人民代表大会第一次会议，都将实施这两大战略作为我国跨世纪发展的重要任务，指出迎接 21 世纪科技革命的挑战，要把科技进步和创新放在更重要的战略位置，把发展教育、培养人才放到优先的战略地位；合理利用资源，保护生态环境，搞好计划生育，促进经济和社会协调发展。

第七章
科教兴国战略和可持续发展战略

党的十五大报告还特别强调:"要充分估量未来科学技术特别是高技术发展对综合国力、社会经济结构和人民生活的巨大影响,把加速科技进步放在经济社会发展的关键地位,使经济建设真正转移到依靠科技进步和提高劳动者素质的轨道上来。"

二、《关于加速科学技术进步的决定》

1995年5月6日,中共中央、国务院印发的《关于加速科学技术进步的决定》提出,从1995年到21世纪中叶,是实现我国现代化建设三步走战略目标的关键历史时期。这一时期,科学技术的迅猛发展,必将对经济、社会产生巨大推动作用,也将给人类的生产、生活方式带来革命性的变化。科学技术实力已经成为决定国家综合国力强弱和国际地位高低的重要因素。

面对国际经济、科技竞争的严峻挑战和人口多、底子薄、人均资源相对短缺的国情,加速国民经济增长从外延型向效益型的战略转变已迫在眉睫。实现这一战略转变必须依靠科技进步,大力解放和发展第一生产力,加速科技成果向现实生产力的转化,切实把经济建设转移到依靠科技进步和提高劳动者素质的轨道上来。为此,中共中央、国务院决定,坚定不移地实施科教兴国战略。

《关于加速科学技术进步的决定》提出,科教兴国指全面落实科学技术是第一生产力的思想,坚持教育为本,把科技和教育摆在经济、社会发展的重要位置,增强国家的科技实力及向现实生产力转化的能力,提高全民族的科技文化素质,把经济建设转移到依靠科技进步和提高劳动者素质的轨道上来,加速实现国家的繁荣强盛。实施科教兴国战略,是全面落实科学技术是第一生产力思想的战略决策,是保证国民经济持续、快速、健康发展的根本措施,是实现社会主义现代化宏伟目标的必然抉择,也是中华民族振兴的必由之路。

实现科技生产力的新解放和大发展,必须深化科技体制改革,充分发挥广大科技人员的积极性、创造性,动员全社会的力量,全面推进科技进步。到2000年的目标是:初步建立适应社会主义市场经济体制和科技自身规律的科技体制。在工农业科学研究与技术发展、基础性研究、高技术研究等方面取得重大进展。科技进步对经济发展的贡献率有显著提高。经济建设、社会发展基本转向依靠科技进步和提高劳动者素质的轨道。科技工作的基本方针是:坚持科学技术是第一生产力的思想,经济建设必须依靠科学技术,科学技术工作必须面向经济建设,努力攀登科学技术高峰。

三、全国科学技术大会

1995年5月26日，中共中央、国务院在北京隆重召开全国科学技术大会（图7-1）。各地方、各部门的主要领导，负责科技工作的领导，科技部门负责人，各民主党派、群众团体的负责人，科学家、企业家代表等6000余人参会。

会上，江泽民发表重要讲话，号召全党、全国人民进一步全面落实科学技术是第一生产力的思想，投身于实施科教兴国战略的伟大事业，加速全社会的科技进步，为胜利实现中国现代化建设的战略目标而努力。江泽民在会上强调指出，创新是一个民族进步的灵魂，是国家兴旺发达的不竭动力。一个没有创新能力的民族，难以屹立于世界先进民族之林。作为一个独立自主的社会主义大国，必须在科技方面掌握自己的命运。

全国科学技术大会的召开，引起了海内外的热烈反响，社会各界普遍认为此次会议对中国科技、经济和社会发展具有重要历史意义。各地方、各部门都积极行动起来，认真学习全国科学技术大会精神，科教兴国的热潮在全国范围迅速掀起。

科教兴国是党和国家总结历史经验，根据世界发展形势和中国现实情况所做出的又一重大战略部署，从而把中国引上了一条依靠科技和教育寻求国家强盛和民族兴旺的道路。

图 7-1　1995 年全国科学技术大会

第七章
科教兴国战略和可持续发展战略

四、《全国科技发展"九五"计划和到 2010 年长期规划纲要》

1996—2000 年是我国向社会主义市场经济过渡的重要 5 年,也是 20 世纪的最后 5 年,它肩负着继往开来、承前启后、衔接两个世纪的历史重任。根据中共中央、国务院《关于加速科学技术进步的决定》和《国民经济和社会发展"九五"计划和 2010 年远景目标纲要》的精神,国家科委、国家经贸委和国家计委等有关部门组成部际协调小组,对纲要所涉及的重大问题展开研究,历经两年多时间,编制和起草了《全国科技发展"九五"计划和到 2010 年长期规划纲要》。

专栏 7-1

《全国科技发展"九五"计划和到 2010 年长期规划纲要》的主要内容

纲要的主要内容包括形势和现状、指导思想与基本原则、发展目标和任务、发展重点、科技体制改革、人才培养和科技队伍建设、支撑条件和措施等几个部分,对科学技术的发展和改革做了总体部署,并对"九五"期间的科技工作做了安排。

纲要制定的指导思想是:认真落实邓小平同志"科学技术是第一生产力"的思想,全面实施科教兴国战略和可持续发展战略,继续贯彻"经济建设必须依靠科学技术,科学技术工作必须面向经济建设,努力攀登科学技术高峰"(简称"依靠、面向、攀高峰")的指导方针,切实推动经济体制和经济增长方式的根本转变,围绕国民经济、社会发展和我国建立社会主义市场经济体制的总目标,充分利用计划和市场两种手段,促进经济、社会、科技的持续、快速、健康、协调发展,形成科技经济一体化发展的格局。

纲要制定的战略目标是:到 2000 年初步建成适应社会主义市场经济体制和科技自身发展规律的新型科技体制,科技进步对经济增长的贡献率有较大提高,经济建设和社会发展基本转向依靠科技进步和提高劳动者素质的轨道;到 2010 年,使基本建立的新型科技体制更加巩固和完善,实现科技与经济的紧密结合,形成科技经济有机结合的格局,为建成社会主义现代化强国奠定坚实的基础。

纲要在改变经济增长方式、攻克产业关键技术、发展高技术产业、合理布局基础研究、促进社会发展、稳定科技队伍、增加科技投入、建立新型科技体制等方面提出了 8 项基本任务。在农业、基础设施和基础工业（包括交通运输、通信、能源、原材料和水利）、支柱产业（包括机械工业、电子工业、石油化工、汽车制造和建筑）、高技术产业、高技术研究与发展项目（包括信息技术、生物技术、先进制造技术、新材料、新一代能源、海洋技术领域）、社会发展、基础研究、国防科技 8 个方面提出了发展重点。

五、国家科技领导小组

为加强党和国家对科技工作的宏观指导和统一管理，党中央、国务院决定成立国家科技领导小组。1996 年 2 月，中共中央办公厅、国务院办公厅发布了《关于成立国家科技领导小组的通知》。1996 年 3 月，国家科技领导小组成立并召开第一次会议，审议了国家科技领导小组的职责、会议制度。会议认为小组应加强对全国科技工作的宏观指导，做好协调、研究和决策 3 个方面的工作。在此后 2 年左右的时间内，国家科技领导小组先后举行了 4 次会议，听取和审议了有关"九五"期间的科技工作、深化科技体制改革、实施国家重大科学工程，以及加强重点基础研究和发展高技术产业等方面工作。

全国大部分省（区、市）、部门都成立了科技领导小组，科技工作被列入了地方党委和政府的主要议事日程，摆到了经济建设和社会发展的重要位置。全国多个省市及国务院有关部委召开了地方、部门或行业的科技大会或工作会议，提出了"科教兴省""科教兴区""科教兴市""科教兴行业"的发展战略。各地、各部门在认真调查研究的基础上，结合工作实际，在农业科技进步、行业技术进步、高新技术及其产业发展及科技投入、人才队伍建设等方面，出台了一系列政策措施。尤其是在科技投入方面，为开辟多元化的科技投入渠道，各地方通过制定各种优惠政策，鼓励社会各界支持科学技术的发展，采取多种方式增加科技投入，财政科技投入、企业科技投入、科技发展基金、科技贷款、专项科技投入等均大幅增加；不少地方把科技投入及科技事业发展作为考核领导干部政绩的一项重要指标。

第七章
科教兴国战略和可持续发展战略

第二节　中国 21 世纪议程

一、《中国 21 世纪议程》

"可持续发展"一词在国际文件中最早出现于 1980 年由国际自然及自然资源保护同盟制定的《世界自然保护大纲》。1987 年，联合国世界环境与发展委员会（WCED）的成员们把经过 4 年研究和充分论证的报告——《我们共同的未来》提交联合国大会，正式提出了可持续发展的概念和模式。在《我们共同的未来》报告中，可持续发展被定义为既满足当代人的需求又不危害后代人满足其需求的发展，是一个涉及经济、社会、文化、技术和自然环境的、综合的、动态的概念，具有公平性、可持续性、和谐性、需求性、高效性、阶跃性六大原则。

1992 年 6 月 8 日，联合国环境与发展大会在巴西里约热内卢召开，中国政府签署《21 世纪议程》等文件。会后，中国政府就决定由国家计委和国家科委牵头，组成由 52 个部委和有关机构、300 余名专家参加的工作组，着手编制《中国 21 世纪议程——中国 21 世纪人口、环境与发展白皮书》。

1994 年，国务院第 16 次常务会议审议通过了《中国 21 世纪议程》（简称《议程》），其内容覆盖了人口、经济、社会、资源、环境的可持续发展战略、政策和行动框架。集中表述了当代中国的可持续发展战略，从环境与发展的总体联系出发，提出促进经济—社会—资源—环境协调发展的一系列政策、措施和行动计划，力求探索一条具有中国特色的可持续发展道路。系统论述了中国经济、社会与环境的相互关系，构筑了一个综合性的、长期的、渐进的实施可持续发展战略的框架。

专栏 7-2

《中国 21 世纪议程》指导思想及主要内容

编制和组织实施《中国 21 世纪议程》，实现经济和环境的可持续发展，是中国在未来发展的必然选择。

指导思想

可持续发展战略的核心是社会经济发展和资源、环境相协调,从传统的偏重数量增长的经济发展模式向强调改善发展质量的可持续发展的模式转变,即通过产业结构的调整合理布局、开发应用高新技术,实施清洁生产和文明消费,以提高效益、节约资源能源、减少废物排放,在发展经济的同时,切实保护好人类赖以生存的环境和子孙后代发展所需的资源。

主要特征

提高经济技术水平,加速社会经济发展,尽快地由资源型经济发展过渡到技术型经济发展层次,是中国可持续发展的首要任务。在环境与发展这个既矛盾又统一的问题上,采取促进经济发展的同时保护资源与环境的战略。重视全球重大环境问题,制定了一系列履行有关国际公约(《联合国气候变化框架公约》《生物多样性公约》《蒙特利尔议定书》等)的战略措施。

主要内容

可持续发展总体战略与部署。提出中国可持续发展战略的背景和必要性;提出中国可持续发展的战略目标、战略重点和重大行动,可持续发展的立法和实施,制定促进可持续发展的经济政策,参与国际环境与发展领域合作的原则立场和主要行动领域。

社会可持续发展。包括人口、居民消费与社会服务,消除贫困,卫生与健康、人类住区突发防灾减灾等。其中最重要的是实行计划生育、控制人口数量和提高人口素质。

经济可持续发展。把促进经济快速增长作为消除贫困、提高人民生活水平、增强综合国力的必要条件,其中包括可持续发展的经济政策,农业与农村经济的可持续发展,工业与交通、通信业的可持续发展,可持续能源和生产消费等部分。

资源的合理利用与环境保护。包括水、土等自然资源保护与可持续利用。还包括生物多样性保护;防治土地荒漠化,防灾减灾;保护大气层,如控制大气污染和防治酸雨;固体废物无害化管理等。

《议程》所确立的可持续发展目标体现了中国国情和发展中国家的特点,兼顾了发展的近期和远期目标,充分体现了经济、社会发展和人口、资源、环境的协调,对于

第七章
科教兴国战略和可持续发展战略

中国的可持续发展具有里程碑式的意义。

二、社会发展科技计划

根据党的十四届五中全会《中共中央关于制定国民经济和社会发展"九五"计划和2010年远景目标的建议》的要求,1995年10月,国家科委在北京召开了全国社会发展科技工作会议,研究和布置"九五"期间和2010年全国社会发展科技工作。在这次会上,国家科委正式推出"社会发展科技计划"。该计划旨在解决环境保护、资源合理开发利用、减灾防灾、人口控制、人民健康等社会发展领域的科技问题,为改善生态环境、提高人民的生活质量和健康水平做出贡献,促进经济和社会的持续协调发展。

社会发展科技计划由社会发展科技计划纲要、社会发展科技项目计划和社会发展科技专项行动3个部分组成。社会发展科技计划纲要是一个战略性、指导性文件;社会发展科技项目计划主要包括一批研究开发和技术基础性项目,是滚动性计划;社会发展科技专项行动包括6个科技经济一体化的专项计划,和已有的国家科技计划相衔接。

社会发展科技计划涉及人口、医药卫生与健康,生物技术的开发与应用,自然资源的合理利用与保护,生态保护与环境治理,海洋资源开发与保护,自然灾害防御,居住与城乡建设,资源循环再生与废弃物资源化,社会公共安全与劳动安全,金融、商业流通、社会服务与社会保障的有关综合科学技术,文化、体育、旅游及文物保护的有关综合科学技术。

"九五"期间,重点围绕提高人民生活质量,重点安排创新药物开发、人口控制与健康、住宅建设和减灾防灾等方面开展工作,包括人口控制与健康科技,小康型城乡科技产业工程,防灾重大技术;围绕清洁生产和清洁能源体系的建立,重点开发水资源和水处理、烟气脱硫、资源循环与再生综合利用等技术,包括缓解淡水危机的综合技术及产业,清洁煤新技术,资源循环与再生综合利用;围绕中国可持续发展的资源支持问题,重点安排矿产勘查、海洋资源和西部开发等方面的科技工作,包括金属矿产勘查评价与定位技术,海洋高技术及新兴产业,西部地区和青藏高原可持续发展关键技术;加强社会发展科技领域基础性工作,包括全球环境与社会公约履约研究及建立数据库,建立地球科学数据共享体系;遥感、地理信息系统和全球定位系统应用技术研究与开发等。

社会发展科技计划的制定与实施,有力地推动了社会发展科技工作的全面展开,促进了地方科技工作的开展,对建立中国良好的社会发展科技工作体系,奠定了重要的基础,也为"十五"期间进一步加强社会发展科技工作创造了有利的条件。

三、国家可持续发展实验区

1986年国家科委联合建设部等14个部门和单位,按照"自我设计、自加压力、自我发展"的原则,在中国东部选择若干经济发展比较快的地区开展"社会发展综合示范试点"工作。社会发展综合示范试点的主要任务是在先进的科学技术指导下,科学地制定地区社会发展总体规划,全面提高人口身体素质、思想政治素质、科学文化素质,实现经济、社会、生态效益的综合提高,物质文明和精神文明同时建设,三次产业协调发展,为建设有中国特色的社会主义做出有益探索。

1992年国家科委在总结社会发展综合示范试点工作的基础上,提出要逐步建立一批社会发展综合实验区,国家科委、国家体改委联合国务院有关部、委、局、办出台了《关于建立社会发展综合实验区的若干意见》,建立了由国家科委、国家体改委牵头,会同国务院有关部门组成的协调领导小组,设立了社会发展综合实验区管理办公室,明确建立社会发展综合实验区主要以县镇和大城市的街区为对象,主要建设任务是加强科技开发和成果推广应用工作,积极探索与商品经济相适应的社会事业管理运行机制,增强社会事业自我积累、自我发展的能力,建立与现代社会发展相适应的新型社会服务模式。截至1996年年底,共批准国家级社会发展综合实验区26个,省级实验区45个。

1997年12月,社会发展综合实验区协调领导小组向国务院有关领导汇报实验区工作情况,正式把"国家社会发展综合实验区"更名为"国家可持续发展实验区"。实验区工作进入以实施可持续发展战略、促进地方21世纪议程为主要内容的建设阶段。

在实验区协调领导小组的组织和领导下,开始从地方选择具有代表性和示范性的中小城市、县、镇及大城市城区开展以促进人口、资源、环境、经济、社会、生态全面协调发展为主要内容的可持续发展的实验和示范。为了使实验区建设规范化、制度化、科学化,加强对实验区工作的宏观指导,国家可持续发展实验区办公室制定了《国家可持续发展实验区管理办法》《国家可持续发展实验区验收管理暂行办法》,确定了实验区建设依据"综合规划、重点突破、科技引导、机制创新、自主建设、突出特色、协调联动、公众参与"的原则,构建了实验区验收考核指标体系,确立了人口、生态、资源、环境、经济、社会、科技教育七大类指标。

第七章
科教兴国战略和可持续发展战略

第三节　技术创新工程

一、实施技术创新工程

按照中共中央、国务院《关于加速科学技术进步的决定》和全国科学技术大会的精神，国家经贸委决定在组织实施国家重点工业性试验项目计划和国家重点新技术推广项目计划的基础上，于1996年正式实施国家技术创新工程。

国家技术创新工程在"九五"期间的目标是：初步形成以企业为主体，政府宏观指导、社会服务组织积极参与及各方面协同配合的技术创新体系及运行机制。显著提高企业的创新能力、市场竞争能力、经济效益。紧密围绕1000家重点国有企业，抓好2个城市、20家企业试点，300家企业建立技术中心，根据市场的需求，组织实施500个重大技术创新项目，开发6000项重点新产品，形成一批具有高附加值、高技术含量的品牌产品和专利技术，使大型企业拥有自主知识产权的主导产品、名牌产品和较长远的技术储备，使企业的产品市场占有率和高附加值产品比重有较大提高，重点行业初步具备关键引进技术的消化吸收能力，开发和掌握一批对国民经济有重要影响的主导产品、关键技术和共性技术。

国家经贸委会同国家计委、国家科委、国家教委、中国科学院等共同推动技术创新工作，组织编制实施"国家技术创新重点项目计划"，发布《"九五"全国技术创新纲要》，制定了《"九五"国家重点技术开发指南》，分别就能源、交通运输和邮电通信、原材料、电子、机械制造、轻工纺织、建筑、医药等18个行业及166项关键技术发布指南，对全国的技术开发做宏观指导。发布期限淘汰落后技术和产品目录，部署制定和完善企业技术创新的统计指标体系和评价办法，研究和制定扶持企业进行新产品开发、重大新技术推广应用和产业化及成套技术装备研制的政策措施。

此外，国家经贸委选择青岛、合肥、柳州和绵阳作为全国技术创新试点城市，试点城市分别提出了重点扶持本市的大型企业，集中力量支持技术创新的政策。部分地方政府专门设立了技术创新基金，并对企业技术创新从投入、税收等方面给予大力支持，对企业技术创新起到了积极推动的作用。

二、企业技术中心

国家技术创新工程的一项重要内容是建立企业技术中心，以加速建立适应市场经济要求和企业发展需要的企业技术创新体系和有效运行机制，提高企业的技术创新能力，促使企业成为技术创新和科技投入的主体。

早在1993年，国家经贸委、财政部、海关总署和国家税务总局就联合制定了《鼓励和支持大型企业和企业集团建立技术中心暂行办法》，启动了国家认定企业技术中心工作，鼓励和引导作为行业排头兵的大型企业和企业集团建立技术中心。到1996年，全国20多个行业和部门设立了140个企业技术中心。

1998年，国家经贸委制定了《企业技术中心认定与评价办法》《企业技术中心评价指标体系》，支持有条件的大企业建立技术中心，并对符合条件的企业技术中心给予国家认定，可享受税收优惠政策。认定的基本条件是：企业技术中心所在企业的年销售额在3亿元以上；有较强的经济技术实力和较好的经济效益，在国民经济各主要行业中具有显著的规模优势和竞争优势；企业领导层重视技术中心工作，具有较强的市场意识和创新意识，能为技术中心建设创造良好的条件；具有较完善的研究、开发、试验条件，有较强的技术创新能力和较高的研究开发投入，研究开发与创新水平在同行业中处于领先地位；有技术水平高、实践经验丰富的技术带头人，科技人员队伍结构合理，在同行业中具有较强的创新人才优势；企业技术中心组织体系完善，发展规划和目标明确，具有稳定的产学研合作机制，技术创新绩效显著；已被省市（行业）认定企业技术中心2年以上；企业科技活动经费支出额、企业专职研究与试验发展人员数、企业技术开发仪器设备原值3项指标不低于最低标准。仅2002年，各省（区、市）认定企业技术中心就达2600家；共有520家国家重点企业已基本建立技术中心。

2004年，科技部在部分企业开展了企业技术中心试点工作。截至2005年年底，已认定国家级企业技术中心118家。在国家认定企业技术中心的示范和带动下，各省（区、市）努力创造条件，积极引导和支持企业技术中心的建设，开展企业技术中心认定工作，企业技术中心迅速发展。

第四节　知识创新工程

1998年6月9日，国家科技教育领导小组第一次会议审议并原则通过了中国科学院

第七章
科教兴国战略和可持续发展战略

《关于开展"知识创新工程"试点的汇报提纲》，知识创新工程试点启动实施。

知识创新是指通过科学研究获得新的自然科学和技术科学知识的过程。知识创新系统是国家创新体系的组成部分，是由与知识的生产、扩散和转移相关的机构和组织构成的网络系统。知识创新工程总体目标是全面实施科教兴国和可持续发展战略，建设符合社会主义市场经济和科技发展规律的国家创新体系及知识创新系统，形成与国际接轨并具有中国特色的高效运行机制和现代科研院所管理制度，提高我国知识创新能力和效率，培养和造就具有创新意识和创新能力的高素质科技人才，为我国创新能力的不断提高提供坚实基础和不竭源泉，为实现我国第三步战略目标和经济的可持续发展提供强大的知识支撑和科技战略储备。力争在若干重点学科领域取得一批国际公认的重大科技成果，解决一批国家建设中的重大关键科技问题，展示中华民族的智慧，为丰富人类的知识宝库做出应有的贡献。

知识创新工程瞄准国际科学前沿和中国第三步战略目标，有所为，有所不为。知识创新与体制创新、管理创新相结合，坚持高目标、高起点、高要求，统一规划，分步实施，重点突破，全面推进。基本内容是深化体制改革，建立与国际接轨并具有中国特色的"现代国立科研机构体制"，包括国家科研机构和部门科研机构；转变管理机制，建立现代科研院所管理制度，包括明确国家科研机构的方向和任务，发展和完善科学基金制和竞争制，建立和完善"国家科研机构年度预算拨款制度""科研院所研究理事会制度""科研人员聘任年限制度""科学合理的评议制度"，促进科研机构与高等学校、企业和国际的合作和联合等；调整结构，集中力量，重点建设一批国际知名的国家知识创新基地，包括一批科研机构和若干所教学科研型大学；创造有利于知识创新的良好环境，提高知识创新的效率；培养具有创新意识和能力的高素质人才，不断取得重大科技成果，提高国家知识创新能力。

中国科学院积极承担国家重大科技任务，按照重大项目、重要方向项目和领域前沿项目3个层次自主部署了一批创新项目，在事关现代化全局的战略高技术、事关实现全面协调可持续发展的重大公益性科技创新和重要基础研究领域等方面取得了一批重大科技创新成果。

在重大公益性科技创新方面，研制开发了若干创新药物；深化了对西部生态环境演变规律的认识，部署了5个西部生态环境建设试验示范区并取得重要进展；建立了复杂地质体油气资源勘探新理论与实用技术并成功运用；建立了国家资源、灾害、环境变化的动态遥感监测系统，准确预测全国粮食产量并持续进行农情监测等。

在原始科学创新方面，完成国际人类基因组计划1%测序任务；水稻基因组测序与功能研究取得重要成果；有机分子簇集和自由基化学研究打破了中国国家自然科学奖一等奖多年空缺的局面；量子信息技术基础研究取得重大突破；在发展迅速的世界纳米科技前沿占有了一席之地，在生命科学、物质科学、数学与系统科学、脑与认知科学、地球与环境科学等领域取得了若干原始科学创新成果和重要进展，受到世界科学界的高度关注。

第五节　高校科技创新

一、211工程

1991年4月，第七届全国人民代表大会第四次会议批准《国民经济和社会发展十年规划和第八个五年计划纲要》，明确提出："有重点地办好一批大学。加强一批重点学科的建设，使其在科学技术水平上达到或接近发达国家同类学科的水平。"1993年2月，中共中央、国务院正式发布《中国教育改革和发展纲要》，指出："要集中中央和地方等各方面的力量办好100所左右重点大学和一批重点学科、专业。"

"211工程"是中国政府面向21世纪、重点建设100所左右的高等学校和一批重点学科的建设工程。"211工程"是由发展改革委、教育部、财政部共同组织实施的国家重点建设项目。1995年，经国务院批准，国家计委、国家教委、财政部发布《"211工程"总体建设规划》，"211工程"正式启动建设。2002年，经国务院批准，国家计委、教育部、财政部发布《关于"十五"期间加强"211工程"项目建设的若干意见》。"211工程"纳入国民经济和社会发展第十个五年计划，从2002年起实施。

"211工程"总体建设目标是：通过重点建设，使100所左右的高等学校及一批重点学科在教育质量、科学研究、管理水平和办学效益等方面有较大提高，在高等教育改革特别是管理体制改革方面有明显进展，成为立足国内培养高层次人才、解决国家或区域经济建设和社会发展重大问题的基地。其中，一部分重点高等学校和一部分重点学科，接近或达到国际同类学校和学科的先进水平，大部分学校的办学条件得到明显改善，在人才培养、科学研究上取得较大成绩，适应地区和行业发展需要，总体处于国内先进水平，起到骨干和示范作用。

"211工程"的建设内容主要包括重点学科、公共服务体系和学校整体条件建设三大部分。其中重点学科建设是"211工程"建设的核心。重点学科建设，要加大学科结构调整力度，支持发展新兴和交叉学科，力争使其中部分学科接近或达到世界先进水平，建成布局和结构比较合理的高等教育重点学科体系。公共服务体系建设，要加快高等教育信息化步伐，增强中国教育和科研计算机网络、高等教育文献信息保障体系及图书数字化资源的服务能力，构建高等学校仪器设备等资源共享体系，使高等教育公共服务体系的运行环境得到较大幅度的改善，建立起辐射中国高等学校的整体信息服务平台。学校整体条件建设，要围绕对重点学科和公共服务体系安排建设，推进和深化教育改革，进一步发挥"211工程"学校对中国高等教育发展的示范带动作用。

"九五"期间，"211工程"在99所高等学校中实施建设，主要安排了602个重点学科和2个全国高等教育公共服务体系建设项目。建设资金为186.3亿元，其中，中央安排专项资金27.5亿元、部门和地方配套103.2亿元、学校自筹55.6亿元。用于重点学科建设64.7亿元、学校和全国的公共服务体系建设36.1亿元、基础设施建设等85.5亿元。

高水平大学随着学科水平的显著提升，学校的创新能力和社会服务能力也明显增强，产生了一大批标志性成果，为国家经济社会发展做出了重要贡献。"211工程"学校承担了全国1/2的国家自然科学基金项目和973项目、1/3的863项目。获得国家三大奖（国家自然科学奖、国家技术发明奖、国家科学技术进步奖）一、二等奖的数量占全国的1/3。为各级政府部门提供了一大批有重要价值的决策咨询报告，并积极主动地以各种方式服务于经济建设、社会发展和国家安全，为各行各业的发展提供了有力的技术支撑和智力支持。

二、985工程

"985工程"是中国政府为建设若干所世界一流大学和一批国际知名的高水平研究型大学而实施的建设工程。1998年5月4日，江泽民在庆祝北京大学建校100周年大会上向全社会宣告："为了实现现代化，我国要有若干所具有世界先进水平的一流大学。"为贯彻落实党中央科教兴国战略和江泽民的号召，1999年，国务院批转教育部《面向21世纪教育振兴行动计划》，决定重点支持北京大学、清华大学等部分高等学校创建世界一流大学和高水平大学，简称"985工程"。

"985工程"建设任务主要包括机制创新、队伍建设、平台和基地建设、条件支撑、国际交流与合作5个部分。机制创新，要坚持改革和创新，深化高等学校内部管理体制和运行机制改革，以适应世界一流大学建设的需要。队伍建设，要造就和引进一批具有世界一流水平的学术带头人和创新团队，加快建设一支具有世界一流大学水平的教师队伍、管理队伍和技术支撑队伍。平台和基地建设，要紧密结合国家创新体系的建设，以国家目标为导向，瞄准世界先进水平和国家重大需求，重点建设一批创新平台和创新基地，促进一批世界一流学科的形成，使之成为攀登世界科技高峰、解决重大理论和实践问题、带动相应学科领域发展的重要基地，使高等学校成为国家创新体系的重要力量，增进国家核心竞争力。条件支撑，要建设公共资源与仪器设备共享平台，建设配置合理、设施完备的教学科研用房，继续改善所建高等学校的教学科研基础设施。国际交流与合作，要加强与世界一流大学或学术机构开展实质性合作，推动中国高等教育国际化进程。

"985工程"实施过程中，学科建设被置于突出的地位。学校利用全国高教管理体制改革和布局结构调整的有利契机，通过共建、调整、合作、合并的途径，促进学科优势互补，增强学科的综合性。

第六节　科学技术普及

一、《关于加强科学技术普及工作的若干意见》

伴随着社会经济的飞速发展，中国的科学技术普及事业也面临着新的情况和问题。根据形势发展的需要，1994年12月，中共中央、国务院颁布了《关于加强科学技术普及工作的若干意见》（简称《若干意见》），这是推动新时期科普事业发展的纲领性文件。《若干意见》要求各级党委和政府把科普工作提到议事日程，切实加强和改善对科普工作的领导，首次明确了科学技术普及工作中的政府责任和定位，确定全国的科普工作由国家科委牵头负责，制订计划，部署工作，督促检查，实行政策引导。

各级科技行政管理部门加大了对科学技术普及工作的组织管理和统筹协调的力度。1996年，经国务院批准，建立了由国家科委任组长单位，中央宣传部和中国科协为副组长单位，党中央和国务院有关部门组成的科普工作联席会议制度。科普工作联席会议制度的建立，在宏观层次上加强了对科普工作的组织协调力度，各地方、各部门也积极建立相应的科普工作协调机制，全面系统地推动了各地的科普工作，这种制度已在全国省（区、市）

第七章 科教兴国战略和可持续发展战略

普遍采用，中国科学院、国家气象局等部门也相继建立了科普工作联席会议制度或协调领导小组。在联席会议的组织协调下，各部门发挥自身优势，密切合作，形成了科普资源的集成效应。

二、全国科普工作会议

1996年2月，全国科普工作会议在北京召开。会上讨论了《科学技术普及工作"九五"计划纲要（草案）》，对全国先进科普工作集体和先进工作者进行了表彰。会议代表和先进集体代表、先进工作者们受到江泽民等党和国家领导人的亲切接见。

《全国科学技术普及工作"九五"计划纲要（草案）》强调，"九五"是中国国民经济与发展的一个重要时期，要进一步加强党和政府的领导，动员和组织全社会做好科普工作。各部门、各地方和各社会团体都要站在全局的高度，将科普工作与各自担负的工作紧密结合起来，加速科学技术的传播，提高全民族的科技素质，为保障国民经济持续、快速、健康发展和促进社会全面进步发挥重要的作用。20世纪，中国科普工作的目标是：全民的科技素质有明显的提高，特别是广大劳动者运用科技的能力和素质有较大幅度的提高，基本适应经济与社会发展的需求；初步建立与市场经济体制相适应的管理运行机制，使科普工作群众化、社会化、经常化、制度化和规范化程度有较大提高；科普设施和队伍等基本条件在稳定和优化的基础上有较大的改善；全国各个城市和乡镇都有自己的科普阵地和主题鲜明、各具特色的科普活动；各种社会传播媒体中的科普内容有较多增加，并推出一大批群众欢迎的高质量科普作品。

全国科普工作会议之后，各地方、各部门加快了对科普工作的部署和落实。中央宣传部、国家科委、中国科协发布了《关于加强科普宣传工作的通知》。由中央宣传部、文化部、国家教委、国家科委、广播影视部、新闻出版署、全国总工会、共青团中央、全国妇联在全国范围内组织实施了"知识工程"，以发展图书馆事业为手段，倡导人们多读书、读好书，以传播知识，推进社会文明进步。1996年12月，中央宣传部、国家科委、农业部、文化部等部门和群众团体组织了文化、科技、卫生"三下乡"活动。之后，连续举行了多次"三下乡"活动，深受广大农村群众的欢迎。在《关于加强科学技术普及工作的若干意见》和全国科普工作会议总体要求下，各地方也加大了科普工作的力度。多个地方成立了科普联席会议，并采取了一些加强科普工作的具体措施。大众传播媒体进一步加强了科普宣传。《人民日报》《光明日报》《科技日报》等主要报刊和新闻媒体，明显加强了对科普工作和反对迷信愚昧、伪科学的宣传力度。

三、科普工作逐步进入"快车道"

党中央、国务院及各级党委、政府一直重视科技场馆的建设与发展。2002年，中国科协等组织了首届"全国科技馆展品创新奖"活动，设立了"展品创新奖"，专门从事科技场馆展品研制的有关省（区、市）科技场馆和一些对此有兴趣的大学、科研院所和企业研制的75件展品参加了展示活动，在一定意义上促进了科技场馆展品的研发和创新。

根据新闻出版总署对全国192家出版社的调研，1990—2001年共出版科普图书2.55万种。其中，新版图书1.70万种，占67%；再版图书0.85万种，占33%。本版图书1.91万种，占75%；引进版图书0.64万种，占25%。

中国科协面向新疆、西藏、内蒙古、宁夏、青海等12个省（区、市），实施了以提高西部地区各族人民群众科技文化素质为主要目标的"西部科普工程"，从2000年起开始实施。基本目标是：建立100个科普示范基地，100个水平较高、牵动效应大的农村专业技术协会，普及推广100项农业先进实用技术。

2001年3月22日，国务院批准自2001年起，每年5月的第3周为全国"科技活动周"，具体工作由科技部会同有关部门组织实施（图7-2）。为保证科技活动周的顺利实施，依托已经建立并运行良好的科普联席会议制度，组成了以科技部为组长单位，中央宣传部、中国科协为副组长单位，包括19个有关部门在内的全国科技活动周组织委员会，并建立了科技活动周组织委员会办公室，具体负责科技活动周组织委员会的日常工作。建议由10位两院院士组成科技活动周指导委员会，指导科技活动周组委会的筹办工作。

   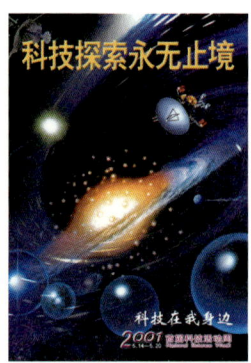

图7-2 首届科技活动周宣传画

第八章
持续推进科技体制改革

中共中央、国务院《关于加速科学技术进步的决定》提出深化科技体制改革，充分发挥广大科技人员的积极性、创造性，动员全社会的力量，全面推进科技进步，到 2000 年初步建立适应社会主义市场经济体制和科技自身发展规律的科技体制。

第一节 稳住一头，放开一片

1992 年，党的十四大确立了社会主义市场经济体制的改革目标，经济体制改革开始进入以制度创新为主要内容的新阶段。党的十四届三中全会通过的《中共中央关于建立社会主义市场经济体制若干问题的决定》指出，"建立社会主义市场经济体制，就是要使市场在国家宏观调控下对资源配置起基础性作用"，并提出社会主义市场经济体制的基本框架。1993 年 7 月，我国颁布了推动新时期科学技术事业发展的基本法《科学技术进步法》，确立了我国发展科学技术事业的重大原则和加速科学技术进步的主要制度，构筑了我国科学技术法律体系的框架，奠定了我国科技法律环境的基础。这一基础性立法是指导新时期科技进步的基本准则，也是科技工作和整个现代化建设的纲领性文件。

1992 年 8 月，国家科委和国家体改委联合发布了《关于分流人才、调整结构、进一步深化科技体制改革的若干意见》，将改革重点逐步转向结构调整和综合配套改革，尝试性地提出了"进行分流和调整的基本路子是稳住一头，放开一片"。1994 年 2 月，国家科委和国家体改委联合发布了《适应社会主义市场经济发展，深化科技体制改革实施要点》，新的改革要点把科技体制改革的总体目标确立为"建立适应社会主义市场经济发展，符合科技自身发展规律和市场经济运行规律，科技与经济密切结合的新型体制，促进科技进步，实现科技、经济和社会的协调发展"。人员分流和结构调整被视为体制改革突破的关键。

新的改革方针被概括为"稳住一头，放开一片"。一方面稳定支持少部分的基础性研究和基础性技术工作。在提高科技经费总体水平的同时，通过改革科技计划体制，向重点项目和重点承担单位倾斜，达到稳定基础性研究、高技术研究及事关经济建设、社会发展和国防事业长远发展的重大研究开发的目的，力争重点突破，提高我国整体科技实力、科技水平和发展后劲。另一方面大量放开放活技术开发机构、社会公益机构、科技服务机构等。大力支持研究开发机构以各种形式进入经济领域，给予其相当程度的研究开发、生产经营、经费使用、机构设置、人员聘用自主权和发展、经营方式的选择权，以及一定的优惠政策，使其尽早地与经济建设结合起来。在综合配套改革方面，重点强调科技部门与经济社会体制的结合和协调发展，促进科技体制改革与经济、金融、外贸、教育体制改革的配套进行。为此，国家科委牵头，联合国家体改委、财政部、人事部、国有资产管理局、中国科学院、中办调研室、国务院政策研究室于1994年年初成立了科技系统综合配套改革领导小组。

"稳住一头"的目的是按照少而精的原则，重点稳住一支精干的基础性研究、高技术研究、重大科技攻关和社会公益性研究的科技队伍。以政府投入为主，稳住少数重点科研院所和高等学校的科研机构，从事基础性研究、有关国家整体利益和长远利益的应用研究、高技术研究、社会公益性研究和重大科技攻关活动。在开放和竞争的动态过程中，保持一支精干的、高水平的科研队伍。

基础研究是科学技术活动的源头和起点，基础研究的本质就在于创新。随着科技体制改革的深入，科技工作的重心向经济建设的方向转移，必须从物质基础上、政策上、体制上、管理上采取有效措施，保证基础研究持续稳定地向前发展，为我国科学技术的发展建立更为坚实的基础。

1991年，我国开始实施攀登计划，该计划结合科学发展趋势，按照"有所为，有所不为"的原则，确立基础性研究以质取胜的思想，为提升我国基础性研究水平做出贡献。

"放开一片"是要放开、放活一大批技术开发型和技术服务型机构，通过实行结构调整、人才分流，将这些机构面向市场。这些机构运行要以市场机制为主，除按照竞争机制承担政府研究开发任务外，主要按照市场需求进行研究开发、技术服务、技术承包和科技成果商品化、产业化活动，使绝大多数技术开发和技术服务机构逐步由事业法人转变成企业法人。

1992年8月，国家科委发布《全民所有制技术开发型科研机构实行技术经济承包责任制暂行办法》，要求按照所有权和经营权分离的原则，以承包合同的方式，明确国家

第八章
持续推进科技体制改革

和科研机构的责权利关系,使科研机构做到自主研究、开发和经营管理。1993年3月,外经贸部、国家科委、国防科工委和国家教委共同授予第一批100家科研院所外贸经营权,随后在当年10月,由外经贸部和国家科委发布了《赋予科研院所科技产品进出口权暂行办法》。到1994年8月,国务院又批复了外经贸部、国家科委、国家经贸委联合提出的《关于加快科技成果转化、优化出口商品结构的若干意见》。

1992年11月,国家科委和国家体改委印发《关于在国家高新技术产业开发区创办高新技术股份有限公司若干问题的暂行规定》,高新技术在作为无形资产作价入股时,可以达到公司注册资本的30%。1993年6月12日,国家科委和国家体改委联合发布《关于大力发展民营科技型企业若干问题的决定》,动员更多的科技人员创办民营科技型企业,允许国有科技机构、高等院校、大中型企业按照国有民营方式创办新的科技型企业。

建立一批面向企业,特别是乡镇企业和中小企业的新型综合性科技服务机构和中介机构,被认为是科技经济结合的一个有效途径。1994年,国家科委和国家体改委联合印发《关于进一步培育和发展技术市场的若干意见》,要求加强技术交易所建设,大力发展工程技术中心、生产力促进中心、技术孵化中心、集成配套开发研究中心等多种新型组织,发展技术交易中介机构,建立公平、公开、公正竞争的市场秩序。

第二节 科技法律法规

一、科学技术进步法

1993年7月2日,第八届全国人民代表大会常务委员会第二次会议通过并颁布《科学技术进步法》。该法包含科学技术与经济建设和社会发展、高技术研究和高技术产业、基础研究和应用基础研究、研究开发机构、科学技术工作者、科学技术进步的保障措施、科学技术奖励、法律责任等方面内容(图8-1)。规定了科技事业的基本方针、布局、保障措施,明确了科研机构和科技人员的权利义务,并以法律形式对国家提高科学技术经费投入提出了明确要求,对一系列改革成果给予了肯定。例如,在高新区实行优惠政策、发展技术市场、鼓励研发机构实行技工贸一体化经营、允许企业技术开发费计入成本等,为中国科技法制建设奠定了重要基础。

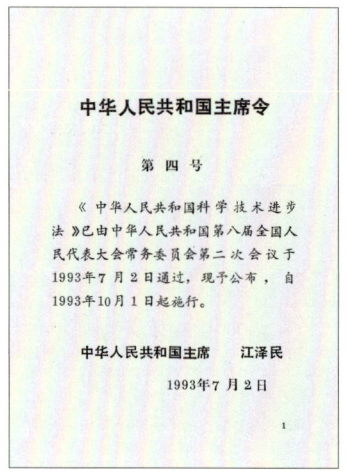

图 8-1 《科学技术进步法》

二、知识产权法律体系

知识产权法律是中国科技法律制度中立法起步较早、执法力度最为突出的一个领域。早在 1983 年 3 月,中国便开始施行《商标法》。1993 年为适应国际化要求,做了重要修改,不仅保护商品商标,而且保护服务商标,并按国际公约要求对驰名商标给予特别保护。1985 年 4 月,《专利法》开始实施,1992 年修订后的《专利法》把保护范围扩大到食品、饲料、调味品、药品和用化学方法获得的物质,发明专利的保护期限由 15 年延长到 20 年。1991 年 6 月 1 日,中国开始施行《著作权法》;6 月 4 日,国务院又发布了《计算机软件保护条例》,将计算机软件纳入版权法保护体系。1997 年 3 月,国务院还发布了《植物新品种保护条例》,以保障农、林业上的作物新品种的开发。1993 年审议通过的《反不正当竞争法》,明确对商业秘密给予了有效保护。中国现行知识产权保护的主体已经覆盖当代知识产权的绝大部分领域,并且先后加入了主要国际公约,积极承担了保护知识产权的国际义务。至此,以专利、商标、版权为三大支柱的知识产权法律框架在中国已基本形成,并与国际规范接轨,成为促进科学繁荣、技术进步和经济发展的有力杠杆,成为发展国际合作与交流的环境与条件。

中国知识产权执法机制也得到不断加强,由司法机关、行政执法机关和协调指导机构构成的执法体系有效运作,法律实施状况大为改善。14 个省市建立了知识产权法庭,为国内外权利人提供了法律保障。专利局、商标局、版权局均设立了行政执法机关。各省专利管理局查处侵权纠纷,省市版权机关受理著作侵权申诉,并有权做出处分决定。从中央到省、地(市)、县四级政府的工商行政管理局查处商标侵权、假冒案件。中国行政执法队伍,包括从事专利、商标、版权执法和维护出版市场、文化市场秩序的执法人员,总计已超过 100 万人。为了研究、领导、协调全国知识产权有关工作,国务院建立了知识产权办公会议制度,负责研究确定知识产权管理的重大政策和对策,协调跨部门、跨地区的综合性管理问题。1998 年又成立了国家知识产权局。全国 30 多个省市也相继建立了知识产权办公会议制度,指导本地区知识产权工作,并建立由各行政执法机关代表参加的联合执法队,集中执法力量和执法手段,查处大案要案,解决地区突出问题。

三、技术合同法

《技术合同法》就是实行技术成果商品化,开放技术市场。第六届全国人民代表大会常务委员会于 1987 年 6 月审议通过的《技术合同法》,在总结我国技术市场经验的基础上把市场经济的竞争机制和约束机制引入科技系统,是我国技术成果商品化的基本法律。《技术合同法》出台后,国务院于 1989 年 3 月发布了《技术合同法实施条例》,国家科委制定了相应的配套规章,最高人民法院、最高人民检察院分别对《技术合同法》涉及的科技纠纷案件有关问题做了司法解释。这些法律、法规和司法解释相互衔接、配套,形成了具有中国特色的技术合同制度。《技术合同法》从科技发展规律和市场运行规律相结合的崭新角度,明确规定了技术合同的订立、变更和解除的程序,规定了各类合同当事人的权利义务与责任。这一整套符合科技经济一体化发展趋势的法律规范,既贯彻了自愿平等、诚实信用、互利有偿的民事法律要求,又体现了有利于科技进步、促进科技与经济相结合的原则。《技术合同法》中明确了科技成果进入流通领域和按市场运行所特有的成果分享、风险承担和违约侵权责任问题。这部法律所确定的技术合同已经成为科学技术转化为商品的纽带和桥梁,成为技术成果商品化的支撑条件,对经济建设和社会发展产生了巨大的经济效益和社会效益。1999 年 3 月 15 日,第九届全国人民代表大会第二次会议通过《合同法》,并于 1999 年 10 月 1 日起施行,原《技术合同法》废止。有关技术合同的内容并入新的《合同法》,并做了相应修改。

四、促进科技成果转化法

1996年5月，第八届全国人民代表大会常务委员会第十九次会议审议通过《促进科技成果转化法》，明确提出：科技成果转化是指为提高生产水平，而对科学研究与技术开发所产生的具有实用价值的科技成果所进行的后续试验、开发、应用、推广直至形成新产品、新工艺、新材料，发展新产业等活动。这部法律按照计划指导和市场运行相结合的原则，确定在社会主义市场条件下推进科技成果转化的基本法律规范，并在强化中间环节、健全保障措施、维护技术权益等方面，规定了相应的法律制度。其中，明确规定国家鼓励和支持从事科技成果转化的中间试验基地、工业性试验基地、农业试验示范基地和其他技术创新或者技术服务机构，进行地区或者行业科技成果系统化、工程化的配套开发和技术创新，为创业者转化高技术成果、创办高技术企业提供综合配套服务，为中小企业、乡镇企业、农村经济合作组织提供技术依托和全程技术服务。所有这些围绕科技经济一体化重点和难点问题提出的重要规范，为科技成果转化构筑了良好的法律环境。

《促进科技成果转化法》以法律形式，确定市场机制在科技资源配置和科技运行方式中的基础性作用，依法建立了中国技术市场的基本准则和富有生机与活力的研究开发、成果转化和推广应用机制。

五、农业技术推广法

农业是国民经济的基础，农业发展的根本出路在于科技进步。根据科技兴农的战略方针，我国于1993年制定并实施了《农业技术推广法》，从国情实际出发，确定了农业技术依法实行有偿推广和无偿推广的双轨模式，促进种植业、林业、畜牧业、渔业的科研成果和实用技术向生产领域转移。农业技术推广机构、农业科研单位、有关学校及科技人员，以技术转让、技术服务和技术承包等形式提供农业技术的，可以实行有偿服务，其合法收入受到法律保护。其他农业技术的应用和推广，实行无偿服务。国家农业技术推广机构推广农业技术所需的经费，由政府财政拨给。国家逐步提高对农业技术推广的投入。各级人民政府在财政预算内应当保障用于农业技术推广的资金，并应当使该资金逐步增长。各级人民政府通过财政拨款及从农业发展基金中提取一定比例，用于实施农业技术推广项目。

六、科学技术普及法

2002年6月29日,第九届全国人民代表大会常务委员会第二十八次会议审议通过了《科学技术普及法》,把科普工作纳入法制的轨道,促进科学技术普及工作的健康发展,对推动经济与社会发展都具有重要意义,这标志着中国的科普事业进入了一个崭新的历史时期。全国绝大多数省(区、市)均制定或重新修订了本行政区域内促进科普事业发展的地方条例。

以中共中央、国务院发布《关于加强科学技术普及工作的若干意见》为契机,有关部门研究制定了一批推动科普工作的政策文件。在工作规划方面,先后出台了《2000—2005年科学技术普及工作纲要》《2001—2005年中国青少年科学技术普及活动指导纲要》;在税收政策方面,出台了《关于鼓励科普事业发展税收优惠政策》及相关实施办法;在奖励政策方面,将科普纳入《国家科学技术奖励条例》之中,科普创作首次纳入国家科技奖励范围;在科普宣传方面,出台了《关于进一步加强科普宣传工作的通知》;在科普基础设施建设方面,出台了《关于加强科技馆等科普设施建设的若干意见》等。

七、科技保密规定

国家一直高度重视科技保密工作,特别是一些重大科技工程建设和科技成果,涉及国家安全和国际竞争力。即使普通的科技成果,也事关成果持有人的利益。

1995年,国家科委与国家保密局联合发布《科学技术保密规定》;1998年,科技部、国家保密局、外经贸部联合发布了《国家秘密技术出口审查规定》;2002年,国家保密局、科技部联合发布了《对外科技交流保密提醒制度》。这一系列政策法规构建了中国较为完整的科技保密法规框架。

为加强对全国科技保密工作的有效推进和协调与指导,2002年,科技部成立了国家科技保密协调指导小组,组织召开了全国科技保密工作会议,印发了《2002—2005年科技保密工作纲要》,先后制定、修订了《关于加强新形势下科技保密工作的若干意见》《实施科技重大专项的保密规定》《科学技术部863计划保密规定》《国家敏感技术指导目录》等一批制度规范,使国家重大科技项目保密管理水平得到提高。

第三节　科研机构

一、深化科技体制改革

自1985年进行科技体制改革以来，科技界经过10多年的积极探索和成功实践，改变了原来单一、封闭的计划管理体制，社会主义市场经济体制在科技运行中的作用逐步增强，多数技术开发型科研机构走上了按市场机制运行、面向经济建设、自主发展的道路，大部分科技力量以多种方式进入经济建设主战场，开创了科技作为第一生产力大发展的新局面。

1996年国务院发布了《关于"九五"期间深化科技体制改革的决定》，要求"九五"期间深化科技体制改革以加强基础性研究、应用研究、高技术研究和重大科技攻关活动，增加科技储备，解决国民经济建设和社会发展中重大、综合、关键、迫切的技术问题为核心；以建立新型科技体制，促进大多数技术开发研究机构直接进入市场、加速科技成果转化为重点，力争尽快建立起适应社会主义市场经济体系和科技自身发展规律的新型科技体制，形成科研、开发、生产、市场紧密结合的机制；建立以企业为主体、产学研相结合的技术开发体系和以科研机构、高等学校为主的科学研究体系及社会化的科技服务体系，提高科技在国民经济中的贡献率；尽快缩小我国科学技术与国际先进水平的差距，大幅提高社会生产力和经济效益，提高农业、工业和第三产业的科技水平。

按照《关于加速科学技术进步的决定》和《国民经济和社会发展"九五"计划和2010年远景目标纲要》的精神，国家科委全面贯彻"依靠、面向、攀高峰"的方针，"稳住一头，放开一片"，围绕"两个根本性转变"和"科教兴国"战略的实施，在进一步转变科技工作运行机制的基础上，调整科技系统的组织结构，分流科技人员，大力解放和发展科技第一生产力，合理配置、高效利用科技资源，大幅提高我国整体科技水平、自主创新能力和综合国力，使科技发展为经济建设和社会进步提供强大动力和支撑。确立的科技体制改革的基本思路是：科研机构的改革是整个科技体制改革的关键所在，也是科技体制改革的主要矛盾，"九五"期间以独立科研机构特别是中央部门属科研机构的改革为重点，全面启动科技系统的组织结构调整和人才分流，在建立新型科技体制方面取得实质性进展。构造以少而精的独立科研机构、高等学校为主体的科学研究体系，以企业为主体、产学研相结合的技术开发体系，以及社会化的科技服务体系，初步形成适应社会主义市场经济和科技自身发展规律的新型科技体制。

二、应用开发类科研机构转制

为推动技术开发类科研机构的企业化转制，1996年年初，国家科委启动了机械部、交通部、冶金部和纺织总会4个产业部门所属科研机构为主体的改革试点工作。这些试点院所的改革试点工作从整体结构调整、人才分流入手，突出"两个协调、一个重点"，即稳与放相协调、软件建设与硬件建设相协调，重点是管好试点经费，努力形成研究开发、成果转化、技术辐射3个层次有机结合的新格局。加快科技产业化步伐，为促进机制根本转变创造有利条件。经过3年的试点，在结构调整、分流人才、转变机制、制度创新等方面进行了大量有益的尝试和积极探索，为深化部门属科研机构改革积累了卓有成效的实际经验。

1999年，全国县以上政府所属的此类科研机构有2000多家，其中，国务院各产业部门所属有370家，集中了大量的产业科研力量和科技资源。为了从体制和机制上根本解决科技与经济脱节的问题，应用型科研机构和设计单位原则上要转为科技型企业，整体或部分进入企业或转为中介服务机构等。1998年的政府机构改革和职能转变为改革的突破创造了条件，这类院所10多年产业化的积累也使得企业化转制水到渠成。

1999年2月22日，国务院办公厅转发科技部、国家经贸委等部门《关于国家经贸委管理的10个国家局所属科研机构管理体制改革的实施意见》，同年5月，国务院批准了科技部和国家经贸委关于国家经贸委管理的10个国家局所属242个科研机构的改革方案，决定以加速科技成果转化和产业化为核心，促进科研机构向企业化转制。根据这项方案，在1999年6月30日之前，国家经贸委管理的10个国家局所属的242个科研机构要按照实现产业化的具体要求，从实际情况出发，自主选择改革方式，包括转变成科技型企业，整体或部分进入企业和转为技术服务与中介机构等；被批准继续保留事业单位性质的少数科研机构，也要实行企业化管理。转制科研机构从1999年7月1日起按新的管理体制运行。这是中国科技体制改革的一个重大突破。为确保242个科研机构顺利转制，国家除制定周详的实施方案外，还出台了一系列配套优惠政策。科研机构转制后，原有的正常事业费继续拨付，主要用于解决转制前已经离退休人员的社会保障问题。转制科研机构从1999年起5年内免征企业所得税、技术转让收入的营业税、研究开发自用土地的城镇土地使用税。转制科研机构还享有自营进出口权，享受国家支持科技型企业的待遇。

在参加国家科研课题和项目的申请、竞标时，享有与其他科研机构同等的权利。

三、公益类科研机构改革

社会公益类科研机构主要从事农业、卫生、资源环境等科研工作，主要提供公共技术产品和服务。中国共有2400多家公益类院所，其中，国务院部门所属有近270家。由于中国经济和社会发展水平的约束和国家财力的限制，社会公益事业相对于经济领域各产业的发展是滞后的。社会公益科研工作也处于相对较弱的地位。20世纪90年代末，随着中国经济发展实现第二步战略目标和人民生活总体上达到小康水平，社会发展领域的各种矛盾和问题日益突出，加强社会公益科研事业的呼声日益迫切。

加强社会公益科研事业，首先要深化社会公益类科研机构的改革，在改革的基础上加大投入。自20世纪80年代实行科学事业费拨款制度改革以来，对公益类科研机构实行事业费包干的办法，包干经费随着国家科技投入的增长而逐步增加。在这之后的10多年，这类机构在发展科技咨询、情报信息服务和兴办科技产业方面也进行了一些积极的探索，逐步实行了"一院（所）两制"、多种模式并存的发展道路，但总体上改革力度不大，与应用型科研机构相比改革明显滞后，大部分机构生存与发展困难，创新能力薄弱，除了国家投入不足的原因外，公益类院所自身存在的观念问题和体制机制弊端是造成这种局面的重要原因。

1995年，国家科委会同国家教委、中国科学院，先后选择了基础研究"五所二校一中心"进行为期3年的改革试点工作。这些试点单位是中国科学院的物理所、化学所、地球物理所、生物物理所、应用数学所，北京大学重离子所，北京师范大学低能核物理研究所和上海生命科学研究中心（简称"五所二校一中心"）。3年试点阶段中，国家科委认真及时总结在结构调整和人员分流方面取得的改革成绩，通过多种方式宣传和推广各所突出重点学科方向、调整研究课题、吸引培养优秀青年人才、改革人事制度和分配制度、强化规章制度的建设和规范科学绩效管理等方面取得的经验。坚持具体指导，严格管理试点经费的合理使用，有力地推动了试点工作的进行。

1998年2月，受国家科委委托，中国科学院组织基础性研究所改革试点实施总结会，听取五所所长分别做的研究所改革进程综合汇报和6个改革经验专题报告，并认真进行评议。与会专家与领导一致认为，国家科委组织基础性研究所改革试点的决策是十分正确的，试点取得了很好的成绩，基本上达到了预期目标。取得的改革经验十分宝贵，具有一定的普遍意义，为加强基础性研究基地建设和改造，推动基础性研究所改革深化，探索建设与国际接轨又符合中国国情的现代科研院所模式打下了坚实基础。

2000年5月24日，国务院办公厅转发科技部等12个部门《关于深化科研机构管理体制改革的实施意见》，对不同类型、分属不同部门的科研机构实行分类改革。要求社会公益类科研机构分不同情况实施改革，主要从事基础研究或提供公共服务，无法得到相应经济回报，确需国家支持的研究机构，仍作为事业单位，按非营利性机构运行和管理；有面向市场能力的要向企业化转制。按非营利性机构管理和运行的科研机构要优化结构、分流人才、转变机制，按照总体上保留不超过30%工作人员的要求，重新核定编制。

纳入此次改革范围的国务院部门所属社会公益类科研机构共有265家，2001年在职职工约5.4万人，人员总编制近8万名。此项改革自2001年开始启动，到2004年年底，20个部门所属科研机构改革方案的批复全部完成。根据改革方案，按非营利性机构管理和运行的院所共有101个，占原有机构数的38%，拟定非营利编制15 633名，占原有编制数的20%，占原有在职职工数的29%；转为科技型的企业56家，占21%；转为其他事业单位及属地化管理的95家，占36%；进入大学的5家。

第四节　科技人才

一、院士制度

中国科学院学部自成立以来，为国家制定和实施重大的科技决策和科技规划发挥了重要作用。中国科学院学部是国家在科学技术方面的最高咨询机构，负责对国家科学技术发展规划、计划和重大科学技术决策提供咨询，对国家经济建设和社会发展中的重大科学技术问题提出研究报告，对学科发展战略和中长期目标提出建议，对重要研究领域和研究机构的学术问题进行评议和指导。1990年11月，国务院批准了中国科学院和国家科委关于增选学部委员的请示，批示中指出："中国科学院学部委员，是国家在科学技术方面的最高学术称号，具有较高的荣誉和学术上的权威性，代表我国科技队伍的水平和声誉。"为更有利于中国科学院学部扩大国家学术交流和符合国际科技界的惯例，也为了更好地体现其权威性和荣誉性，1993年10月，国务院第十一次常务会议决定，中国科学院学部委员改成中国科学院院士。

1994年6月，召开了中国科学院第七次院士大会（与以前召开的6次学部委员大会衔接）。会议修订通过了《中国科学院院士章程》，选举产生了首批中国科学院外籍院士14名。

1994年2月25日，国务院批转了《国家科委、中国科学院关于建立中国工程院请示的通知》，正式批准成立中国工程院。1994年6月，中国工程院成立大会、中国科学院第七次院士大会（与以前召开的6次学部委员大会衔接）在北京举行（图8-2）。江泽民在大会上的讲话指出："中国在现代化建设中取得的一切成就，都离不开工程科技的巨大支撑。尊重工程师的创造性劳动，培养大批工程技术人才，是推进经济建设和社会发展的必然要求。这就是中国成立中国工程院的原因所在。"

中国工程院是中国工程科技方面的最高荣誉性、咨询性学术机构，拥有一批在工程科技方面做出重大成就和贡献的院士，他们是中国1000多万名工程科技人员的杰出代表。中国工程院的中心任务是充分发挥院士队伍跨学科、跨部门、高水平的群体优势，努力推动科教兴国战略的实施，围绕国家、产业和地方经济社会发展面临的重大工程科技问题，开展宏观性、战略性、前瞻性、综合性的决策咨询，为国家和地区政府提出优先发展领域和重点投资方向的建议，组织对重大工程科学技术方向性、前沿性问题的研究，提高工程学科技术创新能力及管理科学水平；广泛开展不同层次、多种形式的国内国际

图8-2　1994年中国工程院成立大会

学术交流与合作，为全国工程科技界，特别是在一线工作的优秀中青年专家的成长创造开放的学术环境，为提高中国工程科学技术水平与全社会的科学文化素质做出贡献。

为了尊重知识，尊重人才，更好地保护老年院士的身体健康，参照国际上的一些做法，国务院决定从1998年7月1日起，在中国科学院、中国工程院实行"资深院士"制度。对年满80周岁的中国科学院院士或中国工程院院士，授予"资深院士"称号。资深院士继续享有咨询、评议和促进学术交流、科学普及等权利和义务，但不担任两院及学部的领导职务，不参加对院士候选人的提名（推荐）和选举工作，可以自由参加院士会议。1998年6月，两院院士大会确定首批中国科学院资深院士145人，中国工程院资深院士30人，其中，两院双重资深院士11人。

中国工程院成立后，积极参与为国家经济、社会和工程科技发展献计献策，先后开展了"制造业科技发展战略研究""中国可持续发展水资源战略研究""中国可持续发展油气资源战略研究"等多项咨询研究，内容涵盖国家经济、社会、科学技术发展的计划和规划、重大工程建设项目、产业技术提升、地区经济发展、企业技术创新、工程科学教育、工程科技人才培养等广泛领域，为政府、企业的决策提供了重要支持。

二、国家杰出青年科学基金

1994年，国务院设立"国家杰出青年科学基金"，支持在基础研究方面已取得突出成绩的青年学者自主选择研究方向开展创新研究，促进青年科学技术人才的成长，吸引海外人才，培养造就一批进入世界科技前沿的优秀学术带头人。

该基金资助全职在中国内地工作的优秀华人青年学者从事自然科学基础研究工作。该基金所指的中国内地，系指中国除港、澳、台地区之外的各省（区、市）。截至1999年，已有425名青年学者获得资助。设立"国家杰出青年科学基金"，是中国为培养一批进入世界科技前沿的优秀学术带头人的重要措施，旨在为科技战线上顽强拼搏的优秀青年学者创造更好的条件，使他们在敬业献身、团结协作、奋力攀登科学高峰上取得更突出的成绩，为国争光。

三、长江学者奖励计划

"长江学者奖励计划"是教育部与李嘉诚基金会为提高中国高等学校学术地位、振兴中国高等教育而共同筹资设立的专项计划。该计划包括实行特聘教授岗位制度和设立

"嘉诚杰出创新人才奖"两项内容。实施"长江学者奖励计划"的第一期,教育部3～5年在全国高等学校国家重点建设学科中设置300～500个特聘教授岗位,明确岗位职责和招聘条件,由获准设置特聘教授岗位的高等学校面向国内外公开招聘学术造诣深、发展潜力大、具有领导本学科在其前沿领域赶超或保持国际先进水平能力的中青年杰出人才。1998年"长江学者奖励计划"首批聘请了73位特聘教授。

四、百人计划

中国科学院"百人计划"是1994年中国科学院启动的一项高目标、高标准和高强度支持的人才引进与培养计划。通过该项计划的实施,每年根据学科发展的需要和条件的许可选拔10～15位,到20世纪末选拔100位左右的跨世纪学科带头人。"百人计划"的选人标准是"三高一低"。即应具有:①高学位。一般应具有博士学位,有深厚的基础、渊博的知识,对相关学科有较好的了解。②高水平。从事基础研究的应已做出了国际水平的工作,从事应用和科技开发工作的应已做出了新颖性、创造性和具有应用价值的科技工作。③高素质。要有立足国内艰苦创业和敬业的精神;作风端正、治学严谨,善于团结人;有较强的组织管理和协调能力及社会活动能力。④年龄在45岁以下。"百人计划"采取公开招聘的办法。单位、专家和个人均可根据中国科学院定期发布的招聘指南向"百人计划"办公室推荐(自荐)人选。对入选人员,中国科学院根据学科(工程)发展的需要和本人的具体条件,给予较强的一次性启动经费,主要用于添置必需的仪器设备、本人的住房等。入选人员的工资待遇,除按国家规定应发给的以外,中国科学院视具体情况予以特别津贴。

五、百千万人才工程

1994年7月,人事部首先提出实施"百千万人才工程"。1995年,该项工程由人事部、国家科委、国家教委、财政部、国家计委、中国科协、国家自然科学基金委员会7个部门联合在全国范围内组织实施。

"百千万人才工程"的宗旨是,到2000年,在对国民经济和社会发展影响重大的自然科学和社会科学领域,造就一批跨世纪的学术和技术带头人及后备人选;在实施过程中,要坚持以培养而不是选拔为主的原则。"百千万人才工程"共分3个层次。第一层次:到2000年,造就上百名45岁左右,能进入世界科技前沿,在世界科技界享有盛誉的学术和科技带头人；第二层次：造就上千名45岁以下，具有国内先进水平，保持学科优势的学术和技术带头人；第三层次：培养出上万名30～45岁在各学科领域里有较高学术造诣、成绩显著、起骨干或核心作用的学术和技术带头人后备人选。

"百千万人才工程"分两个阶段实施。第一阶段：到1997年，遴选和掌握五六千名或更多30～40岁的优秀人才，作为重点培养对象；第二阶段：到2000年，在对国民经济和社会发展影响重大的大约50个一级学科和500个左右二级学科门类中，造就一批国内一流或具有世界水平的专家、学者，使他们成长为各个学科领域的跨世纪的学术和技术带头人，从而改善中国专业技术带头人队伍的结构。

第五节　科技奖励

1993年6月对《中华人民共和国科学技术进步奖励条例》（简称《条例》）进行了修订。该《条例》旨在奖励在推动科技进步中做出贡献的集体和个人，充分发挥广大科学技术人员的积极性、创造性，以加速社会主义现代化建设。奖励的范围：应用于社会主义现代化建设的新的科学技术成果，推广、采用已有的先进科学技术成果，科学技术管理、标准、计量、科学技术情报等。奖励分为国家级和省（部委）级，国家科技进步奖分为3个等级，分别授予证书、奖章和奖金。

国家科技奖励制度在1999年实行了重大改革。国务院发布实施了《国家科学技术奖励条例》。改革后，国家科学技术奖励制度更加完善，形成了国家最高科学技术奖、国家自然科学奖、国家技术发明奖、国家科学技术进步奖和中华人民共和国国际科学技术合作奖五大奖项，力求在推动技术创新、发展高科技、实现产业化等方面更好地发挥科技奖励的杠杆作用。由国家科学技术奖励委员会负责该奖项的评审工作。

同年，科技部先后颁布实施了《国家科学技术奖励条例实施细则》《省、部级科学技术奖励管理办法》《社会力量设立科学技术奖管理办法》。

《国家科学技术奖励条例实施细则》从国家科技奖的推荐、评审和授予工作的实际需要出发，结合改革方案的精神，对奖励条例的条款和内容进行解释，具有原则性和操作性。为推荐者、评审者和管理者贯彻和实施奖励条例提供依据。

《省、部级科学技术奖励管理办法》通过规范省（区、市）人民政府和国务院有关部门设立的科学技术奖励行为，加强对省、部级科学技术奖励的管理和指导，解决部门和地方层层设立科学技术奖励的问题，将省、部级科学技术奖励工作纳入科学和法制的轨道。规定各省（区、市）人民政府可以设立一项省级科学技术奖，分类奖励在科学研究、技术创新与开发、推广应用先进科学技术成果及实现高新技术产业化等方面取得的重大科学技术成果或者做出突出贡献的个人和组织。

《社会力量设立科学技术奖管理办法》体现了政府部门对社会力量设奖的宏观管理与服务相结合、法制化和科学评审的原则。该办法规定，社会力量设奖应当办理登记手续；建立科学、民主的评审程序，实行公开授奖制度；在奖励活动中不得收取任何费用。

至此，中国现行国家科技奖励体系正式确立，成为国家科技事业和科技制度的重要组成部分，对激励科技人员勇攀科技高峰、推动科技进步发挥了积极作用。科技奖励制度的实施，激发了科研人员的爱国之心和报国之志，增强了科技人员的凝聚力和大协作精神，有力地推动了科技进步。

2000年，国家最高科学技术奖正式设立。国家最高科学技术奖每年评审1次，每次授予不超过2名科技成就卓著、社会贡献巨大的个人，奖励500万元，由国家主席签署和颁发荣誉证书。

2001年2月19日，中共中央、国务院在北京人民大会堂隆重召开国家科学技术奖励大会，并在这次大会上对我国最高科学技术奖获得者进行颁奖。

中华人民共和国国际科学技术合作奖设立于1994年，是五大科技奖项中唯一一项授予外国人或者外国组织的奖项。国际科技合作奖每年评审1次，不分等级，每年授奖数额不超过10个。获奖者由国务院颁发证书。国家每年都为国际科技合作奖的获奖人举行颁奖仪式。

第六节　科技统计

1978年，国家统计局、国家计委、国家科委、民政部联合组织了全国自然技术人员情况普查。通过普查，摸清了中国自然科学与技术领域科技人员的基本情况。

1985年，由国家科委牵头，会同国家统计局、国家教委等部门共同组织并实施了全国科技普查，这次普查被认为是中国科技统计工作的奠基石。在统计指标的设计中，参考联合国教科文组织（UNESCO）《科技活动统计手册》中的指标定义和分类标准，并结合中国实际情况，初步形成了一套科技统计指标体系。通过科技普查摸清了中国科技活动的家底，基本掌握了全国科技活动状况的总量数据。在此基础上，由科技、教育、统计部门分别建立了政府科研机构、普通高等学校和大中型工业企业3个独立系统的科技统计年报制度,并建立了按地域逐级进行的调查系统。

1988年,国家科委组织专家在认真研究科技统计的国际规范、全面分析中国科技活动实际情况的基础上,修订了中国的科技统计指标,对全国R&D投入进行了抽样调查。通过这次调查,获得了中国大中型工业企业、研究机构和高等院校三大科技活动实体R&D投入的系统数据。1990年,国家科委组织20个省市参加全社会科技投入调查,这次调查对中国R&D活动的范围和口径进行规范,并获得了具有国际可比性的总量数据和结构数据,为建立全国统一的科技统计年报制度奠定了坚实的基础。

1991年,国家科委配合国家统计局,在部门科技统计的基础上,建立了科技综合年报制度,进一步规范了各部门的统计指标,可得到更多的综合信息以反映中国科技活动的总体情况。通过以上几年的逐步发展,基本形成了比较完整、系统的调查制度和稳定的调查指标体系,之后该体系被一直采用。从1991年开始,国家科委和国家统计局每年均联合编写出版《中国科技统计年鉴》。《中国科技统计年鉴》以数据表格形式,编录中国科技统计的数据结果。主要内容包括综合数据、研究与开发机构数据、大中型工业企业数据、高等学校数据、国家科技发展计划数据、科技活动成果数据、科技服务数据和国际比较数据。

从1992年起,由国家科委编写出版《中国科学技术指标》,分为中文版和英文版。该书以指标的形式,反映中国的科学技术状况、科技实力和科技水平及其发展变化等。主要内容包括科技人力资源、研究与发展经费、学术研究部门的科技活动、工业部门的科技活动、科技活动产出、高技术产业发展和公众的科学素养及其对科学技术的态度等。

2000年,科技部、国家统计局、财政部、国家计委、国家经贸委、教育部、国防科工委共同组织了全社会R&D资源清查。这次全社会R&D资源清查在中国科技统计发展史上是一个重要的里程碑。与以往调查相比,这次调查范围覆盖了国民经济各个行业有R&D活动的单位,使R&D调查范围基本与GDP的核算范围相同。通过国家统计局"科技投入统计规程"的发布,使3个主要活动部门的统计口径、技术标准按照统一的方案进行,可以得到比原来更丰富的结构数据。调查指标进一步与国际R&D统计规范接轨,使数据具有较好的国际可比性。

第九章
不断提高科技创新能力

1999年，全国技术创新大会胜利召开，提出要把以科技创新为先导促进生产力发展的质的飞跃，摆在经济建设的首要地位，并作为重要的战略指导思想。2001年，中国加入世界贸易组织，我国对外开放进入新阶段。我国的科技工作在全面实施科教兴国战略的基础上，大力推动科技进步，加强科技创新，加速科技成果向现实生产力转化，着力掌握科技发展的主动权，努力在更高的水平上实现技术发展跨越。

第一节 加强技术创新

一、全国技术创新大会

创新是一个民族进步的灵魂，是国家兴旺发达的不竭动力。1999年8月20日，中共中央、国务院印发《关于加强技术创新，发展高科技，实现产业化的决定》（简称《决定》），明确提出我国在新的历史时期科技发展的主要任务。重点在技术创新，发展高科技，实现产业化，深化体制改革，促进技术创新和高新科技成果商品化、产业化，加强党和政府的领导等方面做了具体部署。

《决定》指出，发展高科技，实现产业化，即高新技术成果商品化、产业化，要从体制改革入手，激活现有科技资源，加强面向市场的研究开发，大力推广、应用高新技术和适用技术，使科技成果迅速而有效地转化为富有市场竞争力的商品；改造传统产业，发展现有高新技术产业，形成一批由技术创新突破带动的新兴产业。扩大对外开放，广泛开展国际合作与交流，在竞争中获得发展。要把自主研究开发与引进、消化吸收国外先进技术相结合，防止低水平重复，注意技术的集成，促进多学科的交叉、融合、渗透，

第九章
不断提高科技创新能力

联合攻关，实现在较高水平上的技术跨越；必须坚持近期目标与长远目标相结合，注重加强基础研究、战略高技术研究和重大社会公益科研工作。重大突破性创新要着眼于从基础研究抓起，不断形成新思想、新理论、新工艺，为应用研究和技术开发提供源泉，增强持续创新的能力。

1999年8月23日，中共中央、国务院召开的全国技术创新大会在北京开幕。这次会议的主要任务是部署贯彻落实《中共中央、国务院关于加强技术创新，发展高科技，实现产业化的决定》，进一步实施科教兴国战略，建设国家知识创新体系，加速科技向现实生产力转化，提高中国经济的整体素质和综合国力，保证社会主义现代化建设第三步战略目标的顺利实现。

江泽民在大会上做了重要讲话。他指出，21世纪科技创新将进一步成为经济和社会发展的主导力量，科技与经济和社会发展的结合将更加紧密。新的科学发现和技术发明，特别是高科技的不断创新及其产业化，将对全球化的竞争和综合国力的提高、对世界的发展和人类文明的进步，产生更加巨大而深刻的影响。社会产业结构、生产工具、劳动者素质等生产力要素和人们的生产方式、生活方式、思想观念，都将发生新的革命性变化。对此，我们应有充分的估计和认识。我们需要比以往任何时候都更加注重加速科技进步，加强科技创新。

《中共中央、国务院关于加强技术创新，发展高科技、实现产业化的决定》对科教兴国战略的实施尤其是科技长入经济建设产生巨大的推动作用，这次技术创新大会是中国科技与经济开始密切结合的一个重要里程碑。

二、《"十五"科技发展规划》

根据1998年10月国家科教领导小组第二次会议的决定及《国民经济和社会发展第十个五年计划纲要》的有关要求，1998年年底，科技部启动《国民经济和社会发展第十个五年计划科技教育发展专项规划（科技发展规划）》（简称《"十五"科技发展规划》）的研究工作，并成立了由科技、经济和管理等方面专家组成的总体研究组，重点开展科技发展国内外环境，经济和社会发展对科技的需求，科技工作的指导方针、基本原则和发展战略，科技发展目标等方面的研究。2000年年初，成立了由国家计委、科技部、国家经贸委、教育部、国防科工委、财政部、中国人民银行、中国科学院、中国工程院、中国科协、国家自然科学基金委员会等部委、机构参加的"十五"科技发展规划起草领导小组，于2000年6月完成规划的起草工作。2001年5月，经国家科教领导小组和国务院领导审定后，由国家计委、科技部正式发布。

《"十五"科技发展规划》指出，"十五"期间我国科技工作要面向经济建设，围绕结构调整，按照有所为、有所不为，总体跟进、重点突破，发展高科技、实现产业化，提高科技持续创新能力、实现技术跨越式发展的指导方针（简称"创新、产业化"方针），针对当前国民经济发展的紧迫需求和国家中长期发展的战略需求，在"促进产业技术升级"和"提高科技持续创新能力"两个层面进行战略部署，力争在主要领域跟踪世界先进水平，缩小差距，在有相对优势的部分领域达到世界先进水平，在局部可跨越领域实现突破。规划提出了"十五"期间科技发展的四大重点任务：加强关键共性技术攻关，为经济结构战略性调整和可持续发展提供支撑；增强科技持续创新能力，实现跨越式发展；提高国防科技自主创新能力，增强对国防建设的科技支撑；深化科技体制改革，建设国家创新体系。

三、"3+2"新型科技计划管理体制

1998年，国务院政府机构调整后，国家科委更名为科技部。依照"创新、产业化"方针，科技部对"十五"国家科技计划的体系结构、组织形式、管理模式等方面做出相应的改革和调整，构建了更有利的科技计划管理体系，也称为"3+2"体系。其中，"3"是指3个主体科技计划，即国家科技攻关计划、863计划、973计划；"2"是指两大类科研环境建设计划，即研究开发条件建设计划、科技产业化环境建设计划。

通过三大主体科技计划，进一步在国民经济和社会发展的战略性领域，实现国家科技发展战略，集成资源，集中力量，并明确以重大专项的实施为突破口，推动科技计划从注重单项创新转变为更加强调多种技术的集成性、配套性、成熟性，提高技术产品、产业在国际市场的竞争力。研究开发条件建设计划包括国家重点实验室建设计划、国家科技基础条件平台建设计划、中央级科研院所科技基础性工作专项、科研院所社会公益研究专项、国际科技合作重点项目计划、国家软科学研究计划、科学技术普及工作等。科技产业化环境建设计划包括星火计划、火炬计划、国家科技成果重点推广计划、国家重点新产品计划、科技型中小企业技术创新基金、农业科技成果转化资金、科技兴贸行动计划、科研院所技术开发研究专项资金等。此外，还有三峡移民科技开发专项、西部开发科技专项、奥运科技（2008）行动计划等。这一计划体系的建立，使得国家科技计划的组织实施成为一个

第九章
不断提高科技创新能力

将项目、人才、基地能力建设与体制环境建设紧密结合的政策系统。

四、12 个重大科技专项

为利用 20 世纪 90 年代末和 21 世纪初的国际主流技术，我国选择一些重大项目，加速产业化，构建支撑"科技—经济—社会"发展大系统的技术平台。在战略构思、技术选择和项目实施中，以经济建设为中心，从国内外的环境条件、国家科技与经济资源的实际出发，坚持市场导向和国家目标结合；充分发挥后发优势，实现技术发展的跨越；注意现实性和超前性结合。通过技术的跨越式发展，推动中国的生产力发展和经济增长方式转变，大幅提高国家科技和经济综合实力，提高竞争力，保障国家安全。扩大内需，启动市场，拉动经济增长。促使国家科技力量和经济力量的高层次融合。掀动技术革新、产品创新和新产业兴起的高潮。选择产品和技术时兼顾可持续发展。2001 年 12 月，经国家科教领导小组第十次会议批准，科技部决定在"十五"期间组织实施 12 个重大科技专项。

专栏 9-1

12 个重大科技专项

1. 超大规模集成电路和软件
2. 信息安全与电子政务及电子金融
3. 功能基因组和生物芯片
4. 电动汽车
5. 高速磁悬浮交通技术研究
6. 创新药物与中药现代化
7. 主要农产品深加工
8. 奶业发展
9. 食品安全
10. 节水农业
11. 水污染治理
12. 重要技术标准研究

重大科技专项探索在市场经济条件下发挥社会主义制度集中力量办大事的优势，解决国民经济和社会发展中的重大科技问题的道路，集中攻克一批制约我国国民经济和社会可持续发展的关键瓶颈技术问题，以促进农业、工业及社会发展等方面的一些重大问题的解决，对国民经济的战略性调整做出贡献。例如，针对农业结构调整、农民致富等"十五"期间国民经济的重大问题，重大科技专项部署了主要农产品深加工、奶业发展和节水农业等项目；在提升整个产业结构的升级改造方面，从国民经济信息化入手，部署了电子政务、电子金融等方面的课题；在关系人民生活亟须解决的问题方面，部署了水污染治理和食品安全等项目。

重大科技专项汇集了全国 2 万名科技人员，3000 多家企业、科研机构和高等学校参与其中，中央财政投入 80 亿元，地方、部门配套投入 40 多亿元，企业投入超过 100 亿元。在信息技术、清洁能源汽车、食品安全、主要农产品深加工、奶业发展、节水农业、水污染治理、功能基因和生物芯片、创新药物和中药现代化等领域取得了多项重大技术突破，申请国内外专利和软件著作权近 2000 项，开发新产品、新材料 1200 多项，形成技术标准 700 多项，形成了一批拥有自主知识产权和市场竞争力的产品，对经济社会的发展产生了积极影响。

五、实施人才、专利、技术标准三大战略

为贯彻落实国家的科教兴国战略和人才强国战略，主动应对我国加入世界贸易组织后来自国内外的人才、专利、技术标准竞争的机遇和挑战，2001 年 12 月，经国家科教领导小组第十次会议批准，科技部在"十五"期间组织实施人才、专利、技术标准三大战略。

实施人才战略，切实把"以人为本"落到实处。科技部把在国家科技计划中发现、培养和稳定青年人才作为重要任务，采取了一系列措施，如提高科研经费中人员费用的比例，探索在高新技术企业实行期权等多种形式的激励机制。通过向国内外公开招聘学术带头人，建立开放竞争的人才流动机制，吸引海外优秀人才回国创业，提高人才薪酬等措施，积极参与国际人才的竞争。人才战略实施 5 年的时间里，承担 973 计划、863 计划的青年科研人员和归国人员均提高到半数以上，归国留学人员以年均 13% 的速度持续增长，企业研发人员占全国研发人员总数的比例已超过 60%，一支以中青年科学家为中坚力量、老中青相结合的科技人才队伍基本形成。

第九章
不断提高科技创新能力

实施专利战略，有效运用有关知识产权的法律法规，努力提高原始性创新能力，更多地掌握具有知识产权的核心技术和关键技术，迅速提高我国发明专利的数量和质量，从而增强我国的科技、经济竞争力。科技部建立了运用知识产权制度促进科技创新的利益激励机制；发挥知识产权在科技管理中的导向作用，国家科技计划项目立项前都要进行国内外知识产权状况分析，863计划、攻关计划等重大科技计划项目以专利的获得作为立项指标和验收指标，获得知识产权成为应用开发类科研项目的基本目标；与国家知识产权局密切合作，强化国家科技计划项目承担单位保护和管理自主知识产权的责任，研究对发明者的奖励制度，加快重大科技计划项目中创造发明的专利审批速度，我国专利数量在世界的排名快速提升。

实施技术标准战略，推动我国向贸易强国发展，加强国际标准化总体发展动态和我国标准化发展战略研究，尽快研究建立既符合世贸规则，又能保护本国利益的国家技术标准体系。针对一些发达国家以标准强化技术垄断地位阻碍我国产品贸易出口的趋势，科技部制定了技术标准战略，填补了我国在标准战略与政策方面的空白。"十五"期间，围绕技术标准战略，科技部积极推进建立既符合WTO规则，又能保护本国利益的国家技术标准体系，重点支持信息、生物、电动汽车等战略高新技术产业的标准研究，加强中药、中文信息处理等我国有相对优势领域的标准和计量检测手段技术，完成近100项国家标准和行业标准研制工作，有效地保护了自主知识产权，初步形成了各部门、各地方联合推动技术标准工作的格局。

六、科技成果不断涌现

经过多年的改革开放，特别是通过科技体制改革的一系列有益探索和成功实践，在攻关计划、863计划、973计划三大主体计划及两大类科研环境建设计划的支持下，我国的科技工作发生了历史性变化。科技工作的战略重点向国民经济建设转移，科学技术成为新时代支撑中国发展的重要力量。

"八五"期间，攻关计划共安排181个项目，投资总额为90亿元，有10余万名科技人员直接参与攻关工作。"八五"科技攻关共取得6万多项科技成果，获得国家专利近800项，形成新产品、新工艺5000项，新材料近3000项，获得各类国家级奖励125项。攀登计划自1991年开始实施，"八五"期间有45个项目列入计划，其中，自然科学重大基础研究项目30个，工程与技术科学重大基础性研究项目15个。5年间，攀登计划共投资 1.84 亿元，先后有 3000 名科研人员参加研究工作。国家科委与国家计委、国家经贸委、国家体改委、铁道部四委一部共同组织了京沪高速铁路主要经济与技术问题研究。另外，通过推动软科学研究，组织了区域经济发展及流域水资源综合利用研究，如西江流域、乌江流域规划等；还开展了发展小汽车进入家庭的问题研究。

"九五"期间，投入 6 类科技计划（攻关计划、863 计划、973 计划、火炬计划、星火计划、科技成果推广计划）项目的资金年平均增长 32%，仅 2000 年全年投入资金 594.61 亿元。6 类国家级科技计划项目取得了一大批具有较高水准理论成果的科技成果，促进了科技成果的转化应用，为发展高技术产业和改造传统产业提供了有力的支撑，其中一些解决了国民经济建设中的关键技术和科技自身发展的重大问题，为中国科学技术在世界上占有一席之地发挥了重要作用。

"十五"期间，国家科技计划共安排实施项目（课题）4 万余项，总投入资金约 610 亿元，参与攻关计划、863 计划、973 计划、星火计划、火炬计划、科技成果推广计划 6 类科技计划实施的科研人员 138 万余人次。"十五"期间三大主体科技计划共发表论文 23.4 万余篇，获得发明专利 7000 余项，制定国家和行业标准 3000 余项。

"十五"期间，工业科技取得了若干重大技术突破，提升了我国重点产业技术水平。数字程控交换机、氧煤强化炼铁技术、镍氢电池、非晶材料等的产业化方面获得一系列重大成果。结合三峡工程、国民经济信息化、集成电路、秦山核电站二期等一系列国家重大建设工程，通过引进、消化吸收与创新，攻克了一批关键技术，掌握了若干重大成套技术装备的设计和制造技术。计算机辅助设计（CAD）、计算机集成制造系统（CIMS）等一批重大共性技术的推广应用，大幅提高了企业技术创新能力。"10 MW 高温气冷实验堆"完成了 72 小时满功率发电运行，随着洁净煤技术、水煤浆气化等技术突破和产业化，节能水平大幅提升。攻克了一批产业关键共性技术，为推动产业结构调整和技术升级提供了有效支撑。实施重大工程，带动了一批大型企业集团自主创新能力的显著提高，如三峡工程建设、青藏铁路建设、西气东输、西电东送等。通过实施制造业信息化工程专项，攻克了一批制造业信息化关键技术，使"十五"期间制造业信息化指数提高了 50% 以上。

在基础研究方面，人类基因测序、纳米碳管和纳米新材料、寒武纪生命大爆发研究、微机电系统研究、南海大洋钻探等方面取得了重大成果，表面科学、非线性科学、认知科学及地球系统科学等新兴交叉学科得到迅速发展。中国大陆科学钻探工程、大天区面积多目标光纤光谱天文望远镜等 8 项国家重大科学工程的建设，为我国的基础科学研究

第九章
不断提高科技创新能力

创造了良好条件。

在高技术研究及产业化方面,载人航天技术、运载火箭及卫星技术等航天高技术取得了重大突破;两系法杂交水稻、基因工程药物、转基因动植物、重大疾病的相关基因测序和诊断治疗等技术的突破,使我国生物技术总体水平接近发达国家;高清晰度电视、"神威"计算机、大尺寸单晶硅材料、皮肤干细胞再生技术等重大成就的取得,使我国在相应领域跃入世界先进行列。

在农业科技方面,"九五"期间共培育出600多个新品种,单产增产10%左右,推广水稻旱育稀植和节水技术、ABT植物调节剂和小麦旱地全生育期地膜覆盖栽培等重大技术,有力地保障了"九五"期间我国粮食增产目标的实现。针对"三农"问题的新趋势和特点,"十五"期间,紧紧抓住粮食增产和农民增收两个突出主题,重点开展了农业生物基因组学与农产品品质改良、农业主要病虫害可持续控制、农业生物资源的保护和利用、农业生态环境的改善和农业资源的高效利用等方面的基础研究,采用两系法、基因工程和航天育种等新技术,选育了超级杂交水稻、转基因抗虫棉、"矮孟牛"冬小麦等一批适合相应地区种植的优质、高产、专用农作物新品种,项目区作物良种覆盖率达98%以上,增强了农业科技原始创新的能力。实施国家粮食丰产科技工程,为我国粮食生产恢复性增长提供技术保障。在农产品深加工、储运和物流等方面进行了重点部署,为转变农业科技成果转化环节薄弱的局面,专门设立了国家农业科技成果转化资金。通过"星火富民科技工程"组织并带动地方重点实施了"星火计划八大科技燎原行动"。这些举措,有效推动了农业科技成果的转化、示范和应用,带动了农业结构调整和产业升级,引进和孵化了大批科技型龙头企业,促进了农业劳动力转移和农民增收。

在社会民生科技方面,"九五"期间开展了创新药物、水资源利用和保护、小康住宅、夏商周断代工程等一批重大项目的实施,中国科技馆二期工程及一批科普设施的建设,为社会事业的发展做出了贡献。"十五"期间,国家科技计划对我国不同层次的资源研究与发展进行了超前部署,并取得了一定成效,如重大灾害形成机制、减灾重大工程等一系列重大科学研究,为制定生态环境建设规划和防灾减灾提供强大的技术支持。攻克了一批关系人民切身利益的关键技术,制定了相应的技术标准,保障人民群众的健康和社会的稳定发展,如"人用禽流感疫苗研制"项目完成临床前研究,标志着我国在该领域取得重大突破。食品安全专项抓住"把关、溯源、设限、布控"4道防线,开展食品安全标准和控制技术、关键检测等研究,建立了我国覆盖13个省市的食品污染监测网络。

第二节 基础研究

一、国家自然科学基金

国家自然科学基金自1986年成立以来，经过试验和多年的实践，逐步形成了一套科学化、规范化、程序化的申请、评审、拨款、管理运行机制。

1992年5月，结合科学基金事业发展的新情况，国家自然科学基金委员会提出在评审工作中实施"控制规模，提高强度，拉开档次，鼓励创新"的资助原则。确定资助面上项目的数量控制在已经形成的3500项左右，新增加的经费主要用来提高单项资助强度。

1994年，国务院批准设立国家杰出青年科学基金，支持在基础研究方面已取得突出成绩的青年学者自主选择研究方向开展创新研究，促进青年科学技术人才的成长，培养造就一批进入世界科技前沿的优秀学术带头人。申请人年龄不超过45周岁，项目评审重点考察申请人已取得成果的创新性和科学价值，以及拟开展研究工作的创新性构思和研究内容。

1998年，国家自然科学基金基本确立了"依靠专家、发扬民主、择优支持、公正合理"的评审原则，建立健全了同行评议和专家评审制度。倡导创新、鼓励交叉、重视人才的精神已经广泛地渗透到科学基金工作的各个方面，在支持科技源头创新和学科交叉、创新与技术创新结合方面，在提倡科学道德和自我监督方面，在管理科学化、规范化等方面都取得了显著的成绩，为全面提升中国基础研究整体水平，增强中国科技资助创新能力做出了重要贡献。

2000年，国家自然科学基金委员会设立国家自然科学基金创新研究群体项目，该类型项目支持优秀中青年科学家为学术带头人和研究骨干，共同围绕一个重要研究方向潜心开展合作创新研究，培养和造就在国际科学前沿占有一席之地的研究群体。国家自然科学基金重大研究计划项目也于同年实施，重大研究计划遵循"有限目标、稳定支持、集成升华、跨越发展"的基本原则，围绕国家重大战略需求和重大科学前沿，加强顶层设计，凝练科学目标，凝聚优势力量，形成具有相对统一目标和方向的项目集群，促进学科交叉和融合，培养创新人才和团队，提升我国基础研究的原始创新能力，为国民经济、社会发展和国家安全提供了科学支撑。

第九章
不断提高科技创新能力

国家自然科学基金1986年初创时只有8000万元，1996年增加到6.45亿元。2001年，国家自然科学基金委员会运用国家投入的约66亿元科学基金，支持了52 000多个基础研究和应用基础研究项目。通过竞争机制，持续稳定支持了一支6万人的精干研究队伍。国家自然科学基金对基础研究的持续稳定支持，为推动中国基础研究的发展，提升中国基础研究整体水平发挥了重要作用，成为孕育中国科技创新的源头。

据不完全统计，1998—2000年，中国科学家在Science、Nature两本著名杂志上发表研究文章63篇，其中52篇为国家自然科学基金资助项目的成果。在国家自然科学奖获奖成果中，得到国家自然科学基金支持的成果所占比例从1987年的30%上升到1999年的86%。在2000年国家自然科学奖15项二等奖中，有14项曾获得国家自然科学基金不同程度的支持，其中有10项成果直接来自基金支持的项目。

在国家自然科学基金资助下，中国一些基础学科领域研究水平得到很大的提高，在国际上争得一席之地，如数学方面的机械化理论方法及应用、微分动力系统等；物理方面的团簇分子研究、新核素合成等；天文学方面的宇宙中的物质分布、现代天体物理研究等；化学方面的分子反应动力学研究等；生命科学方面的疾病基因组学研究等；地学方面的黄土古气候研究、地球早期生命与演化、日地物理研究和东亚季风研究等；物理学和材料科学方面的大面积超长碳纳米管列阵及新型功能材料研究等。

二、攀登计划

1989年2月，国家科委召开全国基础研究和应用基础研究工作会议，对加强基础研究和应用基础研究的方针、政策和措施做出部署。会上明确提出，我国科技工作的战略布局分为3个层次：直接为国民经济目标服务的研究和开发工作；新兴技术和高技术的研究与跟踪，为20世纪末的产业发展奠定基础；基础性研究工作，夯实科学发展基础，引领未来。强调必须确保基础研究的持续稳定发展，并要求研究确定基础性研究的战略重点和优先领域，以及提高基础性研究的投资比例，增加投资强度。会议代表还希望制定一个全国性的基础研究和应用基础研究工作规划，以加强国家的宏观指导功能。

会后，国家科委牵头组织制定《1991—1995年全国基础研究和应用基础研究计划要点》。1990年，《"八五"基础研究和应用基础研究计划要点》经国家科委审批通过，列入了国家科委的"八五"科技计划系列。该计划主要包括基础研究和应用基础研究的战略目标，主要研究内容和研究方向，以及相关的政策、措施3个部分。其中，主要研究内容和研究方向部分把基础性研究课题分为自选课题、重点课题和重大项目3种类型。自选课题是科学家（个人或集体）根据自己的特长和意向提出的。重点课题是从学科发展的优先领域中选取的。这两类课题由国家宏观规划，以指导性的方式由国家自然科学基金委员会等有关部门组织实施。重大项目是基础性研究中对国家的发展和科学技术的进步具有全局性和带动性、为我国科技界所公认的、需要国家有组织有计划开展的经过努力能够在世界占有一席之地的攀登科学高峰的项目，由国家以指令性方式组织实施。1992年3月，全国科技工作会议正式批准实施《1992年国家基础性研究重大项目计划》，亦称"攀登计划"。

攀登计划是针对国家科学技术、经济和社会发展具有全局性和带动性的课题而组织实施的国家基础性研究重大关键项目计划。该计划的指导思想是，紧紧围绕基础性研究的国家目标，把解决国民经济和社会发展中的重大关键问题的基础理论和技术基础列为首要任务；结合科学发展趋势，按照"有所为，有所不为"的原则，确立基础性研究以质取胜的思想，突出重点，着重支持首创性工作。

攀登计划由国家科委组织，委托教育部、中国科学院、卫生部、农业部、中医药管理局等部门负责项目的组织落实和日常管理。项目设立专家委员会负责学术组织工作，实行首席科学家负责制。项目的立项以《国家中长期科学技术发展纲领》为指导，以经济建设、科技进步和社会发展的需要为基本依据，符合以下4个条件之一：学科前沿性基础研究项目，已有较好基础，估计20世纪末有可能取得重大突破；具有重要应用背景的基础研究项目，为我国经济建设所急需，国际上研究很活跃，预计在20世纪内有可能做出优异成绩；能发挥我国自然地理和资源特点的基础研究项目，估计在20世纪内有可能得到具有中国特色的研究成果；在国际上已有一定优势、居领先地位的基础研究项目，预计在20世纪末将继续取得重大进展。符合上述条件并列入计划的项目分为两个方面，即以探索和认识自然规律为目的的研究工作（攀登A类项目）和瞄准经济发展、社会进步为目标的研究工作（攀登B类项目），分别涉及基础学科的基础研究项目和技术、工程领域的基础研究项目。

1992年7月22日，攀登计划实施大会召开，决定"八五"期间设立30项重大关键项目，实行首席科学家负责制。1997年，攀登计划作为一项行动计划纳入国家重点基础研究发展计划（简称"973计划"），并实施至2000年结束。

三、973 计划

面对 21 世纪科学发展的特点和新态势,国际科技竞争焦点正从应用开发向基础研究延伸,基础研究已成为国家整体发展战略的重要组成部分。我国必须按照"有所为,有所不为"的原则,根据世界科学发展潮流、科学自身发展规律和当时的国情,选择有限目标,集中优势,重点突破,不断增强基础研究在解决我国经济社会发展中深层次科学问题的能力。

1997 年,国家科技领导小组举行第三次会议,决定制定和实施"国家重点基础研究发展规划"。会议认为,目前中国经济和社会的发展对基础研究提出了越来越高的要求,按照中国科技工作的总体部署,制定"国家重点基础研究发展规划",将有利于促进中国基础研究工作的开展,从而提高中国科学技术的整体发展水平。会议同意国家科委《关于加强我国重点基础研究及发展高技术产业的汇报提纲》,提出要按照中国科技工作的总体目标,制定和实施"国家重点基础研究发展规划"。根据国家科技领导小组第三次会议精神,科技部成立了国家重点基础研究发展计划专家顾问组,为国家重点基础研究发展规划和计划的制定和实施开展咨询、顾问、评议和监督工作,以充分保证规划和计划项目选题、评审的科学性、民主性和公正性。科技部和国家自然科学基金委员会还共同成立了 973 计划联合办公室,加强 973 计划与国家自然科学基金等计划的协调和衔接。

973 计划是以国家重大需求为导向,对我国未来发展和科学技术进步具有战略性、前瞻性、全局性和带动性的基础研究发展计划,其主要任务为:从国家战略需求出发,继续加强对农业、能源、信息、资源环境、人口与健康、材料等重要领域的重大基础研究,针对具有战略性、前瞻性、基础性的生命科学、纳米科学、信息科学、地球科学等重大科学前沿,加强科学研究和创新,力争取得突破性进展。加强交叉综合研究和集成创新,不断形成新思想、新概念、新发现、新理论,为社会生产力的跨越式发展奠定基础;稳定一支高水平的基础研究队伍,培养一批创新人才,大力开展国际交流与合作,鼓励和扶持一批有突出成绩、有组织能力、有国际影响力的科学家和研究骨干走向世界,提高中国国际科技地位与影响;改进和完善有利于创新的科学评价体系与管理体系,克服追求短期绩效、急功近利等浮躁现象,鼓励科学家大胆探索新的研究领域,引导他们在国家需求和科学前沿的结合点上积极开展创新性研究。

1998 年 12 月,科技部发布《国家重点基础研究发展规划项目管理暂行办法》,科技部和财政部制定和发布了《国家重点基础研究专项经费财务管理办法》,973 计划正式开始实施。成立了国内有影响力的科学家组成的专家顾问组,负责项目遴选和实施全过程的咨询。项目遴选遵循"三公、三择"原则,即公开、公平、公正和择需(有需求)、择重(问题重大)、择优(好中选优)。立项 5 条标准为:①必须是基础性科学问题攻关求解;②必须是有需求的重大科学问题,这两条缺一则否决;③项目承担首席科学家的学术成就表明有能力胜任;④项目承担单位现有基础能支撑;⑤学术团队能有效协同攻关。

专栏 9-2

973 计划首批重点项目

1. 光合作用高效光能转化的机制及其在农业中的应用
2. 农作物资源核心种质构建、重要新基因发掘与有效利用研究
3. 我国电力大系统灾变防治和经济运行的重大科学问题的研究
4. 信息技术中的应用理论与高性能软件
5. 图像、语音、自然语言理解与知识发掘
6. 数学机械化与自动推理平台
7. 大陆强震机制与预测
8. 青藏高原形成演化及其环境、资源效应
9. 中国重大气候和天气灾害形成机制与预测理论研究
10. "疾病基因组学"理论和技术体系的建立
11. 重要疾病创新药物先导结构的发现与优化
12. 恶性肿瘤发生与发展的基础性研究
13. 稀土功能材料的基础研究
14. 光电动能晶体的结构性能、分子设计、微结构设计和制备过程的研究
15. 新一代钢铁材料的重大基础研究

四、国家重大科学工程

国家重大科学工程是指以基础研究和应用基础研究为主要目的、以国家投资为主建

第九章 不断提高科技创新能力

设的大型科研装置、设施或网络系统。它是凝聚精干科研群体、培养高水平科技人才的基地，是中国进行国际科技合作与交流的窗口，对科技发展意义重大。"九五"期间共安排50多项直接与国家重大工程建设相配套的项目，对国家重大工程的顺利建设起到了关键作用。例如，围绕三峡电站建设，开展了三峡工程技术关键设备、高坝工程技术、碾压混凝土高坝筑坝技术及三峡库区生态重建技术等研究，500千伏紧凑型输电线路关键技术及试验工程，为三峡输电和西电东送等工程建设提供了坚实的技术基础；结合李家峡水电站建设，将高效、安全、可靠的蒸发冷却技术应用于电机领域，成功研制400兆瓦蒸发冷却水轮发电机组已并网运行，奠定了中国在该技术领域的世界领先地位；高速铁路关键技术开发、高速铁路工程建设前期研究和200千米/小时电动列车组等项目的实施，为铁路全线提速和高速安全运行提供了技术和装备；大型化蒸汽裂解制乙烯技术开发取得重大突破，成功开发了具有国际先进水平的6万吨/年乙烯裂解炉和相关技术，为中国"十五"大型化乙烯工程建设提供了技术保障。

"九五"期间，中国投资25亿元，在核物理、天文、地学、生物和信息等学科（领域）建成"北京正负电子对撞机""兰州重离子加速器""神光系列高功率激光装置""H1-13串列式静电加速器""中国环流器HL-1装置""中国地壳运动观测网络"等13项国家重大科学工程（图9-1）。国家重大科学工程建设项目计划的实施，对提升中国基础研究能力发挥了重要作用。

图9-1 北京正负电子对撞机探测器分总体

五、国家重点实验室

建设国家重点实验室是我国政府为改善基础科学研究条件，提高科学技术基础性研究能力而设立的一项科学设施建设行动，其宗旨是择优支持一批具有特色和发展潜力、从事基础性科学研究的实验室，完善科研条件，建立开放、流动、联合的新机制，促进科学研究面向国民经济建设，将科学技术基础性研究与高层次人才培养相结合，加速我国科学事业的发展。

为了提高我国基础研究水平，实现"占有世界一席之地"的目标，探索适合我国基础研究发展的新体制，1984年，由国家计委牵头，国家科委、国家教委和中国科学院等部门共同组织实施了国家重点实验室建设计划。国家重点实验室建设对于打破我国科技体制条块分割、资源分散和低水平重复的弊端具有十分重要的意义。

国家重点实验室借鉴国际先进经验，率先实行"开放、流动、联合、竞争"的新型管理制度，从发展初期就坚持规范的学术委员会制度、开放研究课题制度、定期评估制度等，并随着科技发展的环境和条件的变化，不断修订完善评估办法和相应的评估规则，有力地促进了实验室科学管理和运行开放。此后，又率先实行实验室主任公开聘任制、课题制管理等先进制度，重视创新文化环境建设，为我国科技体制的改革提供了宝贵经验。

"八五"期间，国家重点实验室共承担863计划项目1000余项、攀登计划项目及相关课题100多项、国家自然科学基金项目近2200项、国家科技攻关项目1140项、省市部委项目2300项、国际合作项目约400项。截至2001年，国家为实施国家重点实验室计划累计已投入资金16.8亿元，平均每个实验室1000万元。强大的投入使得国家重点实验室在基础研究中取得了优异的成绩。2002年国家自然科学奖项目中，国家重点实验室完成或参与完成的高达50%以上；70%的国家重点实验室承担了973计划任务，任务量占973项目的80%；国家杰出青年科学基金获得者总数的27%在国家重点实验室工作。

第三节 农业科技发展

一、农业科技成果转化资金

农业科技成果转化资金（简称"农转资金"）是贯彻落实2001年全国农业科学技术

大会、中央农村工作会议和《农业科技发展纲要（2001—2010年）》指示精神设立的，既是改善中国农业科技成果转化薄弱现状的重要举措，也是中国加入世界贸易组织后，探索和运用"绿箱"政策支持农业发展的有效手段。农转资金专项的实施，加速了农业、林业、水利等科技成果转化，提高了国家农业技术创新能力和农业科技成果转化的速度、质量与效益，为中国农业和农村经济发展提供了有力的科技支撑。

农转资金来源于中央财政拨款，由科技部和财政部共同管理，属政府引导性资金，通过吸引企业、科技开发机构和金融机构等渠道的资金投入，支持农业科技成果进入生产的前期性开发，逐步建立起适应社会主义市场经济，符合农业科技发展规律，有效支撑农业科技成果向现实生产力转化的新型农业科技投入保障体系。

农转资金的主要任务是针对保障国家粮食安全、食物安全和生态安全，促进农民持续增收，农业持续增效，提高农业综合生产能力，加快农村经济社会全面发展等。农转资金主要支持有望达到批量生产和具有应用前景的农业新品种、新技术和新产品的区域试验与示范、中间试验或生产性试验，通过这些项目的实施，加速了农业科技成果的大面积应用和为工业化生产提供成熟配套的技术与装备。支持重点放在加强农林植物优良新品种与优质高效安全生产，畜禽水产优良新品种与健康养殖，农产品加工与储运，农林生态保育及恢复与治理，水资源可持续利用与节水农业，重大农业灾害防控，先进农业技术装备和农业信息、生物、新材料等高新技术领域的技术成果转化方面。一般采取贷款贴息、无偿资助、资本金注入等方式对项目承担单位给予支持。

二、国家农业科技园区

农业科技园区是在一定区域内，以数量型农业向效益型农业转变为目标，以市场为导向，以先进适用技术为依托改造传统产业，对不同类型地区农业与农村经济的结构调整具有较强示范带动作用的现代农业科技示范区或现代农业科技企业的密集区。

2000年，中央农村工作会议决定建设一批国家农业科技园区，作为发展现代农业的重要载体和平台。2001年，国务院发布《农业科技发展纲要（2001—2010年）》，再次明确要建设一批国家农业科技园区。国务院责成科技部牵头，会同农业部、水利部、国家林业局、中国科学院、中国农业银行总行等部门组织实施。按照"先行试点、总结经验、逐步推广"的原则，在全国建立了36个国家农业科技园区（试点）。为了更好地推进农业科技园区工作，提高农业科技园区管理工作水平，科技部还先后制定了《农业科技园区指南》《农业科技园区管理办法（试行）》《"十一五"国家农业科技园区发展纲要》《国家农业科技园区综合评价指标体系》，形成了规范化的国家农业科技园区管理体系。

国家农业科技园区的指导思想是围绕科技服务"三农"的目标，以市场为导向，以先进适用技术为支撑，发挥区域优势，突出地方特色，加强农业技术的组装集成和科技成果转化，促进传统农业的改造与升级；通过政府引导、社会参与，促进农业产业化经营；以改革创新为动力，完善运行机制，促进体制创新和科技创新。

国家农业科技园区的发展目标是实现一批农业技术的组装集成，解决一批影响园区及周边地区农业发展的重大科技问题；转化和推广一批农业科技成果，培育新的经济增长点；培养和吸引一批优秀人才，建立技术培训与技术服务网络体系；建设一批具有区域代表性和引导、示范与带动作用强的农业科技园区；培育和孵化一批具有市场竞争力的科技型农业产业集团。

科技部根据园区建设与运行情况，组织专家按照《国家农业科技园区综合评价指标体系》进行考评和验收，达标者报协调指导小组审定，授予"国家农业科技园区"并正式挂牌。园区实行动态管理，挂牌两年后进行复评，不合格者取消"国家农业科技园区"资格。

按照"先行试点、总结经验、逐步推广"的原则，科技部联合农业部等部门，在全国建立了36个国家农业科技园区（试点）。2002年3月，召开了国家农业科技园区部际协调指导小组第一次联席会议，各部门就园区工作的重要性达成了共识，并明确了各自的任务分工。随后又组织成立了国家农业科技园区联合办公室，专门负责园区工作的日常管理。经过几年的努力和探索，逐渐形成了以政府主办和企业主办为主，包括科研单位和政府合办等其他形式为补充的管理模式。

国家农业科技园区从发挥本地区的优势和特色出发，培育和发展主导产业，有效地推动了园区及周边地区农业结构调整和产业升级。通过引进和培育农业产业化龙头企业，运用"公司＋农户""龙头企业＋基地＋农户"等模式，有效组织农民按照区域特色从事农业生产活动，促进了产业的聚集。借助技术、人才的聚集，农业科技园区成功孵化培育了一批现代农业科技企业，并吸引了一批涉农企业入驻，带动了园区及周边地区优势产业的迅速发展，创造了显著的经济效益和社会效益。

国家农业科技园区汇聚了高等院校、科研院所的一批知名专家、学者，按照市场需求和农民实际需要为当地提供科技支撑和信息服务，直接指导农业科技研发和推广工作，明显加快了科技成果的转化速度。

三、科技特派员制度

科技特派员制度是科技部、人事部、农业部等部门为探索新时期农村科技服务体系实施的一项专项工作。1998年，福建省南平市委、市政府组织了3000多名干部下乡驻村调查，与农民一起剖析"三农"发展面临的一系列问题。在此基础上，推出了"科技特派员制度"，即从农民群众最需要的科技服务入手，将大批科技素质较高的人才下派到农村生产第一线，采取"专家＋农户""专家＋协会＋农户"等模式，科技人员与农民结成牢固的利益共同体，为农民提供科技服务。经过不断探索，在生产实践中逐步形成了以教学科研机构为依托、以科技特派员和产业带头人为主体、以大量乡土人才和广大农民群众为基础，适应市场经济要求的"宝塔型"新型科技服务网络和以"高位嫁接、重心下移、互动联动、一体运作"为主要内容的农村工作新机制。南平的实践经验引起了科技部党组高度关注，从2002年开始在部分省（区、市）进行试点。

通过与农业专家大院、农业科技进村入户、星火科技12396信息服务、农村科技专业合作组织等多元化的农村科技服务模式相结合，充分发挥科技特派员的示范和带动作用，使科技特派员成为构建中国新型农村科技服务体系的推动者和生力军；发挥市场机制作用，充分调动农业科技人员、涉农企业家及广大农民的积极性，不断创新多元化的服务模式，引导现代科技要素向农业和农村转移。科技特派员通过以资金入股、技术参股、技术承包等形式，与所在地区农民、专业大户、龙头企业结成利益共同体，双方风险共担、利益共享。科技特派员通过科技服务获得的个人收入大幅提高，有效调动了科研人员服务农业生产一线的积极性。

科技特派员通过开展技术培训，在把农村巨大的人口压力转化为人力资源优势方面做出了积极贡献。科技特派员利用现场培训、技术示范、课堂教学、组织外出参观等多种形式，向农民、农村技术员传授科技知识和农业生产技术，培育和造就了一批"有文化、懂技术、会经营"的新型农民。通过开展科技特派员专项工作，深入推行科技特派员制度，有力地推动了农业科技成果的转化和应用。科技特派员深入农村生产一线，帮助所在地区组建农村专业技术协会、农村信息服务站等科技服务组织，建立了一大批示范户、示范村、示范园区，有力地促进了新技术、新产品的推广应用，加速了科技成果转化，大幅提高了农业生产效益，为农业和农村经济发展做出了重要贡献。

第四节 高新技术产业化

一、国家高新区与高新技术企业

20世纪80年代，随着新技术产业革命的不断发展，北京市"中关村电子一条街"开启向科技园区的跃升，1988年国务院批准中关村科技园为我国第一家高新技术产业开发区。

1991年3月6日，国务院发布《关于批准国家高新技术产业开发区和有关政策规定的通知》，确立第一批26家国家高新技术产业开发区（简称"国家高新区"）。同年4月，国家科委召开第一次全国高新技术产业开发区工作会议。9月，国家科委、国家体改委发布《关于深化高新技术产业开发区改革，推进高新技术产业发展的决定》，明确国家高新区改革的基本方向、原则和思路。

伴随着改革开放，国家高新技术产业开始从孕育到设立，从建设到发展，成功探索了科技与经济紧密结合的有效途径，积累了促进高新技术产业发展的宝贵经验，在体制机制创新、税收优惠政策、产业发展等方面都取得了显著的发展，为改革开放和经济社会发展做出了重要贡献，发挥了改革的先锋、引领和试验田作用。1988—2002年，共有4批53家国家高新区获批国家级高新技术产业开发区，高新技术产业开发区已成为中国高新技术产业发展的重要基地和培养科技企业家、管理家的摇篮。国家高新区为高新技术产业的成长营造并提供了配套条件和适宜的环境，有力地促进了中国高新技术产业的蓬勃发展。

高新技术企业政策是我国发展高新技术产业、促进科技创新战略性部署在政策层面的具体体现。高新技术企业的酝酿从出现到发展壮大，与中共中央、国务院一系列重大方针的确定息息相关。

1988年8月，经国务院批准，国家科委开始组织实施火炬计划。同期，配合火炬计划的实施，国家科委颁布了《关于高技术、新技术企业认定条件和标准的暂行规定》。其后，我国高新技术企业的认定条件和管理办法伴随着国家火炬计划的不断深入实施而不断演变。

《国家高新技术产业开发区高新技术企业认定条件和办法》作为《国务院关于批准

第九章
不断提高科技创新能力

国家高新技术产业开发区和有关政策规定的通知》第一附件一同发布，授权国家科委开展国家高新区内高新技术企业认定工作，并配套制定了一系列财政、税收、金融、贸易政策。1996年，高新技术企业认定的范围扩展到国家高新区外。在我国实行改革开放的第二个10年中，国家出台的一系列促进高新技术产业，特别是国家高新区内的高新技术企业发展的政策，有力地推动了我国高新技术企业的发展壮大。据统计，截至1999年年底，我国共有17 118家高新技术企业，从业人员364万人，实现工业总产值10 558.8亿元，出口创汇203亿美元，实现净利润和上缴税额均超过700亿元。

二、科技成果转化和产学研联合

国家科技成果重点推广计划。1990年2月22日，国务院批准实施国家科技成果重点推广计划。国家科技成果重点推广计划的重点是集中力量和资金，推广对国民经济发展有重大作用、适用范围广、跨行业、跨地区的科技成果；部门科技成果重点推广计划，突出行业特点，推广对行业技术进步有导向作用的科技成果；地方科技成果重点推广计划，根据本地区的经济发展需要和资源特点，推广对振兴地方经济起重要作用的科技成果。部门、地方计划中效益好、覆盖面广的项目可滚动进入国家计划。

国家重点新产品计划。由科技部组织实施的"国家重点新产品计划"是国家科技计划体系中科技环境建设的重要组成部分。该计划重点支持创新性强、技术含量高、对行业共性技术有较大带动作用、经济效益好、具有较好市场前景的新产品的开发和试制工作，特别是加强对信息技术在传统产业的应用、公共健康与安全新产品的支持。新产品计划项目的支持方式和优惠政策包括免除新产品开发规模化生产的营业税和颁发国家重点新产品证书，并对项目中部分市场前景好、技术水平高、经济效益和社会效益显著的新产品给予财政后补贴，享受地方税收优惠和地方拨款支持等。

科研院所技术开发研究专项资金。为了向科研单位提供高新技术成果产业化所需的流动资金，使一批技术含量高、市场前景好的开发项目发展成所在科研单位的支柱产业，增强科研单位的经济实力，为科学技术事业的改革与发展创造良好的条件，科技部自1999年开始，从减拨的科学事业费中集中部分资金，设立科研院所技术开发研究专项资金，主要用于支持中央级技术开发型科研机构以开发高新技术产品或工程技术为目标的应用开发研究工作。专项资金管理办法中明确规定承担单位必须投入至少30%的配套资金。配套资金的主要形式有：承担单位为研究人员发放工资，为整个项目提供仪器设备、厂房和试验设备，横向课题的收入作为研发费用的一部分，承担单位的现金投入等。

产学研联合开发工程。为了提高中国综合国力和企业的核心竞争能力，解决中国长期面临的科技和经济结合难、科技成果产业化程度低等问题，国务院生产办、国家教委和中国科学院提出倡议，1992年，在全国共同组织实施"产学研联合开发工程"。这项计划的宗旨是通过产学研联合开发工程的实施，建立国营大中型工业企业与高等院校、科研院所之间密切而稳定的交流、合作制度，逐步形成产学研共同发展的运行机制，探索一条适合中国国情的科技与经济密切结合的道路，加速科技成果转化，不断增强国有大中型企业和市场竞争能力，振兴中国经济。

技术创新服务中心。为推动中小企业的技术创新，国家经贸委在全国开展了技术创新服务体系建设工作。截至2001年年底，在各省市经贸委的积极推动下，已在全国原新技术推广机构的基础上，整合、建立了29个技术创新服务中心（含计划单列市），构建了50个以中心城市为依托的区域性分中心、54个以产学研为主要形式的专业性分中心及24个其他服务性机构，覆盖全国的工作网络和技术服务队伍已经基本形成。各地也在构建本地区技术创新服务体系过程中，充分利用地方的科技资源，发挥大学和科研机构的专业优势。

国家技术转移中心。为推动高等学校科技资源与产业结合和先进实用技术向企业转移，加快以企业为主体的技术创新体系建设，优化调整产业结构和提升产业技术水平，2001年，国家经贸委、教育部决定在全国重点高等学校已建立技术转移机构的基础上，首批认定基础比较好、科技力量比较强、科研成果比较多的6所大学的技术转移机构为"国家技术转移中心"。国家技术转移中心的主要任务是围绕国家产业结构调整和重点企业技术创新工作，组织有关高等学校，并联合有关重点企业共同参与行业共性、关键性技术的开发和扩散，突破产业结构调整中的关键技术瓶颈，并形成向产业转移的有效机制。

三、发展科技型中小企业

改革开放以来，一大批按"自筹资金、自愿结合、自主经营、自负盈亏"原则兴起的科技型中小企业蓬勃发展，其各项主要经济指标平均每年以30%～50%的速度增长。据初步统计，1997年，科技型中小企业已达6.5万多家，职工总数315万人，全年总产值约5000亿元，上缴税金265亿元。科技型中小企业已成为中国技术创新和发展高新技术产业的主要生力军，成为国民经济发展的新的增长点。

第九章
不断提高科技创新能力

科技型中小企业技术创新基金

1998年5月，海外有关人士向国务院领导提出建议，鉴于东南亚金融危机的发生和硅谷的蓬勃发展，国家应关注和支持科技型中小企业的创新活动。经过近一年的探索、研究、酝酿、协商，科技部和财政部于1999年5月联合出台了《关于科技型中小企业技术创新基金的暂行规定》。

科技型中小企业技术创新基金是经国务院批准设立，用于支持科技型中小企业技术创新的政府专项基金。通过拨款资助、贷款贴息和资本金投入等方式扶持和引导种子期、初创期、成长期的科技型中小企业的技术创新活动，促进科技成果的转化，培育一批具有中国特色的科技型中小企业发展壮大，加快高新技术产业化进程，对中国产业和产品结构整体优化，扩大内需，创造新的就业机会，带动和促进国民经济健康、稳定、快速地发展起到了积极作用。

生产力促进中心

1992年，国家科委借鉴国外发展科技中介机构的成功经验，开始了"建设生产力促进中心"的探索之路。同年7月，我国第一家生产力促进中心在山东成立。1993年7月，针对当时科技中介服务行业规模小、功能单一、服务能力薄弱等突出问题，国家科委印发《国家科委关于建立生产力促进中心的若干意见》；1994年4月，国家科委和国家体改委联合印发《关于进一步培育和发展技术市场的若干意见》，要求加强技术交易所建设，大力发展生产力促进中心、技术孵化中心、集成配套开发研究中心等多种新型组织，发展技术交易中介机构，引导科技中介服务机构向专业化、规模化和规范化方向发展。

1995年，中共中央、国务院在《关于加速科学技术进步的决定》中明确提出，要大力推进与科技相关的第三产业的发展，鼓励大中型企业建立技术开发机构，加快主要为中小企业提供技术的生产力促进中心建设，并将其列为贯彻落实科教兴国战略的措施之一。1996年，国家科委将生产力促进中心建设工作纳入国家科技创新工程，制定了《关于加强生产力促进中心建设的若干意见》，相继推出国家级生产力促进中心创建活动和生产力促进中心重点省建设行动。中共中央、国务院在《关于加强技术创新，发展高科技，实现产业化的决定》中，强调要大力发展包括生产力促进中心在内的科技中介服务机构，提出了加快推进组织网络化、功能社会化和服务产业化的要求。2002年6月29日，第九届全国人民代表大会第二十八次会议通过的《中小企业促进法》提出推进建立各类技术服务机构，建立生产力促进中心和科技企业孵化基地，为中小企业提供技术信息、技术咨询和技术转让服务，为中小企业产品研制、技术开发提供服务，促进科技成果转化，实现企业技术、产品升级。

科技企业孵化器

1987年5月，国家科委在联合国科技促进发展基金组织的协助下，开启了中国科技企业孵化器的创建工作。围绕创业中心投资主体多元化、运行模式多样化、服务专业化和国际化方面，逐步形成了以科技企业孵化器建设为核心的高新技术企业孵化培育体系。该体系在转化科技成果、扶植创新企业、培育企业家、创造就业机会、减少创业风险等诸多方面发挥出日益重要的作用，已成为中国高新技术产业发展的重要支撑点。

科技企业孵化器自建设以来，采取了政府推动与政策支持相结合、培育企业与培养人才相结合、服务平台与联盟孵化相结合、提升服务与不断创新相结合等一系列正确的战略、方针和政策。1988—1999年，"火炬计划"资金对科技企业孵化器的直接投入达到4300万元，引导地方财政投入10多亿元，用于科技企业孵化器的建设与发展。2001年，科技部制定了《中国科技企业孵化器"十五"期间发展纲要》。在扶植科技企业孵化器基础设施的建设方面，各级地方政府在孵化器的基础设施，如土地征用、通信网络、服务平台建设方面给予了诸多优惠。采取了国家支持与鼓励有实力的企业和民间经济组织参加建设的"两条腿走路"建设各类孵化器的正确方针。

大学科技园

1999年，科技部和教育部根据中共中央、国务院《关于加强技术创新，发展高科技，实现产业化的决定》精神，从面向21世纪发展高科技、实现产业化、培养复合型人才的战略要求出发，决定以大学特别是研究型大学这一最具潜力的创新载体为工作对象，联合推进大学科技园建设，目的是促进高等院校进一步转变观念，积极开放人才、技术、信息、实验设施等智力资源，通过与社会上各类创新要素资源结合，迅速把综合智力优势转化为产业优势，更好地为国家经济建设服务。同年9月，科技部和教育部联合印发了《关于组织开展大学科技园建设试点的通知》，并成立了全国大学科技园指导委员会，正式启动了国家大学科技园的试点工作，从国家层面上联合推进大学科技园的建设。有20多个省（区、市）的几十所高校提出了试点申请。经综合评议，并适当考虑地域分布和建园模式，1999年12月，科技部和教育部正式发文，确立了清华大学科技园、东北大学科技园等 15 个大学科技园作为国家大学科技园建设的试点。

为了更好地调动高校、地方政府等各方面的积极性，2000 年 11 月，科技部、教育部印发了《国家大学科技园管理试行办法》。明确了国家大学科技园的认定管理程序和评估指标体系。2001 年 1 月，科技部和教育部正式启动国家大学科技园建设试点工作。同年 3 月，在科技部、教育部专家联合进行调研和评审的基础上，认定 22 所大学科技园作为首批国家大学科技园。2002 年，中国启动了中国大学科技园协会的筹办工作，建立了大学科技园的组织网络，为规范管理和行业自律提供了组织保障。中国的大学科技园建设走上了规范化的快速发展之路。

四、科技兴贸

1993 年，国家科委、对外经济贸易部联合发布了《赋予科研院所科技产品进出口权暂行办法》，并赋予首批 100 家科研院所外贸经营权，这对于扩大科研院所自主权、促进技贸合作和国际交流起到了积极的引导和推动作用。1997 年 12 月，两部委又联合发布了《关于加快赋予科研院所和高新技术企业自营进出口权的特急通知》，进一步放宽申请自营进出口经营权的条件，以支持科技产品出口和国际技术贸易活动。

1994 年 6 月，国务院批转了《关于加快科技成果转化、优化外贸出口商品结构的若干意见》，明确指出促进贸工技结合，加快科技成果商品化、产业化，是优化我国出口商品结构，提高出口商品技术含量和技术附加值的重要举措，这对我国外贸出口在国际竞争中不断发展具有重要意义。这些政策允许国家级高新技术产业开发区成立有外贸权的公司。

为了应对亚洲金融危机对我国外贸出口的影响，适应知识经济和新科技革命及国家经济与贸易竞争对我国外贸出口商品结构进行调整的要求，1999 年，外经贸部和科技部共同提出和实施了科技兴贸战略。具体内容包括促进高新技术产品出口、利用高新技术手段开展对外贸易。

为了推进实施科技兴贸战略，外经贸部与科技部对国内外高新技术发展、需求和出口等情况进行了广泛的调研。1999 年 3 月和 4 月，两部门在深圳和北京分两次召开了以科技兴贸为主题的 15 个城市促进高新技术产品出口工作座谈会，确定了 15 个城市为科技兴贸试点城市。两部门又联合召开了全国高新技术产品出口工作座谈会，随后共同制定了《科技兴贸行动计划》，计划的重点任务是：促进高新技术产品出口体制创新，发展重点产业和技术领域的产品出口，加强对出口产品的高新技术支持，构筑科技兴贸服务体系。

"十五"期间，科技兴贸行动计划由外经贸部、科技部和信息产业部经贸委共同组织实施。到2005年，"科技兴贸"战略的实施由商务部（原外经贸部）和科技部两家增加到商务部、发展改革委、科技部、财政部等10个部委，科技兴贸联合工作机制从组织领导、政策推动、优化环境和服务促进4个方面为计划的顺利实施提供保障。

"十五"期间，科技兴贸行动累计安排计划项目550项，累计投入项目经费9900万元，重点支持了科技兴贸战略研究、科技兴贸环境体系建设、25个国家高新技术产品出口基地项目和出口示范项目，涉及领域包括电子信息、生物工程和新医药、新材料、光机电一体化、新能源与高效节能、环境保护等。我国高新技术产品出口得到了快速发展，累计出口超过6000亿美元，是"九五"期间的5倍多，年均增长45%左右，比全国外贸出口增幅高出20个百分点。

第五节　国际科技合作

一、国际科技合作政策

1991年3月，国家科委组织制定的《中华人民共和国科学技术发展十年规划和"八五"计划纲要（1991—2000）》明确提出，推进国际科技合作与交流应当成为中国发展科学技术的一项长期的重要方针；对外科技合作应多渠道多形式进行，技术引进要注重软件和关键生产的引进，为科技人员参加国际交流或在国际组织任职提供了方便条件。

1992年3月，《国家中长期科学技术发展纲领》突出强调，要全方位地开展国际科技合作与交流，加速提高中国的科学技术水平，逐步形成具有国际竞争能力的科学研究和技术开发、创新体系；积极开展合作研究、联合开发和合作经营等形式的国际科技合作，参与国际大型科技计划和项目。

1995年启动实施的《全国科技发展"九五"计划和到2010年长期规划纲要》进一步明确强调，要坚持对外开放，充分利用当代世界的先进科技成果，提高中国的科学技术水平；重点加强在先进生产技术、高技术领域和国际区域性重大项目的科技合作，积极吸收国外先进技术和智力，促进中国技术出口；支持外国专家来华工作或开展科技交流，鼓励科技人员积极参加国际交流，多在国际科技组织任职。

2000年，中国制定了首个国际科技合作发展纲要《"十五"期间国际科技合作发展纲要》，提出在"十五"期间，推动中国国际科技合作的主要政策和措施有促进科技自主创新能力提高、推动高新技术产业化的发展、实施"走出去"开放战略、大力发展和利用国外智力资源、为海外人才参与国内科技发展和经济建设创造条件、制订重大国际科技合作计划等。该纲要对全面、有效地开展国际科技合作工作具有重要指导意义。

二、国际科技合作重点项目计划

2001年，科技部正式启动了国际科技合作重点项目计划（简称"国际科技合作计划"）。这是首个国家层面上，也是唯一的旨在通过整合、统筹，充分利用全球科技资源，提高自主创新能力的对外国际科技合作与交流平台。国际科技合作计划作为国家科技计划体系一个必不可少的组成部分，立足国民经济、社会发展和国家安全的重大需求，在国家层面上，汇聚和综合国家各大科技计划中需要国际合作和可以对外开放的项目，统一对外开放与合作口径，全面吸引和充分利用国际科技资源，增强中国自主创新能力，提高国际竞争力，努力为国家经济建设和社会发展服务，为国家科技发展和建设中国特色国家创新体系服务，为国家的总体外交目标服务；使中国国际科技合作项目得以在高水平、高层次上开展，使中国的科技人员在国际科技合作中以更加平等的身份参与合作，从而以更加互惠互利的形式分享国际重大科技合作项目的成果。

国际科技合作计划的主要任务是：积极参与国际基础科学研究计划和高科技发展计划，大幅提高中国科学技术研究水平与发展水平；支持参与大科学和大型国际研究计划，争取在空间技术、高能物理等大型国际研究计划中占有一席之地；结合国家科技发展计划主要任务开展国际科技合作项目，支持一批提高产业技术水平和促进社会发展的国际合作项目；重点支持一批具有较强科技实力和涉外合作能力的科研机构、大学和企业成为国际科技合作的基地；实施"走出去"战略，开辟合作渠道，深化合作内容，拓展合作领域，推动科技兴贸工作和星火计划国际化；引导地方和部门的国际科技合作走向规范化，提高合作水平及成效。

为了充分体现"公平、公正、公开"的原则，充分发挥网络、数据库的作用，全面实行计划项目的网络信息化管理，科技部于2001年着手创建"中国国际科技合作网"，设立了国际科技合作计划管理信息系统，实现了项目申报、评审、立项、结题验收、成果进展、项目库信息、专家信息等全过程的电子网络化管理。

三、国际科技合作服务经济社会发展

国际科技合作计划紧密围绕国家目标，努力提升政府间国际科技合作的层次和实效，参加国际科技合作计划，有利于国家科技发展总体目标和科技外交目标的实现。

这些国际科技合作项目致力于解决制约中国科技、经济发展的重大战略需求和关键技术。例如，中德在高速磁悬浮列车、大功率激光制造技术、微系统芯片设计等方面的合作，中国与丹麦在玉米秸秆发酵制酒精技术上的合作研究，中国与日本在环境微生物与膜技术相结合的废水资源化方面的合作研究，中国与亚太经社理事会在中国西部干旱区水土资源管理系统上的合作等，通过国际合作，更好地引进、吸收国外先进技术，促进了中国科技自主创新能力的提高，实现了重点跨越。

国际科技合作项目为优化中国经济结构、转变增长方式提供技术支撑。例如，CO_2减排技术与其产物资源化，低NO_x燃烧和SO_x控制与多污染源脱除一体化技术的研究，引进吸收国外最新的燃煤多污染物控制技术，开发出国际一流水平的洁净煤综合利用技术，为中国燃煤发电的可持续发展提供了有力的技术支撑。中国与加拿大氢能电动汽车动力系统的合作项目，共同完成了48千瓦燃料电池测试装置的技术方案，该测试装置代表了国际先进水平，对于中国纯电动轿车整车的技术与应用项目，以及清华大学牵头承担的国家863计划电动汽车重大专项的实施具有十分重要的促进和推动作用。通过广泛的国内外合作，利用微机电系统（MEMS）技术成功研制出医用无线电智能胶囊消化道内窥镜系统，提升了中国医用记忆合金系列介入产品及其医用高分子配套放送装置整体水平。

第六节　研究开发条件建设

一、国家工程技术研究中心

1991年，国家科委在国内外调研和征求十几个相关部门意见的基础上，决定加强对行业关键共性技术的工程化研究开发，提高其科技成果配套化、集成化水平，在行业中具有技术、人才、装备等优势的研究院所、科技企业、大学组建国家工程技术研究中心，成为行业科技成果集聚地和工程化成果的扩散源。

第九章
不断提高科技创新能力

1992年年初，国家科委批准的第一批"国家工程技术研究中心"正式启动（工业领域分3批共组建34个国家级工程中心）。工程中心组建以来，充分利用原有的技术和设备，边筹建、边开发，取得了一批可喜的成果，多项产品和技术已接近和达到国际先进水平，推动和加强了科技成果的工程化与配套化，大大促进了开发和技术的辐射工作，推动了行业技术进步，取得了较好的经济效益和社会效益。

二、国家科技图书文献中心

20世纪80年代后期，全国各省市基本都建立了分析测试中心、信息中心、计算中心"三中心"，初步构建了我国科研条件的工作体系。为加强对科技情报工作的领导，国家科委成立了科技情报局，并设立全国科技情报检索系统领导小组，实施全国科技情报计算机检索系统这一国家重点项目，各大专业科技情报所相继开通了与国际文献检索系统和大型数据库的联机终端。

20世纪90年代中期，为了解决我国外文科技文献匮乏的问题，改变长期存在的科技文献资源分散重复和利用率低的矛盾，1998年，科技部会同财政部启动科技文献信息专项工作，以资源共建共享的思路，加强外文科技文献资源建设和共享服务。经国务院领导批准，科技部联合财政部、国家经贸委、农业部、卫生部和中国科学院于2000年6月12日成立了由中国科学技术信息研究所、中国科学院文献情报中心、中国农业科学院农业信息研究所、中国医科院医学信息研究所、机械工业信息研究院、冶金工业信息标准研究院、中国化工信息中心7家成员单位及中国标准化研究院标准馆、中国计量科学研究院文献馆2个参建单位组成的国家科技图书文献中心。

国家科技图书文献中心打破原有的行政管理渠道束缚，实现了不同行政隶属关系的9个单位的联合与合作，整合隶属于不同系统的理、工、农、医文献信息机构为一体。国家科技图书文献中心采用的共享服务机制，满足了科技人员对外文科技文献的需求，保障了国家外文科技文献资源和服务建设。这一模式为科技基础条件资源的整合与共享、为提高科技资源的使用效率、为科研人员创造更好的创新环境提供了有益的经验。

三、科研条件协作网

大型仪器设备是从事科学研究必不可少的基础条件。针对当今科学技术与社会经济之间更加融合，科学研究已经从"小科学"和学科分化进入到"大科学"和多学科交叉融合新阶段的发展趋势，科技部提出应该将那些种类众多、专业化程度较高的大型仪器装备或超大型科学仪器集中安置在仪器中心，充分利用现代信息技术和网络，搭建科研仪器协作共享系统。

这些科研条件协作网对于克服部门和地区条块分割、多头重复投资、封闭式管理、缺乏运行维修和技术改造经费、缺乏统筹规划和共享机制等问题起到了关键性作用。

四、国家科学数据共享工程

2002年2月，科技部开始全面实施国家科学数据共享工程，即在国家层面上进行整体规划与组织管理，将全国各有关部门和各单位所积累的科学数据资源纳入国家科学数据共享统一框架，形成跨部门、跨学科、多层次的国家科学数据共享服务体系；实现基础性、公益性科学数据的分类分级共享，使海量的科学数据资源的潜在价值得以充分发挥与增值，从而打破部门间与行业间的信息壁垒，提高国家投入的效益，增强科技创新能力。

国家科学数据共享工程主要由数据共享政策法规与标准体系、国家科学数据中心群和科学数据共享服务网三大部分构成。这一工程分两步实施：2001—2005年为规划与试点阶段，近期目标是经过5年努力，集成政府部门、科研机构、高等院校和相关组织等多方面的公益性、基础性科学数据资源，通过整体布局、资源重组、机制创新，构建资源体系完整、结构合理、技术统一、管理规范、服务能力强的科学数据共享服务体系，在已有信息中心的基础上建设15个左右的国家科学数据中心和相关数据共享服务网，实现对国家科技计划项目数据的有效管理；2005—2010年为完善提高阶段，在资源环境、农林、医药、材料、能源、交通、信息、先进制造与自动化、基础科学等领域及针对国家重大科技计划和重点地区，构建50个左右的科学数据中心或科学数据网。构建工程管理中心及其通过元数据技术与上述系统相链接的门户网站，形成面向社会统一、透明的科学数据服务体系。

五、国家科技基础条件平台

2001年，科技部发布了《科研条件建设"十五"发展纲要》等5个规范性文件，对全国的科研条件建设工作起到了引导和规范作用。同年启动了国家遗传工程小鼠资源库的建立等9个项目，发挥了资金引导和示范作用，并以资源共享为中心，继续推进共建共享工作,加强国家科技图书文献中心的组织协调工作,成立大型科学仪器共建共享示范点,开通中国实验动物信息网和中国科学仪器网等试运行信息网站。从 2001 年开始,科研条件工作在国家财政开设了稳定的经费专项,当年投入经费 1.71 亿元。

2002 年,经国务院批准,科技部联合发展改革委、财政部、教育部等有关部门开展了国家科技基础条件平台的建设试点工作,首先启动了 9 个科学数据共享试点。

针对我国科技基础条件薄弱、资源分散不足、运行机制僵化落后、无法实现资源共享等问题,科技部提出了从根本上解决问题的新思路。按照"九五"起好步、"十五"打基础、"十一五"大发展的科研条件建设的战略部署,坚持组织和管理工作机制的创新和实践,在以资源共享为中心合理配置和利用资源、加强科技支撑能力、调动和组织全社会参与、推动科研条件建设等方面取得较好成绩。

六、中央级科研院所科技基础性工作专项

科技基础性工作是通过对科学数据、种质资源、科学标本、资料、信息的收集、整理、保存、传输及制定相关技术基础标准,为科学研究、技术开发、经济与社会发展提供共享资源和条件的工作。科技基础性工作是科技发展的重要基础,是体现国家整体科技水平的重要方面,对于科技进步、经济与社会发展、国家安全具有不可替代的作用。

1999 年 3 月,科技部基础研究司和国家自然科学基金委员会综合计划局联合组织调研组,开展基础性工作及其国家政策与管理研究。调研组先后在北京、武汉、南京召开了由地学、生物学、农学、医学、环保、天文、空间、物理、力学、化学、技术科学及世界数据中心、国际科学数据委员会等方面近 230 位专家参加的 21 次座谈会,通过广泛听取各学科、各部门专家意见,分析了国内外有关资料,于 1999 年 6 月提交了《我国基础性工作状况和发展计划的总体构想与近期实施方案》。这个调研报告受到了科技部的高度重视,决定从当年的科学事业费中拨出 1.3 亿元的资金启动科技基础性工作专项。

2000 年,此项工作又得到财政部的支持,在中央科学事业费中设立了中央级科研院所科技基础性工作专项,主要用于支持中央级科研院所开展科技基础性工作。科技部根据国家"十五"科技发展规划和"十五"科技计划体系的总体部署,编制和发布了《国家"十五"科技基础性工作专项实施意见》。

2004 年,科技部将中央级科研院所科技基础性工作专项经费与国家科技基础条件平

台专项经费、科技文献信息专项经费 3 个专项经费统一用于国家科技基础条件平台建设。

七、科研院所社会公益研究专项

科技部于 2000 年开始组织实施的科研院所社会公益研究专项（简称"社会公益研究专项"）是国家财政支持科技公共领域的重要渠道，也是"十五"国家科技计划体系中研究开发条件建设的重要组成部分。

社会公益研究专项结合公益类院所改革形成的新的布局，重点支持若干社会公益研究基地建设，形成社会公益研究网络，为社会可持续发展和公益服务事业提供了技术保障，促进了社会公益研究的可持续创新能力和水平的提高。社会公益研究专项以项目（任务）形式，为社会公益研究人才提供良好的软、硬件环境，稳定和壮大社会公益研究队伍，提高社会公益研究能力与服务水平。

社会公益研究专项优先支持社会公益类科研院所改革与发展。与科技体制改革等工作相配合，通过科研院所改革绩效的考核评估，择优重点支持、引导科技体制改革工作的发展方向，推动以科研院所为主体承担的社会公益研究工作持续、稳定地开展。

"十五"期间，社会公益研究专项累计立项 886 项。在资源环境方面，安排了南沙群岛及其邻近海区综合调查、重要地质遗迹保护、亚洲棕色云综合影响及我国应对战略研究、气候变化国家评估报告、环境安全与环境支撑管理等涉及我国环境和资源的重大项目。在防灾减灾与公共安全领域，根据社会需求的迫切性和与人民生活安全的相关性，安排了食品安全监测与预警系统研究、粮食储备安全技术体系研究、煤矿瓦斯灾害预警技术研究、突发性强灾害天气预警系统的研究等项目。在人口与健康领域，安排了居民营养与健康调查、传染病重大疫情预警研究、重要职业病和职业危害调查与防治技术研究、人类重大疾病专用检测试剂研究等项目。在农业与社会发展领域，安排了农作物重大生物灾害监测控制系统研究、农业水资源利用与水环境监测重要技术研究、重大林业生态工程监测与评价技术研究等项目。

八、软科学研究

软科学研究是以解决我国社会主义现代化建设的决策、组织和管理问题，促进经济、科技、社会的协调发展为目标，以辅助各级领导决策为根本目的，采用多学科、多层次的综合性分析方法，对国民经济与社会科技发展中的前瞻性、战略性、全局性重大问题

第九章
不断提高科技创新能力

进行研究，为决策提供科学依据。

早在20世纪50年代，中国科学院就开始应用自然科学的方法和手段，对我国经济、科技、社会的协调发展开展了一系列软科学研究。

20世纪80年代，随着我国经济和科技的蓬勃发展，决策民主化、科学化和制度化不断推进，软科学研究引进了国外先进的决策思想、观念、理论与技术，如系统分析、群决策、复杂巨系统理论及其方法论等。国家科委从1984年开始拨专款支持软科学研究。

随着我国经济规模不断扩大，科技发展速度不断加快，大批综合性学科和交叉学科不断产生，自然科学和社会科学相结合的步伐加快，软科学研究日益受到重视，并直接为社会和经济发展服务。1988年，党的第十三次代表大会政治报告中明确指出"大力发展软科学"。"七五"期间投入软科学研究经费4.2亿元，完成软科学课题约1.1万项，发表软科学文章5.4万篇。

1990年6月，国家科委把软科学研究纳入计划管理范畴，对立项、招标、经费管理、成果鉴定、成果应用推广等制定了具体的规定。1990年年底，我国各类软科学研究机构已发展到1134家，从事软科学研究人员达3.3万人。1992年11月，成立了国家软科学研究工作指导委员会，负责向国家科委提供促进软科学事业发展的政策咨询。1994年12月，正式成立中国软科学研究会。

"十五"期间，科技部制订了国家软科学研究计划，将其作为国家科技计划体系的重要组成部分。这一时期，无论是软科学研究课题数量还是经费投入，均有较大幅增长，初步建成一批国家软科学研究基地。软科学研究的选题视野也更加广阔，范围包括国家战略研究、规划研究、管理研究、体制改革研究、科技政策法规研究、技术经济分析、重大项目可行性论证、科技评价与评估及软科学基本理论与方法研究。

经过不断发展，我国软科学研究完成了数万项课题，大至国家中长期规划战略研究、环渤海经济区发展战略、三峡工程、新亚欧大陆桥建设、京沪高速铁路的综合评价论证、人口和计划生育政策等，小至一个企业、一个村镇的发展战略与规划制定，为各级各类科学决策提供了有力的支撑，有上百项软科学成果荣获国家科技进步奖。一批围绕科技、经济和社会发展有重要影响的研究成果，在国家重大战略决策中发挥了重要的参考作用。

第四篇
自主创新

中国科技发展70年

第十章
建设创新型国家

党的十六大综合分析国内外发展大势，立足国情，面向未来，把创新作为推动经济社会发展的驱动力量，提出了增强自主创新能力、建设创新型国家的重大战略思想。党的十七大明确指出，"提高自主创新能力，建设创新型国家"是国家发展战略的核心，是提高综合国力的关键，强调要坚持走中国特色自主创新道路，把增强自主创新能力贯彻到现代化建设的各个方面。

第一节　增强自主创新能力

2004年6月，胡锦涛在中国科学院第十二次、中国工程院第七次院士大会上指出："科学技术是经济社会发展的一个重要基础资源，是引领未来发展的主导力量。"

一、全国科学技术大会和全国科技创新大会

2006年1月，中共中央、国务院召开全国科学技术大会（图10-1），以大力提高自主创新能力，为经济和社会的发展提供强有力的科技支撑为中心议题，分析形势，统一思想，总结经验，明确任务，做出了《关于实施科技规划纲要　增强自主创新能力的决定》，发布了《国家中长期科学和技术发展规划纲要（2006—2020年）》，明确提出用15年时间把我国建设成为创新型国家的战略目标，号召全党全国人民坚持走中国特色自主创新道路，为建设创新型国家而努力奋斗。胡锦涛还进一步指出，建设创新型国家，核心就是把增强自主创新能力作为发展科学技术的战略基点，走出中国特色自主创新道路，推动科学技术的跨越式发展；就是把增强自主创新能力作为调整产业结构、转变增长方式的中心环节，建设资源节约型、环境友好型社会，推动国民经济又好又快发展；就是

把增强自主创新能力作为国家战略,贯穿到现代化建设的各个方面,激发全民族创新精神,培养高水平创新人才,形成有利于自主创新的体制机制,大力推进理论创新、制度创新、科技创新,不断巩固和发展中国特色社会主义伟大事业。

图 10-1　2006 年全国科学技术大会

2012 年 7 月,全国科技创新大会在北京召开(图 10-2)。胡锦涛在会上指出,大力实施科教兴国战略和人才强国战略,坚持自主创新、重点跨越、支撑发展、引领未来的指导方针,全面落实国家中长期科学和技术发展规划纲要,以提高自主创新能力为核心,以促进科技与经济社会发展紧密结合为重点,进一步深化科技体制改革,着力解决制约科技创新的突出问题,充分发挥科技在转变经济发展方式和调整经济结构中的支撑引领作用,加快建设国家创新体系,为全面建成小康社会进而建设世界科技强国奠定坚实基础。

为加快推进创新型国家建设,全面落实《国家中长期科学和技术发展规划纲要(2006—2020 年)》,充分发挥科技对经济社会发展的支撑引领作用,2012 年 9 月,中共中央、国务院印发《关于深化科技体制改革加快国家创新体系建设的意见》,意见指出,到 2020 年,要基本建成适应社会主义市场经济体制、符合科技发展规律的中国特色国家创新体系;原始创新能力明显提高,集成创新、引进消化吸收再创新能力大幅增强,关键领域科学研究实现原创性重大突破,战略性高技术领域技术研发实现跨越式发展,若干领域创新成果进入世界前列;创新环境更加优化,创新效益大幅提高,创新人才竞相涌现,全民科学素质普遍提高,科技支撑引领经济社会发展的能力大幅提升,进入创新型国家行列。

第十章 建设创新型国家

图 10-2　2012 年全国科技创新大会

二、《国家中长期科学和技术发展规划纲要（2006—2020 年）》

制定国家中长期科技发展规划，是党的十六大提出的一项重要任务，也是建设创新型国家的重要举措。2003 年 6 月，国务院成立国家中长期科技发展规划领导小组，负责规划制定过程中重大问题的决策。在规划战略研究过程中，组建了由 1000 多名专家组成的 20 个专题研究队伍，组织了与国务院近 40 个部门和行业协会及 100 多家企业的全面交流，开展了为期 2 个月的"三院"（中国科学院、中国工程院、中国社会科学院）咨询，征求了各部门、各地方意见，20 个专题下设 180 多个课题，我国科技、社会、经济和管理界的大批骨干研究人员参与了战略研究，超过 2000 名专家参与了规划的起草工作。2005 年 12 月，国务院正式印发《国家中长期科学和技术发展规划纲要（2006—2020 年）》（简称《规划纲要》）。

主要内容

《规划纲要》提出了 2006—2020 年中国科技工作的指导方针，即"自主创新、重点跨越、支撑发展、引领未来"，这是我国科技事业发展实践经验的总结，是面向未来、实现中华民族伟大复兴的重要抉择。"自主创新"是贯穿《规划纲要》的主线和指导方针的核心，"自主创新"就是要增强国家创新能力，在充分利用全球科技资源的基础上，加强原始性创新、集成创新和在引进先进技术基础上的消化、吸收与再创新。"重点跨越"就是坚持有所为、有所不为，选择具有一定基础和优势、关系国计民生和国家安全的关键领域，集中力量，重点突破，实现跨越式发展。"支撑发展"就是从现实的紧迫需求出发，着力突破重大关键技术、共性技术，支撑经济社会全面协调可持续发展。"引领未来"就是着眼长远，超前部署基础研究和前沿技术，创造新的市场需求，培育新型产业，引领未来经济社会发展。

《规划纲要》明确提出，到2020年，中国科技发展的总体目标是：自主创新能力显著增强，科技促进经济社会发展和保障国家安全的能力显著增强，为全面建设小康社会提供强有力的支撑；基础科学和前沿技术研究综合实力显著增强，取得一批在世界具有重大影响的科技成果，进入创新型国家行列，为在21世纪中叶成为世界科技强国奠定基础。

《规划纲要》对我国科学技术发展做出了四大战略部署：立足于中国国情和需求，确定若干重点领域，突破一批重大关键技术，全面提升科技支撑能力；瞄准国家目标，实施若干重大专项，实现跨越式发展，填补空白；应对未来挑战，超前部署前沿技术和基础研究，提高持续创新能力，引领经济社会发展；深化体制改革，完善政策措施，增加科技投入，加强人才队伍建设，推进国家创新体系建设，为中国进入创新型国家行列提供可靠保障。对一些重点领域的发展思路和优先主题进行了规划，筛选出16个重大战略产品、关键共性技术或重大工程作为重大专项，部署了8项前沿技术，并确定了科技体制改革的重点任务。

专栏 10-1

《规划纲要》确定的重点研究领域

（一）重点领域及其优先主题

能源、水和矿产资源、环境、农业、制造业、交通运输业、信息产业及现代服务业、人口与健康、城镇化与城市发展、公共安全、国防。

（二）科技重大专项

核心电子器件、高端通用芯片及基础软件，极大规模集成电路制造装备及成套工艺，新一代宽带无线移动通信，高档数控机床与基础制造装备，大型油气田及煤层气开发，大型先进压水堆及高温气冷堆核电站，水体污染控制与治理，转基因生物新品种培育，重大新药创制，艾滋病和病毒性肝炎等重大传染病防治，大型飞机，高分辨率对地观测系统，载人航天与探月工程等16个重大科技专项，涉及信息、生物等战略产业领域，能源资源环境和人民健康等重大紧迫问题，以及军民两用技术和国防技术。

（三）前沿技术与基础研究

前沿技术：生物技术、信息技术、新材料技术、先进制造技术、先进能源技术、海洋技术、激光技术、空天技术。

科学前沿问题：生命过程的定量研究和系统整合，凝聚态物质与新效应，物质深层次结构和宇宙大尺度物理学规律，核心数学及其在交叉领域的应用，地球系统过程与资源、环境和灾害效应，新物质创造与转化的化学过程，脑科学与认知科学，科学实验与观测方法、技术和设备的创新。

面向国家重大战略需求的基础研究：人类健康与疾病的生物学基础，农业生物遗传改良和农业可持续发展中的科学问题，人类活动对地球系统的影响机制，全球变化与区域响应，复杂系统、灾变形成及其预测控制，能源可持续发展中的关键科学问题，材料设计与制备的新原理与新方法，极端环境条件下制造的科学基础，航空航天重大力学问题，支撑信息技术发展的科学基础。

重大科学研究计划：蛋白质研究，量子调控研究，纳米研究，发育与生殖研究。

（四）科技体制改革的重点任务

《规划纲要》确定了当前和今后一个时期，科技体制改革的重点任务：支持鼓励企业成为技术创新主体；深化科研机构改革，建立现代科研院所制度；推进科技管理体制改革；全面推进中国特色国家创新体系建设。

配套政策与实施细则

为全面实施以《规划纲要》为主要内容的科技发展战略，中共中央、国务院做出了《关于实施科技规划纲要　增强自主创新能力的决定》，并组织制定《规划纲要》配套政策及实施细则，从战略层面和政策层面切实推动《规划纲要》的贯彻落实。各部门、各地方积极行动，采取实际措施，相继制定出台了各项配套政策和具体实施办法。

在国务院的统一领导下，2005年6月，《规划纲要》配套政策的研究与制定工作启动，科技部、发展改革委、财政部、人事部、中国人民银行5个部门分别牵头成立了12个专题工作小组。2006年2月7日，国务院发布了《实施〈国家中长期科学和技术发展规划纲要（2006—2020年）〉的若干配套政策》（简称《配套政策》），围绕科技投入、税收激励、金融支持、政府采购、引进消化吸收再创新、创造和保护知识产权、科技人才队伍建设、教育与科普、科技创新基地与平台、统筹协调等10个方面提出了60条相关政策。为使《配套政策》落到实处，从2006年4月开始，科技部、发展改革委、财政部等16个部门分别牵头研究制定了99条实施细则。实施细则以确保政策可操作、可落实为目标，围绕《配套政策》中每项政策内容，重点提出政策适用范围、申请条件、办事程序等。各地方也召开了科技创新大会，做出了实施规划纲要、增强自主创新能力的决定或实施意见，制定出台了170多项地方政策。

《配套政策》和实施细则以营造有利于自主创新的环境为中心，以促进企业成为技术创新主体为重点，形成了经济政策与科技政策协调一致的政策体系，呈现以下4个特点：力度大，不仅加大了已有政策的力度，而且取得了不少新突破，推出了一系列新政策；针对性强，政策内容建立在广泛而深入的调研基础上，着重解决创新主体在创新实践中遇到的各种困难和问题；具有可操作性，政策内容明确具体，尽可能提出了数字或比例等具体规定，并针对每一项政策制定了实施细则；具有综合性和系统性，既有科学研究政策，也有技术创新政策，既有科技政策，也有经济政策，通过发挥多种政策的组合和协调作用，形成综合性、系统性的政策力量。

三、科学技术发展规划

《国家"十一五"科学技术发展规划》

为切实落实《规划纲要》确定的近期目标、任务和举措，并为建设创新型国家奠定坚实基础，2006年5月，科技部发布了《国家"十一五"科学技术发展规划》（简称《"十一五"科技规划》），明确了2006—2010年科学技术事业发展的指导方针、发展目标、主要任务和重大措施。

《"十一五"科技规划》强调要着重提升解决瓶颈制约的突破能力、重点产业的核心竞争能力、社会公益领域的科技服务能力、国家安全保障能力、科技持续创新能力等5个方面的自主创新能力，为实现"进入创新型国家行列"的中长期科技发展目标奠定科技体制、科技条件和科技人才3个方面的基础。为此，《"十一五"科技规划》做出了两个方面的战略部署，并提出了8项重点任务，制定了8项措施。

第十章
建设创新型国家

《国家"十二五"科学技术发展规划》

"十二五"是我国全面建设小康社会的关键时期,是提高自主创新能力、建设创新型国家的攻坚阶段。为深入贯彻落实《规划纲要》、充分发挥科技进步和创新对加快转变经济发展方式的重要支撑作用,2011年7月,科技部发布了《国家"十二五"科学技术发展规划》(简称《"十二五"科技规划》),对2011—2015年我国科技发展的总体目标、总体部署和政策措施做出了规划。

"十二五"科技发展的总体目标是:自主创新能力大幅提升,科技竞争力和国际影响力显著增强,重点领域核心关键技术取得重大突破,为加快经济发展方式转变提供有力支撑;基本建成功能明确、结构合理、良性互动、运行高效的国家创新体系,国家综合创新能力世界排名由目前第21位上升至前18位,科技进步贡献率力争达到55%,创新型国家建设取得实质性进展。为此,《"十二五"科技规划》从6个方面对2011—2015年的科技发展做出了总体部署,并从多个角度提出了政策措施。

《"十二五"科技规划》围绕国家经济社会发展的战略任务,集中体现了"十二五"的阶段性特征:突出以科学发展为主题、以支撑加快转变经济发展方式为主线;突出以提高自主创新能力为核心;突出科技服务民生的战略导向;突出政府统筹和市场导向作用;突出规划间的衔接协调。

第二节 国家创新体系

建设创新型国家需要全面推进中国特色国家创新体系建设。国家创新体系是以政府为主导、充分发挥市场配置资源的基础性作用、各类科技创新主体紧密联系和有效互动的社会系统。《规划纲要》指出,现阶段中国特色国家创新体系建设的重点有5个方面:建设以企业为主体、产学研结合的技术创新体系;建设科学研究与高等教育有机结合的知识创新体系;建设军民结合、寓军于民的国防科技创新体系;建设各具特色和优势的区域创新体系;建设社会化、网络化的科技中介服务体系。

企业技术创新

鼓励企业加大研发投入是支持企业成为技术创新主体的重要方面。《规划纲要》把支持鼓励企业成为技术创新主体作为重点任务,提出要进一步创造条件,优化环境,深化改革,切实增强企业技术创新的动力和活力。在《规划纲要》的配套政策与实施细则中,涉及企业的政策最多，支持企业的政策措施大多具有突破性，突出体现了支持企业技术创新、提高自主创新能力的政策导向。2008年4月，科技部、财政部、税务总局共同出台了新的《高新技术企业认定管理办法》和配套文件《高新技术企业认定管理工作指引》，把保持稳定的研发投入强度列为认定高新技术企业的重要标准。2008年7月，新修订的《科学技术进步法》开始实施，规定了多项条款激励企业增加研发投入，从法律上强调了国家支持企业研发投入的导向，增强了企业加大研发投入的信心。

通过多渠道资金支持，引导企业技术创新和成果转化。设立多项财政专项资金推动企业技术创新和成果转化，如中央财政安排的中小企业专项资金和科技型中小企业技术创新基金、发展改革委安排的预算内投资、商务部安排的有关出口创新基地的专项经费等；实施国家科技重大专项、运行创业投资引导基金、政府企业共建科技条件平台投入等多种方式支持企业技术创新活动，如2007年7月正式启动的创业投资引导基金；通过火炬计划、国家重点新产品计划等作为政策引导计划，直接以推动企业技术创新和科技型企业成长为主要目标。

国家技术创新工程

为加大对企业技术创新的支持力度，2006年1月，科技部、国资委和中华全国总工会联合印发《"技术创新引导工程"实施方案》，开始实施"技术创新引导工程"，重点开展创新型企业试点、构建产业技术创新战略联盟、优化科技资源配置、加强企业研发机构建设等6项重点任务。2009年7月，科技部、财政部等六部门发布了《国家技术创新工程总体实施方案》，"技术创新引导工程"改称"技术创新工程"，要求加快建设以企业为主体、市场为导向、产学研相结合的技术创新体系，国家技术创新工程的实施对增强企业自主创新能力、提升产业核心竞争力、加快建立技术创新体系具有重要意义。

建设创新型企业。2006年4月，科技部、国资委和中华全国总工会出台了《创新型企业试点工作实施方案》和《创新型企业试点方案主要内容要求》，制定了创新型企业评价指标体系；2008年7月，91家企业成为首批创新型企业。2008年度国家科学技术进步奖把企业技术创新工程项目纳入奖励范围，5家创新型企业获得该奖项。国家科技支撑计划、863计划、企业国家重点实验室建设、国际科技合作计划等也优先或重点支持创新型企业。

构建产业技术创新战略联盟。2006年12月，科技部联合财政部、教育部、国资委、中华全国总工会、国家开发银行成立推进产学研结合协调指导小组。2007年6月，六部门联合启动了产业技术创新战略联盟试点工作，来自53家企业、高校和科研院所的主要负责人在北京签约成立了4个产业技术创新战略联盟，随后大批产业技术创新战略联盟相继建立。2008年12月，《关于推动产业技术创新战略联盟构建的指导意见》出台，进一步推动了产业技术创新战略联盟的建设；同年，面向企业的创新支撑平台建设试点工作开始启动。截至2012年，我国构建了91个产业技术创新战略联盟，涵盖2000多家行业龙头企业、高校和科研院所。

企业研发机构是企业自主创新的平台。从2006年起，科技部与发展改革委、财政部、海关总署、税务总局共同开展国家认定企业技术中心工作。截至2012年，共认定887个国家级企业技术中心，企业技术创新能力持续提升。

科研院所

为加强技术创新，推动高新技术成果转化，推动应用开发类科研院所的改革与发展，2003年2月，国务院体改办、科技部、财政部、国家经贸委出台了《关于深化转制科研机构产权制度改革若干意见的通知》，推动转制科研院所建立现代企业制度，促进技术创新和科研成果产业化。开发类院所转为或进入企业，从体制上解决了大批应用开发类院所长期游离于企业之外的问题，基本建立起科技型企业的运行机制，中央级转制院所下属企业全面完成了公司制改造。转制院所在行业科技进步中发挥了重要的骨干和引领作用，承担了大量国家科技计划和行业重点研发任务，并积极向行业企业推广和扩散创新成果，有力促进了行业企业技术水平的提升。

公益类科研机构分类改革工作自2001年开始启动，截至2008年年底，65个部门所属公益类科研院所实行分类改革全部完成。在学科结构调整上，按照强化国家目标和突出学科优势的原则，各院所加强重点学科，淘汰落后学科，扶持新兴学科，组织结构和人才结构更加优化。各地方也参照部门属公益类科研院所的改革要求，启动了地方公益类科研院所的改革工作，取得了较大进展。

中国科学院服务国家战略需求和经济社会发展，始终围绕现代化建设需要开展科学研究，产生了许多开创性科技成果，奠定了新中国的主要学科基础，自主发展了一系列战略高技术领域，形成了具有中国特色的科研体系，带动和支持了我国创新体系建设。

高等院校

2004年3月，国务院批转教育部《2003—2007年教育振兴行动计划》，决定继续实施"985工程"二期建设。2008年1月,国家开始进行"211工程"三期建设,继续瞄准学科前沿和国家重大需求,加强重点学科建设,突出创新人才和队伍建设。

教育部重点实验室是高校基础研究的中坚力量。在教育部重点实验室的基础上,2003年,教育部启动省部共建教育部重点实验室计划,把推动并规范地方高校省部共建教育部重点实验室建设工作作为国家创新体系(高校)建设的重要组成部分,逐步形成了由国家实验室、国家重点实验室、教育部重点实验室和省部共建教育部重点实验室组成的高校研究试验基地结构体系。

区域创新

建设国家创新体系,需要充分结合区域经济和社会发展的特色和优势,统筹规划区域创新体系和创新能力建设。深化地方科技体制改革;促进中央与地方科技力量的有机结合;发挥高等院校、科研院所和国家高新技术产业开发区在区域创新体系中的重要作用,增强科技创新对区域经济社会发展的支撑力度;加强中、西部区域科技发展能力建设;切实加强县(市)等基层科技体系建设。

三峡移民科技开发。成立科技部对口支援三峡移民开发领导小组,通过专项支持、计划倾斜、信息服务与牵线搭桥等多种形式开展了一系列富有成效的对口支援库区移民开发工作。设立了"科技促进三峡库区移民开发专项""三峡移民科技开发专项"。科技部充分利用部内的有关科技资源,统一协调各大科技发展计划,有目的、有侧重地向库区倾斜支撑,积极动员和鼓励全国科技系统以多种方式支援库区移民开发。

西部地区科技发展。全面部署和推进西部开发科技工作,先后实施了消除"数字鸿沟"西部行动、西部新材料行动、西部新能源行动、"星火西进"行动;"十一五"启动的国家科技支撑计划安排西部地区牵头组织重大项目80项,支持经费18.1亿元;在人才队伍建设方面,2006年启动的科技管理培训专项工作对西部地区予以倾斜支持。这一系列政策措施极大地提高了西部地区的科技能力。

东北区域创新体系建设。2004年,"振兴东北老工业基地科技行动"启动,设立"振兴东北科技专项"。2008年,在装备制造、电子信息、节能减排、生物医药等领域安排了一批重点科技项目,并将东北的7家机构作为首批国家技术转移示范机构予以支持,推动东北创新创业环境的优化。

东部地区科技合作。2008年9月,国务院印发了《关于进一步推进长江三角洲地区改革开放和经济社会发展的指导意见》,科技部对长三角地区提出了大力推进自主创新、加速建设创新型区域的要求，建立了与长三角地区的科技合作机制，推动三地签订《长三角科技资源共享服务平台共建协议书》，并实施了一批重大科技项目。

中部地区产业升级。以国家科技计划及相关工作为载体，在项目、人才、基地等方面对中部地区进行了一系列部署。国家科技支撑计划、863计划、973计划、星火计划、火炬计划、创新基金分别围绕农业农村、数控机床、高速铁路动车组重要部件等重点领域给予大量经费支持，积极推进中部地区产业结构调整和升级。积极加快中部地区高新区发展，推动武汉东湖高新区创新发展，推动郑州、长沙高新区创新型科技园区的建设。

民族与边疆地区科技工作，发布了《关于进一步加强科技援藏工作的若干意见》《关于推进科技支疆工作的意见》《关于进一步加强少数民族和民族地区科技工作的若干意见》，支持民族地区科技事业发展。

部省会商工作机制。2002年起，科技部与地方政府共同开展部省会商工作，2007年4月，正式出台《科技部部省会商工作暂行管理办法》。截至2012年，已与多个省（区、市）建立了部省会商工作制度，共同推动重大科技工作，充分发挥地方的优势，取得了良好的工作效果。

推进县（市）科技进步。开展了"科技进步先进县（市）评选"和"科技进步考核"等工作；确定2004年为"县（市）科技工作年"，召开首次全国县（市）科技工作会议；2005年起实施"科技富民强县专项行动计划"，每年启动一批试点县（市），实施一批重点科技项目。

社会化、网络化的科技中介服务

技术市场。2006年3月，《国民经济和社会发展第十一个五年规划纲要》提出要积极发展技术市场；6月，启动全国技术合同网上认定登记系统，动态管理分析全国技术合同的交易情况。2007年，科技部、教育部、中国科学院在北京联合召开了国家技术转移促进行动启动大会，实施技术转移促进行动，并印发了《国家技术转移促进行动实施方案》。各地方也纷纷制定了技术市场管理条例，推动技术市场的发展。2012年，全国技术合同数达到28.2万项，技术合同交易额达到6437.1亿元；重大技术合同数达到7020项，成交金额达到4550.4亿元。

生产力促进中心。2006年11月，《生产力促进中心"十一五"发展规划纲要》提出了生产力促进中心发展的指导方针、发展目标、主要任务和保障措施。2007年11月，科技部印发了《国家级示范生产力促进中心认定和管理办法》及《国家级示范生产力促进中心绩效评价工作细则》，推动了生产力促进体系的组织网络化、功能社会化和服务产业化。截至 2012 年，我国生产力促进中心数达到 2281 个，总资产达到 295.3 亿元，服务企业数达到 38.0 万家。

科技企业孵化器。2007 年 4 月，《国家高新技术产业化及其环境建设（火炬）"十一五"发展纲要》和《国家高新技术产业开发区"十一五"发展规划纲要》明确完善以专业孵化器和大学科技园为核心的创业孵化体系建设，鼓励高等院校、科研院所、企业等多元化主体创办各类专业孵化器，提高科技企业孵化器的专业服务能力、社会化资源整合能力和企业孵化能力。截至 2012 年，我国科技企业孵化器达到 1239 个，累计毕业企业达到 4.5 万家。

国家大学科技园。2005 年，对《国家大学科技园管理试行办法》进行了修订，构建了国家大学科技园评价指标体系，对国家大学科技园实行定期评估、动态管理。2006 年 12 月，科技部和教育部联合印发了《国家大学科技园"十一五"发展规划纲要》和《国家大学科技园认定和管理办法》，进一步促进了国家大学科技园的建设与发展。截至 2012 年，我国大学科技园数达到 94 家，累计毕业企业 5715 家。

国家技术转移机构。2008 年，《国家技术转移示范机构管理办法》《国家技术转移示范机构指标评价体系（试行）》发布，形成了较为完善的国家技术转移示范机构评选依据。2008 年 7 月，确定清华大学国家技术转移中心等 76 家机构为首批国家技术转移示范机构。截至 2012 年，国家技术转移示范机构达 276 家。

知识产权中介服务机构。专利代理行业是知识产权中介服务业的重要组成部分，自 2002 年起，国家知识产权局陆续制定并发布了《专利代理惩戒规则（试行）》《专利代理管理办法》《专利代理人资格考试实施办法》等规范性文件，推动代理专利机构向专业化、法制化、规范化发展。

第三节　人才强国战略

胡锦涛指出，人才问题是关系党和国家事业发展的关键问题。全党同志必须从全局和战略的高度，以高度的政治责任感和历史使命感，把实施人才强国战略作为党和国家一项重大而紧迫的任务抓紧抓好，努力造就数以亿计的高素质劳动者、数以千万计的专门人才和一大批拔尖创新人才，建设规模宏大、结构合理、素质较高的人才队伍，充分发挥各类人才的积极性、主动性和创造性，开创人才辈出、人尽其才的新局面，大力提

第十章
建设创新型国家

升国家核心竞争力和综合国力，为全面建设小康社会和实现中华民族的伟大复兴提供重要保证。

2002年5月，中共中央办公厅、国务院办公厅印发《2002—2005年全国人才队伍建设规划纲要》，首次提出"实施人才强国战略"，对中国人才队伍建设进行了总体谋划。2007年，人才强国战略被写入中国共产党党章和党的十七大报告，进入了全面推进阶段。2010年6月，中共中央、国务院印发了我国第一个中长期人才发展规划，即《国家中长期人才发展规划纲要（2010—2020年）》（简称《人才规划纲要》），确立了"人才优先、创新机制、高端引领、整体开发"的指导方针，并对建设人才队伍、开发人才资源进行了总体部署，强调要以高层次创新型科技人才为重点，建设创新型科技人才队伍。

2003年12月，全国人才工作会议首次提出造就一大批拔尖创新人才的任务，从此，科技人才政策的重点逐渐向创新型人才队伍建设倾斜。2006年前后，我国出台了大量与科技人才发展相关的政策，仅政府有关部门出台的、涉及创新型科技人才队伍建设和环境建设的政策就有40余项。2010年印发的《人才规划纲要》把突出培养造就创新型科技人才作为人才队伍建设的主要任务之一，强调要以高层次创新型科技人才为重点，努力造就一批世界水平的科学家、科技领军人才、工程师和高水平创新团队，注重培养一线创新人才和青年科技人才，建设宏大的创新型科技人才队伍。这些政策措施和纲要的出台，极大改善了我国科技人才发展的体制、机制和环境，我国进入了科技人才队伍快速发展的时期。

国家自然科学基金委员会着力支持青年学者独立主持科研项目、培育优秀人才团队，在20世纪80—90年代先后设立青年科学基金、国家杰出青年科学基金、国家基础科学人才培养基金、地区科学基金、海外及港澳学者合作研究基金。进入21世纪后，国家自然科学基金委员会加强了对科技后备人才的资助和支持。2001年，为稳定地支持基础科学的前沿研究，培养和造就具有创新能力的人才和群体，国家自然科学基金委员会设立了创新研究群体科学基金，资助国内以优秀科学家为学术带头人、中青年科学家为骨干的研究群体，围绕某一重要研究方向，在国内进行基础研究和应用基础研究；2009年，设立外国青年学者研究基金，促进外国青年学者与中国学者之间开展长期稳定的学术合作与交流；2012年，设立优秀青年科学基金，以促进青年科学技术人才的快速成长，培养一批有望进入世界科技前沿的优秀学术骨干。这一系列专项基金相互配合衔接的项目资助格局，架构了实施优秀青年科技人才战略、建设科技人才队伍的完整的培养资助体系，促进了中国基础研究队伍的年轻化，其他如863计划、973计划和国家科技支撑计划也在组织实施中注重发挥中青年科研人员的作用,重视对科技人才的培养,为建设一支结构合理、素质优良的研究队伍发挥了重要作用。

中青年科研人员逐渐成为我国科学研究队伍的主力,科研人才队伍结构得到优化,形成了以两院院士、中青年杰出科研人员、青年后备科研人员等构成的金字塔式人才培养模式,特别是青年学术带头人的成长进一步加快,人才断层问题基本得以缓解,科技队伍的发展进入良性循环的阶段。

吸引出国留学人员回国工作或以多种形式为国服务是我国一贯的政策。2005年3月,人事部、教育部、科技部、财政部联合发布《关于在留学人才引进工作中界定海外高层次留学人才的指导意见》,界定了海外高层次留学人才的范围和条件。2006年,人事部公布了《留学人员回国工作"十一五"规划》,实施高层次留学人才集聚计划、留学人才创业计划和智力报国计划,逐步形成吸引留学人员回国工作和为国服务的政策与部门工作协调体系,建造了海外高层次留学人才回国工作的绿色通道。2007年,人事部、教育部、科技部等16个部门联合印发了《关于建立海外高层次留学人才回国工作绿色通道的意见》,强调要为海外高层次留学人才回国创造良好条件及入出境和居留便利。

政府通过推动国家大学科技园和留学人员创业园的建设,为海外留学人才回国创业提供了平台;通过实行一系列政策,鼓励留学人员回国创业,包括支持留学人员以专利、专有技术、科研成果等在国内进行转化、入股、创办企业,对留学人员创办的高新技术企业在税收、融资、劳动人事等方面提供便利;通过建立健全回国创业或从事高新技术转化需要的投融资机制,探索建立国家留学人员回国创业基金,鼓励和支持有条件的创业园引进或设立专业化的风险投资基金或创业基金,为留学人员回国创业提供资金支持或融资担保等。据统计,截至2012年年末,全国建设留学人员创业园260多个,入园企业超过1.7万家,4万多名留学人员在园创业。

我国引进外国专家始终坚持"广开渠道、促进交流、突出重点、力求实效"的方针,把智力引进工作的重点放在培养高层次急需、骨干教师和跨世纪学术带头人上,放在重点学科、重点实验室建设和重点科研项目的实施上,聘请的形式从单纯讲学型逐步向讲学、科研、开发综合型转变。2006年,教育部和国家外国专家局联合发起了旨在为一流院校吸引一流研究人才的高等院校学科创新引智计划("111计划"),从世界排名前100位的大学及研究机构的优势学科队伍中,引进、汇聚1000余名海外学术大师、学术骨干,配备一批国内优秀的科研骨干,形成高水平的研究队伍,建设100个左右世界一流的学科创新引智基地。2012年，我国引智体制机制创新取得新进展，初步建立了国家引智"十二五"规划实施机制及外国专家建言机制，引智法规政策建设取得突破性进展，《外国人在中国永久居留享有相关待遇的办法》进一步降低了海外人才获得中国"绿卡"的门槛，《出境入境管理法》设引进人才签证类别，引智行政许可深入推进，引智公共服务建设得到改善，引智发展环境进一步优化。为表彰在我国现代化建设和改革开放事业中做出突出贡献的外国专家而设立中国政府友谊奖，截至2012年，共有来自65个国家的1249名外国专家获得中国政府友谊奖。

第四节　知识产权战略

一、战略的提出

2005年1月，国务院成立了国家知识产权战略制定工作领导小组，启动了知识产权战略的制定工作，国家知识产权局、国家工商行政管理总局、国家版权局、发展改革委、科技部等33家中央单位共同推进战略制定工作。2007年10月，党的十七大报告明确提出要"实施知识产权战略"。2008年4月，国务院常务会议审议并通过了《国家知识产权战略纲要》。同年，由国家知识产权局牵头、28个相关部委作为成员单位的联席会议制度建立，并召开了第一次全体会议，审议通过了《实施〈国家知识产权战略纲要〉任务分工》和《国家知识产权战略实施工作部际联席会议制度联络员制度》，对战略实施的下一阶段工作进行了部署。

专栏10-2

《国家知识产权战略纲要》的主要内容

知识产权战略是我国运用知识产权制度促进经济社会全面发展的重要国家战略。《国家知识产权战略纲要》是这一战略的纲领性文件，明确指出，到2020年把我国建设成为知识产权创造、运用、保护和管理水平较高的国家，5年内自主知识产权水平大幅提高，运用知识产权的效果明显增强，知识产权保护状况明显改善，全社会知识产权意识普遍提高。

该纲要共分序言、指导思想和战略目标、战略重点、专项任务、战略措施5个部分。

该纲要强调，实施国家知识产权战略，大力提升知识产权创造、运用、保护和管理能力，有利于增强我国自主创新能力，建设创新型国家；有利于完善社会主义市场经济体制，规范市场秩序和建立诚信社会；有利于增强我国企业市场竞争力和提高国家核心竞争力；有利于扩大对外开放，实现互利共赢。必须把知识产权战略作为国家重要战略，切实加强知识产权工作。该纲要指出，国家知识产权战略的指导思想是：以激励创造、有效运用、依法保护、科学管理为方针，着力完善知识产权制度，积极营造良好的知识产权法治环境、市场环境、文化环境，大幅提升我国知识产权创造、运用、保护和管理能力，为建设创新型国家和全面建设小康社会提供强有力支撑。

该纲要提出，国家知识产权战略的重点，一是完善知识产权制度，健全知识产权执法和管理体制，进一步完善知识产权法律法规，强化知识产权在经济、文化和社会政策中的导向作用；二是促进知识产权创造和运用，运用财政、金融、投资、政府采购政策和产业、能源、环境保护政策，引导和支持市场主体创造和运用知识产权，推动企业成为知识产权创造和运用的主体；三是加强知识产权保护，加大司法惩处力度，降低维权成本，提高侵权代价，有效遏制侵权行为；四是防止知识产权滥用，制定相关法律法规，合理界定知识产权的界限，维护公平竞争的市场秩序和公众合法权益；五是培育尊重知识、崇尚创新、诚信守法的知识产权文化。

该纲要明确了专利、商标、版权、商业秘密、植物新品种、特定领域知识产权、国防知识产权等专项任务，并提出了提升知识产权创造能力、鼓励知识产权转化运用、加快知识产权法制建设、提高知识产权执法水平、加强知识产权行政管理、发展知识产权中介服务、加强知识产权人才队伍建设、推进知识产权文化建设、扩大知识产权对外交流合作9项战略措施。

各地区积极贯彻落实纲要，结合地方实际，制定和实施地方知识产权战略或实施意见。辽宁、上海、江苏、山东等省市出台了地方知识产权战略纲要；北京、重庆分别出台了《关于实施首都知识产权战略的意见》和《关于创建知识产权保护模范城市的意见》；河北、云南、青海 3 省分别出台了贯彻国家知识产权战略的实施意见；厦门、青岛、深圳、沈阳等城市也出台了城市知识产权战略或实施意见。

二、知识产权保护

在法律方面，我国多次修订《专利法》《商标法》《著作权法》，制定《反不正当竞争法》，形成了以这 4 部专门的知识产权法律为核心的法律体系。在行政法规方面，我国相继出台了一系列实施细则和条例，如《专利法实施细则》《集成电路布图设计保护条例》《计算机软件保护条例》等，我国知识产权法律保护水平全面达到《与贸易有关的知识产权协定》（TRIPs 协定）的要求。为促进知识产权交易市场规范发展，构建多层次知识产权交易市场体系，2007 年，发展改革委、财政部、科技部、国家工商总局、国家版权局、国家知识产权局在对部分省市产权交易市场调研的基础上，联合制定了《建立和完善知识产权交易市场的指导意见》。

在知识产权保护实践中，我国形成了行政保护和司法保护"两条途径、并行运作"的知识产权保护模式，逐步建立起保护知识产权举报投诉制度，并开展了打击侵犯知识产权犯罪的"山鹰""雷雨""天网"专项行动，积极维护知识产权人的权益。

三、推动专利技术向生产力转化

我国在开展国内立法的同时，积极参与知识产权保护的国际交往和合作。自 1980 年加入世界知识产权组织后，相继加入《保护工业产权巴黎公约》《专利合作条约》《国际承认用于专利程序的微生物菌种保藏布达佩斯条约》《建立工业品外观设计国际分类洛迦诺协定》《商标国际注册马德里协定有关议定书》《与贸易有关的知识产权协议》《国际植物新品种保护公约》《保护文学和艺术作品伯尔尼公约》《世界版权公约》《保护录音制品制作者防止未经许可复制其录音制品公约》等 10 多个国际公约、条约、协定或协议。2006 年加入《世界知识产权组织版权条约》《世界知识产权组织表演和录音制品条约》，进一步加强了网络版权保护；2007 年加入《修改〈与贸易有关的知识产权协定〉议定书》，积极参与已加入的知识产权国际公约、条约项下的各种活动，充分承担国际义务。

我国知识产权制度的建立和实施，有效地推动了科研成果向现实生产力的转化。以第十届中国专利奖的 15 项金奖获奖项目为例，从实施专利项目至 2006 年年底，仅新增销售额一项就增加近 344 亿元。五笔字型汉字编码技术，被誉为我国文化史上"其意义不亚于活字印刷术"的重大发明。该技术先后申请并获得我国和美国、英国专利。经推广，不仅在我国国内被广泛使用，而且推广到联合国总部和世界各国华人界，微软、IBM、卡西欧等数十家海外公司购买了五笔字型（王码）的专利使用权，产生了重大的社会和经济效应。

知识产权法律体系的建立和逐步完善为中国知识产权拥有量的迅速提升创造了条件。在知识产权制度的保驾护航下，各行业一大批科技创新成果的广泛应用，对我国经济发展产生了巨大的推动作用。通过不断建立健全专利信息传播和服务体系，全面、准确、及时地传播专利信息，大大提高了全社会专利信息利用水平。

第十一章
科技资源与能力建设

为增强自主创新能力、推动创新型国家建设，我国加大了科技资源投入，全面推动科技创新能力建设。在这一时期，我国科技经费投入持续增长，科技计划体系日益完善，科研基础条件明显改善，基础研究能力大幅提升，国际国内两种人才资源得到充分利用，全民科学素质不断提高，国际科技合作事业打开新局面。

第一节 科技经费投入

一、法律和制度保障

2007年12月，修订后的《科学技术进步法》发布，把"加大财政性资金投入，推动全社会投入稳定增长"放到更加醒目的位置，第一次在总则中给予了总纲性的规定，并在第六章第五十九条中做出了更加明确和具有操作性的规定，指出要逐步提高科技经费投入总体水平和研发经费占GDP的比例，要求国家财政科技经费的增长幅度要高于国家财政经常性收入的增长幅度。明确规定要采取多种政策工具，鼓励和引导社会资金投入，保持全社会科技投入持续稳定增长。

国家财政支持科技创新的制度不断完善，从单一的财政直接拨款投入逐步转向建立多元化、多渠道的科技投入体系。一方面，通过综合运用基金、贴息、担保、后补贴、资本金投入等多种财政投入方式，重视市场配置资源的基础性作用，加强对全社会科技投入尤其是企业科技投入的引导和支持，发挥政府资金引导和带动全社会增加科技投入的积极作用，形成国家财政拨款、企业投入、银行信贷及利用外资等多种经费投入支持国家科技创新活动的局面；另一方面，通过税收优惠政策，加强对科技创新活动的间接资金支持，逐步建立起以所得税为主，所得税与增值税、营业税并重的科技税收政策体系，通过直接减税、研发费用扣除、固定资产折旧等多种税收激励，鼓励和带动全社会进行研发活动，2006年《规划纲要》、配套政策和实施细则先后发布，2008年新的《企业所得税法》及《企业所得税法实施条例》正式实施，确立了新时期支持科技创新的科技税收政策框架。

在财政科技经费管理制度方面，我国拨款资助方式逐步由比较单一的机构资助向项目资助转变，建立起与科研活动规律相适应的预算管理机制和适应课题制需求的预算全过程管理机制。从2001年起，我国开始推行科研计划课题制和招投标制度，出台了《关于国家科研计划实施课题制管理的规定》。2002年，科技部等部门先后出台了《国家科研计划课题评估评审暂行办法》《国家科研计划课题招标投标管理暂行办法》等配套文件，对科技项目的支持基本转变为以课题制竞争性项目支持为主的方式，并制定了更具有操作性的经费管理办法。2006年，国务院转发了财政部、科技部《关于改进和加强中央财政科技经费管理的若干意见》的通知，随后，财政部、科技部联合发布和调整了多项国家科技计划经费管理办法，进一步完善了国家科技经费管理制度。科技部还配合审计机关开展财务审计，建立起"职责明晰、分级管理、各负其责、上下联动"的监管服务体系。从"十一五"开始，科技部管理的国家科技计划项目全面实行网上申报。

二、财政科技支出

中央财政科技拨款。2012年，中央财政科技拨款达到2613.6亿元，占中央公共财政支出的13.9%。在投入结构方面，中央财政加大了对基础研究、社会公益研究、科研基础条件和科学技术普及等方面的重点投入，加强了对科研机构（基地）正常运转的扶持和科技人才的培养。从2006年起，安排了公益性行业专项科研经费、中央级公益科研院所基本业务费专项基金等财政拨款，中央财政预算专门安排了科技基础条件平台建设计划并纳入国家科技主体计划；从2008年起，新增设国家重点实验室专项。在投入方式上，中央财政积极探索新的投入方式，如探索以补贴用户为特征的投入方式推进节能减排和新能源产业发展；针对部分产业化前景比较明确的重大科技专项，开展后补助支持方式探索；在创业投资引导基金的基础上，启动科技成果转化引导基金的探索。

以税收优惠为代表的间接投入是中央财政科技投入的重要组成部分。从2008年1月

1日起,新的《企业所得税法》及其实施条例正式实施,内外资企业所得税实现合并统一,税收优惠重点转向"产业优惠为主、地区优惠为辅",高新技术企业能否享受税率优惠政策取决于国家重点支持的高新技术领域和企业的研发投入等标准,取消了税收优惠享有的地域限制。新的《企业所得税法》及其实施条例的实施,为科技税收政策体系的调整和完善带来了重大影响。

地方财政科技拨款。2012年,地方财政科技拨款达到2986.5亿元,占地方公共财政支出的2.8%。在投入结构方面,地方财政加大了对R&D活动的支持,通过实施地区重大科技项目,发挥科技进步对地方经济社会发展的支撑作用,如湖北设立了电动汽车发展转型资金、安徽设立合芜蚌自主创新综合配套改革试验区专项资金等。在财政支持方式上,地方政府积极探索了后补助、奖励、偿还性资助、财政贴息、股权投资等多种投入方式,并采取有效措施落实各项科技税收优惠政策。

各地方政府还采取有效措施,认真落实各项科技税收优惠政策。例如,浙江省针对本省实际,进一步细化企业技术开发费用范围,享受企业所得税加计扣除优惠政策;安徽省规定对省级以上科技企业孵化器和国家大学科技园内孵化的企业在5年内缴纳的各项税收的地方收入部分,由同级财政按当年纳税增长额度资助企业的研发活动。

三、科技金融

2010年12月,科技部等部门印发了《促进科技和金融结合试点实施方案》,探索科技资源与金融资源对接的新机制,在25个地区开展了促进科技和金融结合试点工作,有效统筹和集成科技、财税、国资、银行、证券、保险等多部门政策和资源优势,优化科技资源配置,引导科技金融创新,涌现了许多成功经验和创新做法。

在科技贷款方面,从2002年起,科技部先后与多家银行签订全面合作协议,多方探索"优良科技资源激活金融资本、金融资本催生优良科技资源"的有效途径,我国科技金融合作工作发展到科技资源和金融资本多层次、多形式的合作。2005年,科技部和国家开发银行首批选定北京、上海、重庆、西安4个城市的高新技术产业开发区,通过打包贷款试点,探索有效运用贷款解决科技型中小企业融资难的问题。从2006年起,科技部与国家开发银行联合运行的"科技型中小企业贷款平台"迅速发展起来。2009年5月,银监会和科技部出台《关于进一步加大对科技型中小企业信贷支持的指导意见》,启动了科技专家参与科技型中小企业贷款项目的评审工作,解除银行贷款的后顾之忧。

2018年，科技部与工商银行、建设银行、邮储银行签订了战略合作协议，带动3家银行针对科技型中小企业开展金融产品和服务模式创新，加大信贷投入力度；同年，科技部、工商银行联合印发《关于加强科技金融合作的通知》。

在直接融资方面，2003年，科技部等有关部门在12家高新区发行了8亿元企业债券，建立了国家高新区直接融资的渠道。2007年8月，国务院批复了多层次资本市场体系的建设方案，建设创业板市场是重点之一，不仅为中小高新技术企业的直接融资提供了更好的舞台，而且为创业投资建立了更通畅的退出机制。2006年，中国证监会和北京市政府共同推进了中关村科技园区非上市股份有限公司股份报价转让的试点工作，即"新三板"。2007年，财政部、科技部设立科技型中小企业创业投资引导基金。

在科技保险方面，科技部与中国出口信用保险公司的科技保险合作，针对高新技术企业的高新技术产品发挥信用保险的风险防范作用；2007年7月，科技部和保监会分别与北京、天津、重庆、深圳、武汉及苏州高新区签署了《科技保险创新试点合作备忘录》，确定了我国第一批科技保险创新试点城市（区），随后，第一份科技保险保单的签署标志着保险业进入支持国家自主创新战略实施的新阶段。2010年3月，科技部与保监会共同发布了《关于进一步做好科技保险有关工作的通知》，支持保险公司创新科技保险产品，在科技型中小企业自主创业、融资、企业并购等方面提供保险支持。2016年，银监会、科技部、中国人民银行选择10家银行在北京中关村、上海张江、天津滨海、武汉东湖和西安5个国家自主创新示范区开展"创业投资+银行信贷"试点。

第二节　科技计划

科技计划体系进一步完善、调整并聚焦重点，主要由重大专项和基本计划构成（图11-1）。重大专项是围绕国家战略目标而设立的专项计划，由政府支持并组织实施的重大战略产品开发、关键共性技术攻关或重大工程建设。基本计划是国家财政稳定持续支持科技创新活动的基本形式，包括973计划、863计划、国家科技支撑计划、政策引导类计划、国家国际科技合作专项及其他专项等。

第十一章 科技资源与能力建设

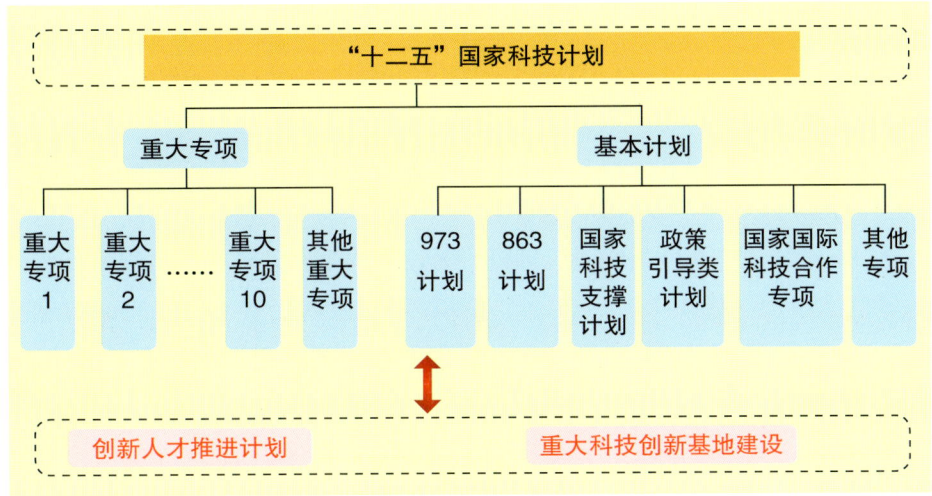

图 11-1 "十二五"国家科技计划

一、国家科技重大专项

国家科技重大专项是为了实现国家目标，通过核心技术突破和资源集成，在一定时限内完成的重大战略产品、关键共性技术和重大工程。

"十一五"是国家科技重大专项的开局阶段。《规划纲要》确定了核心电子器件、高端通用芯片及基础软件，极大规模集成电路制造技术及成套工艺，新一代宽带无线移动通信，高档数控机床与基础制造装备，大型油气田及煤层气开发，大型先进压水堆及高温气冷堆核电站，水体污染控制与治理，转基因生物新品种培育，重大新药创制，艾滋病和病毒性肝炎等重大传染病防治，大型飞机，高分辨率对地观测系统，载人航天与探月工程等重大专项。2008年年初，科技部会同发展改革委、财政部制定了《国家科技重大专项管理暂行规定》，对"十一五"期间国家科技重大专项实施中最紧迫、最急需、最关键的重点任务进行了研究和部署。"十一五"期间，国家科技重大专项在电子与信息、能源与环保、生物与医药、先进制造等关键领域共部署各类课题3000多个。

"十二五"期间，在国务院的统一领导下，科技部会同发展改革委、财政部继续推动科技重大专项的实施。2012年4月，《国家科技重大专项（民口）"十二五"发展规划》审议通过，明确了国家科技重大专项"十二五"战略目标、工作重点和保障措施，是国家科技重大专项的纲领性文件。

二、973 计划

973 计划是对我国未来发展和科学技术进步具有战略性、前瞻性、全局性和带动性的基础研究发展计划。

"十一五"期间，973 计划（包括国家重大科学研究计划）围绕国家重大需求，在农业、能源、信息、资源环境、人口与健康、材料、综合交叉与重要科学前沿领域进行战略性、前瞻性部署，共启动项目 497 项，结题项目 247 项，投入经费 115 亿元，参与科研人员约 25.09 万人。国家重大科学研究计划是 973 计划的重要组成部分，2006 年，启动蛋白质研究、量子调控研究、纳米研究、发育与生殖研究 4 个国家重大科学研究计划，随后设立全球变化研究和干细胞研究 2 个国家重大科学研究计划，组织实施了一批重大项目。进入"十二五"后，973 计划继续在重大科学研究领域、重大科学前沿领域进行前瞻性部署，截至 2012 年年底，973 计划在研项目 406 项，其中，农业科学 36 项，能源科学 34 项，信息科学 43 项，资源环境科学 35 项，人口与健康科学 68 项，材料科学 34 项，制造与工程科学 15 项，综合交叉科学 74 项，重要科学前沿 60 项，重大科学目标导向 7 项。

三、863 计划

863 计划坚持战略性、前沿性、前瞻性，以前沿技术研究发展为重点，统筹部署高技术的集成应用和产业化示范。《规划纲要》超前部署了 8 个领域 27 项前沿技术任务，这部分任务主要通过 863 计划落实。

"十一五"期间，根据《规划纲要》确定的前沿技术领域，863 计划结合重大专项的需求，选择信息技术、生物和医药技术、新材料技术、先进制造技术、先进能源技术、资源环境技术、海洋技术、现代农业技术、现代交通技术、地球观测与导航技术 10 个高技术领域，重点部署高技术研究发展，累计启动 38 个专题、30 个重大项目和 318 个重点项目，共立项课题 8216 项。进入"十二五"后，863 计划继续在重点领域部署前沿性研发任务，2012 年，在信息领域部署 26 个项目，生物医药领域 34 个项目，新材料领域 7 个项目，先进制造领域 18 个项目，先进能源领域 36 个项目，资源环境领域 29 个项目，海洋领域 18 个项目，现代农业领域 14 个项目，现代交通领域 28 个项目，地球观测领域 17 个项目。

四、国家科技支撑计划

为适应建设创新型国家的新形势,从 2006 年 7 月开始,在原国家科技攻关计划的基础上设立国家科技支撑计划,进一步加大对重大公益技术研发的支持力度,以公益技术及产业关键技术研究开发与应用为重点,全面提升科技对经济社会发展的支撑能力。

"十一五"期间,国家科技支撑计划重点在能源、资源、环境、农业、制造业、材料、交通运输业、信息产业与现代服务业、人口与健康、城镇化与城市发展、公共安全 11 个领域进行部署,安排 30 项重大项目、170 项重点项目,共启动实施项目 729 项,设立课题 4817 个。进入"十二五"后,国家科技支撑计划进一步围绕经济结构调整、发展方式转变及改善民生等重大需求开展工作,2012 年,国家科技支撑计划共实施项目 701 项,在研项目 310 项,投入经费 167.2 亿元。

五、政策引导类计划

政策引导类计划是国家基本科技计划的重要组成部分,是国家科技管理部门加强地方科技工作、引导地方科技发展和企业技术创新的重要政策手段,包括星火计划、火炬计划、技术创新引导工程、国家重点新产品计划和国家软科学研究计划等引导计划。

星火计划。"十一五"期间,星火计划加大对科技特派员基层创新创业、新农村建设科技示范(试点)、科技服务体系建设、产业带建设、科技培训、科技服务模式发展等方面的支持,共立项 57 087 项,其中,国家级项目 7144 项,省级项目 10 427 项,市地级项目 12 786 项,县级项目 26 730 项,各级投入星火项目经费总额达到 1939.1 亿元。进入"十二五"后,星火计划继续加大对"三农"的政策引导支持,2012 年,安排国家星火项目 1473 项,其中,重大项目 129 项,安排经费 2 亿元。

火炬计划。2006 年,火炬计划整合原火炬计划、原科技兴贸计划、原成果推广(技术转移)计划、原生产力促进中心专项、原大学科技园专项。"十一五"期间,火炬计划项目加快推动高新技术成果的商业化、产业化、国际化,总立项数 7409 项,其中,产业化项目 6755 项,环境建设项目 654 项,重点支持项目 1016 项,中央财政拨款共计 8.5 亿元。进入"十二五"后,火炬计划继续推动高新技术产业发展,2012 年,总立项数 2139 项,中央财政安排经费 2.2 亿元,并新设国家火炬计划创新型产业集群和科技服务体系重大项目。

国家重点新产品计划。该计划通过政策性引导和扶持,促进新产品开发和科技成果转化及产业化，促进企业成为技术创新和科技投入的主体，带动我国产业结构优化升级和产品结构调整。"十一五"期间，重点支持电子与信息、航空航天及交通、光机电一体化、生物技术、新材料、新能源与高效节能、环境与资源利用、航空航天、地球空间及海洋工程、医药与医学工程、农业11个领域，立项6461项，获得经费支持项目1316项，支持金额8.3亿元。2010年10月，国务院做出《关于加快培育和发展战略性新兴产业的决定》。进入"十二五"后，重点围绕培育和发展国家战略性新兴产业，加大对技术含量高的创新产品支持，2012年，认定项目1206项，包括重点新产品1167项和战略性创新产品39项。

国家软科学研究计划。该计划围绕经济社会和科技发展的前瞻性、战略性问题，组织开展有关科技、经济和社会发展的重大战略问题研究。"十一五"期间，国家软科学研究计划共资助经费1.03亿元，立项1122项，其中，重大项目312项，面上项目810项；2012年，选定160项经费资助项目，落实项目经费2500万元。

六、其他专项

农业科技成果转化资金。"十一五"期间，农业科技成果转化资金积极带动地方区域经济发展、促进农业科技成果转化、提高农业综合生产能力、促进农民增加收入，共支持2719个项目，中央财政累计投入18亿元。2012年，该资金共立项663项，首次遴选特别重大项目，单项支持强度提高到600万元，国家拨款资助49 600万元，引导地方各类投入共计261 185.25万元，引导比达到1∶5.27。

科技型中小企业技术创新基金。该基金以全面提升科技型中小企业技术创新能力为目标，围绕加快培育和发展战略性新兴产业等重大战略需求，引导社会资金和其他创新资源支持科技型中小企业创新创业发展。"十一五"期间，科技型中小企业技术创新基金积极探索公共财政支持科技型中小企业创新的新模式。2006年，增设中小企业公共服务机构补助资金；2007年，设立科技型中小企业创业投资引导基金，期间共立项17 893项，资助金额115.0亿元。截至2012年年底，科技型中小企业技术创新基金累计财政市级预算投入达220.9亿元，累计支持项目39 836项。

科技富民强县专项行动计划。"十一五"是该计划实施的第一个完整五年，安排实施县（市、区）总数量达到884个，投入中央财政资金14亿元，带动其他资金155.2亿元。进入"十二五"后，该计划继续以"富民强县"为重点，增强科技对县域经济的引领和支撑，

2012年，安排了第七批试点共295个县（市、区）实施项目，投入国拨资金5亿元，带动71.6亿元的其他资金。

科研院所技术开发研究专项资金。通过设立技术开发专项资金，推动科研院所实施以开发高新技术产品或工程技术为目的的应用开发研究工作，提升院所的自主创新能力。"十一五"期间合计安排专项资金12亿元，承担单位匹配自筹经费23.65亿元，立项1268项。2012年，该资金择优立项272项，任务总经费8.35亿元，专项资金引导社会资金的比例约为1∶1.78。

我国国家科技计划体系的其他专项还包括科技基础性工作专项、国家磁约束核聚变能发展研究专项、国家重大科学仪器设备开发专项、科技惠民计划等。

第三节　科技基础条件

一、制度政策保障

2001年，科技部印发《科研条件建设"十五"发展纲要》，对科研条件工作做出部署；同年，科技部联合相关部门启动了科学数据共享工作，引入科技基础条件资源开放、共享、竞争、服务的新机制。2002年年底，科技部向国务院提交了《关于加强国家科技基础条件平台建设的意见》。从2003年起，科技部与发展改革委、财政部、教育部等有关部门联合启动了科技基础条件平台建设重点领域试点项目，推进科技基础条件资源共享网络平台和机制建设。之后，《2004—2010年国家科技基础条件平台建设纲要》和《"十一五"国家科技基础条件平台建设实施意见》相继出台，对科技资源共享平台建设进行整体规划和布局。2005年，科技部和财政部正式启动"国家科技基础条件平台建设专项"，推进研究实验基地和大型科学仪器设备、自然科技资源、科学数据、科技文献、科技成果转化、网络科技环境六大类科技资源共享平台建设，大力推进各类科技基础条件资源开放共享。

科技基础条件资源保障体系逐步完善。《规划纲要》对科技基础条件建设和科技资源共享工作做出全面部署；同年，中央编办批准科技部成立国家科技基础条件平台中心，承担国家科技基础条件平台建设和管理工作，推动科技资源开放共享。2007年修订的《科学技术进步法》规定了科技资源开放共享的有关条款，确保了科技资源开放共享工作有法可依。2008年，科技部、财政部启动了国家科技基础条件资源调查，作为国家科技基础条件平台建设的3项基础性工作之一，是我国专门针对科技条件资源覆盖面最广、层次最高的一项调查工作。2011年，中央财政设立了国家重大科学仪器设备开发专项资金，用于支持重大科学仪器设备开发。从2011年起，国家科技支撑计划每年列出专项渠道，支持实验动物、科研试剂、技术标准的研发工作，科研条件保障能力进一步提升；科技部、财政部还通过绩效考核与后补助制度的方式，支持国家科技基础条件平台对外开放共享服务。我国也先后制定了一系列专项规划，如《"十一五"科学仪器设备发展规划》《"十一五"科技文献发展规划》《"十一五"实验动物发展规划》《"十一五"科研用试剂发展规划》《科研条件发展"十二五"专项规划》，以增强科研条件创新能力，推进科研条件开放共享。

二、科技基础条件能力建设

科技基础条件发展水平持续提升，部分优势资源达到国际先进水平，科技基础条件能力建设取得长足进展。

研究实验基地体系基本覆盖基础研究主要学科和国民经济与社会发展的重点领域。我国依托科研院所和高等院校，建成了由一大批国家重点实验室、国家工程技术研究中心、国家工程研究中心、国家工程实验室、企业国家重点实验室和省部共建国家重点实验室培育基地、大型科学仪器中心、国家级分析测试中心、国家野外科学观测研究站（网）等组成的研究实验基地体系。截至2012年年底，我国拥有正在运行的试点国家实验室6个，依托院校建设的国家重点实验室260个，企业国家重点实验室99个，省部共建国家重点实验室培育基地105个，国家工程技术研究中心327个，国家工程研究中心130个，国家工程实验室126个，正在运行的国家野外科学观测研究站（网）105个，大型科学仪器中心15个。

重大科研基础设施规模持续增长，关键部件创新水平不断提升。我国重大科研基础设施经历了从无到有、从小到大、从学习跟踪到自主创新的过程。"十一五"期间相继启动了散裂中子源、脉冲强磁场实验装置、大型天文望远镜、结冰风洞、蛋白质科学研究设施、子午工程等12项重大科研基础设施建设；"十二五"期间重点建设合肥同步辐射装置、上海同步辐射光源、大型低速风洞、强流重离子加速器、南极天文台等16项重大科研基础设施。在重大科研基础设施建设和运行过程中，我国注重加强设施关键部件的自主创新，攻克多项技术难关，多项成果达到国际领先水平，如上海同步辐射光源建设运行过程中成功研制了高性能真空内波荡器、高精度数字化电源控制器、数字化高频低电平控制卡等关键设备和关键技术（图11-2）。

图11-2　上海同步辐射光源

大型科学仪器建设水平不断提升。截至2012年年底，我国科研院所和高等院校大型科学仪器总量为48 164台（套），原值合计659.5亿元，原值500万元以上的大型科学仪器数量达到1016台（套）。科学仪器的自主创新取得显著进展，通过科技部、财政部设立的国家重大科学仪器设备开发专项及国家自然科学基金，设立了科学仪器基础研究专项等计划专项，支持我国科学仪器的自主研发，逐步提高我国大型科学仪器的国产化率。2012年，我国大型科学仪器国产化率达到26.40%。

生物种质资源保障能力显著提升，实验材料研发取得重要成果。在种质资源方面，我国建立了包括国家作物种质库、中国农业科学院北京畜牧兽医研究所、中国药学微生物菌种保藏管理中心、中国科学院动物研究所、国家啮齿类实验动物种子中心等在内的种质资源保藏机构，收集保藏了大量植物种质资源、动物种质资源、微生物种质资源、标本资源和实验动物资源。截至2011年，种质资源保藏机构共有477个，生物种质资源信息达到113万余条。在实验材料方面，围绕实验动物开展了一系列研究，如重大疾病动物模型和实验动物资源的标准化及评价体系的建立、基因工程及特色实验动物模型开发与集成应用示范等；成立国产试剂联盟，攻克了一批科研用试剂的核心单元物质、关键技术和生产工艺，研发出肿瘤疗效检测试剂盒、血清质谱多肽组学系列检测试剂等，联合试剂（UAR）已逐渐成为能被科研人员认可的自有品牌。

科学数据总体规模大幅增长。伴随着以大科学装置、国家野外科学观测研究站（网）、国家重点实验室等为代表的科研基础设施和研究实验基地的建设，我国科学数据实现了快速积累与发展，高能物理、天文、地学、生命科学等领域的观测、检测数据大幅增长，"十一五"期间，实现了160 TB科学数据的整合、开放与共享。

国家计量基标准技术不断提升。"十五"期间，在国家科技基础性专项、社会公益性专项、重要技术标准专项和科技基础平台计划等支持下，立项实施了以铯冷原子喷泉时间频率基准、直流及交流量子化霍尔电阻基准为代表的7项计量前沿研究项目，计量基标准取得重大突破。"十一五"期间，我国基本完成了计量各学科领域优化布局和组织结构调整，取得了包括材料热物性测量标准装置在内的一批高水平计量科技成果。《科研条件发展"十二五"专项规划》进一步提出要"开展基础前沿领域高准确度计量基标准研究，突破前沿领域量值溯源关键技术，建立国际互认的国家新一代高准确度、高稳定性量子计量基准"。

三、科技基础条件资源共享利用

2004年7月，国务院转发科技部等部门制定的《2004—2010年国家科技基础条件平台建设纲要》，把建设研究实验基地和大型科学仪器设备共享平台、自然科技资源共享平台、科学数据共享平台、科技文献共享平台、成果转化公共服务平台和网络科技环境平台列为平台建设的重点。2005年，科技部、财政部正式启动"国家科技基础条件平台建设专项"，按六大类科技平台24项重点任务，组织实施了首批39项重点建设项目；"十一五"期间启动了42个平台建设项目，中央财政累计投入科技平台建设专项经费29.1亿元，地方、部门配套经费3.75亿元；2011年，科技部、财政部认定了国家材料环境腐蚀野外科学观测研究平台、国家大型科学仪器中心、标本资源共享平台、林业科学数据平台、科技文献共享平台等23个国家科技基础条件平台。经过不断努力，我国实现了大量科技资源的整合、开放与共享，开通了中国科技资源共享网，涉及资源总量超过1000 TB，初步建立起跨部门、跨区域、多层次的资源整合与共享网络体系，建立和完善了重点科技资源的物质与信息保障系统，资源由"物理分散、信息封闭"走向"物理分布、逻辑统一"。各地方因地制宜地建成了一批各具特色的地方科技平台，初步形成了包括产品研发、技术服务、资源共享等形式和功能多样的地方科技平台体系。

研究实验基地和大型科学仪器设备共享平台。在整合相关研究试验资源的基础上，

第十一章
科技资源与能力建设

组建跨领域、高水平的国家基础性研究实验基地；在巩固区域性大型科学仪器协作公用网的基础上，推进大型科学仪器、设备、设施的建设与共享，逐步形成全国性的共享网络；形成一批联网运行和资源共享的综合性、专业性野外观测实验基地。2007年11月，全国大型科学仪器协作公用网开通，实现了"全国、区域、省市区"三级共享，显著提高了大型科学仪器的使用效率。截至2012年，5个研究实验基地和大型科学仪器设备共享平台通过认定，进入国家科技基础条件平台体系，开放的大型科学仪器达到21 484台（套），年均工作机时达到1696小时/台（套），对外服务机时达到425小时/台（套），对外服务率达到25.6%。

自然科技资源共享平台。重点围绕植物、动物种质资源，微生物菌种，人类遗传资源，标准物质，实验材料，岩矿化石标本和生物标本等资源的搜集、保藏，整合和完善国家种质资源库、国家实验材料和标准物质资源库，推进自然科技资源开放共享和综合利用，形成体现区域特色、质量稳定、库藏不断增加、保藏和利用水平持续提高的自然科技资源共享服务体系。截至2012年，自然科技资源领域共有8个平台通过认定试点纳入国家科技平台体系，整合农作物种质资源42.1万份，微生物菌种资源17.67万株，家养动物种质资源576个品种，标本类资源951.8万份，标准物质资源7254种，实验细胞资源2009株（系），水产种质资源6153种，林木（含竹藤花卉）种质资源68 108份。

科学数据共享平台。针对相关部门和行业长期持续积累的数据资源，以及国家科技计划项目的数据进行整理、汇交和建库；以政府资助获取与积累的科学数据为重点，整合相关的主体数据库，构建集中与分布相结合的国家科学数据中心群；形成国家科学数据分级分类共享服务体系。截至2012年，我国在科学数据领域先后支持建设了10个科学数据中心群和3个科学数据共享网，6个科学数据共享平台进入国家科技平台体系开展共享服务，共计整合科技资源数据65 TB。

科技文献共享平台。进一步扩充、集成科技文献资源，加强专利、工艺、标准、科技报告等文献资源的建设，逐步建设各类数字化的科技文献资源库，促进相关部门、地方科技文献网络系统的对接和共享，构建种类齐全、结构合理的国家科技文献资源保障和服务体系。截至2012年，我国在科学数据领域支持建设了科技文献共享平台和国家标准文献共享服务平台2个平台建设项目，加工整理中国国家标准、国际标准等资源160万条，建设了中国强制性国家标准、美国联邦技术法规、日本现行法规全文数据库2万余条，当年发订外文印本科技文献28 306种，新书评介获得科技专著996册。

成果转化公共服务平台。充分发挥共性技术开发、中间试验、产品测试等方面机构的作用，提高产业配套和工程化技术服务水平；构建技术交流与技术交易信息平台，提升技术市场的信息化服务水平，强化相关科技中介机构的服务功能，完善高新技术开发区和其他各类科技工业园的服务和孵化功能，营造科技产业化的良好环境。

网络科技环境平台。推进大型科学仪器设备的远程应用，研究开发网络实验系统和远程仪器设备控制系统，选择若干重大科学领域构建网络实验环境；发挥高性能计算中心功能，构建数据网格、计算网格，实现计算资源的共享；充分利用现代网络技术和公共网络基础设施，构建服务于全社会科技活动的跨地域、实时的网络协同环境。截至2012年，网络科技环境领域共有中国数字科技馆和北京离子探针中心2个平台通过认定进入国家科技平台体系开展共享服务。

第四节　基础研究能力

2006年，科技部会同有关部门印发了《国家"十一五"基础研究发展规划》，明确了"十一五"基础研究总体发展目标和任务，提出了加强基础研究宏观管理、完善政策体系、推进评价工作等政策措施，为营造有利于创新的良好环境提供了保障。2007年，修订后的《科学技术进步法》进一步确立了基础研究的重要战略地位和作用，在营造鼓励探索、宽容失败的科研环境，基础研究成果知识产权，基础研究中违规行为处理等方面做出了明确规定。同年颁布施行的《国家自然科学基金条例》则明确了国家自然科学基金的具体资助管理制度，包括国家自然科学基金的组织与规划、项目申请与评审、资助与实施、监督与管理措施等内容，为推动基础研究发展提供了重要的法律法规保障。

根据《规划纲要》和《国家"十一五"基础研究发展规划》的总体要求，我国启动了重大科学研究计划，继续组织实施973计划，稳步推进科学数据共享工程和科技基础性工作专项，持续加大国家自然科学基金支持力度，推动科学条件和设施建设，促进项目、人才、基地结合，为我国基础研究繁荣发展开创了新局面。通过973计划、国家自然科学基金、国家重点实验室建设计划、重大科学工程及各类人才计划或专项等多种渠道，逐步加大对基础研究的经费投入，多渠道、多元化支持基础研究的格局逐步形成。

基础研究投入总量保持持续增长态势。2012年，基础研究经费支出达到498.8亿元，约是2002年73.8亿元的6.8倍，年均增长速度超过21%。国家自然科学基金作为资助我国基础研究的主要渠道之一，为开展基础研究工作提供了重要的资金保障。国家财政对自然科学基金拨款金额不断增加，仅2012年就实现拨款170亿元；国家自然科学基金择优资助 1420 个依托单位的各类项目 38 411 项，完成了 236.6 亿元的资助计划。国家自然科学基金委员会还通过设立联合基金和联合资助的方式，促进与国家部委、地方政府、国有企业和科研院所的广泛合作，引导其他科技资源投入基础研究，对整合科技资源、推动产学研结合和促进国家创新体系建设发挥了积极作用。

基础研究的人力资源投入也在不断增加。2012 年，基础研究人员全时当量达到 21.2 万人年，与 2002 年的 8.4 万人年相比，增长了 1.5 倍，占全国 R&D 人员全时当量的 6.5%。高等院校和科研院所的基础研究人员分别占全国基础研究人员的 62.3% 和 29.1%，成为基础研究的主力军。

基础研究领域各学科发展呈现良好态势，形成了较为完整的学科布局，传统学科得到巩固和加强，一批新兴交叉学科得到快速发展，若干领域进入世界先进行列。

国家自然科学基金始终坚持尊重科学、发扬民主、提倡竞争、促进合作、激励创新、引领未来的工作方针，在"十二五"及"十三五"期间先后提出"更加侧重基础、更加侧重前沿、更加侧重人才"和"聚力前瞻部署、聚力科学突破、聚力精准管理"的战略导向，不断优化资助布局，全面培育源头创新能力。以 2012 年为例，国家自然科学基金支持科学家在广泛学科领域自由探索，资助面上项目 16 891 项，金额约 124.8 亿元；探索稳定支持新机制，启动青年基金—面上项目连续资助机制，批准连续资助项目 301 项，引导青年科学家沿着稳定方向持续研究；加强非共识创新研究支持，资助 1 年期小额探索项目 592 项，2 年期项目 70 项，择优资助重大非共识项目 1 项，鼓励科学家开展高风险的创新研究；扶持传统或薄弱学科，问题驱动的应用数学、反应堆物理、经典植物分类等方向通过专项基金和宏观调控经费得到支持；促进基础数据和基本资料库建设，通过对计算力学软件、人类疾病动物模型、海洋原位观测和管理研究基础数据等资助夯实相关学科发展的基础；加强学科前沿领域布局，资助重点项目 538 项，金额约 15.67 亿元，推动一批优势学科、特色学科和新兴交叉学科的发展。

引领优势学科和重点学科快速成长。我国通过制定优先资助领域、政策倾斜、设立宏观调控经费等措施，对处于国际前沿、活跃的学科领域予以倾斜，对我国已经形成优势或具有特色的学科领域加大支持力度，提升优势学科领域的整体水平。科技部组织制定的历次国家科学技术发展规划均将加强数学、物理、化学、天文学、地球科学、生物科学等传统基础学科的建设作为规划的重要内容，组织实施的 973 计划，教育部的"985 工程""211 工程"和博士点基金，中国科学院的知识创新工程及人事部的博士后基金等，都对高等院校和科研院所的学科建设发挥了重要作用。

推动学科交叉，孕育新的学科生长点。《国家"十一五"基础研究发展规划》对力学、工程科学、农业生物学、生物医学、信息科学、能源科学、材料科学、空间科学、海洋科学等12个交叉学科的发展做了重点部署。国家自然科学基金发挥重点、重大项目和重大研究计划的导向作用，在学科、科学部和跨科学部3个层次资助学科交叉研究，以关键科学问题带动不同学科领域的交叉与协作。973计划也专门设立了综合交叉领域，鼓励和加强不同领域之间的交叉与融合，对具有战略性、跨学科领域的重大问题进行重点部署。在激光物理、超导材料、生命进化、神经科学、离子束生物工程学等领域孕育了一大批新的科技生长点，人类基因组学、纳米科学、量子信息学、全球变化、绿色生产和环境友好化学、复杂科学和生物复杂性、金融数学等学科前沿领域从无到有，蓬勃发展。

服务国家目标，攻克关键科学问题。解决未来发展中的关键和瓶颈问题是基础研究的重要任务。973计划始终坚持面向国家重大需求，立足国际科学发展前沿，组织优秀科学家和研究团队开展创新研究，围绕农业、能源、信息、资源环境、人口与健康、材料等重大需求，解决我国经济社会发展和科技自身发展中的重大科学问题。

第五节　科普能力

2002年6月，《科学技术普及法》出台，科普工作走上了法制化的轨道，截至2012年，全国已有28个省（区、市）颁布实施了地方科普条例或科普规章，有7个省会城市或较大城市颁布实施了科普条例或科普规章。2006年2月，国务院发布了《全民科学素质行动计划纲要（2006—2010—2020年）》，对提高我国公民科学素质工作做出了具体安排。2007年1月，科技部等八部委联合出台《关于加强国家科普能力建设的若干意见》，对科普创作、科技传播渠道、科学教育体系、科普工作社会组织网络、科普人才队伍及政府科普工作宏观管理等方面做出比较全面的规定；同年新修订的《科学技术进步法》从法律角度充分体现了科普工作的重要意义，鼓励科普事业的发展，为科普工作提出了明确方向和要求。2006年11月，科技部、中国科协联合发布了《关于加强县（市）科技工作和科普事业发展的指导意见》。2007年11月，农业部、中国科协等17个部门发布了《农民科学素质教育大纲》。2008年6月，中国科协发布了《中国科协科普资源共建共享工作方案（2008—2010年）》；同年11月，《科普基础设施发展规划（2008—2010—2015年）》出台，以"提升能力、共享资源、优化布局、突出实效"为我国科普基础设施发展的指导方针，确立了发展目标。2012年4月，科技部印发《国家科学技术普及"十二五"专项规划》,部署了科普工作的基本目标、重点任务和保障措施。一年一度的科技活动周自2001年开始设立,从2005年起,每年9月第3周的公休日被定为全国科普日。

随着科普制度环境的不断优化,我国科普活动涉及范围及内容更加广泛,广大群众的科技素质不断提高。2001年,全国公民科学素质调查结果显示,我国公民具备基本科学素质的比例为1.4%,到2010年第八次全国公民科学素质调查时,我国公民具备基本科学素质的比例已经达到了3.27%,比10年前翻了一倍还多。

科普人员和经费投入稳定增长,公众参与科普活动的热情高涨。2001—2011年,各地各部门围绕"节约能源资源、保护生态环境、保障安全健康"主题广泛开展各类科普活动。全国科普日和科技活动周紧密围绕主题,仅在"十一五"期间全国各地共组织开展了近2亿项各具特色的科技类活动,直接参与的公众突破5亿人次。"科技卫生三下乡""节能减排全民行动""千乡万村环保科普行动""科技列车行""气象防灾减灾宣传志愿者中国行"等都已成为公众广泛参与的品牌活动。针对禽流感、手足口病、艾滋病、甲型H1N1流感、地震、雨雪冰冻灾害等疫情、突发事件,科协及时动员和组织科技界、新闻媒体围绕人民群众关注的热点焦点问题开展民生科普。全国科普日、科技活动周等全国性科普活动共举办各类活动20余万次,直接参与活动的人员超过16亿人次。全国科技馆竣工面积已超过100万平方米,中央、地方总投入超过100亿元,截至2011年年底,全国28个省(区、市)至少拥有1座省级或省会城市科技馆,城区常住人口100万以上的大城市中,58%已至少拥有1座科技类博物馆,近200座科技类博物馆是10年来新增的。全国科普教育基地和全国青少年科技教育基地多领域稳定发展,总数达到1248座。在偏远地区,人们也能体会到科学的魅力,截至2011年,科普大篷车数量达到607辆,累计行驶1670多万千米,无论是在新疆还是在海南,都能看到这个"流动科技馆"的身影(图11-3)。2011年,全国的农村科普示范基地达到21 378个,在最需要科学技术的农村地区,这些科普示范基地正在发挥帮助农民掌握科学技术、提高生产能力的积极作用。"科普惠农兴村计划""社区科普益民计划"通过"以奖代补、奖补结合"的方式,给予全国农村和城市社区的基层科普组织资金支持,鼓励农户依靠科学技术脱贫致富,支持社区开展形式多样的科普活动。

国际科普合作与交流广泛开展。我国科普工作者通过举办和参加国际化论坛、研讨会的相关活动,积极推进了与英国、澳大利亚、法国、美国和日本等国家及我国港澳台地区的科普交流合作。

图 11-3 科普大篷车走进西藏

第六节 对外科技合作

一、科技合作规划与实施

2006年11月,科技部推出《"十一五"国际科技合作实施纲要》,提出"十一五"期间国际科技合作的战略转变和重点合作领域,成为中国开展国际科技合作工作的重要指导性文件。为推进和规范国际科技合作,我国在组织和管理上也进行了一系列改革和创新;颁布《关于国际科技合作项目知识产权管理的暂行规定》,规范国际科技合作中的知识产权管理和保护;出台《国际科技合作计划管理办法》,加强国际科技合作计划与政府间科技合作的衔接;2011年8月,科技部制定了《国际科技合作"十二五"专项规划》,着力深化科技对外开放、改善合作环境、深化合作内容、创新合作方式、建设国际化人才队伍、完善协调机制;《国家国际科技合作基地管理办法》《"十二五"国际科技合作政策保障措施》等也相继出台。2011—2015年,科技部资助国际科技合作项目2090项,总计资助经费72.7亿元。

截至2012年年底,我国已与154个国家和地区建立了良好的科技合作关系,在47个国家的70个驻外使领馆派驻了144名科技外交官。2008年开始启动的"科技外交官服务行动"也发挥了良好作用,形成了较为完整的以政府间科技合作框架为主

第十一章
科技资源与能力建设

体的多元化合作格局。科技部驻外机构分布在亚洲、非洲、欧洲、美洲和大洋洲。中国政府大力支持中国科技人员在国际科技组织中任职、举办重大国际会议、提供科技援助。

在政府间科技合作的推动、示范和鼓励下，中国民间科技合作交流取得了较大进展。例如，2012年，国家自然科学基金委员会共筹划和组织23批次高层出访和来访活动，资助重大合作研究项目106项，资助经费3亿元，组织间合作研究项目146项，资助经费1.9亿元，并与多个国家组织实行多边和双边联合资助计划；中国科学院举办多边和双边国际学术会议325次，组织召开高层国际研讨会15次，与Science首次合作出版副刊，与德国马普学会签订"骏马计划"合作备忘录等。我国高等院校也采取了多种形式开展国际科技合作，引进国外优质资源，鼓励科研人员申请国家科技合作计划和参与国际大科学、大工程计划。

随着科技能力的不断增强，我国对外科技合作的形式不断创新，合作层次和水平不断提高，从单纯的学术交流发展到多种实质性合作。例如，成立联合研究机构；联合设立科技合作基金，中国与多个国家联合设立科技合作基金以支持科技项目的合作，国家自然科学基金委员会也与美国国家科学基金会、英国皇家学会等多家机构联合促进实质性国家合作研究的开展；成立国家级国际联合研究中心，2007年12月，33家科研机构获批建立首批国家级国际联合研究中心；设立国际科技合作产业化基地，致力于发展成为技术领先、人才集聚的国际化研发基地；建设国际创新园；建立长期科学战略联盟，科技部和荷兰教育、文化和科学部签订了《中国荷兰科学战略联盟计划》。截至2012年年底，国家国际科技合作基地达329家，其中，国际创新园10家，国际联合研究中心55家，国际技术转移中心10家，国际科技合作基地254家，一个较为完整的国际科技合作与创新平台网络初步形成。

二、国际科技合作计划工程

国际科技合作的领域日益广泛，涉及基础研究、能源环境、生命科学、空间技术、疾病防治、信息技术、自动化技术、激光技术、新材料技术等领域，取得了丰硕成果。在基础研究领域，我国参与了包括欧洲核子研究中心、美国斯坦福直线加速器中心在内的一些国际顶尖科研机构的大型实验装置工作，北京正负电子对撞机、重离子加速器、西藏羊八井宇宙线观测站等重大科学工程加速建设；在能源环境领域，我国参与了国际能源科技合作项目——国际热核聚变实验堆（ITER）计划，并启动了可再生能源与新能源国际科技合作计划；在生命科学领域，参加人类脑计划并开始启动中华人类脑计划，提出并牵头了人类肝脏蛋白质组计划；在空间技术领域，我国加入了欧盟委员会和欧洲空间局共同发起的伽利略计划，北京航空航天大学与英国卢瑟福·阿普尔顿实验室成立中英空间科学与技术联合实验室；在疾病防治领域，我国与其他国家合作设立中国综合型艾滋病研究、SARS治疗性抗体研发和SARS发病机制研究等项目；在其他领域，我国也开展了广泛而卓有成效的国际科技合作。

国际科技合作的水平不断提高，我国积极参与并牵头组织了一批处于世界前沿的国际重大科技计划和大科学工程，包括人类基金组计划（1991年参与，2001年绘制完成部分的"完成图"）、伽利略计划（2003年参与）、ITER计划（2003年参与）、人类蛋白质组计划（2003年提出并牵头人类肝脏蛋白质组计划）、全球对地观测系统（2004年加入）、综合大洋钻探计划（2004年参与）、中医药国际科技合作计划（2007年牵头启动）、可再生能源与新能源国际科技合作计划（2007年牵头启动）等，极大提高了我国的国际科技影响力和地位。我国与其他国家的科技合作也逐渐向世界前沿、高水平的科技合作迈进，如代表世界最高水平的欧盟框架计划对我国开放，中美托卡马克先进运行模式联合研究获得了等离子体放电和稳定可控的偏滤器位形等离子体等（图11-4），

图11-4　中国"人造太阳"——全超导托卡马克核聚变实验装置东方超环（EAST）

受到了国际学术界的关注。2012年，中国出台了《参加国际大科学工程及研究计划国内论证指南（试行）》，为更好地推动中国参与和牵头国际重大科技计划和大科学工程提供了指导。

三、双边和多边科技合作

中美科技合作。科技交流与合作一直是中美两国领导人会晤的重点领域之一。中美双方建立了中美科技合作联合委员会，截至2012年，共举行了14届会议；总揽中美科技合作全局的《中美科技合作协定》每5年续签一次，分别于2006年和2011年签署了延期协定书。中美政府间科技合作机制的顺利运行推动了两国在众多领域展开科技合作。

中欧科技合作。中欧科技合作是中欧战略伙伴关系的重要内容之一。中欧双方于1998年签署并于2004年续签了《中华人民共和国政府与欧洲共同体科学技术合作协定》；欧盟成为第一个向我国开放其主体科技计划——欧盟框架计划的地区；2009年5月，中欧双方启动了"中欧科技伙伴合作计划"，为中欧科技计划的实质性对接开启了渠道；2012年，中国与欧盟签署了《中欧创新合作对话联合声明》，并于2013年举行了首届"中欧创新合作对话"；2004年，中国科技部与欧洲空间局启动了地球观测领域的大型合作研究计划——"龙计划"。

中俄科技合作。中俄总理定期会晤委员会框架下的科技合作分委会是两国政府间科技合作的机制化平台，截至2012年，共举行了16届科技合作分委会例会，列入并执行了数百项中俄政府间科技合作项目。中俄双方在航空航天、核能和其他能源、新材料、化工、船舶等领域开展了卓有成效的合作，取得了丰硕成果。

中日韩科技合作。中日韩三国之间的科技合作在不断加强，2003—2010年分别签署了《信息通信领域合作安排》《开放源代码软件合作备忘录》《关于加强中日韩可再生能源和新能源科技合作的共同倡议》《中日韩加强科技与创新合作联合声明》等。中日在基础科学、环境、能源、资源、农业等领域的合作不断加强；中韩政府间科技合作在信息通信、航空航天、生命科学、高新技术产业化等领域实现了卓有成效的合作。

与发展中国家的合作。作为发展中国家的一员，中国政府十分重视与发展中国家的合作，科技援外是重要合作途径之一，主要通过对外科技培训、大力开展科技示范性项目、援赠科学仪器3种方式展开合作。

与我国港澳台地区的合作。2004年5月，科技部与香港工商及科技局签署《内地与香港成立科技合作委员会协议》，成立内地与香港科技合作委员会，委员主要由两地政府相关管理部门和主要科研机构组成。2005年10月，科技部与澳门特别行政区科技委员会签署了《内地与澳门成立科技合作委员会的协议》，成立内地与澳门科技合作委员会。科技部海峡两岸科技交流中心作为民间机构出面与台湾李国鼎科技发展基金会、工业技术研究院通过合作举办论坛、研讨会及项目合作洽谈会等多种形式的科技交流活动，推动两岸科技交流不断发展。

第十二章
自主创新成效显著

随着我国自主创新能力和科学技术水平的不断提高,我国在各个领域取得了一批成果,基础研究水平提高,前沿技术实现突破,高新技术产业和新兴产业迅速发展,为推动经济社会的可持续发展发挥了重要作用。

第一节 基础研究

数学整体水平不断提高,特别是在数学机械化、微分方程、组合数学等方面取得了重大的原创性成果。提出了计算 Laurent-Ore 模的所有一阶子模的第一个算法,获得国际计算机科学协会符号与代数计算专业委员会颁发的"ISSAC 杰出论文奖";对椭圆变分不等式、超导数学模型、连续铸钢模型、电磁散射问题和非饱和水流运移 Richards 方程等非线性偏微分方程基于有限元后验误差分析的自适应有限元方法进行了系统和深入的研究。

物质科学发展势头良好,特别是在量子器件、纳米材料、凝聚态物理等前沿领域取得了一批成果。发现超导临界温度可达 26 K(空穴型)、43 K、52 K 和 55 K 的铁基超导材料,突破了麦克米兰极限(39 K);在国际上首先提出了介电材料超晶格的理论体系,把半导体超晶概念扩展到介电体,研制成周期、准周期和二维调制结构介电体超晶格;完成五光子纠缠实验,走出实现线性光学量子计算的第一步;在单分子层次上进行"手术",通过化学键剪切,在国际上首先实现了对单分子磁性的控制;发现超短、超强激光吸收机制相互转换规律,实现了超热电子的定向发射和控制,解决了锥靶中子增强之谜。

生物科学发展迅速,尤其是在蛋白质研究、克隆技术、神经科学、微生物等方面取得了一批重大成果。建成畜禽遗传资源体细胞库;描绘出 CD_{34}^+ 细胞的基因表达谱,批量发现新 EST、新全长 cDNA、新基因的能力有了极大提高；克隆了遗传性乳光牙本质致病基因、A-1 型短指症致病基因、房颤致病基因，发现了人类 4 号染色体 4p15.1-4q12 区域存在鼻咽癌易感基因；完成了对非典冠状病毒的全基因组序列测定；完成了所承担的国际水稻基因组计划第 4 号染色体精确测序任务，使我国对国际水稻基因组计划测序工作的贡献率达到 10%；获得克隆大鼠，发明了能够精确控制大鼠卵细胞自发活化的专利技术；从分子水平发现细胞质影响克隆鱼发育的新证据；发现了一种具有特殊负向免疫调控功能的新型 DC 亚群；揭示了控制神经细胞轴突和树突形成的分子机制；开创了果蝇面对两难线索的抉择研究；在认知科学研究方面提出了拓扑性质初期知觉理论，发现了支持该理论的磁共振成像生物学证据；揭开了细菌 DNA 大分子上掺入硫元素的一种新的修饰系统。

地球科学已形成较为完整的研究体系，出现了一批能与国际地学界对话的研究集体。大陆科学钻探工程成功渗入地下 5158 米，是第 3 个超过 5000 米和穿过造山带最深部位的科学深钻；提出了白垩纪大洋红层的概念及大洋富氧问题；从生态系统水平上建立了以鳀鱼为例的配额捕捞评估与管理模型；解释了东海黑潮多核结构的形成机制、南海环流多涡结构的演化规律；发现澄江、瓮安动物化石群，再现距今 5.3 亿年前海洋动物世界的真实面貌；出版了《中国植物志》，编纂了《中国孢子植物志》和《中国动物志》。

天文学在太阳表面磁学，包括太阳活动区向量磁场演化和太阳弱磁场研究等方面发展势头良好，取得了一系列重大的原创性成果。银河系磁场的研究成果使人们对银河系磁场从局域认知发展到整体图像，中国天文学家通过搭载在"神舟二号"飞船上的 γ 射线暴探测器，曾成功地观测到若干个 γ 射线暴。精确测定银河系漩涡结构中离太阳最近的英仙臂中的一个大质量分子云核的距离和运动速度；建立国际上模拟宇宙结构形成研究的模拟样本，提出了暗云占据数模型和暗云三轴椭球模型；观测到磁零点存在于磁重联中心区域，发现磁零点周围的磁场线存在螺旋结构，零点结构的特征尺度为离子惯性长度；通过羊八井国际宇宙线观测站，绘制出天空中的宇宙线分布图，研制了亚洲最大的射电望远镜天线系统等。

信息科学重点开展了集成电路器件与工艺、集成光电子器件与新型微纳米光电子器件、新的网络体系、软件工程、智能信息处理的科学基础与前沿问题等方面的基础研究。目前，我国信息科学的整体研究水平显著提高，其中，量子信息和通信方面已位居国际前列，高性能计算、信息存储、集成微机电系统等方面取得了一批原始创新成果。研制出电子回旋脉塞（回旋管）大功率太赫兹辐射源，使我国成为掌握这一核心技术的5个国家之一；提出了超越衍射极限的光学光刻原理和技术方法；在光纤通信中实现一种抗干扰的量子密码分配方案，实现了15千米自由空间量子隐形传态；成功研制出用于航天航空遥感、空间预警亟须的探测技术的10多种量子结构原型器件。

环境科学针对资源环境领域的突出问题，重点在战略矿产资源、生态环境、环境污染防治、重大灾害形成机制与预测等方面开展了一系列研究工作。建立干旱和半干旱地区区域环境系统集成模式、沙漠地区中大工程防护体系建设技术集成；在东海发现大规模亚历山大藻有害赤潮，证实了关键物理海洋过程在东海赤潮形成中的重要作用；发现氯苯生产过程和产品中的多氯联苯和二噁英类杂质的产生机制及含量；开创青藏高原气象学，创立大气长波能量频散理论、大气运动的适应尺度理论、东亚大气环流和季节突变理论。

农业基础科学重点开展了农作物育种和品种改良、品种和品质形成的分子机制、农产品安全、农作物重大病虫害形成与调控机制、家养动物复杂性状形成的遗传机制等方面的基础研究。育成小偃麦八倍体、异附加系、异代换系和异位系等杂种新类型和小偃麦新品种4、5、6号，创制蓝粒单体小麦系统，育成自花结实的缺体小麦并开创了快速选育小麦异代换系的缺体回交法；克隆了水稻的一些重要基因MOC1、LA1、TAC1、BC1等；构建了以5%的样本代表85%以上遗传多样性的水稻、小麦、大豆核心种质；成功研制新型高效重组禽流感病毒灭活疫苗和禽流感重组鸡痘病毒载体活疫苗。

能源基础科学在能源的开发及高效清洁利用、新能源的开发利用、能源安全等方面进行了重点部署，尤其是在化石能源高效清洁利用、石油勘探开发和提高采收率、战略矿产资源研究等方面取得了一批成果。发展了天然气高效成藏的定量评价新方法和新指标，评价了我国天然气高效资源总量和分布；建立碳酸盐岩油、气源岩分级评价方法和指标体系；制成第一根太阳能冶炼的单晶硅；成功研制容量为650 Ah的钠硫储能单体电池。

材料基础科学重点在纳米材料科学、信息功能材料科学、超导材料科学、新能源材料科学、生物医学材料科学等方面开展了大量卓有成效的研究工作。研究了优良非线性效应晶体材料的微观结构条件，研制出首创的偏硼酸钡、三硼酸锂等功能晶体；发明"幻数稳定团簇＋模板"新方法，制备出不同的二维人造晶体；成功研制纳米材料绿色制版技术；设计出一种可控的分离钠钾离子的纳米孔（分子筛）。

第二节 前沿技术

一、信息技术领域

芯片。2002年,研制成功的龙芯1号实现了我国信息产业芯片"从无到有"的跨越。2005年,龙芯2号发布,龙芯2B、龙芯2C、龙芯2E、龙芯2F处理器相继研制成功,实现了我国高性能通用CPU的跨越发展。2012年,四核CPU芯片龙芯3A1000流片研制成功。

高性能计算机。2004年,曙光4000A实现了对每秒10万亿次运算速度的技术和应用的双跨越,成为国内计算能力最强的商品化超级计算机,也是中国国家网格最大主节点,在当年公布的全球高性能计算机TOP 500排行榜中位列第十。2008年,百万亿次超级计算机曙光5000A诞生。2009年,中国首台千万亿次超级计算机"天河一号"研制成功,实现了我国研制超级计算机能力从百万亿次到千万亿次的跨越,居2010年11月超级计算机TOP 500排行榜第一(图12-1)。

图12-1 "天河一号"超级计算机

二、生物和医药技术领域

生物技术领域以增强我国生物技术的创新能力和国际竞争能力为战略目标,在源头创新、平台技术和重大产品3个层面上,渐次推进,重点突破,跨越发展。

重组戊型肝炎疫苗。重组戊型肝炎疫苗(大肠埃希菌)已获得国家1类新药证书和生产文号,成为世界上第一个用于预防戊型肝炎的疫苗。

双价霍乱O1/O139灭活疫苗。创立了检测疫苗中的有效保护性抗原方法,研制出可以同时预防O1群霍乱小川型、稻叶型和霍乱非O1群O139型肠道传染病的经济型疫苗。

盐酸安妥沙星。国家化学1.1类氟喹诺酮类抗菌新药,2009年4月获得国家食品药品监督管理局颁发的新药证书。

新一代靶向抗癌药埃克替尼。这是以表皮生长因子受体激酶为靶标的新一代靶向抗癌药,2011年获得国家食品药品监督管理局批准。

口服重组幽门螺杆菌疫苗。我国率先研制成功口服重组幽门螺杆菌疫苗。

丁苯酞原料及系列制剂。专门针对缺血性脑卒中,作用于脑卒中多个病理环节,是治疗急性缺血性脑卒中的创新性药物。

注射用重组葡激酶。注射用重组葡激酶生物技术新药,于2003年获得国家食品药品监督管理局颁发的1类新药证书,拥有工程菌的构建、生产方法和抗体的制备与检定方法3项专利。

重组人血管内皮抑制素注射液。利用血管内皮抑制素开发的抗癌药物,于2005年被国家食品药品监督管理局批准为生物制品1类新药。

三、新材料技术领域

在传统材料的高性能化、系列化及在节约资源、降低能耗、保护环境等方面取得了显著进展,直接辐射带动了一大批支柱产业的技术改造升级,建成了一批重要的研发平台和产业化基地,取得了一系列重大工程用关键材料的研制成果,支撑了我国重点工程、支柱产业、高新技术、国防重大工程等的发展,有力地推动了我国经济社会的可持续发展。

半导体照明。功率型硅衬底白光LED芯片光效超过100 lm/W,功率型白光LED超过130 lm/W;研制出无裂纹的高结晶质量氮化镓铝材料和290纳米紫外LED器件;

MOCVD（金属有机化合物化学气相沉积）装备核心技术开发进展顺利，工业生产型 MOCVD 设备初步研制成功。

新型平板显示。等离子显示形成了多面取等离子显示器件的全套量产技术；成功生产出具有实用价值的器件级氟硼铍酸钾单晶体，若干种国产全固态激光器的稳定性、可靠性和使用寿命满足了工业使用要求，研制出 6 千瓦高功率全固态激光器，大型激光器系统形成工程化和批量化生产能力。

高性能纤维及其复合材料。实现 CCF-1 级碳纤维（T300 级）工业规模生产，突破 CCF-3 级碳纤维（T700 级）工程制备关键技术，制备出 CCF-4（T800 级）和高模碳纤维；芳纶及其复合材料技术得到跨越式发展，对位芳纶（芳纶 II）实现批量制备。

高性能膜材料。陶瓷膜反应器完成了孔径 3～10 纳米的小孔径陶瓷超滤膜材料的中试，开发了气压推动的气升式超滤膜成套装备；聚乙烯醇透水膜材料制备建成规模化生产线；采用水热合成法，突破了沸石分子筛膜规模化制备的关键技术。

超导材料。突破了热核聚变实验堆磁体用铌基超导线材的制备技术并通过 ITER 认证；突破了镍钨基带制备技术、功能层制备技术和保护层制备技术的高温超导涂层导体完整制备技术；研发出 220 千伏 /800 安高温超导限流器，实现超导限流器挂网运行及在线人工短路试验；研发出 0.6 T 开放式 MgB_2 超导磁共振成像系统。

非晶合金带材。突破新一代非晶 / 纳米晶合金宽带和超薄带的压力浇注、辊嘴间距测控、熔潭保护、在线恒张力自动卷取等产业化关键技术和集成，开发了高饱和磁感应强度纳米晶材料体系，探索了纳米晶形成机制并提出调控方法。

新型片式元器件关键材料。开发了一批片式元器件关键材料，包括贱金属内电极积层陶瓷电容器材料、高频宽带抗电磁干扰原件用低烧 Y 型平面六角铁氧体、低温烧结高感量片式电感器材料、高频电感器和低温共烧陶瓷技术用低介低烧陶瓷材料，以及片式电感 - 电容滤波器用共烧陶瓷材料。

四、先进制造与自动化领域

先进制造技术领域始终面向我国国民经济建设的主战场和未来社会发展的重大需求，瞄准国际先进制造与自动化技术前沿，有重点地选择了能够主导 21 世纪初期我国制造业发展与升级的关键技术和若干涉及国家安全的战略必争装备与前沿核心技术，结合国情，立足创新，攻克了一批关键技术，取得了一批成果，为我国从制造大国向制造强国的转变奠定了坚实的基础。

重大装备与工艺。在高档数控机床与重大基础制造装备、微电子制造装备、绿色制造、智能工程机械、高端基础件、高效精密特种加工技术级装备、精密测量仪器等方面攻克了一大批核心关键技术，有力支撑了装备制造业及相关行业的科技进步和产业发展。

制造服务。攻克了一批各个阶段制造业信息化所需要的核心关键技术，持续推动国产制造业核心软件产品研发。

系统控制。工业无线网络（WIA-PA）规范成为IEC国际标准，标志着我国在工业无线网络技术领域进入国际领先国家行列；开发高端核心控制系统，实现仪器仪表智能化、网络化和精准化，形成自动化产品。

微纳制造。形成我国微纳制造技术研发体系，在前沿微纳器件方面取得重要进展。

智能机器人。在工业机器人方面，开发出金属焊接、喷涂、搬运、激光加工等工业机器人产品；在特殊环境机器人方面，研制出极地科考机器人、危险品操作机器人、反恐侦察机器人、旋翼飞行机器人、农业机器人、地震废墟搜救机器人、煤矿井下搜索机器人等；在医疗机器人方面，开发出"黎元"远程脑外科机器人系统；在仿人机器人方面，研制了系列仿人机器人。

五、先进能源技术领域

先进能源技术领域以鼓励技术创新、实现国家目标和满足市场需要为主旨，将科技进步、节约能源资源、优化能源结构、支撑社会可持续发展作为能源科技发展的战略目标，先后突破一批事关国计民生、社会可持续发展的能源关键技术，为国民经济实现跨越式发展提供了重要的技术支撑和储备。

洁净煤技术。掌握300 MWe的CFB锅炉制造技术并得到广泛应用；燃煤发电节能技术取得长足进步，火电供电标准煤耗与世界先进水平差距缩小，SO_2、NO_x、$PM_{2.5}$等污染物控制技术得到推广应用；掌握现代煤加氢液化、煤基聚烯烃方面的技术，以及煤间接液化、煤基乙二醇方面的技术。

可再生能源。风力发电中的风机叶片、齿轮箱、发电机等部件制造能力接近国际先进水平，轴承、变流器和控制系统开始供应国内市场，海上风电解决机组安装、电力传输、机组防腐等技术难题；太阳能发电的光伏并网逆变器单机最大容量超过1兆瓦；建成德州太阳谷太阳能利用示范园区，投入试运行我国首个1兆瓦级太阳能热发电站；建成千吨级以上纤维素乙醇、生物柴油示范基地，实现沼气规模化生产利用，开发了万吨级农作物秸秆成型燃料技术；潮汐发电技术达到国际先进水平，具备设计制造低水头大功率潮汐发电机组能力，研建了百千瓦级的波浪能和潮流能电站。

核能。研发了10兆瓦高温气冷试验堆，并建设200兆瓦高温气冷堆示范工程；中国实验快堆已实现临界和并网发电试验，并于2014年首次实现稳定运行72小时；基本形成较完整的核燃料循环技术体系和工业体系。

节能减排。工业节能技术普及率大幅提高，高效工业煤粉锅炉系统及关键技术、链条锅炉优化改造关键技术得到推广应用；燃煤烟气捕集12万吨/年CO_2、煤直接液化10万吨/年CO_2地质封存等示范装置投入运行。

燃气轮机。基本建立了微、小、中型和100兆瓦级的燃气轮机的设计、试验、制造和系统集成平台，初步建立了F级（200～250兆瓦）燃气轮机的设计体系。

六、海洋技术领域

海洋监测仪器和设备。研制成功高频地波雷达大面积海流实时同步测量技术，合成孔径声学成像系统、高精度大深度海洋声呐测量等海洋声学高技术装备，实时传输潜标、自持式剖面探测漂流浮标、海洋监测专业水下机器人及用途不同、种类齐全的各类海洋监测锚系平台，海洋赤潮灾害、营养盐、化学需氧量、重金属污染、海水养殖有害病菌自动监测等仪器设备等。

深海探测与作业技术。在海底地形地貌探查、水下导航定位、海底原位探测和取样方面突破了一批关键技术，研制了一批仪器装备，6000米高分辨率测深侧扫声呐系统、4000米超宽频海底剖面仪、水下DGPS高精度定位系统、远程超短基线定位系统、使用水深6000米的深海彩色数字摄像系统和电视抓斗、富钴结壳潜钻钻机、深海热液、沉积物保真采样系统等一批深海勘探装备研制成功并应用。在水下机器人方面，载人潜水器"蛟龙号"于2011年成功完成5000米级海试，使我国成为世界上第5个掌握3500米以上大深度载人深潜技术的国家；2012年，"蛟龙号"再次刷新世界载人作业深潜纪录——下潜7062米（图12-2）。

第十二章
自主创新成效显著

图 12-2 "蛟龙号"载人潜水器

七、现代交通技术领域

新能源汽车。掌握电动汽车整车、动力系统技术平台和关键零部件核心技术，建立了满足电动汽车研发和生产的标准体系，开发出 400 余款汽车产品，并推动"十城千辆"节能与新能源汽车示范推广试点工程实施，我国成为少数掌握电动汽车核心关键技术的国家之一。

高速铁路。研制出一批高速列车；建立了我国高速磁浮列车技术标准体系，设计、制造的高速磁浮列车投入载客运行。解决了多年冻土、生态脆弱、高寒缺氧等难题，青藏铁路于 2006 年 7 月 1 日全线建成通车。

智能交通系统（ITS）。开发了公交出行的网络布局、站点布局及车辆调度优化技术，研制了用于车载扫描式雷达探测装置，研发出实时地图匹配算法和快速地图匹配模型；通过智能交通技术集成应用，建成了国家高速公路联网不停车收费和服务系统、北京奥运智能交通集成系统、上海世博智能交通技术综合集成系统、广州亚运智能交通综合信息平台系统、远洋船舶及战略物资运输在线监控系统、新一代空中交通服务平台。

八、地球观测与导航技术领域

对地观测技术。研制并发射了一批不同类型的人造地球卫星,初步建成"风云""海洋""资源""遥感""天绘"等卫星系列和"环境与灾害监测预报小卫星星座",地球静止轨道大型卫星共用平台的各项关键技术取得重要突破。研制发射多颗"实践"系列卫星和微小卫星,为空间环境探测、空间科学实验和新技术验证提供了支撑平台。

卫星导航系统。2004年启动"北斗"卫星导航系统工程建设,2007年发射第一颗中圆地球轨道卫星,并于2011年12月开始向中国及周边部分地区提供连续无源定位、导航和授时等试运行服务。

载人航天与空间探测。2003年,"神舟五号"首次取得载人航天飞行的成功,我国成为世界上第3个独立开展载人航天的国家;2005年,"神舟六号"实现"两人五天"载人航天飞行,首次进行有人参与的空间实验活动;2008年,"神舟七号"首次顺利实施航天员空间出舱活动(图12-3);2011年,"天宫一号"与"神舟八号"成功实施中国首次空间交会对接试验,并于2012年与"神舟九号"对接。2007年,中国第一个月球探测器"嫦娥一号"成功实施"受控撞月"任务,标志着中国跨入具有深空探测能力的国家行列;2010年,"嫦娥二号"成功开展环绕拉格朗日L2点等多项拓展性试验,2012年获得7米分辨率全月球影像图。

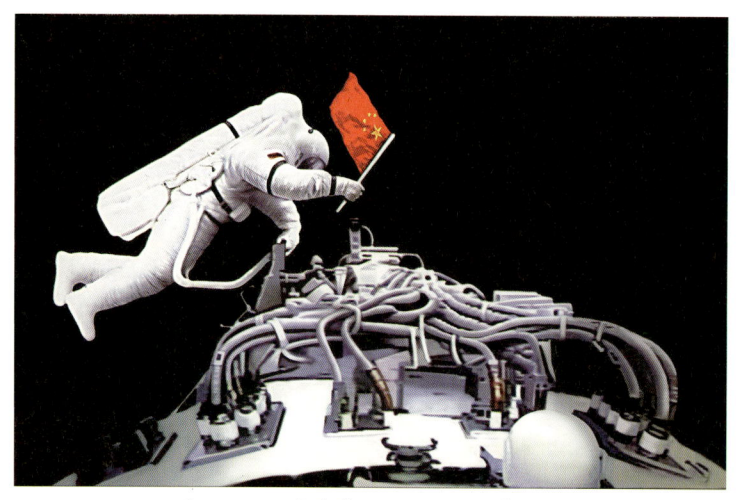

图 12-3 "神舟七号"航天员出舱

第三节 农业科技进步

一、农业科技政策

2001年1月,国务院召开全国农业科技工作大会,发布了《农业科技发展纲要(2001—2010年)》,提出了农业科技发展的方向、任务和重点目标。2004—2010年,中共中央连续发布了7个"一号文件",提出要加强农业科技成果转化,提高农业科技创新和推广力度,建设国家农业科技创新体系。2008年10月,《中共中央关于推进农村改革发展若干重大问题的决定》提出要大力推进农业科技自主创新,加大农业科技投入,建立农业科技创新基金,支持农业基础性、前沿性科学研究,力争在关键领域和核心技术上取得突破。2012年,中共中央、国务院印发"一号文件"《关于加快推进农业科技创新持续增强农产品供给保障能力的若干意见》,强调要依靠科技创新驱动来引领支撑现代农业建设,着力突破农业重大关键技术和共性技术,稳定支持农业基础性、前沿性、公益性科技研究,完善农业科技创新机制,加大科技计划向农业领域的倾斜支持力度;同年,科技部联合农业部等14个部门共同发布《"十二五"农业与农村科技发展规划》,组织实施农业生物药业、生物质能源、生物种业、食品产业、节水农业等重点科技工程和重大项目。

农业科研机构逐渐形成了学科门类齐全、布局合理、国家—省—地(市)三级结合,产前、产中、产后并重的农业科学技术研究体系,农业科技工作也形成了基础研究、应用研究、开发研究与成果转化推广"四个层次"的战略布局。农业是科技攻关(支撑)计划、863计划和973计划的重要内容;2001年,国家启动实施了农业科技成果转化资金;2007年,科技部发布《关于深入实施星火计划的若干意见》,推动星火计划对涉农科技资源进行统筹布局,再加上国家重大科技专项、国家工程技术研究中心、国家科技基础条件平台等计划的实施,围绕"原始创新、集成创新、成果示范与转化"这条主线,形成了一个较完善的国家农业科技计划体系。

二、农村发展科技行动

星火计划。星火计划的实施,将大批成熟、先进、适用技术引入农村,建立起一批国家级星火技术密集区和星火产业带,促进了农村经济结构优化和区域经济发展。

"十一五"期间,中央财政累计投入星火计划引导资金8.4亿元,国家星火计划项目立项7144个,支持建设国家级科技特派员农村科技创业链173个、国家农业科技园区65个、国家级星火产业带15个。2012年,安排国家星火计划项目1473项,经费总额达到2亿元。

农业领域国家工程技术研究中心。农业领域国家工程技术研究中心围绕工程技术研究开发及产业化、科技成果辐射扩散、管理体制和制度建设、基地和能力建设、开发服务及人才培训等方面做了大量工作。仅2008年,全国农业领域国家工程技术研究中心共实现销售收入17.82亿元,技术转让收入1.95亿元,出口创汇3100万元/月。

新农村建设科技示范(试点)工作。2007年2月,科技部发布《新农村建设科技示范(试点)实施方案》,围绕科技促进社会主义新农村建设,以"富民、惠民"为核心,以发展现代农业、提高产业综合生产能力为重点,启动了新农村建设科技示范(试点)工作。2007年,科技部批复193个首批新农村建设科技示范(试点)。截至2011年年底,带动、引导各地建设新农村科技示范(试点)共45 675个,使科技创新成为引领新农村发展的重要支撑。

科技富民强县专项行动。2005年7月,科技部、财政部印发了《科技富民强县专项行动计划实施方案(试行)》,启动实施了"科技富民强县专项行动",以加快县(市、区)科技进步,培育壮大县域特色支柱产业,实现民富县强。截至2011年年底,中央财政累计拨款19亿元,立项1211个,对1100多个县(市、区)进行了支持,对108个成效显著的县(市、区)进行了后续奖励支持。

科技扶贫工作。科技部的科技扶贫工作逐渐形成了"点、片、面"3个具体层次,重点做好7个定点扶贫县工作,指导大别山、井冈山和陕北地区3个重点联系地区,以及黔西南、巴中2个"星火计划、科技扶贫试验区"和贵州毕节地区,带动全国科技扶贫工作。2012年,科技部围绕7个定点帮扶县的支柱产业直接投入8098万元,帮助引进各类资金5530万元,开展农业科技培训186期。

三、科技成果转化推广

农业科技成果转化资金。设立于2001年,支持了一大批技术水平高、产业化前景好、成长潜力大的农业科技项目,促进了农业科技成果的成功转化,培育了一批具有较大影响力和社会美誉度的农业品牌和拳头产品,以及一批具有较强市场竞争力的科技型农业产业化龙头企业。截至2012年,企业累计牵头承担转化资金项目3117项,累计实现产品销售收入1214.26亿元，净利润271.30亿元；取得授权专利2872件，其中，发明专利1383件。

农村科技服务体系。2008年，科技部在全国范围内推行统一的农村科技信息服务电话号码，申请获批了星火科技12396公益号码，启动了12个省（区、市）星火科技12396信息服务试点。随着农村市场经济体制的确立和不断完善，涌现出许多农村科技服务模式，如龙头企业带动型、农业专家大院、农业科技传播工程、农技110等模式。

农民科技培训。依托星火计划的实施，农村科技运用课堂教学、田间指导、远程培训等多种形式，建设国家级培训基地和星火培训学校，培养了一大批新型农民，使一大批星火科技骨干和星火带头人成为振兴农村经济的生力军，提高了广大农民依靠科技自主增收的能力。2012年，各地拥有各类星火培训基地5062个，星火学校3180个，投入资金42.8亿元，累计培训1183万人次。

四、农业领域科技成就

粮食丰产科技工程支撑粮食"九连增"。2003年，科技部联合农业部、财政部和国家粮食局启动实施了"粮食丰产科技工程"。工程选择占我国粮食总产量90%以上的水稻、小麦、玉米三大作物，在每年为国家提供90%以上商品粮的东北、华北、长江中下游三大平原13个粮食主产省份，建设粮食丰产科技核心区、示范区、辐射区（"三区"）。仅"十一五"期间，工程建设"三区"合计8.35亿亩，共增产粮食4800多万吨，增加效益800多亿元；开发推广180套高产优质高效栽培技术体系，显著提高了三大作物综合生产能力，化肥和灌溉水利用率提高了10%以上，灾害损失降低了15%左右，农药用量减少25%以上，每亩节本增效110元左右，有力推动了农业增效与农民增收。

高新技术广泛应用到农业科研的各个领域。转基因技术、分子标记辅助育种技术、细胞克隆技术、动植物功能基因组学、蛋白质组学等广泛应用于动植物新品种培育；数字农业、精准农业技术、现代农业装备对农业生产过程与管理、作物栽培、畜禽水产养殖等领域生产力提高和生产方式改革产生了很大的影响；微生物代谢工程、动植物生物反应器、农业生物制造技术与精细加工技术发展已经开始在农产品加工与转化中发挥作用。农业生物药物研制取得较大进展，基因缺失疫苗、基因工程亚单位疫苗、DNA疫苗和载体疫苗、合成多肽疫苗和抗独特型抗体等疫苗不断研制成功。转基因技术与产业化快速发展，超级稻、抗虫棉、矮败小麦等取得了新的进展。

第四节 科技惠及民生

一、资源利用与生态保护

在水资源开发利用方面，形成了较完善的水资源评价技术体系；区域水资源合理调配技术取得重要进展，生态需水理论趋于成熟，通过对黄河水资源进行统一调度，实现了黄河连续10多年不断流，对塔里木河、黑河等生态脆弱区的流域进行系统的生态治理和修复；重大水利工程建设技术取得重大成就，三峡工程基本建成（图12-4），黄河小浪底工程通过竣工验收，淮河临淮岗、嫩江尼尔基、广西百色等重点水利枢纽工程投入运行，南水北调东、中线一期相继正式通水；工业和城市高效节水技术开发及应用取得明显成效，初步发展了洪水资源化、废污水再生利用、海水利用和人工增雨等节水技术。

图 12-4 三峡工程右岸电站

在土地资源监测利用方面，建立起土地资源调查、监测与利用的技术体系，制定了多项土地资源调查、监测与利用的相关标准，探索并形成了一套较为成熟的数据更新与信息化建设机制；研制成功我国首套全轴航磁梯度测量系统并投入试生产，集成航重勘查系统，突破宽幅高光谱小卫星载荷关键技术，开发出虚拟参考站卫星定位网络技术系统，研发时间域航空电磁和伽马能谱勘查系统、2000米以内系列全液压岩心钻探装备等，为实现重点成矿带找矿突破打下坚实的基础；创新中国区域成矿理论；集中开展天然气水合物富集规律和勘探开发先导技术研究，研发4500米级深海作业系统，提高了我国深海能源资源勘探的技术装备水平；聚焦矿产资源节约与综合利用，高铁-水铝土矿和鲕状赤铁矿综合利用技术攻关取得重要进展；填补了青藏高原基础地质调查空白。

在生态环境保护方面，组织开展了科学研究和技术攻关，着重解决重大环境问题、开发污染防治技术、研究生态治理技术模式与对策，促进经济增长方式转变和建设环境友好型社会。"十一五"期间，863计划对环境监测技术给予大力支持，全面开展大气污染控制技术研发，加大对固体废物处置与资源化技术、新型污染控制技术及节能减排与循环经济技术的支持力度。我国第一个北极科学考察站——黄河站在挪威斯匹次卑尔根群岛的新奥尔松建成并投入使用。

二、人口与健康

2002—2011年，我国城镇居民和农村居民人均收入分别实现年均9.2%和8.1%的实际增长速度。覆盖城乡居民的社会保障体系建设取得突破性进展，截至2011年年底，全国城镇职工基本养老、基本医疗、失业、工伤、生育保险参保人数分别达到2.8亿人、4.7亿人、1.4亿人、1.8亿人和1.4亿人。初步形成了学科门类齐全的卫生科技体系，卫生高新技术引进、转化、推广和应用稳步发展。在优生优育方面，"十一五"期间，部署实施了出生缺陷群体监测研究，现代医学、分子生物学和信息科学的高新技术研究成果得到应用。2009年，实施了农村育龄妇女免费增补叶酸预防神经管缺陷项目；2012年，在部分地区启动了地中海贫血防治试点项目和新生儿疾病筛查补助项目。在疾病防治方面，成功应对突如其来的"非典"、高致病性禽流感、甲型H1N1流感等重大疫情；在心血管疾病发展趋势和防治策略研究、脑卒中综合预防、白血病的分化诱导治疗、肝癌的免疫预防和早诊早治等领域取得重要进展。在中医药现代化方面，一系列现代制药的新技术、新方法在中药研究和生产中得到广泛应用，中药产品的质量和生产技术装备水平明显提高。2006年，《中医药标准化发展规划（2006—2010年）》发布，重点组织开展了常用中药材、中药饮片、配方颗粒及中成药的质量标准和中医药疗效、安全性评价标准等研究。国际交流合作不断发展，截至2012年4月，我国与外国政府及有关国际组织共签订含有中医药合作内容的双边政府间协议96个，专门的中医药合作协议49个。在医疗器械研发方面，基本形成多学科交叉的医疗器械研究开发体系，取得了"海扶刀"、高性能全自动生化分析仪、基于模糊随机建模的医学成像与图像分析技术等重大成果。

三、城镇化与城市发展

国家首次将城镇化与城市发展作为单独领域列入国家科技计划。在城市区域规划方面，重点加强大城市连绵区和小城镇发展战略与对策研究，重点区域预测、监控模型研究，城镇空间识别系统与城镇化预测监控平台建设研究等。在城市交通方面，计算机技术和信息技术被应用于城市交通规划，路口渠化设计、在环形交叉口增设信号灯等技术方法逐渐普及，公共交通技术取得显著成就。在城市建筑科技方面，组织实施了一批建筑结构、抗震、地基、空调等领域的科研项目，开展绿色建筑技术研究，提升了我国建筑科技能力和水平。在城市生态居住环境质量保障方面，组织实施了城镇人居环境改善与保障关键技术研究等项目，通过科技示范工程建设，整体提升城镇人居环境质量改善水平与保障技术能力。城乡和区域结构不断优化，2011年我国城镇化率首次突破50%。

四、公共安全

在生产安全方面，颁布实施《安全生产法》，新修订了《职业病防治法》。组建了一批安全生产技术支撑机构和国家重点实验室、工程技术研究中心与研发基地，建立了安全生产科技奖励制度和科技发展指导性计划。2002—2011年，全国安全生产状况呈现总体稳定、持续好转的发展态势，连续10年实现事故起数和死亡人数"双下降"。在食品安全方面，抓住食品安全全程控制中的关键环节和瓶颈问题，开展了食品安全科技系列研究，获得一批相关设备和试剂，形成食品安全技术支撑体系。在社会安全方面，把科学技术与公安业务工作紧密融合，建成覆盖各级公安机关的信息通信专用网络、全网统一的身份认证和授权访问控制系统，一批制约公安工作发展的技术难题被成功破解。

五、防灾减灾

在气象灾害预防方面，全国气象科学技术大会明确提出建设国家气象科技创新体系的任务，并通过我国第一部气象行业科技发展规划《气象科学和技术发展规划（2006—2020年）》，在重大天气和气候灾害、气象数值预报等领域取得了一系列重要研究成果。在抗地震、地质灾害方面，建立了覆盖全国的数字化、网络化地震监测网络和全国一体化的地震应急指挥技术系统，并推动越来越多的地质灾害监测手段进入实用阶段。在防洪抗旱方面，防洪风险区划、防洪标准、防洪体系规划建设等领域取得了显著进展，开展了重点缺水地区水量应急调度预案编制。全国大中小城市"横向到边、纵向到底"的预案体系逐步形成，2007年，我国第一部关于综合性灾害管理的法律《突发事件应对法》颁布。

第五节　高新技术产业与高新区

我国高新技术产业的快速发展，有力地促进了产业结构调整，已成为国民经济新的增长点。经过20多年的发展，国家高新技术产业开发区（简称"国家高新区"）集聚了丰富的创新资源，创新了体制机制，优化提升了发展环境，涌现出一批具有竞争力的产业和企业，已经成为我国高新技术产业发展的一面旗帜。

在资源、材料、制造业等领域实现了一批重要技术突破，加速了传统产业优化升级，有力支撑了重点产业发展。在资源领域，完成了推移质输沙试验系统的设计和综合开发研制，开发出转底炉冶炼钒钛磁铁矿工艺技术，研制出铂钯矿物高效捕收剂和脉石矿物有效抑制剂，建成了年处理镍铜熔融渣1.25万吨试验线；攻克了露天矿境界外驻留矿产资源开采关键技术，使我国矿产资源开采率提高5%～10%；取得了铜矿山二次资源有价元素高效回收利用技术和装备，使铜、金、铁回收率大于50%。在材料领域，新一代可循环钢铁流程工艺技术项目取得重要突破，研发了织物改性、涂料连续染色工艺及专用设备等，半导体照明应用与检测技术及标准研究取得较大突破，成功开发年生产10 000吨纯度为6N的全氟离子膜用四氟乙烯生产装置；烯肟菌酯、烯肟菌胺等9种农药开始在我国农业生产病虫草害防治上发挥作用。在制造业领域，完成了采棉机摘锭组件国产化设计制造，取得了粉煤灰低温高效提铝技术、铝工业烟气脱硫装备制造及应用技术，完成了乙烯装置工艺包，建成了燃料电池膜电极自动化生产示范生产线，取得了低温一次法炼胶系统成套关键设备，掌握了隧道式连续大型洗涤机组的控制要求及工艺要求。

建设国家高新区是我国加快高新技术产业发展的伟大创举，进入21世纪后，国家高新区建设步伐不断加快，拉开了"二次创业"的帷幕。2001年，经国务院批准，科技部召开国家高新区所在市市长座谈会，提出以提高自主创新能力为核心，推动国家高新区"二次创业"，着力推进"五个转变"，提升国家高新区的集聚效应、创新效应、示范效应、合作效应和创业效应，努力成为自主创新高地、科技成果转化示范基地和高新技术新生企业的生态"栖息地"。2006年，提出了国家高新区"四位一体"的目标定位，即国家高新区成为促进技术进步和增强自主创新能力的重要载体，成为带动区域经济结构调整和经济增长方式转变的强大引擎，成为高新技术企业"走出去"参与国际竞争的服务平台，成为抢占世界高新技术产业制高点的前沿阵地。

2008年，《关于建设国家创新型科技园区指导意见》发布，标志着国家高新区"二次创业"指导方针和路线得到进一步明确；同年，根据"四位一体"目标定位构建了新的国家高新区评价指标体系，成为指导国家高新区发展的基本方针；新的《高新技术企业认定管理办法》发布，对高新技术企业给予了严格的界定，为提升高新技术产业的质量和水平树立了标杆。各地方也进行了一系列规划布局和政策引导，重点发挥国家高新区的引领、辐射、示范作用。在中央和地方政府的不断创新与实践中，探索形成了由国家科技行政管理部门牵头指导、中央有关部门配合、地方政府组织实施、中介机构支撑服务、企业自主经营的国家高新区组织体系。

国家高新区的创新政策体系也在不断完善。2007年通过的《企业所得税法》规定，"国家需要重点扶持的高新技术企业，减按15%的税率征收企业所得税"，明确对高新技术企业给予税收优惠政策支持。2008年，科技部、财政部、国家税务总局共同颁布的新的《高新技术企业认定管理办法》是对我国高新技术企业认定管理政策的重大调整。出台了鼓励人才中介服务机构落户高新区、高新区企业家领导力专项计划、鼓励园区各类人才进行专业技能培训等政策措施推动园区创新人才培养和发展；出台了创业投资引导基金管理办法、支持企业改制和上市的办法、高新区促进风险投资机构发展等政策措施为高新技术企业发展提供资金支持；通过制定总体方案、技术研究所和开放实验室管理办法等，整合科研实验设备、检测设备和生产设备等存量资源，建立开放共享或开放有偿使用的平台和机制；出台有关政策鼓励高等院校和科研院所在国家高新区设立研发机构和技术转移转化机构；出台鼓励园区企业加大科技创新投入的政策，实施税收、项目补贴、资金配套、政府采购等优惠措施，激励园区企业增加科技创新投入。

国家高新区实现了科学布局，并获得了巨大经济效益。2007—2012年，国家高新区出现了一次较为密集、范围较大的扩容，截至2012年年底，国家高新区数达到105个，国家高新区企业数6.4万家，年末从业人员1269.5万人，当年总收入16.6万亿元，工业总产值12.9万亿元，净利润10 243.2亿元，上缴税额9580.5亿元，出口创汇3760.4亿美元。

以国家高新区为重要阵地的高新技术产业蓬勃发展。截至2012年年底，全国高新技术企业数达到4.5万家，年末从业人员1621.3万人，当年总收入16.8万亿元，工业总产值 22.3 万亿元，净利润 10 892.0 亿元，上缴税额 8377.7 亿元，出口创汇 4608.3 亿美元；在高新技术产业中，年主营业务收入 2000 万元及以上的法人工业企业有 24 636 个，从业人员 1269 万人，主营业务收入 10.2 万亿元，利润总额 6186.3 亿元，上缴税额 9494.3 亿元，出口交货值 4.7 万亿元。

高新技术产业和国家高新区的快速发展有力促进了经济社会的发展。支撑中国经济持续强劲增长，2002—2012 年，国家高新区企业的总收入、工业总产值、净利润、出口创汇等经济指标的年均增长率均超过 25%，全国高新技术企业这 4 项经济指标的年均增长率均超过 20%。引领中国经济发展方式转变，国家高新区成为战略性新兴产业发展的重要技术源头，形成了具有相当规模和国际竞争力的产业集群，如中关村的通信产业、东湖高新区的光电子通信产业、无锡高新区的物联网产业、保定高新区的新能源产业等。推动高新技术产品的国际竞争力逐步提高，高新技术产品出口贸易额从 2002 年的 678.6 亿美元快速增加到 2012 年的 6011.7 亿美元，占工业制成品的比例从 22.8% 提高到 30.9%，高新技术产品进出口贸易差额由负转正，达到 943.1 亿美元。

第五篇
创新驱动发展

中国科技发展70年

第十三章
科技体制改革和国家创新体系建设

党的十八大以来,以习近平同志为核心的党中央高度重视科技创新,对实施创新驱动发展战略做出顶层设计和系统部署。各地方各部门齐心协力,科技体制改革全面发力、纵深推进,取得了一系列实质性突破和标志性成果,科技发展进入新的历史阶段,站上新的历史方位。

第一节 创新驱动发展战略纲要

党的十八大明确提出,科技创新是提高社会生产力和综合国力的战略支撑,必须摆在国家发展全局的核心位置,强调要坚持走中国特色自主创新道路、实施创新驱动发展战略。通过深入实施创新驱动发展战略,我国的创新能力和效率得到全面提升。

一、顶层设计和整体部署

围绕深入贯彻"创新发展"理念,习近平总书记对实施创新驱动发展战略进行了全局性、长远性系统谋划,指明了方向,明确了思路,部署了重点。

2013年9月30日,中共中央政治局以实施创新驱动发展战略为题举行第九次集体学习。习近平总书记在主持学习时强调,实施创新驱动发展战略,不能"脚踩西瓜皮,滑到哪儿算哪儿",要抓好顶层设计和任务落实。针对如何做好顶层设计,习近平总书记特别强调五个"着力":着力推动科技创新与经济社会发展紧密结合,处理好政府和市场的关系,进一步打通科技和经济社会发展之间的通道,让市场真正成为配置创新资源的力量,让企业真正成为技术创新的主体;着力增强自主创新能力,努力掌握关键核心技术,要坚持科技面向经济社会发展的导向,围绕产业链部署创新链,围绕创新链完善资金链，消除科技创新中的"孤岛现象"，破除制约科技成果转移扩散的障碍，提升国家创新体系整体效能；着力完善人才发展机制，要用好用活人才，建立更为灵活的人才管理机制，打通人才流动、使用、发挥作用中的体制机制障碍；着力营造良好政策环境，加大政府科技投入力度，引导企业和社会增加研发投入，加强知识产权保护工作，完善推动企业技术创新的税收政策，加大资本市场对科技型企业的支持力度；着力扩大科技开放合作，充分利用全球创新资源，在更高起点上推进自主创新，并同国际科技界携手努力，为应对全球共同挑战做出应有贡献。

2014年8月18日，习近平总书记主持召开中央财经领导小组第七次会议，研究实施创新驱动发展战略的整体部署问题，会议强调，紧扣发展，牢牢把握正确方向，要跟踪全球科技发展方向，努力赶超，力争缩小关键领域差距，形成比较优势；要坚持问题导向，按照主动跟进、精心选择、有所为有所不为的方针，明确我国科技创新主攻方向和突破口。强化激励，大力集聚创新人才，要用好科学家、科技人员、企业家，激发他们的创新激情；要学会招商引资、招人聚才并举，广泛吸引各类创新人才特别是紧缺的人才。深化改革，建立健全体制机制，要面向世界科技前沿、面向国家重大需求、面向国民经济主战场，精心设计和大力推进改革，让机构、人才、装置、资金、项目都充分活跃起来，形成推进科技创新发展的强大合力。扩大开放，全方位加强国际合作，要坚持"引进来"和"走出去"相结合，积极融入全球创新网络，全面提高我国科技创新的国际合作水平。

二、2016年全国科技创新大会

2016年5月30日，全国科技创新大会在北京召开，习近平总书记发表重要讲话，对落实创新驱动发展战略提出了总体要求。

夯实科技基础，在重要科技领域跻身世界领先行列。面对新一轮科技革命蓄势待发、重大科学问题的原创性突破正在开辟新前沿新方向、一些重大颠覆性技术创新正在创造新产业新业态、科技创新链条更加灵巧、社会生产力再次大提高、劳动生产率再次大飞跃等新趋势，更加坚定创新自信，坚定敢为天下先的志向，在独创独有上下功夫，勇于挑战最前沿的科学问题，提出更多原创理论，做出更多原创发现，力争在重要科技领域实现跨越发展，跟上甚至引领世界科技发展新方向，掌握新一轮全球科技竞争的战略主动。

第十三章
科技体制改革和国家创新体系建设

强化战略导向，破解创新发展科技难题。加快推进实施一批重大科技项目和工程，围绕国家重大战略需求，着力攻破关键核心技术，抢占事关长远和全局的科技战略制高点。在重大创新领域组建一批国家实验室，以国家实验室建设为抓手，强化国家战略科技力量，整合全国创新资源，建立新型运行机制，建设突破型、引领型、平台型一体的国家实验室。

加强科技供给，服务经济社会发展主战场。我国发展正面临着动力转换、方式转变、结构调整的繁重任务，低成本资源和要素投入形成的驱动力明显减弱，需要依靠更多更好的科技创新为经济发展注入新动力；社会发展面临人口老龄化、消除贫困、保障人民健康等多方面挑战，需要依靠更多更好的科技创新实现经济社会协调发展；生态文明发展面临日益严峻的环境污染，需要依靠更多更好的科技创新建设天蓝、地绿、水清的美丽中国；能源安全、网络安全、生态安全、生物安全等风险压力不断增加，需要依靠更多更好的科技创新保障国家安全。必须在推动发展的内生动力和活力上实现根本性转变，塑造更多依靠创新驱动、更多发挥先发优势的引领性发展。深入研究和解决经济和产业发展急需的科技问题，推动科技成果转移转化，推动产业和产品向价值链中高端跃升。

深化改革创新，形成充满活力的科技管理和运行机制，必须全面部署并坚定不移地推进改革。形成社会主义市场经济条件下集中力量办大事的新机制，推进科技创新跨越。以推动科技创新为核心，引领科技体制及其相关体制深刻变革。加快建立科技咨询支撑行政决策的科技决策机制，加强科技决策咨询系统，建设高水平科技智库；加快推进重大科技决策制度化，完善符合科技创新规律的资源配置方式，优化基础研究、战略高技术研究、社会公益类研究的支持方式，力求科技创新活动效率最大化；着力改革和创新科研经费使用和管理方式，改革科技评价制度，建立以科技创新质量、贡献、绩效为导向的分类评价体系，正确评价科技创新成果的科学价值、技术价值、经济价值、社会价值、文化价值。促进企业成为技术创新决策、研发投入、科研组织、成果转化的主体，制定和落实鼓励企业技术创新各项政策，强化企业创新倒逼机制，加强对中小企业技术创新支持力度，发挥市场在资源配置中的决定性作用，让机构、人才、装置、资金、项目都充分活跃起来，形成推动科技创新强大合力；调整现有行业和地方的科研机构，充实企业研发力量，支持依托企业建设国家技术创新中心，培育有国际影响力的行业领军企业。优化科研院所和研究型大学科研布局；打牢我国科技创新的科学和人才基础。发挥各地在创新发展中的积极性和主动性，形成国家科技创新合力，尊重科技创新的区域集聚规律，因地制宜探索差异化的创新发展路径，加快打造具有全球影响力的科技创新中心，建设若干具有强大带动力的创新型城市和区域创新中心。

弘扬创新精神,培育符合创新发展要求的人才队伍。极大调动和充分尊重广大科技人员的创造精神,激励他们争当创新的推动者和实践者。遵循科技人才培育和成长规律,大兴识才爱才敬才用才之风,为科技人才发展提供良好环境,在创新实践中发现人才、在创新活动中培育人才、在创新事业中凝聚人才,聚天下英才而用之,让更多千里马竞相奔腾。在基础研究领域和应用科技领域,尊重科学研究灵感瞬间性、方式随意性、路径不确定性的特点,允许科学家自由畅想、大胆假设、认真求证,让领衔科技专家有职有权,有更大的技术路线决策权、更大的经费支配权、更大的资源调动权,政府科技管理部门要抓战略、抓规划、抓政策、抓服务,发挥国家战略科技力量建制化优势,突出强调普及科学知识、弘扬科学精神、传播科学思想、倡导科学方法,在全社会推动形成讲科学、爱科学、学科学、用科学的良好氛围,使蕴藏在亿万人民中间的创新智慧充分释放、创新力量充分涌流。

三、《国家创新驱动发展战略纲要》发布

2016年5月,在召开全国科技创新大会前不久,中共中央、国务院正式发布了《国家创新驱动发展战略纲要》(图13-1)。

《国家创新驱动发展战略纲要》的指导思想是以邓小平理论、"三个代表"重要思想、科学发展观为指导,深入贯彻习近平总书记系列重要讲话精神,按照"四个全面"战略布局的要求,坚持走中国特色自主创新道路,解放思想、开放包容,把创新驱动发展作为国家的优先战略,以科技创新为核心带动全面创新,以体制机制改革激发创新活力,以高效率的创新体系支撑高水平的创新型国家建设,推动经济社会发展动力根本转换,为实现中华民族伟大复兴的中国梦提供强大动力。

《国家创新驱动发展战略纲要》所遵循的基本原则包括4个方面:紧扣发展,坚持问题导向,面向世界科技前沿、面向国家重大需求、面向国民经济主战场,明确我国创新发展的主攻方向,在关键领域尽快实现突破,力争形成更多竞争优势;深化改革,坚持科技体制改革和经济社会领域改革同步发力,强化科技与经济对接,遵循社会主义市场经济规律和科技创新规律,破除一切制约创新的思想障碍和制度藩篱,构建支撑创新驱动发展的良好环境;强化激励,坚持创新驱动实质是人才驱动,落实以人为本,尊重创新创造的价值,激发各类人才的积极性和创造性,加快汇聚一支规模宏大、结构合理、

第十三章
科技体制改革和国家创新体系建设

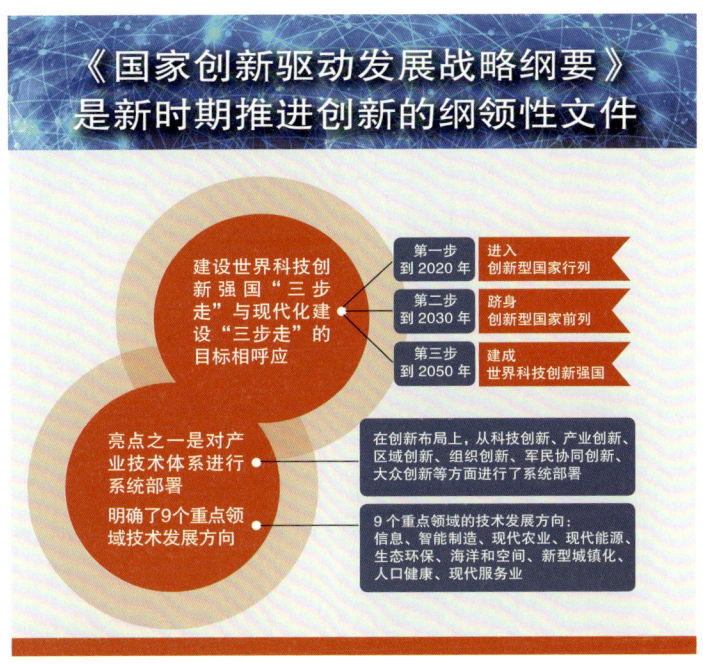

图 13-1 《国家创新驱动发展战略纲要》解读

素质优良的创新型人才队伍；扩大开放，坚持以全球视野谋划和推动创新，最大限度用好全球创新资源，全面提升我国在全球创新格局中的位势，力争成为若干重要领域的引领者和重要规则制定的参与者。

《国家创新驱动发展战略纲要》明确提出"三步走"战略目标。第一步是到2020年进入创新型国家行列，基本建成中国特色国家创新体系，有力支撑全面建成小康社会目标的实现。创新型经济格局初步形成，若干重点产业进入全球价值链中高端，成长起一批具有国际竞争力的创新型企业和产业集群；科技进步贡献率提高到60%以上，知识密集型服务业增加值占国内生产总值的20%。自主创新能力大幅提升，形成面向未来发展、迎接科技革命、促进产业变革的创新布局，突破制约经济社会发展和国家安全的一系列重大瓶颈问题，初步扭转关键核心技术长期受制于人的被动局面，在若干战略必争领域形成独特优势，为国家繁荣发展提供战略储备、拓展战略空间；研究与试验发展（R&D）经费支出占国内生产总值比重达到2.5%。创新体系协同高效，科技与经济融合更加顺畅，创新主体充满活力，创新链条有机衔接，创新治理更加科学，创新效率大幅提高。创新环境更加优化，激励创新的政策法规更加健全，知识产权保护更加严格，形成崇尚创新创业、勇于创新创业、激励创新创业的价值导向和文化氛围。

第二步是到 2030 年跻身创新型国家前列，发展驱动力实现根本转换，经济社会发展水平和国际竞争力大幅提升，为建成经济强国和共同富裕社会奠定坚实基础。主要产业进入全球价值链中高端，不断创造新技术和新产品、新模式和新业态、新需求和新市场，实现更可持续的发展、更高质量的就业、更高水平的收入、更高品质的生活。总体上扭转科技创新以跟踪为主的局面，在若干战略领域由并行走向领跑，形成引领全球学术发展的中国学派，产出对世界科技发展和人类文明进步有重要影响的原创成果。攻克制约国防科技的主要瓶颈问题。R&D 经费支出占国内生产总值比重达到 2.8%。国家创新体系更加完备，实现科技与经济深度融合、相互促进。创新文化氛围浓厚，法治保障有力，全社会形成创新活力竞相迸发、创新源泉不断涌流的生动局面。

第三步是到 2050 年建成世界科技创新强国，成为世界主要科学中心和创新高地，为我国建成富强民主文明和谐的社会主义现代化国家、实现中华民族伟大复兴的中国梦提供强大支撑。科技和人才成为国力强盛最重要的战略资源，创新成为政策制定和制度安排的核心因素。劳动生产率、社会生产力提高主要依靠科技进步和全面创新，经济发展质量高、能源资源消耗低、产业核心竞争力强。国防科技达到世界领先水平。拥有一批世界一流的科研机构、研究型大学和创新型企业，涌现出一批重大原创性科学成果和国际顶尖水平的科学大师，成为全球高端人才创新创业的重要聚集地。创新的制度环境、市场环境和文化环境更加优化，尊重知识、崇尚创新、保护产权、包容多元成为全社会的共同理念和价值导向。

《国家创新驱动发展战略纲要》的战略部署要按照"坚持双轮驱动、构建一个体系、推动六大转变"进行布局，构建新的发展动力系统。其中，双轮驱动就是科技创新和体制机制创新两个轮子相互协调、持续发力，抓创新首先要抓科技创新，补短板首先要补科技创新的短板。要明确支撑发展的方向和重点，加强科学探索和技术攻关，形成持续创新的系统能力。体制机制创新要调整一切不适应创新驱动发展的生产关系，统筹推进科技、经济和政府治理 3 个方面体制机制改革，最大限度释放创新活力。一个体系就是建设国家创新体系，要建设各类创新主体协同互动和创新要素顺畅流动、高效配置的生态系统，形成创新驱动发展的实践载体、制度安排和环境保障。明确企业、科研院所、高校、社会组织等各类创新主体功能定位，构建开放高效的创新网络，建设军民融合的国防科技协同创新平台；改进创新治理，进一步明确政府和市场分工，构建统筹配置创新资源的机制；完善激励创新的政策体系、保护创新的法律制度，构建鼓励创新的社会环境，激发全社会创新活力。六大转变体现在发展方式从以规模扩张为主导的粗放式增长向以质量效益为主导的可持续发展转变，发展要素从传统要素主导发展向创新要素主导发展转变，产业分工从价值链中低端向价值链中高端转变，创新能力从"跟踪、并行、领跑"并存、"跟踪"为主，向"并行""领跑"为主转变，资源配置从以研发环节为主向产业链、创新链、资金链统筹配置转变，创新群体从以科技人员的小众为主向小众与大众创新创业互动转变。

第二节　科技创新治理

《国家创新驱动发展战略纲要》实施以来，以构建中国特色国家创新体系为目标，全面深化科技体制改革，优化科技创新治理。我国科技体制机制主体架构已经确立，一批具有突破性的重大改革举措相继出台，科技治理重点领域和关键环节的主要制度已基本建立，各项政策措施加快落地见效。

一、科技宏观管理体制

政府职能从研发管理向创新服务转变。为更好发挥广大科技工作者和企业家才能、释放全社会创新活力，政府职能需要从研发管理向创新服务转变。"研发管理"更多面向的是科研单位，更多运用的是管理手段，更多聚焦的是研发环节，更多着力的是组织科研活动；"创新服务"面向的是产学研用、大中小微等各类创新主体，围绕从研发到产业化应用的创新全链条，采取的主要是服务方式。从研发管理转向创新服务，实质上是营造良好创新环境，对接经济社会发展重大需求和创新活动的部署、引导，发挥企业在技术创新中的主体地位，这是政府履行创新职能方式方法和体制机制的深刻变革。

我国科技改革围绕促进科技经济紧密结合、壮大市场导向的创新力量不断向前推进，政府职能得到不断优化。中央财政科技计划（专项、基金等）管理改革、行政审批和商事制度改革等一系列重大改革付诸实施，转变职能力度进一步加大。政府部门不再直接管理具体项目，而是抓战略、抓规划、抓政策、抓服务，主要负责科技计划（专项、基金等）的宏观管理。科研项目的具体管理工作由规范化的专业机构负责，专业机构采取事业单位法人治理结构，并要接受监督、审核、评估。

加强国家科技体制改革的统筹协调。2015年3月13日，《中共中央　国务院关于深化体制机制改革加快实施创新驱动发展战略的若干意见》发布，提出了8个方面30项改革举措。为深入落实上述文件，增强科技体制改革的整体性、系统性、协同性，同年8月，中共中央办公厅、国务院办公厅印发《深化科技体制改革实施方案》，面向2020年从10个方面部署了143项改革任务，绘制改革施工图，明确各项任务时间表、路线图，形成了改革工作系统全面格局。截至2019年5月，《深化科技体制改革实施方案》部署的143项改革任务已完成120项，实现时间进度60%，任务完成超过80%。2018年7月，按照深化党和国家机构改革统一部署，为加强国家对科技工作的统筹协调，国务院决定将国家科技教育领导小组调整为国家科技领导小组。主要职责包括研究审议国家科技发展战略、规划及重大政策，讨论审议国家重大科技任务和重大项目，协调国务院各部门之间及部门与地方之间涉及科技的重大事项。2012年7月，为落实中共中央、国务院《关于深化科技体制改革加快国家创新体系建设的意见》，国务院决定成立国家科技体制改革和创新体系建设领导小组（简称"科改领导小组"），组织领导科技体制改革和创新体系建设工作。6年多来，科改领导小组组织召开了37次会议，审议了71项议题，有力推进了重大改革任务的部署落实。

科技管理机构改革深化落实。面对新时代新任务提出的新要求，党和国家机构设置和职能配置同统筹推进"五位一体"总体布局、协调推进"四个全面"战略布局的要求还不完全适应，同实现国家治理体系和治理能力现代化的要求还不完全适应。党的十九大对深化机构和行政体制改革做出重要部署，要求统筹考虑各类机构设置，科学配置党政部门及内设机构权力、明确职责。党的十九届三中全会通过了《中共中央关于深化党和国家机构改革的决定》和《深化党和国家机构改革方案》。第十三届全国人民代表大会第一次会议批准《国务院机构改革方案》。根据以上中央文件，将科技部、国家外国专家局的职责整合，重新组建科技部，作为国务院组成部门。科技部管理国家自然科学基金委员会，对外保留国家外国专家局牌子。其主要职责是，拟订国家创新驱动发展战略方针及科技发展、基础研究规划和政策并组织实施，统筹推进国家创新体系建设和科技体制改革，组织协调国家重大基础研究和应用基础研究，编制国家重大科技项目规划并监督实施，牵头建立统一的国家科技管理平台和科研项目资金协调、评估、监管机制，负责引进国外智力工作等。

建设国家科技决策咨询制度。2017年，中央全面深化改革领导小组第三十二次会议审议通过了《国家科技决策咨询制度建设方案》，标志着我国国家科技决策咨询制度建设进入了新阶段，科技决策的科学化、民主化进程迈出了重要一步。《国家科技决策咨询制度建设方案》强调组建高层次的国家科技咨询委员会，定期向党中央报告国内外科技创新动向,建立高水平科技创新智库体系,加强和改进党对科技工作的领导,提高重大科技决策科学化水平。

二、科技创新治理重大基础性制度

建立国家科技报告制度。国家科技报告制度是支撑科技创新和促进经济社会发展的重要手段。2014年,科技部印发了《关于加快建立国家科技报告制度的指导意见》,全面实行国家科技报告制度。以中央财政科技计划科技报告管理为重点,建成国家科技报告服务系统,提供科技报告摘要查询服务和公开科技报告的全文在线浏览服务。截至2017年,上线报告总数量已超过10万份,点击量超过8760万次,成为科技人员、社会公众获取科研项目和成果信息的重要渠道。加快地方科技报告制度建设,国家科技报告服务系统与地方互联互通取得实质进展。

全面实行国家创新调查制度。2012年,党中央、国务院印发《关于深化科技体制改革加快国家创新体系建设的意见》,明确提出了"建立全国创新调查制度,加强国家创新体系建设监测评估"的要求。2014年,制定《建立国家创新调查制度工作方案》,在北京、江苏、山东、湖北等地区进行企业创新活动统计调查试点,推进国家、区域、企业、典型产业、典型创新密集区统计调查和创新能力监测与评价。2015年年底,首次创新活动统计调查完成,建立了定期的创新活动统计调查工作机制,以及创新能力监测和评价核心报告体系,国家创新调查制度正式建立。2017年,经国务院同意,印发《国家创新调查制度实施办法》,形成了覆盖国家、区域、重点园区、企业、高校、科研院所的完整创新监测评价体系,持续开展创新活动统计调查,发布了一系列有影响力的创新能力监测和评价报告,为科技宏观管理提供了数据支撑(图13-2)。

科技资源开放共享实现突破。针对我国科技资源分散、重复、封闭、低效等问题,坚持"创新机制、盘活存量、整合完善、开放共享"的方针,完善政策制度环境,促进大型科学仪器设备设施和国家科技基础条件平台开放共享,利用平台奖励补助专项经费渠道,强化与地方、部门联动的工作机制和管理体系建设,推动重点地区、部门的开放共享试点,进一步探索开放共享的运行机制、管理模式、服务方式和"后补助"制度,强化监督评价和信息公开。

政策法规建设不断强化,优化科技资源开放共享制度环境。2015年1月,发布了《国务院关于国家重大科研基础设施和大型科研仪器向社会开放的意见》,要求力争3年内

图 13-2　国家创新调查制度系列报告

基本建成覆盖各类科研设施与仪器、统一规范、功能强大的专业化、网络化管理服务体系，充分发挥科研设施与仪器对科技创新的服务和支撑作用。相关 22 个部门建立联合推进机制，建成统一的国家网络管理平台，发布共享重大科研基础设施 58 个，大型科研仪器 4.6 万台（套），形成开放共享的考核、评价、奖惩、后补助等配套政策体系。2017 年，中央全面深化改革领导小组审议通过《科学数据管理办法》，强化科学数据规范管理和共享利用制度保障。

三、多主体、多要素的协同创新格局

不断健全产学研用协同创新机制。产学研合作载体建设持续增强，互动机制不断创新。面向战略性新兴产业发展和传统产业改造升级的重大需求，我国积极推动企业主导的产业技术创新战略联盟建设。依托联盟开展产业共性技术研发、技术标准制定、成果转化推广应用，已取得高速列车、煤制烯烃、低温电解铝等一批重大创新成果。鼓励企业与高校、科研院所共建一批面向市场需求的联合实验室、中试基地、专利池等合作载体，形成产学研联合攻关、优势互补、利益共享、风险共担的长效机制。

稳步推进中央与地方协同。部省会商和资源集成不断加强。围绕国家战略，聚焦地方重大工作部署，加强部省会商，集成国家和地方科技资源，发挥聚合效应，推动地方经济社会发展。部省会商推动实施差异化的区域政策，推进国家区域发展战略的有效实施，区域发展空间格局的进一步优化。部省会商更加注重从单纯项目支持向政策、项目、平台基地、改革试点等多方面推进转变。国家自然科学基金委员会与企业、行业、科研机构、地方等建立联合基金，推动研究资源共享，促进知识创新与技术创新衔接。部省会商促进了新能源、新材料等战略性新兴产业迅速发展，促进了装备制造业、煤炭产业等传统优势产业实现技术升级，加速了现代服务业发展。部省会商重点推动了高新技术企业认定、研发费用税前加计扣除、技术转让免税、科技金融支持政策、鼓励国产首台（套）设备使用、对服务企业的科技人员给予政策支持、高层次人才引进和培养等政策措施的落实与创新。

大力发展科技金融。2011年，科技部会同中国人民银行、银监会、保监会、证监会等部门成立了促进科技金融结合试点工作部际协调指导小组，建立起部际工作沟通机制，共同推进科技金融试点工作。2016年，《国家创新驱动发展纲要》对科技金融工作做出部署；国务院印发《"十三五"国家科技创新规划》，将"形成各类金融工具协同融合的科技金融生态"作为健全科技金融体系、推动大众创业万众创新的重要措施。2017年，国务院办公厅指出进一步推广科技金融创新，科技部会同中国人民银行、银监会、证监会、保监会等部门出台多项政策，促进科技金融工作不断深化。

第三节 科技计划管理体制改革

科技计划（专项、基金等）是政府支持科技创新活动的重要方式。2014年，国务院印发了《关于深化中央财政科技计划（专项、基金等）管理改革的方案》，做出全面部署，目前已基本完成预期改革目标。

一、科技计划统筹协调和制度建设

优化整合形成新五类科技计划。国家自然科学基金，资助基础研究和科学前沿探索，定位于增强源头创新能力。国家自然科学基金委员会积极筹划科学基金发展战略，系统部署和深入推进科学基金改革。其总体目标：通过确立基于"鼓励探索、突出原创；聚焦前沿、独辟蹊径；需求牵引、突破瓶颈；共性导向、交叉融通"4类科学问题属性分类的资助导向，建立"负责任、讲信誉、计贡献"的智能辅助分类评审机制，构建"源于知识体系逻辑和结构、促进知识和应用融通"的学科布局，力争未来5～10年，建成理念先进、制度规范、公正高效的新时代科学基金体系。为实现科学基金深化改革目标，国家自然科学基金委员会持续推进55项改革任务，积极落实科学基金新资助导向，持续优化科学基金资源配置；完善人才团队资助机制；面向国家重大需求创新联合基金资助管理机制；构建科学基金开放合作新局面；全面加强科学基金评审规范性和公正性；充分发挥高层次战略专家的咨询作用，做好科学基金发展战略规划；深入推进"放管服"改革相关工作。这些改革举措取得了阶段性成效。国家科技重大专项，聚焦国家重大战略产品和重大产业化目标，发挥举国体制的优势，在设定时限内进行集成式协同攻关，是我国科技发展的重中之重，对提高我国自主创新能力、建设创新型国家具有重要意义。国家重点研发计划，通过聚焦国家目标一体化组织实施，为国民经济和社会发展主要领域提供持续性的支撑和引领。技术创新引导专项（基金）通过市场化机制引导金融资本和社会资金共同支持技术创新活动，促进科技成果转移转化和资本化、产业化。基地和人才专项，着力打造国家科技创新高地和优秀人才团队，提升中国的科研保障能力。

其中，国家重点研发计划是在优化整合科技部管理的国家重点基础研究发展计划（973计划），国家高技术研究发展计划（863计划），国家科技支撑计划，国际科技合作与交流专项，发展改革委、工业和信息化部管理的产业技术研究与开发资金，有关部门管理的公益性行业科研专项等基础上设立的。

国家重点研发计划面向世界科技前沿、经济主战场、国家重大需求，重点资助事关国计民生的农业、能源资源、生态环境、健康等领域中需要长期演进的重大社会公益性研究，事关产业核心竞争力、整体自主创新能力和国家安全的战略性、基础性、前瞻性重大科学问题、重大共性关键技术和产品研发，以及重大国际科技合作等，加强跨部门、跨行业、跨区域研发布局和协同创新，为国民经济和社会发展主要领域提供持续性的支撑和引领。

国家重点研发计划按照重点专项、项目分层次管理。重点专项是国家重点研发计划组织实施的载体，聚焦国家重大战略任务，以目标为导向，从基础前沿、重大共性关键技术到应用示范进行全链条创新设计、一体化组织实施。

国家科技管理平台已经形成。"一个制度、三根支柱、一套系统"的国家科技管理平台已经形成。"一个制度"指建立部际联席会议制度。部际联席会议制度已成为凝聚部门共识、支撑重大决策的重要平台。国家科技计划（专项、基金等）管理部际联席会议制度自2015年4月30日建立以来，通过集体研究和共同决策，审议通过了项目管理制度、专业机构遴选原则、重点专项总体布局等重大事项，切实推动了计划管理改革各项任务的顺利开展。

"三根支柱"指咨评委、专业机构和监督评估与动态调整机制。咨评委正式成立前，

第十三章
科技体制改革和国家创新体系建设

特邀咨评委已开始发挥重要的战略咨询作用。特邀咨评委的专题会议，针对重点专项的领域特征，在咨询评议方式上采用了特邀咨评委委员、大同行专家和小同行专家相结合的方式，既立足战略和全局的高度，确保重点专项任务与国家战略保持一致，又从专业和细分的视角出发，保证了重点专项技术路线的科学性和先进性。专业机构遴选与改建工作全面启动。在深入调研和充分协商基础上，选择7家科研管理类事业单位开展了专业机构改建试点工作，探索建立公开透明的法人治理结构和项目管理机制。结合试点工作研究制定专业机构改建工作方案和管理办法，明确了专业机构的遴选原则和标准。监督评估体系和科研信用体系建设同步推进。相关工作始终融入科技计划管理改革的全过程，提早谋划，协同实施，探索建立"制度+合同+技术"的三位一体监督评估模式，加强科研信用体系建设，形成守信激励和失信惩戒机制，营造良好科研氛围。

"一套系统"指国家科技管理信息系统。通过统一的信息系统，对中央财政科技计划（专项、基金等）的需求征集、指南发布、项目申报、立项和预算安排、监督检查、结题验收等全过程进行信息管理，并主动向社会公开非涉密信息，接受公众监督，已结题的项目要及时纳入统一的国家科技报告系统，通过科技报告系统促进成果共享和转移转化。目前该系统已开始面向科技界提供服务。

全链条设计、一体化实施。加强科技与经济在规划、政策等方面的相互衔接。科技计划（专项、基金等）将围绕产业链部署创新链，围绕创新链完善资金链，统筹衔接基础研究、应用开发、成果转化、产业发展等各环节工作，更加主动有效地服务于经济发展方式转变和经济结构调整，建设具有核心竞争力的创新型经济。特别是在国家重点研发计划中，根据国民经济与社会发展的重大需求和科技发展优先领域，凝练形成若干目标明确、边界清晰的重点专项，从基础前沿、重大共性关键技术到应用示范进行全链条创新设计，一体化组织实施。

改进财政资金支持方式。明晰政府与市场的关系，政府重点支持市场不能有效配置资源的基础前沿、社会公益、重大共性关键技术研究等公共科技活动和营造激励创新的环境，解决"越位"和"缺位"问题。发挥好市场配置技术创新资源的决定性作用和企业的技术创新主体作用，突出成果导向，以税收优惠、政府采购等普惠性政策和引导性为主的方式支持企业技术创新活动和成果转化。特别是在技术创新引导专项（基金）上，政府要切实发挥杠杆作用，通过市场机制引导社会资金和金融资本进入技术创新领域，形成天使投资、创业投资、风险补偿等政府引导的支持方式。在具体项目管理上，市场导向类项目突出企业主体，充分发挥市场对技术研发方向、路线选择、要素价格、各类创新要素配置的导向作用，对于政府支持企业开展的产业重大共性关键技术研究等公共科技活动，在立项时要加强对企业资质、研发能力的审核，鼓励产学研各方协同攻关。

充分发挥产业界和产业专家作用。在项目管理的全过程充分发挥产业界和产业专家的作用，制定指南时，市场导向类项目的指南要充分体现产业需求；专家遴选时，要扩大企业专家参与市场导向类项目评估评审比重；结题验收时，积极探索用户评测等方式。

二、专业化管理

转变政府科技管理职能。政府部门简政放权，不再直接管理具体项目，充分发挥专家和专业机构在科技计划（专项、基金等）具体项目管理中的作用，主要负责科技发展战略、规划、政策、布局、评估、监管，对中央财政各类科技计划（专项、基金等）实行统一管理，并建立统一的评估监管体系，加强事中、事后的监督检查和责任倒查。

依托专业机构管理项目。将现有具备条件的科研管理类事业单位等改造成规范化的项目管理专业机构，由专业机构通过统一的国家科技管理信息系统受理各方面提出的项目申请，组织项目评审、立项、过程管理和结题验收等，对实现任务目标负责。加快制定专业机构管理制度和标准，按照联席会议确定的任务，接受委托，开展工作；加强专业机构的监督、评价和动态调整，确保其按照委托协议要求和相关制度规定进行项目管理工作。鼓励具备条件的社会化科技服务机构参与竞争，推进专业机构市场化和社会化。

三、强化绩效导向和成果管理

绩效评价。建立目标明确和绩效导向的管理制度；对科技计划（专项、基金等）的绩效评估委托第三方机构开展，评估结果将作为中央财政予以支持的重要依据。

动态调整。国务院科技行政主管部门、财政部门要根据绩效评估和监督检查结果及相关部门的建议，提出科技计划（专项、基金等）动态调整意见。对于完成预期目标或达到设定时限的，应当自动终止；对于确有必要延续实施的，或新设立科技计划（专项、基金等）及重点专项的，由国务院科技行政主管部门、财政部门会同有关部门组织论证，提出建议。

项目验收和成果管理。项目完成后，项目承担单位应按时提交验收或结题申请，无特殊原因未按时提出验收申请的，按不通过验收处理。项目主管部门要及时组织开展验收或结题审查，严把验收和审查质量，验收时，可根据不同类型项目，采取同行评议、第三方评估、用户测评等方式。进一步加强成果管理工作，强化科技报告制度。对于已验收或结题的项目必须及时纳入统一的国家科技报告系统，实现国家科技资源持续积累、完整保存和开放共享。科技报告呈交和共享情况将作为对项目承担单位后续支持的重要依据，未按规定提交并纳入的，不得申请中央财政资助的科技计划（专项、基金等）项目。

第四节 企业技术创新

"十三五"期间，企业技术创新能力得到快速提升，企业的创新主体地位和主导作用大力增强，推动形成一批具有国际竞争力的世界一流创新型领军企业，精准支持科技型中小企业创新发展。

一、企业创新能力

激发以企业为创新主体的政策相继出台。为深入贯彻党的十九大精神，实施创新驱动发展战略，加快推动中央企业和民营企业创新发展，2018年，科技部与国资委联合印发的《关于进一步推进中央企业创新发展的意见》、科技部与全国工商联印发的《关于推动民营企业创新发展的指导意见》等一系列政策出台。国家开发银行制定了关于国家开发银行支持科技创新发展工作的意见，并与科技部联合发布了关于推进开发性金融支持重大科技创新项目实施有关工作的通知。我国企业在技术创新中的主体地位更加巩固，创新能力显著提升。

企业在全社会研发投入、研究人员和发明专利中的占比均超过70%。自2012年以来，中央企业研发经费占主营业务收入比重稳中有升。国家科技成果转化引导基金累计设立21支创业投资子基金，中央财政投入75.5亿元，引导地方政府、金融机构、民间资本投资规模达237.5亿元。2018年，企业创新能力持续增强，全国高新技术企业总数超过13.6万家，研发投入、发明专利授权量分别占全国比重超过50%、40%，营业总收入、上缴税费预计分别超过30万亿元、1.5万亿元，增长均达到10%以上，提供就业岗位超过2500万个。截至2018年，依托企业在重要领域建设国家技术创新中心2个、国家重点实验室435个、国家工程技术研究中心189个，为孕育重大原始创新、推动科技成果转化和解决国家紧迫需求等方面提供了重要支撑。

持续加强创新型企业试点工作，以创新型（试点）企业为依托，加快培育具有国际先进水平的创新型领军企业。国家技术创新工程的实施，为支撑引领经济高质量发展、培育经济发展新动能发挥了巨大作用。《"十三五"国家技术创新工程规划》发布后，企业技术创新主体地位显著增强，创新能力不断提升。创新型企业在高速铁路、核电、第四代移动通信、特高压输变电、北斗导航、电动汽车、杂交水稻等方面突破了一批重大关键技术。全球研发投入最高的2500家企业中，中国有438家，居全球第2位。

二、技术创新工程

深入实施新一轮国家技术创新工程。2013年2月，科技部牵头起草了《关于强化企业技术创新主体地位全面提升企业创新能力的意见》，由国务院办公厅印发实施，对提升企业创新能力进行统筹部署。2013年6月，成立了由科技部牵头，发展改革委、财政部、工业和信息化部等15个部门参加的国家技术创新工程部际协调小组，定期召开工作协调会议，着力在创新主体、创新机制、创新要素和创新环境等关键环节加强沟通协调、政策统筹与资源集成。2017年，由科技部牵头，会同发展改革委、财政部等15个部门制定发布了《"十三五"国家技术创新工程规划》，明确了各部门协同推动企业技术创新的重点任务，各部门按规划部署有序推进落实。具体工作体现在以下几个方面：系统设计国家技术创新工程，实施国家技术创新工程"十三五"专项规划，加强新时期技术创新工程的顶层设计与统筹谋划。实施创新型领军企业培育行动，加大对高新技术企业的支持和引导，鼓励企业加大研发投入，支持有条件的企业开展基础研究和前沿技术攻关，依托行业龙头企业布局建设一批国家科研基地，培育一批具有世界影响力的创新型领军企业。布局建设国家技术创新中心，以提升国家在若干领域和产业的核心竞争力为目标，以企业为主体、产学研联合，在已有各类创新基地的基础上，集聚整合资源，创新体制机制，在数据智能、新能源汽车、智能电网、深海装备、现代农业等事关国家长远发展和产业安全的重点领域布局建设一批国家技术创新中心。引导支持科技型中小企业健康发展，支持中小企业发展基金等各类专项资金（基金）扩大规模，鼓励中小微企业开展协同创新，引导中小微企业向"专精特新"发展，培育壮大一批科技小巨人。

持续推动产业技术创新战略联盟市场化发展。科技部试点产业技术创新战略联盟达到146家，集聚了5000多家企业、高校和科研机构创新资源。在科技部试点联盟示范带动下，各地方、各部门也支持或推动企业与高校、科研机构组建了一批产业技术创新战略联盟。联盟整合各类创新资源，围绕国家产业发展需求，发挥产学研协同创新体优势，突破一批产业关键核心和共性技术，在推动产学研合作、加强科技成果转化与产业化、促进产业升级发展等方面发挥了重要作用。2016年，为深化"放管服"改革，进一步发挥好市场作用，科技部支持引导产业技术创新战略联盟自发成立了"中国产业技术创新战略联盟协同发展网"，开展联盟的自组织建设与规范管理，为政府决策提供支撑。

三、国家工程技术研究中心

国家工程技术研究中心（简称"工程中心"）是主要依托于行业、领域科技实力雄厚的重点科研机构、科技型企业或高等院校，拥有国内一流的工程技术研究开发、设计和试验的专业人才队伍，具有较完备的工程技术综合配套试验条件，能够提供多种综合性服务，与相关企业紧密联系，同时具有自我良性循环发展机制的科技开发实体。

自1991年开始，工程中心经历了从无到有、从初建到蓬勃发展的过程。大致分为4个阶段：初创奠基阶段（1991—1995年）、框架形成阶段（1996—2000年）、巩固提高阶段（2001—2005年）、快速发展阶段（2006—2015年）。截至2016年年底，工程中心总数达到了360个（其中11组25个工程中心名称基本相同且独立运行）。依托高校建设的有97个，依托科研院所建设的有74个，依托企业建设的有189个（中央企业76个，地方企业42个，民营企业60个，合资企业11个）。工程中心在高新技术、社会发展和农业领域等9个主要技术领域中进行布局，其中材料67个、先进制造46个、信息通信与空间遥感29个、交通25个、能源17个、生物技术与人口健康40个、种植业30个、养殖业12个、食品加工13个、农用物资装备19个、农林生态环境10个、资源开发15个、环境保护17个、社会事业17个、科技服务3个。

长期以来，工程中心是科技部推动科技创新和成果转化的主要阵地之一，发挥着重要作用。在提高科技自主创新能力、工程化及产业化能力，推动传统产业技术水平提高，促进新兴产业崛起，建设创新型国家等方面做出了重大贡献。取得了一批重大科研成果和专利，建立了一批高水平的工程化研究试验基地，培养了一批高素质、复合型技术管理人才队伍，承担了大量国家重大科技创新任务，取得了显著的经济效益和社会效益。

四、国家技术创新中心

国家技术创新中心定位是以产业前沿引领技术和关键共性技术研发与应用为核心，

加强应用基础研究，协同推进现代工程技术和颠覆性技术创新，打造创新资源聚集，组织运行开放、治理结构多元的产业技术创新平台。其要求是应对技术创新范式变革趋势，围绕产业链建立开放协同的创新机制，与产业和区域创新发展有机融合，强化技术扩散与转移转化，以市场为导向推动产学研深度融合，辐射形成更加完善的产业创新生态。建设目标是在重点产业布局建设，形成满足产业创新重大需求、具有国际竞争力的国家技术创新网络，培育行业领军企业，带动科技型中小企业成长，催生创新集群，推动若干重点产业进入全球价值链中高端。

2016年9月5日，科技部、国资委联合批复中国中车集团、青岛市共同牵头建设国家高速列车技术创新中心，创建开放、协同、共赢的聚智平台，强化支撑高速列车技术与产业创新的研发、试验、中试、孵化、大数据与应用服务等基础设施建设，创建和持续优化协同创新、技术转移、成果共享等机制体制，开展从基础研究、产品研发、制造到运维全链条的创新活动，实施从关键技术突破到工程化、产业化的一体化推进，引领世界高速列车智能化、绿色化、谱系化和互操作技术发展与产业化，提升中国高速列车技术创新能力和全球行业竞争力，推动高速列车技术创新成为中国高端装备的"新名片"和引领世界高速列车科技与产业发展的"火车头"。

2018年1月11日，科技部支持北京市、北汽集团牵头建设国家新能源汽车技术创新中心，围绕新能源汽车产业重大需求，加大重大关键技术源头供给，构筑"一个中心、两个高地、三个平台"，即具有全球影响力的新能源汽车共性、前沿关键技术的集成创新中心；引领全球的新能源汽车发展的技术输出高地和高端人才集聚高地；国际一流的新能源汽车科研成果转化平台、合作交流平台和金融创投平台，进行技术及产品原型的先行研究与开发尝试，打造世界新能源汽车技术创新的策源地。以电动化、智能化、生态化为发展方向，按照2020年、2025年、2030年"点—线—网梯次推进"的三步走计划稳步推进，通过从汽车产品自身到交通生态范畴下的车车—车路互联互通，到整个社会生态范畴下的全面网络化，实现技术的跨越式发展。

五、企业技术创新激励政策

积极完善和落实科技型企业减税降费措施。2013年，财政部和国家税务总局在北京中关村、武汉东湖、上海张江国家自主创新示范区和安徽合芜蚌自主创新综合试验区开展研究开发费用税前加计扣除政策试点，并在总结试点经验基础上，进一步将试点成果

第十三章
科技体制改革和国家创新体系建设

推广至全国。2015年11月,财政部、国家税务总局、科技部三部门联合出台《关于完善研究开发费用税前加计扣除政策的通知》,取消目录管理,实行负面清单,扩大研发费用口径,简化申报手续,实行事后备案,大幅增强了政策普惠性和便捷性。据对各地报送数据的统计,2016年度全国享受研发费用税前加计扣除政策的企业数超过7.8万家,减免企业所得税额达到869.9亿元,较2015年度分别增长53%和32%。2017年,财政部、国家税务总局、科技部联合发布《关于提高科技型中小企业研究开发费用税前加计扣除比例的通知》,允许科技型中小企业将加计扣除比例由50%提高至75%,加大对中小企业科技创新的支持力度。2018年6月,财政部、国家税务总局、科技部联合发布《关于企业委托境外研究开发费用税前加计扣除有关政策问题的通知》,允许企业委托境外的研究开发费用享受税前加计扣除政策。2018年9月,财政部、国家税务总局和科技部联合发布《关于提高研究开发费用税前加计扣除比例的通知》,将加计扣除比例从50%提高到75%,进一步激励企业加大研发投入,支持科技创新。2018年共推出了推广天使投资和创业投资试点政策、完善固定资产加速折旧政策、将一般企业职工教育经费税前扣除限额由2.5%提高到8%、延长企业亏损结转期限、完善研发费用税前加计扣除政策等5项高含金量的政策措施。

支持企业建设研发机构和提升研发组织能力。科技部等有关部门高度重视企业研发机构建设,加强规划布局,出台了系列政策措施,支持转制院所和行业骨干企业建设国家重点实验室、企业技术中心等企业研发机构,推动企业构建完善研发组织体系,在夯实企业创新基础、提升企业创新能力、集聚高端人才和攻关解决技术难题等方面发挥了重要作用。

鼓励高新技术企业发展。开展高新技术企业认定管理,对高新技术企业实行减按15%的税率征收企业所得税优惠政策,旨在鼓励和支持企业技术创新,推动高新技术产业发展。2016年,科技部、财政部和国家税务总局对《高新技术企业认定管理办法》及其工作指引进行了修订,进一步完善了高新技术企业认定管理工作和相关政策规定。高新技术企业税收政策实施以来,对于引导企业自主创新,推动我国高新技术产业发展起到了积极作用,也涌现了一大批高新技术龙头企业,这是一项具有中国特色的科技税收优惠政策,实施成效显著。2008年至今,我国高新技术企业的数量逐年稳步增长,尤其是2016—2018年,每年都保持30%以上的增长率,凸显了企业对高新技术企业政策的认可,以及地方政府对高新技术企业认定工作的重视。截至2017年年底,有效期内高新技术企业13.6万家,净利润总额2.32万亿元,共上缴税费1.5万亿元,减免所得税1880

亿元，实现高新技术企业产品出口 2.84 万亿元。根据相关统计，我国高新技术企业研发投入总量占全国企业的 50% 以上；高新技术企业平均每万人拥有的发明专利数量是全国就业人员人均水平的 11 倍，吸纳接近半数留学归国人员就职，在创业板中高新技术企业比重达 90%，高新技术企业已经成为创新发展的重要生力军，其聚集能力和发展水平更是一个区域经济活力与竞争力的集中反映。

第五节　高等学校和科研院所

"十三五"期间，高等学校和科研院所科研体制改革向纵深发展，研发能力整体提升，具有多元化投资、多样化模式、市场化运作特征的新型研发机构大量涌现。

一、高等学校

实施高等学校创新能力提升计划，推动协同创新。从 2012 年起，国家开始实施高等学校创新能力提升计划（简称"2011 计划"），目的是推动协同创新，促进高等教育与科技、经济、文化的有机结合，大力提升高等学校的创新能力。"2011 计划"分两批认定了 38 个国家级"2011 协同创新中心"，形成了国家、地方、高校三级协同创新中心建设体系，协同创新理念广泛传播，相当程度上扭转了高等学校科研体制"分散、分割、封闭和低效"的局面。

扎实推进"双一流建设"，提升高等教育综合实力。2015 年 8 月 18 日，中共中央全面深化改革领导小组会议审议通过《统筹推进世界一流大学和一流学科建设总体方案》，对新时期高等教育重点建设做出新部署，将"211 工程""985 工程""优势学科创新平台"等重点建设项目统一纳入世界一流大学和一流学科建设。

2017 年，我国高等学校研发经费达到 1266 亿元。全国研发经费中，高等学校占 7.2%，比上年上涨 0.4 个百分点。其中，基础研究为 531.1 亿元，应用研究为 623.1 亿元，试验发展为 111.8 亿元。全国基础研究经费中，高等学校占 54.4%；应用研究经费中，高等学校占 33.7%。全国科学研究经费（基础研究经费与应用研究经费之和）中，高等学校占 40.9%，比上年略有上升。

高等学校研发人员持续增加。2017 年，高等学校研发人员全时当量为 38.2 万人年。从研究类型来看，高等学校投入基础研究人员 18.1 万人年，应用研究人员 18.3 万人年，

第十三章
科技体制改革和国家创新体系建设

试验发展人员1.9万人年。全国科学研究人员中，高等学校占14.7%。高等学校研发人员中，博士毕业人员27.8万人，占30.5%；硕士毕业人员37.3万人，占40.8%。

2017年，高等学校发表科技论文130.8万篇；出版科技著作45 591种；专利申请量达27.8万件，其中发明专利申请量为15.7万件；专利授权量为17.0万件，其中发明专利授权量为7.8万件。

二、科研院所

2012年发布的中央6号文件对科研机构分类改革进一步提出了明确方向，公益类科研机构要坚持社会公益服务的方向，探索管办分离，建立适应领域特点的科技创新支撑机制；基础研究类科研机构要瞄准科学前沿问题和国家长远战略需求，完善有利于激发创新活力、提升原始创新能力的运行机制；技术开发类科研机构要坚持企业化转制方向，完善现代企业制度。加强对科研院所的分类支持，并建立对科研机构的评估同资助挂钩的机制，引导院所健全内部管理制度，建立健全现代科研院所制度。2015年，中共中央、国务院发布《关于深化体制机制改革加快实施创新驱动发展战略的若干意见》，要求推动高等学校和科研院所科研、人才培养、人才评价制度改革，建立高等学校和科研院所技术转移机制等政策，促进我国科技体制和经济进一步结合。

中央编办、科技部、财政部、人力资源社会保障部等部门协同深入推进科研机构分类改革。开展科研院所分类工作，制定分类标准，明确政策口径，做好与科技体制改革的衔接。根据功能定位，明确基础性科研划入公益一类，综合性科研划入公益二类，技术开发类科研划入生产经营类。继续推进拟转企科研机构改革，明确这部分院所划入生产经营类，相关部门正研究制定拟转企科研机构的分类标准。深入推进社会公益类科研机构改革，与分类推进事业单位改革密切衔接。在政策供给方面，着重加强对科研机构创新能力建设的支持力度。国家通过科技计划、科研基地建设、技术创新工程等多种手段，加大对转制科研院所创新活动的支持力度，包括有重点、有步骤地在转制院所和企业建设一批国家重点实验室；免征转制院所仪器设备进口关税和进口环节增值税、消费税。加大对中央级公益性科研院所的支持力度，进一步完善稳定支持机制，促进科研院所持续创新能力的提升；中央财政设立"公益性科研院所基本科研业务费专项资金"，用于支持科研院所开展符合公益职能定位、代表学科发展方向、体现前瞻布局的自主选题研究工作。

2017年，研究与开发机构共3547家，其中，中央728家，地方2819家。研发内部经费支出 2435.7 亿元，占当年研发经费支出的 13.83%。基础研究、应用研究、试验发展占比分别是 15.78%、28.72% 和 55.50%。政府资金仍然是研究与开发机构获取研发资金的主要渠道，占比为 83.18%。

研究与开发机构研发人员持续增加，2017 年，研究与开发机构研发人员全时当量为 40.6 万人年，比 2016 年增长 4.1%，占全国研发人员的 10.1%。从研究类型来看，研究与开发机构投入基础研究人员 8.4 万人年，应用研究人员 14.3 万人年，试验发展人员 17.8 万人年。全国科学研究人员中，研究与开发机构的研发人员共计 46.2 万人，占 7.4%。研究与开发机构的研发人员中，博士毕业人员 8.2 万人，占 17.7%；硕士毕业人员 16.5 万人，占 35.7%。

研究与开发机构发表科技论文 17.7 万篇；出版科技著作 5459 种；专利申请量达 5.6 万件，同比增长 12.4%，其中发明专利申请量为 3.5 万件；专利授权量为 3.2 万件，同比增长 7.5%，其中发明专利授权量为 2.4 万件。

三、新型研发机构

随着创新要素跨区域、跨行业加快流动，新一轮科技革命和产业变革进程不断加速，珠三角、长三角和京津冀等创新活跃地区涌现出众多新型研发组织，在组建运行、服务创新和机制创新等方面积极探索，得到了多方面的政策支持，为各地依靠科技创新转变经济发展方式、培育经济发展新动能提供了有力支撑。

新型研发机构的主要特点体现在实行理事会领导下的院长、所长负责制。其理事会享有决策权，负责明确机构的功能定位，确定机构的发展方向，其成员来自企业、高校、科研院所及相关政府部门等。聚焦国家和区域经济社会发展需求。建设发展具有很强的需求导向性，主要面向区域经济社会发展需求设计组织结构，明确研发任务，开展研发活动，转化研发成果，形成产业价值。构建创新链与产业链紧密对接的服务体系。初步建立起从上游创新源头到下游产业化的全产业链对接体系，在创新链上加紧源头创新，围绕产业链建立研发成果产业化渠道。建立符合科技发展规律的运行机制。通过保持机构的组织活力，营造有利于科学研究的评价考核机制和学术氛围。强调产业同科研的联系，注重采纳用户意见，提升研发成果的商业价值。形成面向全球的开放体系结构。通过面向全球吸纳学科前沿领军人才，以及开展与国内外科研院所、高等院校、企业的研发合作，在发展中建立了产学研相结合、聚集国内外前沿资源的有效机制。

第六节 科技监督评估与科研诚信

科技监督与评估是科技创新发展的重要支撑和保障。"十三五"期间,科技部会同相关部门加快构建决策、执行、监督既相互制约又相互协调的现代科技治理体系,逐步建立了覆盖全面、高效协同的科技监督和评估体系。

一、强化制度体系建设

通过国内外调研并借鉴其他国家经验,围绕科技监督、评估先后发布5项制度,形成"1+3+1"的制度体系。

"1"为国家科技计划管理部际联席会发布的《科技监督和评估体系建设工作方案》,作为监督和评估工作的基本遵循;"3"为3个制度规范,即《中央财政科技计划(专项、基金等)监督工作暂行规定》《科技评估工作规定(试行)》《国家科技计划(专项、基金等)严重失信行为记录暂行规定》;"1"为《科技部落实国家科技计划管理监督主体责任实施方案》,明确科技部内部各相关单位的监督职责分工和具体工作内容,保证"1+3"制度规范落地落实。在各类科技计划管理制度中,将监督、评估和诚信作为重要组成部分,突出监管工作的制度化。

二、建立完善工作机制

建立分层分级监督评估机制。按照"谁审批谁监管,谁主管谁监管"、"谁主责,谁接受监督"、权责对等的原则,明确了科技部、财政部、各有关部门和地方、专业机构、项目承担单位及科技部内部各有关单位的监督主体职责,建立了自上而下分层分级的科技监督和评估机制,全面覆盖管理和承担科技任务的各个单位和个人,覆盖到科技任务的全过程。

建立年度工作统筹机制。每年制定统一的《科技监督和评估工作计划》,对科技规划、政策、计划、项目和资金、基地等各个方面的监督检查和评估工作进行统筹和规范,明确监督和评估工作的对象、时间、方式、实施主体和结果运用等。明确要求未纳入年度计划的,除受理投诉举报外,不得随意开展监督检查,防止对科研单位正常科研活动的干扰。

建立多部门联动协调机制。在国家科技计划项目随机抽查工作中,科技部、财政部、教育部、中国科学院、国家自然科学基金委员会等五部门成立联合抽查工作组，探索建立监督主体"5+N"纵横联动、监督对象全面覆盖的"大监管"模式。利用信息技术随机抽取国家各类科技计划在研项目进行监督检查。积极开展与被抽查单位上级主管部门、所在地方科技管理部门的联动，如邀请军委科技委参加联合检查，委托广东、湖南等监督体系比较健全的地方科技管理部门开展现场检查，形成监督合力。

三、全面开展监督评估

项目管理专业机构监督。为切实保障项目管理专业机构接住管好政府下放科研项目管理职责，将对专业机构的监督和评估作为重中之重。2016年，项目管理专业机构设立之初，就对其开展了管理制度和工作机制评估分析，确保其从一开始就做到依法依规管理项目，采取"窗口"服务电话随机抽查和电话随机访谈等方式，对项目管理专业机构的管理和服务情况进行监督。还及时对专业机构开展日常管理提供指导，加强工作衔接，针对专业机构立项评审专家抽取、视频答辩、项目年度报告等各个环节，开展现场监督，做到项目管理专业机构全覆盖，及时对其中存在的风险点提出意见与建议，推动专业机构专业化管理水平的提高。

科技计划项目随机抽查。落实国务院关于"双随机"的要求，在科技计划项目检查工作中，利用信息技术随机抽取检查项目、随机选派抽查专家。通过随机抽查工作，在每个承担科技计划项目的主体上方高悬"达摩克利斯之剑"，形成对科研不端行为的震慑。在科技计划项目随机检查中，实现了对国家科技重大专项、国家重点研发计划、国家自然科学基金项目及"十二五"国家科技计划在研项目的全覆盖和统筹，发现了项目任务实施和经费使用中的苗头性问题，发挥了强执行、防风险和促规范作用。

规范开展投诉举报受理。按照《中央财政科技计划（专项、基金等）监督工作暂行规定》有关要求，高度重视公众监督，积极采取措施畅通投诉举报渠道，安排专人负责，制作《受理投诉举报年度登记表》等工作表格，强化举报件办理力度，有举报必核查。

严肃查处重大案件。坚决把习近平总书记关于科技工作的重要批示指示和党中央、国务院交办的任务作为工作中的重中之重，切实抓好重大案件查办，以"零容忍"态度惩治科研腐败行为。严肃查处了一批违规案件，追回了相应的科研经费；向社会公开通报多家单位和相关人员的违规情况，对多家单位进行了约谈，发挥了较强震慑和警示作用。

第十三章
科技体制改革和国家创新体系建设

四、创新监督方式方法

实施电话访谈制度，推动监督工作常态化。在 2016 年实施对咨询评审专家、项目申报人员电话访谈的基础上，2017 年随机抽取 356 位咨询评审专家、252 位项目申报人员、43 位申报单位管理人员等 3 类参与科技计划项目的主体进行电话访谈，全面覆盖 7 个专业机构已立项的 46 个重点专项，重点了解其对专业机构评审活动的组织服务、评审行为的规范性、评审过程和结果的公正择优性及计划管理举措等方面的意见和建议。

落实"材料只报送一次"制度，减少对正常科研活动的干扰。在监督检查中，凡是国家科技管理信息系统已有的材料，或监督检查对象已提供过的材料，不再要求提供，充分利用项目管理部门/机构手中已有的项目立项批复、任务书、年度报告、中期检查等资料和信息，把监督检查从过去只关注一个"点"变成关注项目执行的"整条线"，实现了监督检查从"一锤定音"到注重"平时表现"的转变。

实行监督表格化、结构化，大幅精简材料报送。表格化、结构化既准确传递了各项工作要求，又突出标准化，保证填报质量可控，大大减少重复低效工作。以项目随机抽查为例，通过表格化、结构化填报，将项目自查材料大幅压缩到 30 页以内，实现材料"大瘦身"，砍掉材料填报中的繁文缛节。

推行"微视频"报送，推动监督内容立体化。在科技计划项目随机抽查工作中，探索实施"项目实施情况 5 分钟视频"报送，鼓励科研人员利用手机拍摄，及时动态记录项目实施的重要进展和成效，对项目实施的主要进展、重要成果、应用场景、实施绩效等进行全视角实景报告。

探索实施远程视频检查，推动监督形式简洁化。在撤稿事件彻查处理督查工作中，利用微信远程视频技术，对广东省教育厅、辽宁省教育厅、南方医科大学、中国医科大学进行视频督查。在项目随机抽查中，也利用微信远程视频技术，实施电子监督检查，实时了解项目进展情况，减少现场检查次数。

开展第三方大数据挖掘，推动监督工作精准化。组织第三方力量，从论文库、专利库、科研严重失信数据库、工商部门企业信息系统数据及网络公开信息中，获取被监督检查项目单位和科研人员的第三方信息，并运用大数据挖掘分析技术进行系统梳理分析，实现对被监督检查对象的全面客观评价，提高监督和评估工作的震慑力和效率。

开展重点专项年度监测试点，注重动态评估。选择"数字诊疗装备研发"等 6 个重点专项开展年度监测工作，按年度对各专项实施进展、主要成果及存在的问题进行监测，以改革科技计划项目绩效评价主要由事后搜集、填报信息的做法，为提高重点专项绩效评价工作的质量和精准性探索了经验。

五、科技评价制度改革

相继出台了系列文件对完善科技评价制度提出要求。《国务院关于改进加强中央财政科研项目和资金管理的若干意见》提出，建立各类科技计划（专项、基金等）的绩效评估、动态调整和终止机制；国务院印发了《关于深化中央财政科技计划（专项、基金等）管理改革方案的通知》，提出"科技部、财政部要对科技计划（专项、基金等）的实施绩效、战略咨询与综合评审委员会和专业机构的履职尽责情况等统一组织评估评价和监督检查"；中共中央、国务院印发的《国家创新驱动发展战略纲要》要求"根据不同创新活动的规律和特点，建立健全科学分类的创新评价制度体系"。

项目评审、人才评价、机构评估是科技评价的关键内容。2018年7月，中共中央、国务院印发了《关于深化项目评审、人才评价、机构评估改革的意见》（简称《意见》），以构建科学、规范、高效、诚信的科技评价体系为目标，统筹自然科学和哲学社会科学不同学科门类，推进分类评价制度建设，围绕建立适应创新驱动发展要求、符合科技创新规律、突出质量贡献绩效导向的分类评价体系，对改革完善科研项目评审、人才评价、机构评估进行了全面部署。

优化科研项目评审管理，主要包括完善指南编制和发布机制、保证评审工作公开公平公正、完善评审专家选取使用、提高项目评审质量和效率、严格项目成果评价验收、加强国家科技计划绩效评估、落实国家科技奖励改革方案等7项措施；改进科技人才评价方式，主要包括统筹科技人才计划、科学设立人才评价指标、树立正确的人才评价使用导向、强化用人单位人才评价主体地位、加大对优秀人才和团队的稳定支持力度等5项措施；完善科研机构评估制度，主要包括实行章程管理、落实法人自主权、建立中长期绩效评价制度、完善国家科技创新基地评价考核体系等4项措施；加强监督评估和科研诚信体系建设，主要包括建立覆盖"三评"全过程的监督评估机制和集教育、自律、监督、惩戒于一体的科研诚信体系等2项措施。

为抓好《意见》的贯彻落实，国家科技体制改革和创新体系建设领导小组办公室专门发文明确了有关部门分工，科技部内部各有关单位也明确了分工。科技部会同教育部、人力资源社会保障部、中国科学院、中国工程院等部门开展了清理"唯论文、唯职称、唯学历、唯奖项"（简称"四唯"）专项行动，推动各部门、地方和相关单位对科技评价相关政策文件、考核指标及管理要求等涉及"四唯"的内容进行清理，推动改革和完善科技评价制度。

六、科研诚信建设

科研诚信是科技创新的基石，是我国建设创新型国家、世界科技强国的重要保障。在党中央、国务院领导下，科技部会同相关部门着力加强制度规范、教育引导、监督惩戒，我国科研诚信建设取得了显著成效。

完善制度体系。逐步建立了包括法律、政策、部门规定等在内的科研诚信制度框架和科研诚信管理体系。2014年，《国务院关于改进加强中央财政科研项目和资金管理的若干意见》提出"完善科研信用管理"，并明确了科研信用记录、信用评级、信用评价信息共享，"黑名单"制度等具体要求。2016年，中共中央、国务院印发《国家创新驱动发展战略纲要》，要求"加强科研诚信建设，引导广大科技工作者恪守学术道德，坚守社会责任"。2018年5月30日，中共中央、国务院印发《关于进一步加强科研诚信建设的若干意见》，对科研诚信建设做出全面部署和系统安排，明确了新时代科研诚信建设的指导思想、基本原则、主要目标和建设任务，要求坚持预防和惩治并举，坚持自律和监督并重，坚持无禁区、全覆盖、零容忍，推进科研诚信建设制度化，严肃查处违背科研诚信要求的行为，营造诚实守信、追求真理、崇尚创新、鼓励探索、勇攀高峰的良好科研氛围。

构建齐抓共管的工作格局。不断完善跨部门的科研诚信工作机制。科技部牵头建立了科研诚信建设联席会议制度，截至2018年，联席会议成员单位已达20个，对科研诚信建设的宏观指导和统筹协调作用不断增强。2018年，科技部、发展改革委等40余个部门联合发布《关于对科研领域相关失信责任主体实施联合惩戒的合作备忘录》，提出违背科研诚信要求行为的43条联合惩戒措施，建立多部门对科研领域严重失信行为开展联合惩戒的机制。2018年，科技部贯彻落实《深化党和国家机构改革方案》要求，设立负责科技监督与科研诚信建设的独立司局，进一步强化科研诚信建设力量。推动高等院校、科研机构、学术团体成立科研诚信专责机构，配备力量，加强工作。各主体共同参与、各司其职、齐抓共管的良好工作格局正在形成，为科研诚信建设提供了有力的组织保障。

建立融入科研管理全流程的科研诚信管理体系。2016年，科技部等15个部门联合发布《国家科技计划（专项、基金等）严重失信行为记录暂行规定》，建立科研诚信严重失信行为数据库，完善对科研领域严重失信行为的记录和惩戒。依托科研诚信严重失信行为数据库，将科研诚信审核融入科技计划项目、基地建设、人才计划和科技奖励、评审专家遴选等科技管理各个方面，覆盖申报、组织实施、验收、监督和评估各环节，对存在科研领域严重失信行为的责任主体"一票否决"。加大对科研诚信的激励，选择创新能力和潜力突出、创新绩效显著、科研诚信状况良好的单位开展支持力度更大的"绿色通道"改革试点，简化科研项目经费预算编制、扩大科研经费使用自主权等。

查处违背科研诚信要求的行为。严肃查处国家科技进步奖申报材料造假、国际期刊集中撤稿、科研项目造假、虚假宣传等重大案件，着力建立良好的科研生态。2017年，国际期刊《肿瘤生物学》集中撤销107篇中国作者论文，引起社会广泛关注。科技部会同教育部、卫生计生委、国家自然科学基金委员会、中国科协等部门妥善应对处理，对497名责任人进行了严肃处理，相关责任人受到了撤销职称、学位或取消学籍，取消一定年限晋升职务、职称资格，取消一定年限申报科技计划（专项、基金等）项目的资格，追回利用撤稿论文获取的奖励、奖金、荣誉称号等处理。在彻查处理中，立足标本兼治，打出开展"清网"行动、打击学术"黑中介"、研究建立学术期刊诚信预警机制、推动临床医学中心评价改革试点等"组合拳"，得到各方面的普遍肯定。

第十四章
激发人才创新活力

习近平总书记指出，创新驱动实质上是人才驱动，人才是创新的第一资源。谁拥有了一流创新人才、拥有了一流科学家，谁就能在科技创新中占据优势。我国要不断改善人才发展环境、激发人才创造活力。

党的十八大以来，我国深入实施人才强国和创新驱动发展战略，不断强化顶层设计和系统部署，推进人才发展体制机制改革，加强人才队伍建设，科技人才队伍蓬勃发展，科技人才创新能力和国际影响力明显提升，引领创新发展的作用愈加凸显。

第一节 人才是创新的第一资源

习近平总书记对科技人才工作做出了一系列重要论述，强调人才是创新的根基，是创新的核心要素，创新驱动实质上是人才驱动。必须坚定不移走中国特色自主创新道路，培养和吸引人才，推动科技和经济紧密结合，真正把创新驱动发展战略落到实处。把人才资源开发放在科技创新最优先的位置，努力造就一批世界水平的科学家、科技领军人才、卓越工程师和高水平创新团队；聚天下英才而用之，实行更加开放的人才政策，不唯地域引进人才，不求所有开发人才，不拘一格用好人才；在用好、吸引、培养上下功夫，用好科学家、科技人员、企业家，激发他们的创新创业激情；完善人才发展机制，建立更为灵活的人才管理机制，打通人才流动、使用、发挥作用中的体制机制障碍；坚持党管人才原则，加强政治引领和政治吸纳，着力破除束缚人才发展的思想观念，充分激发各类人才的创造活力。党的十八大提出，加快确立人才优先发展战略布局，造就规模宏大、素质优良的人才队伍，推动人才大国迈向人才强国。

2016年3月，中共中央印发《关于深化人才发展体制机制改革的意见》，明确提出人才是经济社会发展的第一资源，深入实施人才优先发展战略，解放和增强人才活力，形成具有国际竞争力的人才制度优势。推进人才管理体制改革，转变政府人才管理职能，保障和落实用人主体自主权，健全市场化、社会化的人才管理服务体系，加强人才管理法制建设。提出了改进人才培养支持机制、创新人才评价机制、健全人才顺畅流动机制、强化人才创新创业激励机制、构建具有国际竞争力的引才用才机制、建立人才优先发展保障机制等体制机制改革意见和具体改革举措，对人才发展体制机制改革进行了系统安排。

《国家创新驱动发展战略纲要》提出，创新驱动实质上是人才驱动，要加快建设科技创新领军人才和高技能人才队伍，注重培养一线创新人才和青年科技人才，造就一大批勇于创新、敢于冒险的创新型企业家。

党的十九大强调要聚天下英才而用之，加快建设人才强国。实行更加积极、更加开放、更加有效的人才政策，培养造就一大批具有国际水平的战略科技人才、科技领军人才、青年科技人才和高水平创新团队。

第二节　科技人才计划

党的十八大以来，中央统筹布局的一系列国家层面的重要科技人才计划继续实施。以自主培养杰出科技人才为主旨的万人计划深入推进，成为国家层面科技人才计划的核心、高层次人才开发体系的支柱；《国家中长期人才发展规划纲要（2010—2020年）》部署的12项重大人才工程中，创新人才推进计划，专业技术人才知识更新工程，边远贫困地区、边疆民族地区和革命老区人才支持计划持续开展。

一、国家高层次人才特殊支持计划

2012年8月，中央组织部、中央宣传部、人力资源社会保障部、教育部、科技部等11个部门联合启动了"国家高层次人才特殊支持计划"（简称"万人计划"）。"万人计划"定位于国内高层次人才的培养支持，重在培养国内人才。政府为"万人计划"专家提供了荣誉激励、经费支持和政策支持，采用了更为灵活的科技人才支持机制。在杰出人才的支持方式上，设立科学家工作室，实行首席科学家负责制，采取"一事一议、按需支持"方式给予经费保障，支持其开展探索性、原创性研究；改革领军人才科研项目管理办法，优先立项、滚动支持，创新经费支持方式，落实期权、股权和企业年金等激励措施，支持其组建创新团队。加强联系服务,将入选专家纳入党委联系专家范围,党委组织部门加强思想联系和政治引领。还为入选专家定期组织国情研修、国情考察、学术交流等活动。

"万人计划"实施成效。突出需求导向,重点围绕国家战略需要选人。入选专家既有自然科学、工程技术领域的,也有人文社会科学领域的;既有从事基础研究的,也有致力于应用研究和科技创新的;既有成果显著的科学家,也有潜力很大的青年才俊。截至2018年,"万人计划"已分3批遴选出4207名国内高层次人才。"万人计划"入选者多数主持过国家863计划、973计划等国家重大科技计划项目,在科学原始创新、重大关键技术、重大工程建设、民生科技等诸多领域取得突破性进展。示范效应好,各地加大支持力度,实施了各具特色的人才培养工程,形成了上下联动、互相衔接的人才计划体系。

二、创新人才推进计划

2011年10月,科技部、人力资源社会保障部等8个部门联合发布《创新人才推进计划实施方案》,创新人才推进计划宣告启动,旨在通过创新体制机制、优化政策环境、强化保障措施,培养和造就一批具有世界水平的科学家、高水平的科技领军人才和工程师、优秀创新团队和创业人才,打造一批创新人才培养示范基地,加强高层次创新型科技人才队伍建设,引领和带动各类科技人才的发展,为提高自主创新能力、建设创新型国家提供有力的人才支撑。

截至2019年1月,创新人才推进计划已遴选批复7批,入选中青年科技创新领军人才2024人,重点领域创新团队427个,科技创新创业人才1348人,创新人才培养示范基地218个。科技部将创新人才推进计划入选人才分3批推荐至国家万人计划,推荐入选率在九成左右。有6名人才已入选科学家工作室。一批入选专家以国家的战略布局和社会需求为导向,在推进基础研究、攻破关键技术、催生新产业、引领地方经济发展等方面取得重要进展,产出了具有国际影响力的重大成果。

三、长江学者奖励计划

2012年3月,教育部启动实施新的"长江学者奖励计划"。2015年,"长江学者奖励计划"新增青年学者项目。2018年9月,新的《"长江学者奖励计划"管理办法》印发。

"长江学者奖励计划"坚持"向改革倾斜、向一流倾斜、向西部和东北地区倾斜、向青年倾斜、向哲学社会科学倾斜"的原则,鼓励和支持高校大力吸引和培养了一批具有国际影响力的学科领军人才和具备发展潜力的青年拔尖人才，推动高校成为高层次人才集聚的战略高地。党的十八大以来，共遴选支持"长江学者"1438人，其中，特聘教授760人、讲座教授239人、青年学者439人，覆盖全国31个省（区、市）的184所高校。

四、专业技术人才知识更新工程

2011年，人力资源社会保障部、财政部、科技部、教育部、中国科学院联合发布《专业技术人才知识更新工程实施方案》。专业技术人才知识更新工程的总体目标：围绕我国经济结构调整、高新技术产业发展和自主创新能力的提高，在装备制造、信息、生物技术、新材料、海洋、金融财会、生态环境保护、能源资源、防灾减灾、现代交通运输、农业科技、社会工作等12个重点领域，开展大规模的知识更新继续教育，每年培训100万名高层次、急需紧缺和骨干专业技术人才；依托高等院校、科研院所、大型企业现有施教机构，建设一批国家级专业技术人员继续教育基地。该工程包括4个重点项目，即高级研修项目、急需紧缺人才培养培训项目、岗位培训项目和国家级专业技术人员继续教育基地建设项目。

截至2017年，知识更新工程累计培养培训高层次和急需紧缺人才915万人次，建设了140个国家级继续教育基地，带动全国参加继续教育超过2亿人次，有效缓解了经济社会发展重点领域人才短缺的问题。

五、边远贫困地区、边疆民族地区和革命老区人才支持计划

2011年9月，中央组织部、教育部、科技部等10个部门联合发布《边远贫困地区、边疆民族地区和革命老区人才支持计划实施方案》。边远贫困地区、边疆民族地区和革命老区（简称"三区"）人才支持计划旨在有计划地为"三区"输送和培养科教文卫等领域急需紧缺人才，为促进实现基本公共服务均等化目标、推动区域协调发展提供人才支持和智力服务。为加快建设"三区"科技人才和农村科技创新人才队伍，2014年，科技部、中央组织部、财政部、人力资源社会保障部、国务院扶贫办共同启动"边远贫困地区、边疆民族地区和革命老区人才支持计划科技人员专项计划"。截至2017年，中央财政累计安排经费11.8亿元，面向中西部1118个"三区"贫困县选派科技人才66 930名，培养本土科技人员10 666名，精准输送科技服务和创业带动紧缺人才，增强了贫困地区发展动力，为脱贫攻坚和乡村振兴做出了重要贡献。

六、百千万人才工程

百千万人才工程瞄准世界科技前沿,重点选拔培养能引领和支持国家重大科技、关键领域实现跨越式发展的高层次中青年领军人才。百千万人才工程累计选拔国家级人才5700多人,已成为中国选拔培养高层次创新型领军人才的重要平台。百千万人才工程入选人才中涌现了一批杰出的科学家和各行业领域学术技术领军人才,在国家重大科研项目攻关和重点工程建设等方面发挥了重要作用,为提高中国自主创新能力,推动经济科技发展做出了突出贡献。

七、百人计划

2015年,中国科学院为贯彻落实习近平总书记提出的"四个率先"要求,对"百人计划"进行调整和完善,启动实施率先行动"百人计划",设置学术帅才、技术英才和青年俊才3个项目,坚持引进和培养人才有机结合,努力建设国家创新人才高地。

"百人计划"为国家引进和培养了一大批高水平科技领军人才和拔尖人才,探索出了一条适应中国国情的人才引进和培养新途径,为中国科学院知识创新工程提供了有力的人才支撑,也为中国科学院实施"率先行动"计划奠定了坚实的人才基础。"百人计划"累计引进优秀人才近3000名,其中已走出43名"两院"院士,中国科学院现任100多名研究所所长中近1/3是"百人计划"入选者。"十二五"期间国家评选出的3项国家自然科学奖一等奖中,有2项的第一完成人或主要完成人是"百人计划"入选者。

八、人才计划改革

在深入实施科技人才计划的同时,科技人才计划管理制度改革不断推进。2018年7月,《国务院关于优化科研管理提升科研绩效若干措施的通知》提出,切实精简人才"帽子"。在中央人才工作协调小组的领导下,对科技领域人才计划进行优化整合。西部地区因政策倾斜获得人才计划支持的科研人员,在支持周期内离开相关岗位的,取消对其相应支持。开展科技人才计划申报查重工作,一个人只能获得一项相同层次的人才计划支持。科技人才计划项目结束后不得再使用有关人才称号。科研项目申报书中不得设置填写人才"帽子"等称号的栏目。不得将科研项目(基地、平台)负责人、项目评审专家等作为荣誉称号加以使用、宣传。

在中央出台相关规定之后，2018年"万人计划"申报通知中，规定获得教育部"青年长江"、国家自然科学基金"优秀青年科学基金"项目资助的人才，资助期内不得申请青年拔尖人才项目。《"长江学者奖励计划"管理办法》规定，"长江学者""青年长江学者"是学术性、荣誉性称号，避免与物质利益简单、直接挂钩。聘期结束后，不得再使用该称号。

第三节　科技人才队伍

在中央人才工作协调小组的领导下，科技部等部门认真贯彻落实中央精神，着力破除体制机制障碍，加快推进科技人才培养、评价、激励、引进等重点领域和关键环节改革，出台了一系列改革力度大、含金量高的政策措施，不断健全完善有利于人才脱颖而出、各尽其能、各展其才的制度体系。

一、改进科技人才培养支持机制

各地方、部门、行业遵循科技发展和人才成长规律，创新科技人才教育培养模式，充分发挥教育、实践、环境引导等在科技人才培养中的重要作用，培养造就大批优秀科技人才，为创新型国家建设提供强大的科技人才队伍保障。

2015年5月，国务院发布《关于深化高等学校创新创业教育改革的实施意见》，提出要创新人才培养机制，深入实施系列"卓越计划""科教结合协同育人行动计划"等，探索建立校校、校企、校地、校所及国际合作的协同育人新机制。为贯彻落实中央决策部署，我国科技和教育部门持续推进科教结合协同育人。2012年，教育部、中国科学院联合启动实施"科教结合协同育人行动计划"，旨在探索高等院校与科研院所联合培养人才的新模式，提高学生的实践能力，增强学生的创新本领，促进中国高等教育人才培养质量的提高；带动和促进高等学校与科研院所在教育和科研工作方面的相互配合、相互支持，实现科教结合的有效推进、合作共赢。截至2017年，"科教结合协同育人行动计划"已覆盖350所高校、120多家科研院所，每年惠及近17万名学生。

在科教结合协同育人的同时，我国积极推进产学合作协同育人。从2014年起，教育部开始面向企业征集合作项目，由企业提供经费支持，以产业和技术发展的最新需求推动高校人才培养改革。目前，产学合作协同育人项目已经形成包括新工科建设项目、教

第十四章
激发人才创新活力

学内容和课程体系改革项目、师资培训项目、实践条件和实践基地建设项目、创新创业教育改革项目、创新创业联合基金项目等在内的项目体系。项目实施以来取得了良好效果，截至2017年，教育部已推动500多所高校与千余家国内外知名企业共同实施产学合作协同育人项目，促进了高校人才培养与企业发展的合作共赢。

2010年6月，教育部启动实施"卓越工程师教育培养计划"（简称"卓越计划"），支持参与"卓越计划"的高校和企业通过校企合作途径联合培养人才。"卓越计划"实施的专业包括传统产业和战略性新兴产业的相关专业，层次包括工科的本科生、硕士研究生、博士研究生3个层次，培养现场工程师、设计开发工程师和研究型工程师等多种类型的工程师后备人才。2018年，教育部、工业和信息化部、中国工程院联合发布《关于加快建设发展新工科实施卓越工程师教育培养计划2.0的意见》，提出改造升级传统工科专业，发展新兴工科专业，主动布局未来战略必争领域人才培养。为了培养具有国际一流水平的基础学科领域拔尖创新人才，教育部联合中央组织部、财政部于2010年启动实施"基础学科拔尖学生培养试验计划"，截至2017年，该计划共培养毕业生4500余名，支持学生总数累计达8700余名。2018年，教育部会同科技部等部门开始实施"基础学科拔尖学生培养计划2.0"。该计划扩大了实施范围，在原数学、物理学、化学、生物科学、计算机科学的基础上，增加了天文学、地理科学、大气科学等学科。该计划还鼓励学生进入国家实验室、国家重点实验室、教育部重点实验室等参与科技创新实践，大胆探索基础学科前沿，科教协同培养高水平人才。

在加强创新创业教育、培养后备科技人才的同时，我国还通过国家科技计划和科研基地锻炼培养科技人才。国家重大专项、国家重点研发计划在重点领域凝聚和培养了一批优秀人才，形成了一批创新团队。国家重点实验室、国家工程技术研究中心成为聚集和培养科技人才的重要基地。国家自然科学基金委员会设立青年科学基金项目、国家杰出青年科学基金项目、创新群体项目等基金项目支持科技人才，培养青年科学技术人员开展创新研究，培养造就一批能够进入世界科技前沿的优秀学术人才。2012年，国家自然科学基金委员会设立优秀青年科学基金项目。作为人才项目系列中的一个项目类型，优秀青年科学基金项目与青年科学基金项目和国家杰出青年科学基金项目之间形成有效衔接，主要支持具备5～10年的科研经历并取得一定科研成就的青年科学技术人员，在科研第一线锐意进取、开拓创新，自主选择研究方向开展基础研究。2013—2018年，国家自然科学基金委员会共资助青年科学基金项目99 249项，资助优秀青年科学基金项目2398项，资助国家杰出青年科学基金项目1189项。

二、改革科技人才评价制度

2016年,中共中央印发《关于深化人才发展体制机制改革的意见》,明确提出要制定分类推进人才评价机制改革的指导意见,改革职称制度和职业资格制度。2016年年底,中共中央、国务院印发《关于深化职称制度改革的意见》,提出要科学分类评价专业技术人才能力素质,合理设置职称评审中的论文和科研成果条件,不将论文作为评价应用型人才的限制性条件;推行代表作评价制度,重点考察研究成果和创作作品质量,淡化论文数量要求。

2018年,中共中央、国务院印发《关于分类推进人才评价机制改革的指导意见》和《关于深化项目评审、人才评价、机构评估改革的意见》,主要聚焦5个方面对科技人才评价进行改革:创新多元评价方式,建立以同行评价为基础的业内评价机制,发挥市场、社会等多元主体在基础研究、应用研究、哲学社会科学人才评价中的作用;科学设置人才评价周期,注重过程评价和结果评价、短期评价和长期评价相结合,探索实施聘期评价制度,适当延长基础研究人才、青年人才评价考核周期;科学设立人才评价指标,突出品德、能力、业绩导向,克服"唯论文、唯职称、唯学历、唯奖项"倾向,推行代表作评价制度,注重标志性成果的质量、贡献、影响;树立正确的人才评价使用导向,坚持正确价值导向,不把人才荣誉性称号作为承担各类国家科技计划项目、获得国家科技奖励、职称评定、岗位聘用、薪酬待遇确定的限制性条件,使人才称号回归学术性、荣誉性本质;强化用人单位人才评价主体地位,坚持评用结合,根据单位实际建立人才分类评价指标体系,使人才发展与单位使命更好地协调统一。

为了进一步在科技人才及相关评价活动中切实形成品德、能力、业绩和贡献的评价导向,2018年,科技部、教育部等部门联合印发《关于开展清理"唯论文、唯职称、唯学历、唯奖项"专项行动的通知》,对人才项目、科技奖励、院士增选、职称评审、人员绩效考核等活动中的"四唯"做法进行了集中清理。

在中央政策出台之后,科研机构纷纷开展科技人才评价制度改革,探索建立健全符合自身发展的科技人才评价制度。在分类评价方面,部分高校实施了教师岗位分类管理,设置了科研岗、教学科研岗、教学岗等岗位,针对不同岗位制定了不同的评价标准和考核周期。一些高校还制定了不同学科门类的教师分类考核方案。部分科研院所对从事基础性工作、基础研究、应用研究和技术推广的人员分别评价,基础性工作、论文、专利和推广成果等都能在绩效评价中得到反映。中国科学院部分研究所建立了以重大科研产出为导向的科研团队评价体系，定量和定性考核相结合，定量结果与绩效挂钩、激励争取经费，定性部分决定排名、促进重大成果产出，这种考核方式取得了良好的效果。在代表作评价制度方面，部分高校采用了"代表性成果"评价机制，要求教师和科研人员在申报高级职称时，提交能代表自己学术水平的成果，由学校根据校外评审专家库邀请国内外专家开展同行评议。在科学设置人才评价周期方面，一些高校和科研机构适当延长了基础研究人员的评价考核周期。部分高校引入美国一流大学普遍实行的终身教职制度，逐步取代传统的事业编制，终身教职系列人员实行两个聘期（共6年）考核制度，第一个聘期的中期评估注重考察潜力和发展前景，不看重取得的成就；第二个聘期期满前进行国内外同行专家评审，通过评审者获得终身教职职位，签订无固定期限合同。未通过者不再续聘。通过拉长考核周期，并在周期内从宽从松评价，保证科研人员有充分的自由探索时间，产出有影响力的重要成果。

三、完善科技人才激励机制

实行以增加知识价值为导向的收入分配制度。针对我国科研人员的实际贡献与收入分配不完全匹配的问题，2016年11月，中共中央、国务院印发了《关于实行以增加知识价值为导向分配政策的若干意见》（简称《增加知识价值若干意见》），提出发挥市场机制的作用，构建基本工资、绩效工资和科技成果转化性收入的三元薪酬体系，使科研人员的收入与岗位责任、工作业绩和实际贡献紧密联系。具体措施包括推动形成体现知识价值的收入分配机制，发挥科研项目资金的激励引导作用，加强科技成果产权对科技人员的长期激励，允许科研人员和教师依法依规适度兼职兼薪等。

在发挥科研项目资金的激励引导作用方面，2016年8月，中共中央、国务院印发《关于进一步完善中央财政科研项目资金管理等政策的若干意见》，提出提高间接费用比重，加大绩效激励力度。取消绩效支出比例限制，加大了对科研人员的激励力度。《增加知识价值若干意见》还规定，对于接受企业、其他社会组织委托的横向委托项目，人员经费使用按照合同约定进行管理。项目合同没有约定人员经费的，由单位自主决定。《国务院关于优化科研管理提升科研绩效若干措施的通知》提出，要加大对承担国家关键领域核心技术攻关任务科研人员的薪酬激励。对全时全职承担任务的团队负责人及引进的高端人才，实行一项一策、清单式管理和年薪制。年薪所需经费在项目经费中单独核定，在本单位绩效工资总量中单列，相应增加单位当年绩效工资总量。在允许科研人员和教师依法依规适度兼职兼薪方面,允许科研人员从事兼职工作获得合法收入,允许高校教师从事多点教学获得合法收入。

完善科技成果转化激励政策。由于考核评价机制方面存在问题,导致我国高校和科研院所的科技人才的创新活动主要围绕学术成果、获奖及职称等方面展开,这种评价和激励导向使得科技人才失去将科研成果进行产业转化的动力,造成长期以来科技人才的科研工作与产业经济结合不紧密的结果。事业单位科技成果相关管理制度不适应科技的快速发展和成果转化的需要,包括政府部门对成果使用、处置事项的审批环节多、周期长,影响了转化的时效性;成果处置收益上缴国库,用于人员奖励的支出挤占了工资总额,削弱了单位和科技人员科技成果转移转化的积极性。

2014年9月,财政部、科技部、国家知识产权局发布《关于开展深化中央级事业单位科技成果使用、处置和收益管理改革试点的通知》,提出在国家自主创新示范区、合芜蚌自主创新综合试验区选择若干符合条件的中央级事业单位开展科技成果使用、处置和收益管理改革试点。允许试点单位自主决定对其持有的科技成果采取转让、许可、作价入股等方式开展转移转化活动,所得收入全部留归单位。

2015年,我国修订了《促进科技成果转化法》,规定国家设立的研究开发机构、高等院校转化科技成果所获得的收入全部留归本单位,将科技成果的处置权和收益权进一步下放给单位。《促进科技成果转化法》提高了科技成果完成人奖励和报酬的比例。以转让、许可和作价投资的方式转化的科技成果,奖励和报酬的最低限由转让净收入、许可净收入或作价出资获得的股份、出资比例的20%提高至50%。《促进科技成果转化法》还规定,国有企业、事业单位对完成、转化职务科技成果做出重要贡献的人员给予奖励和报酬的支出计入当年本单位工资总额,但不受当年本单位工资总额限制、不纳入本单位工资总额基数。

在此基础上,我国进一步开展了科研人员职务科技成果所有权或长期使用权试点。《国务院关于优化科研管理提升科研绩效若干措施的通知》提出,对于接受企业、其他社会组织委托项目形成的职务科技成果,允许赋予科研人员所有权或长期使用权。

2017年,2766所高等院校、科研院所以成果转让、许可、作价投资方式,获得成果转化合同金额达121亿元,同比增长66%。科研人员获得的现金和股权奖励金额达47亿元,同比增长24%,政策红利得到显著释放。

四、改进完善院士制度

2013年11月,党的十八届三中全会通过的《中共中央关于全面深化改革若干重大问题的决定》提出,改革院士遴选和管理体制,优化学科布局,提高中青年人才比例,实行院士退休和退出制度。2014年,习近平总书记在"两院"院士大会上指出,改进完善院士制度的要求主要就是要突出学术导向,减少不必要的干预,改进和完善院士遴选机制、学科布局、年龄结构、兼职和待遇、退休退出制度等,以更好发挥广大院士作用,更好发现和培养拔尖人才,更好维护院士群体的荣誉和尊严,更好激励科技工作者特别是青年才俊的积极性和创造性。

中国科学院以健全完善院士遴选机制和增选流程为重点,扎实推进院士制度改革。2014年,中国科学院院士大会修订形成了新的《中国科学院院士章程》,之后又出台了《中国科学院院士增选工作实施细则》。按照2014年修订后的细则,中国科学院院士推荐渠道缩减为院士推荐和中国科协推荐两条,建立了新兴交叉学科和国防与国家安全候选人特别推荐机制,并增加了全体院士终选投票等新举措。此后,以《中国科学院院士章程》为基础,以《中国科学院院士增选工作实施细则》为重点,中国科学院学部主席团组织修订和新制定了相关配套制度,形成了更加完善的制度体系。

2017年,中国科学院完成新一轮院士增选。新当选院士61人,平均年龄54岁,60岁以下的达到92%。院士队伍年轻化问题从源头上得以解决,新兴交叉学科候选人推荐与评审相结合的名额调配机制也得到进一步完善,2017年通过该机制推荐的正式候选人全部当选。

中国工程院在广泛听取各方面意见的基础上,完成了《中国工程院章程》的修订。主要变化有3点:将原来推荐院士候选人的3个渠道减少为只有院士和学术团体2个推荐渠道,主要目的是使院士增选减少非学术因素的干扰。在现有增选程序的基础上,增加全院院士投票选举的环节,主要是基于加强全体院士的审核把关、提高当选院士在整个学术界的广泛认可度等方面考虑,从而更有效地保证院士当选的质量。在原《中国工程院章程》中已规定3种院士退出机制的基础上,增加了一项劝退的处分规定,主要是考虑到要以更严格的道德标准来加强院士队伍管理的需要,这一规定可以追溯院士当选前未被发现的有关行为。

2017年,在中国工程院新当选的67名院士中,年龄最小的49岁,最大的67岁,平均年龄56.37岁。60岁及以下的57人,占比85%;61~70岁的10人,占比15%,

更多优秀的中青年工程科技专家当选。改进完善院士制度任务总体完成，社会反响积极正面。

2018年，国务院办公厅印发了《关于做好院士退休工作有关问题的通知》，提出了分批办理院士退休手续，稳妥有序推进院士退休工作。

五、深化科技奖励制度改革

科技奖励制度是党和国家激励自主创新、激发人才活力、营造良好创新环境的一项重要制度。党和政府将科技奖励改革作为深化科技体制改革的重要内容，为全面贯彻落实全国科技创新大会精神和《国家创新驱动发展战略纲要》，进一步完善科技奖励制度，调动广大科技工作者的积极性、创造性，深入推进实施创新驱动发展战略，2017年，经中央全面深化改革领导小组第三十三次会议审议通过，国务院办公厅印发了《关于深化科技奖励制度改革的方案》，深入推进科技奖励制度改革。

改革的主要举措包括实行提名制，建立定标定额的评审机制，调整奖励对象要求，健全科技奖励诚信制度。自然科学奖、技术发明奖、科技进步奖（统称"三大奖"）一、二等奖分别独立评审，一等奖评审落选项目不再降格参评二等奖。大幅减少奖励数量，"三大奖"总数由不超过400项减少到不超过300项。"三大奖"奖励对象由"公民"改为"个人"，推动实现外籍人士平等参与国家科学技术奖励。突出对青年科技人才和创新团队的奖励，突出对企业自主创新的激励。2016年"三大奖"通用项目中，最年轻第一完成人年龄分别为38岁、36岁和39岁，越来越多的青年人才脱颖而出。2015—2017年授予的科技进步奖通用项目中，企业参与完成的项目都保持在70%以上，牵头完成的达25%以上，其中既有国有大中型创新企业，也有自主创新能力突出的民营企业。严惩学术不端，提高国家科学技术奖奖金标准，加大对科研人员的奖励力度。自2018年开始，向最高科学技术奖获奖人颁发奖章；国家最高科学技术奖的奖金标准由500万元/人提高到800万元/人，且全部属获奖人个人所得；"三大奖"的特等奖奖金标准由100万元/项提高到150万元/项，一等奖奖金标准由20万元/项提高到30万元/项，二等奖奖金标准由10万元/项提高到15万元/项。

六、扩大科研机构和科研人员自主权

2016年7月，中共中央、国务院印发《关于进一步完善中央财政科研项目资金管理

第十四章
激发人才创新活力

等政策的若干意见》（简称《意见》），推进"放管服"改革，在财务报销方面削减不必要的繁文缛节，进一步简政放权，扩大高校、科研院所在科研项目资金、差旅会议、基本建设、科研仪器设备采购等方面的管理权限，给科研人员松绑减负。《意见》出台后，财政部、科技部成立政策督查工作领导小组，对49家中央高校、科研院所落实《意见》情况开展了现场督查。结果表明，对于《意见》赋予的科研项目预算调剂、劳务费分配管理、间接费用使用管理、结转结余资金留用、横向经费管理等五大自主权，在被督查单位都逐步得到了落实，被督查单位科研服务水平和质量明显提升。

在改革完善中央财政科研项目资金管理政策的基础上，2017年，科技部、教育部等部门联合制定《扩大高校和科研院所自主权、赋予创新领军人才更大人财物支配权技术路线决策权试点工作方案》，在44所中央高校和科研院所开展扩大自主权改革试点。通过落实和扩大试点单位在科研项目经费、成果转化、机构编制、干部人事、薪酬分配等方面的自主权，激发高校、科研院所和科技人员的积极性，支撑世界一流高校和科研院所建设。

在上述政策出台之后，仍存在一些改革措施落实不到位、科研项目资金管理不够完善等问题。2018年7月，国务院印发《关于优化科研管理提升科研绩效若干措施的通知》，继续推进科技领域"放管服"改革。要建立完善以信任为前提的科研管理机制，按照能放尽放的要求赋予科研人员更大的人财物自主支配权。要简化科研项目申报和过程管理，合并财务验收和技术验收，避免重复多头检查。推行"材料一次报送"制度，赋予科研人员更大技术路线决策权，赋予科研单位更大的科研项目经费管理使用自主权。

2018年12月，国务院办公厅印发《关于抓好赋予科研机构和人员更大自主权有关文件贯彻落实工作的通知》，深入推进"放管服"改革，进一步赋予科研单位和科研人员更大自主权，全面为科技人才松绑减负，激发科研人员创新积极性。要推动预算调剂和仪器采购管理权落实到位；推动科研人员的技术路线决策权落实到位，推动项目过程管理权落实到位，科研单位要健全完善内部管理制度等。

2019年3月，科技部、财政部、教育部、中国科学院四部门联合召开"减轻科研人员负担七项行动推进会"。通报包括减表、解决报销繁、精简牌子、清理"唯论文、唯职称、唯学历、唯奖项"问题、检查瘦身、信息共享、众筹科改7项行动的工作成效。其中，在减表行动方面，基本完成了各类报表的整合精简。例如，国家重点研发计划项目层面的36张表格精简整合为6张，课题层面的21张表格精简整合为5张。在解决报销繁行动方面，会同财政部于2018年年底发布《科技部办公厅　财政部办公厅关于开展解决科研经费"报销繁"有关工作的通知》，督促主管部门和科研单位开展"解决报销繁"整改工作，不断完善适合本单位实际特点的经费使用报销制度。国家自然科学基金委员会将直接费用中除设备费之外的其他科目预算调整权全部下放给依托单位。在检查瘦身行动方面，已建立跨部门统一的科技项目监督检查工作年度计划机制，严格将科技项目现场监督检查的比例控制在5%以内。在信息共享行动方面，信息系统互联互通、数据整合和专家库建设等取得新进展，推行了"材料一次报送"制度和无纸化监督。总体来看，7项行动都取得阶段性进展，构建优化了以信任为前提的科研管理体系，加快了"放管服"改革和政府职能转变，推动突破了政策执行梗阻，增强了科研人员的获得感。

七、激励科技人才创新创业

2015年5月，国务院发布《关于进一步做好新形势下就业创业工作的意见》，提出探索高校、科研院所等事业单位专业技术人员在职创业、离岗创业的有关政策。对于离岗创业者，经原单位同意，可在3年内保留人事关系，与原单位其他在岗人员同等享有参加职称评聘、岗位等级晋升和社会保险等方面的权利。完善科技人员创业股权激励政策，放宽股权奖励、股权出售的企业设立年限和盈利水平限制等政策。

2015年6月，国务院发布的《关于大力推进大众创业万众创新若干政策措施的意见》进一步强调，加快落实高校、科研院所等专业技术人员离岗创业政策。鼓励符合条件的企业按照有关规定，通过股权、期权、分红等激励方式，调动科研人员创业积极性。2015年9月，国务院发布的《关于加快构建大众创业万众创新支撑平台的指导意见》从全面落实下放科技成果使用、处置和收益权的角度，部署鼓励科研人员双向流动改革，激励更多科研人员投身创新创业。

在"大众创业、万众创新"政策的推动下，科技人才创新创业实现了"从局部到整体""从现象到机制"的跨越，科技人才创新创业热潮持续升温，"双创"平台数量快速增长。截至2018年年底，全国共有各类众创空间6959家，科技企业孵化器4849家，2018年服务的创业团队和企业62万家，拥有有效知识产权65.7万件，拥有发明专利12.5万件，参与创业和实现就业人数超过395万人，实现了创新、创业、就业的有机结合与良性循环。

第四节 聚天下英才而用之

党的十八大以来，习近平总书记先后3次会见在华工作优秀外国专家代表并发表重要讲话。习近平总书记指出，要实行更加积极、更加开放、更加有效的人才引进政策，聚天下英才而用之，让有志于来华发展的外国人才"来得了、待得住、用得好、流得动"。外国专家活跃在国民经济各行业各领域，在推动技术进步和产业发展、增进中外文明交流互鉴中发挥着重要作用。

一、外国人才服务体系建设

2018年，按照党和国家机构改革部署，将科技部、国家外国专家局的职责整合，重新组建科技部，负责拟订外国专家管理办法，推动建立外国顶尖科学家、团队吸引集聚机制和重点外国专家联系服务机制，拟订引进国外智力规划和政策等相关工作。

针对大量外国高层次人才短期多次来华工作和访问的"候鸟"特征，2015年，国家外国专家局、外交部、公安部、人力资源社会保障部出台《关于进一步完善外国专家短期来华相关办理程序的通知》，明确来华90天以内的外国专家一律免办就业许可和就业证，可凭地市级以上外国专家局签发的邀请函到我国驻外使领馆办理签证手续。

国家外国专家局与中央组织部、公安部、外交部等部门合作，将全国重点海外高层次人才纳入享受办理人才签证、居留和来华定居等优惠政策人员范畴。通过与国家税务总局等相关部门合作，为外国专家在华生活提供优惠政策（如进口小汽车免税等）。积极推动地方在外国专家参加保险、就医、子女入学等方面出台优惠措施。

国家外国专家局积极推进信息化建设，实现了外国专家来华工作许可证、外国专家邀请函等工作证件的网上申请、审批，以及聘请外国专家项目申报、评审、批复全过程网上办理，开发完善外国专家项目管理信息系统。进一步整合专家资源，实现"专家库、成果库、项目库"的资源开放，为各地外国专家局和用人单位提供更加丰富便利的专家资源。

深入实施外国人来华工作许可制度。自2017年3月28日国家外国专家局、人力资源社会保障部、外交部、公安部联合印发《关于全面实施外国人来华工作许可制度的通知》（简称《许可制度》）以来，按照标准统一的分类审批监管模式，为外国人办理来华工作许可提供便利。主要体现在4个方面：统一管理职能，保障合法权益，科技部作为外国人来华工作行政主管部门，负责会同有关部门制定外国人来华工作相关管理服务政策法规，监督指导地方各级部门依法保障来华工作外国人和用人单位合法权益；突出市场导向，施行分类管理，制定高效合理、科学反映市场需求的外国人才评价办法，将来华工作外国人分为高端人才、专业人才和其他人员3类，健全市场发现、市场认可、市场评价的引进外国人才管理机制；优化审批流程，简化申请材料，为外国高端人才开辟"绿色通道"，采取"告知+承诺""容缺受理"方式，极大压缩审批时限；实现"一窗"受理、"一网"办理、"一号"管理，不断提升外国人来华工作信息平台建设水平，构建并完善统一、规范、多级联动的管理服务系统。将"外国专家来华工作许可"和"外国人入境就业许可"整合为"外国人来华工作许可"，外国人来华工作由申办外国专家证、外国人就业证改为统一申办外国人工作许可证。2018年，我国累计发放外国人工作许可证33.6万份，在中国境内工作的外国人为101万人次。

全面实施外国人才签证制度。2018年3月1日，国家外国专家局、外交部、公安部三部门联合印发《外国人才签证制度实施办法》，全国范围内全面启动实施外国人才签证制度。凡符合《外国人来华工作分类标准》的外国高端人才均可申请人才签证。外国高端人才可获最长10年有效期、多次入境、每次在中国境内停留180天的签证，配偶及未成年子女可获得等效签证。办理全程在线，确认函压缩至5个工作日完成，签证最快次日签发，免除申请费用。受到各国特别是外国高端人才和国内用人单位好评，进一步扩大人才签证发放范围，吸引更多外国高端人才来华创新创业。

积极试点外国高端人才服务"一卡通"工作。为进一步推动创新创业，优化外国高端人才在华工作生活环境，完善外国人来华工作许可制度，科技部、教育部、住房城乡建设部、卫生健康委四部门联合印发《关于开展外国高端人才服务"一卡通"试点工作的通知》，自2018年2月1日起，在天津、上海、宁夏及杭州市、深圳市，以及广东、福建自由贸易区等地区开展试点工作，为外国高端人才建立安居保障、子女入学和医疗保健服务通道，优化地方营商环境，推进完善外国人才在华社会保障制度。

中国政府友谊奖是为表彰对我国现代化建设和中外交流事业做出突出贡献的外国专家设立的最高荣誉奖项。中国政府友谊奖自1991年恢复设立以来，按惯例，每年国庆前夕，中国政府友谊奖获奖外国专家应邀来到北京，由国务院分管副总理为专家颁奖，国务院总理会见专家并邀请他们参加国庆招待会。中国政府友谊奖每年评选50名专家（国庆逢五逢十周年评选100名）。1991—2018年，已有来自71个国家和地区的1599名专家获奖。建立健全外国人才表彰奖励制度，有助于扩大人才对外开放，聚天下英才而用之，对于形成具有国际竞争力的人才制度优势，推动加快建设人才强国，更好实施人才优先发展战略和创新驱动发展战略具有重要意义。

二、外国人才引进

国家外国专家局坚持突出重点，聚焦国家战略目标，瞄准世界科技前沿，服务经济建设主战场，充分发挥人才集聚效应，不断优化项目、基地、人才三位一体资源配置体系，突出"高精尖缺"导向，大力引进世界顶尖人才、青年人才和创新团队来华创新创业，支持高端装备制造、新能源、新材料、人工智能、大数据等战略性新兴产业发展和高等学校科学研究、人才培养、学科建设。服务"一带一路"倡议，支持高等学校围绕沿线国家法律、经贸、金融、语言、文化等开展中外合作研究，推动人文交流和智库建设。服务区域协调发展战略，重点支持京津冀协同发展、雄安新区、长江经济带、粤港澳大湾区、海南自贸区、西部大开发等相关外国专家特色重点项目。

国家外国专家局通过持续引进外国专家，在大型飞机、核电等装备制造领域，在先进基础材料、关键战略材料和前沿新材料领域发挥了积极作用。

在现代农业领域，安徽省农业科学院引智成果"绿旱1号"水稻新品种在国内累计推广3500万亩以上，在菲律宾、柬埔寨、孟加拉等9个国家推广种植10万亩以上；云南省农业科学院积极开展陆稻新品种研究，引进外国专家100余人次、陆稻品种（系）6000余份，育成多项陆稻品种和种植技术，在云南省及周边缅甸、老挝、柬埔寨、越南等国推广应用；新疆生产建设兵团天业集团在引进以色列、美国等国家节水技术的基础上，开发出了农民用得起的天业节水滴灌系统，并在中亚、中非等15个国家推广应用。

三、引才引智平台体系建设

国家引才引智示范基地。自1998年起，国家外国专家局开展国家引进国外智力成果示范推广基地（简称"引智基地"）和国家引进国外智力示范单位（简称"示范单位"）建设工作。党的十八大以来，国家外国专家局评选命名国家引智基地82个、示范单位88家。各地引智归口部门也建立了省级（副省级）引智基地（示范单位）800余家，国家和省级（副省级）两级引智基地（示范单位）体系基本建成，在推进重点引智成果示范推广中发挥了重要作用。2017年，按照党中央、国务院对引才引智工作的新要求，修订了《国家引才引智示范基地管理办法》，统一整合为"国家引才引智示范基地"，提出新形势下引智基地的建设定位是"高层次外国人才的集聚平台，国家引才引智政策和体制机制的创新平台，重大引才引智成果的培育、转化和推广平台"，把引智基地分为战略科技发展、产业技术创新、社会与生态建设、农业与乡村振兴4类，将引智基地工作与外国专家项目工作更加紧密结合，对引智基地申报外国专家项目予以优先和重点支持，激发了各地区各部门创建积极性。2018年，评选命名了第一批40家国家引才引智示范基地。

"高等学校学科创新引智计划"（简称"111计划"）。"111计划"自2006年起由教育部、国家外国专家局联合实施，以建设世界一流学科创新引智基地为手段，加大成建制引进海外人才力度，在高等学校汇聚一批世界一流人才，形成国际化学术团队，开展高水平合作研究、高层次人才培养、高质量学术交流，提升高等学校科技创新能力和综合竞争力。"111计划"已成为紧贴高校"世界一流学科"建设、提升高校学科创新和国际化水平的重点人才引进平台。截至2018年年底，已建成覆盖112所高校的482个"111"基地，主要分布在材料科学、化学化工、新能源、农林、生物、数理、先进制造等领域。其中，北京工业大学"京津冀区域环境污染控制学科创新引智基地"于2016年立项，引进美国、日本、澳大利亚、加拿大、奥地利等多国的环保、检测、污水处理、大气化学等领域学术大师和资深学者，开展多学科交叉研究，形成了大气复合污染诊断识别、模拟预测与控制技术的完整体系。

"高校国际化示范学院推进计划"（简称"推进计划"）。该计划于2014年由国家外国专家局与教育部联合启动，选择部分高校二级学院开展试点，通过国际化建设推动高校管理体系、科研团队建设、教学模式、学生培养等方面改革创新。启动实施以来，各试点学院在管理体系、师资队伍、人才培养、科学研究及引才用才环境建设等方面迈出了坚实步伐，探索出一条新路，为我国高校创建世界一流大学积累了丰富经验，奠定了良好基础。目前已有16所高校的相关学院进入试点。"推进计划"试点单位之一的天津大学药学院试点工作进展显著，引进来自全球17个国家的43位外籍学者参与教学科研，占该学院全部教职人员的70%，该学院也逐步建立起了国际化的管理体系、教学培养体系和本土科研组织体系。2017年年底，天津大学药学院药理学和毒理学ESI排名进入全球前1%。

四、与外国专家组织开展合作

围绕改善高端人才资源供给,国家外国专家局积极开辟高层次专家合作渠道,不断优化专家组织行业及国别布局。党的十八大以来,先后与加拿大农业部、匈牙利国家创新署、捷克科协等国外政府机构签署合作协议;与国际马铃薯中心、国际玉米小麦改良中心、葡萄牙退休专家组织、德国农业协会、芬兰中国发展与交流中心、荷兰瓦格宁根大学等各类组织建立合作关系;与英国工程师学会、俄罗斯科学工程协会等机构达成合作意向。截至2019年4月,共与29个国家和地区的82个专家组织建立了长期合作关系,包括政府部门、高等院校、志愿组织、专业团体、商业机构、人才中介等。

国家外国专家局积极搭建线上线下对接合作平台,党的十八大以来,连续在浙江、山东、贵州、广东等地举办专家组织项目洽谈会,邀请外国专家组织参加中国国际人才交流大会,推动中方单位与外国专家组织开展现场对接和务实合作,累计达成中外合作意向近8000项。外国专家组织积极开展交流互访、展览洽谈、论坛会议、项目推介等各种活动,一批人才交流与技术合作项目签约落户。2018年,德国、法国、以色列等国的资深专家组织在医疗、农业、环保、工业、食品等领域继续派遣大批高水平专家来华进行技术指导和人员培训,与新西兰华人科学家协会、日本一般社团法人日中协会、英国国际人才与创新发展服务中心、白俄罗斯国立技术大学、奥地利奥中科技交流协会等开展了多种形式的对接交流活动。

五、因公出国(境)培训工作

党的十八大以来,以习近平同志为核心的党中央对规范外事工作、因公出国(境)及境外培训工作提出新要求、做出新部署。2012年12月5日,习近平总书记同在华工作的外国专家代表座谈时强调,我们的事业是得到世界各国人民支持的事业,是向世界开放学习的事业,是同世界各国合作共赢的事业。我们既不妄自菲薄,也不妄自尊大,更加注重学习吸收世界各国人民创造的优秀文明成果,同世界各国相互借鉴、取长补短。2014年5月22日,习近平总书记在上海出席亚信峰会后,召开在沪外国专家座谈会。他强调,任何一个民族、任何一个国家都需要学习别的民族、别的国家的优秀文明成果。中国要永远做一个学习大国,不论发展到什么水平都虚心向世界各国人民学习,以更加开放包容的姿态,加强同世界各国的互容、互鉴、互通,不断把对外开放提高到新的水平。习近平总书记关于"永做学习大国"的战略思想,深刻诠释了因公出国(境)培训工作在国家经济社会发展和对外开放中的重大意义和作用，赋予了出国（境）培训工作新使命。

2013年11月，中共中央、国务院印发《党政机关厉行节约反对浪费条例》，规定组织、外专等有关部门加强出国培训总体规划和监督管理，严格控制出国培训规模，科学设置培训课程，择优选派培训对象，提高出国培训的质量和实效。2015年10月，中共中央印发《干部教育培训工作条例》，要求严格规范和改进境外培训工作，突出重点、注重实效，严格培训过程管理和效果评价。

全国出国（境）培训归口管理部门认真贯彻习近平总书记批示指示精神和中央政策要求，着力提高出国（境）培训质量和效益，出国（境）培训领域不断深化，从选派工商企业人员学习专业技术、管理经验，到选派党政干部学习治国理政经验，全方位、宽领域，大胆吸收借鉴人类社会创造的一切文明成果。培训层次大幅提高。从最初开阔眼界、增长见识，到加强比较性研究、学习消化吸收再创新，注重提高培训的针对性和实效性。培训管理更加规范。从项目立项、执行，到人员选派、团组和境外机构管理及违规违纪行为查处等各个环节，推进建章立制，优化流程管理，确保了出国（境）培训工作规范有序发展。培训渠道不断拓展。经过多年开拓，现已开辟了遍及世界主要发达国家的近300家培训机构，知名大学、企业、专业机构等优质境外培训资源占比明显增加。

六、推荐优秀人才到国际组织任职

《国民经济和社会发展第十三个五年规划纲要》中明确提出，要"培养推荐优秀人才到国际组织任职"。加强国际组织人才培养与推送工作的相关文件出台，就建立健全国际科技组织任职工作体制机制、建设可持续发展的人才培养和推送工作体系及做好国际组织人才培养和推送配套支撑工作等方面做出了专门的规定。科技部积极推荐人才赴政府间国际科技组织任职。截至2018年，国际热核聚变实验堆（简称"ITER"）组织正式职员858人，中方正式职员79人，占总人数的9.2%。在联合国科技促进发展委员会、国际劳工组织、平方公里阵列射电望远镜组织、对地观测组织等也有多人任职兼职。中国科协及所属全国学会积极推荐人才赴非政府间国际组织任职兼职。

七、有序推进国家科技计划向海外人才开放

政府间科技合作项目是支持国际交流合作的主要方式之一，它促进了国际科研人员的交流与合作，吸引了一大批海外人才队伍参与其中。我国政府于2001年设立了国家国

际科技合作专项（简称"国合专项"），吸引了大量的海外研发人员参加。以 2015 年为例，国合专项共有 7919 名研究开发人员，其中，国内参加人员为 6412 人、国外参加人员为 1507 人。科技部于 2013 年启动了以支持青年科技人才国际交流的项目"发展中国家杰出青年科学家来华工作计划"（简称"国际杰青计划"）。截至 2018 年 6 月，"国际杰青计划"已接收来自埃及、巴基斯坦、泰国、蒙古等 20 多个国家的 400 余名外籍杰出青年科学家分赴我国 20 多个省（区、市）开展科研工作，领域涵盖农业、能源、医药、信息、材料等各个专业。科技部还实施了与美国、澳大利亚、新西兰、加拿大及拉美等国家和地区之间的科技人员、科学家交流计划。2016—2018 年，国家自然科学基金委员会的"海外及港澳学者合作研究基金项目"累计资助 379 项，共计 1000 多名人员获得资助。

2017 年，科技部发布的《关于推进外籍科学家深入参与国家科技计划的指导意见》提出，邀请外籍科学家参与国家科技计划战略研究和任务布局等顶层设计，推动外籍科学家参与国家科技计划项目管理工作，鼓励外籍科学家领衔和参与国家科技计划项目研究。除涉及国家安全等特殊情况外，鼓励外籍科学家依托在我国大陆境内注册的内、外资独立法人机构，领衔和参与申报国家科技计划项目，通过公平竞争承担研发任务。

第五节　科普和创新文化

党的十八大以来，科普工作全面扎实推进，制定了一系列科普政策，科普能力建设稳步增强，科普队伍持续壮大，科普经费投入稳定增长，科普基础设施日益完善。政府和科研机构组织开展了多种形式的科普活动，全国科技活动周、全国科普日等一系列重大科普活动得到公众广泛参与，针对农村、青少年等特定地区、特定人群的科普活动在保持原有特色的基础上不断创新，新媒体科普逐渐发展，公民科学素质水平进一步提升。我国积极推进创新文化建设，营造崇尚创新的文化环境，大力弘扬科学精神，在全社会培育形成了尊重知识、崇尚创造、追求卓越的创新文化。

一、制定科普政策

2016 年 2 月，国务院发布《全民科学素质行动计划纲要实施方案（2016—2020 年）》（简称《方案》）。为实现 2020 年全民科学素质工作目标，进一步明确了"十三五"期间全民科学素质工作的重点任务和保障措施。明确了 2020 年全民科学素质工作目标，即到 2020 年，科技教育、传播与普及长足发展，建成适应创新型国家建设需求的现代公民科学素质组织实施、基础设施、条件保障、监测评估等体系，公民科学素质建设的公共服务能力显著增强，公民具备科学素质的比例超过 10%。该《方案》还提出了在"十三五"时期重点开展实施以青少年、农民、城镇劳动者、领导干部和公务员为对象的科学素质行动，实施科技教育与培训基础工程、社区科普益民工程、科普信息化工程、科普基础设施工程、科普产业助力工程和科普人才建设工程。

2016 年 2 月，财政部、海关总署、国家税务总局发布《关于鼓励科普事业发展的进口税收政策的通知》，规定对公众开放的科技馆、自然博物馆、天文馆（站、台）和气象台（站）、地震台（站）、高校和科研机构对外开放的科普基地，从境外购买自用科普影视作品播映权而进口的拷贝、工作带，免征进口关税，不征进口环节增值税，对上述科普单位以其他形式进口的自用影视作品，免征进口关税和进口环节增值税。

2017 年 5 月，科技部、中央宣传部印发《"十三五"国家科普与创新文化建设规划》，对"十三五"时期科普和创新文化建设的指导思想、发展目标、重点任务和主要措施进行了规定。其中，重点任务包括提升重点人群科学素质、加强科普基础设施建设、提高科普创作研发传播能力、加强重点领域科普工作、推动科普产业发展、营造鼓励创新的文化环境、积极开展国际交流与合作、加强国防科普能力建设 8 个方面，通过健全组织领导协调机制、完善科普发展政策法规、落实重点任务分工、加强规划实施监测评估 4 个方面主要措施加以实现。

二、开展多种形式的科普活动

党的十八大以来，科普宣传和创新文化建设取得显著成效。《全民科学素质行动计划纲要（2006—2010—2020 年）》深入实施，2016 年，科技部、中央宣传部发布《中国公民科学素质基准》，健全了公民科学素质的监测评估体系，为公民提高自身科学素质提供了衡量尺度和指导。截至 2018 年，中国公民具备科学素质的比例已达 8.47%。全国科技活动周、全国科普日等重大科普宣传活动影响不断扩大。2016 年 11 月，国务院决定将每年 5 月 30 日设为"全国科技工作者日"，进一步在全社会营造尊重劳动、尊重知识、尊重人才、尊重创造的良好氛围。

全国科技活动周（图 14-1）。全国科技活动周自 2001 年起至 2019 年，已连续举办 19 届，累计参与公众超过 16 亿人次，成为一项公众参与度最高、覆盖面最广、社会影响力最大的全国性科普品牌活动。党的十八大以来,科技活动周聚焦创新驱动发展战略,紧扣群众科技需求,有关部门与地方同期举办范围广泛、形式多样、影响深远的群众性科普活动,吸引了众多知名大学、科研机构和高新技术企业广泛参与,在全社会营造了讲科学、爱科学、学科学、用科学的良好氛围,激发了公众建设创新型国家和世界科技强国的热情和动力,增强了公众的民族自信心和自豪感,深受广大人民群众的欢迎。

图 14-1 2019 年全国科技活动周主会场

全国科普日。全国科普日活动自 2003 年首创至今,已成为导向性强、受益面广、影响力大的品牌科普活动。各地各部门在全国科普日期间累计举办重点科普活动 7 万余次,参与公众超过 13 亿人次。全国科普日系列联合行动广泛动员社会各方面和全国各地全年围绕全国科普日主题开展科普活动。在全国科普日活动期间,集中动员组织学会、企业、学校、社会机构及流动科技馆、科普大篷车拥有单位等,深入农村、社区、学校、企业等开展广覆盖、多形式的科普宣传联合行动,主要包括校园科普联合行动、基层科普联合行动、科技馆主题日联合行动、科普教育基地主题日联合行动及院士专家科学传播行动等内容。通过这些丰富的活动,向公众宣传了中国科技发展成就,普及了科学知识,激发了广大公众的创新创业创造热情。

新媒体科普。新媒体科普在科学普及事业中的地位日渐上升,起到越来越重要的作用。科技部、财政部会同有关部门加强国家科技基础条件平台运行管理,促进科技资源开放共享。截至 2017 年,已在 28 个领域形成国家科技资源共享的服务平台,数字科普资源达到 9 TB。在传统的重大科普活动中,新媒体科普已经不再是新鲜事物,而成为必要的组成部分。例如,在全国科技活动周、全国科普日等重大科技活动中,新媒体都已经成为不可或缺的科普形式。

中国科协创立的中国科学传播品牌"科普中国",以实施科普信息化建设专项和"互联网+科普"行动为抓手,建立科普传播快速响应机制,推动形成开放协作的科普信息化建设大格局,科普公共服务产品供给水平和质量大幅提升。截至2018年6月底,科普中国累计传播渠道已达226家,科普员累计注册23万人。科普中国累计浏览量和传播量达199.58亿人次,其中移动端为147.36亿人次,占比达到74%。

特色科普活动。全国科普讲解大赛由全国科技活动周组委会主办,是全国科技活动周重大示范活动,自2014年开始至2019年,已连续举办6届,规模越来越大,范围越来越广,是目前全国范围最大、代表性最强、最具权威的科普讲解比赛。每年,来自全国各地的科普精英参加全国科普讲解大赛,为公众奉献了丰富的科学盛宴。自2017年起,中国科协在数百个城市、数千所学校和数万个乡村开展"科普中国·百城千校万村行动",辐射带动"科普中国"落地全覆盖,推动科普工作全面创新,实现科普服务精准推送,打通科普工作"最后一公里"。2017年,"百千万行动"在全国省会城市、副省级以上城市和有条件的城市率先实施。

三、加强科普能力建设

不断增加科普事业的资金投入,2013—2017年,累计投入科普经费552亿元。2017年,科普专项经费达到62.69亿元,全国人均科普专项经费4.51元,人均科普投入保持总体稳定。在科技场馆方面,科技馆和科学技术类博物馆呈现良性增长态势,到2017年,全国共有科普场馆1439个,总数比2013年增加了381个,其中,科技馆488个,科学技术类博物馆951个。另外,全国共有青少年科技馆站549个,科普画廊17.54万个。在人才队伍方面,2017年全国共有科普人员179.45万人。其中,科普专职人员22.70万人,占科普人员总数的12.65%。据《科普蓝皮书:国家科普能力发展报告(2006—2016)》数据显示,2006—2016年,中国国家科普能力发展指数以年平均近9%的速度递增。

第十五章
提升科技基础创新能力

习近平总书记指出,基础研究是整个科学体系的源头,是所有技术问题的总机关,只有重视基础研究,才能永远保持自主创新能力。要高度重视基础创新能力,要从国家发展需要出发,瞄准世界科技前沿,抓住大趋势,打好基础,实现前瞻性基础研究、引领性原创成果重大突破,夯实世界科技强国建设的根基。

党的十八大以来,基础研究瞄准世界科技前沿,坚持鼓励自由探索和目标导向相结合,加强重大科学问题研究,完善基础研究体制机制,强化基础研究稳定支持机制,建设一批科研基础设施,加强科研基础资源共享,力争在基础研究上取得重要进展和突破。

第一节 基础研究布局

新一轮科技革命和产业变革蓬勃兴起,科学探索加速演进,世界主要发达国家普遍强化基础研究战略部署,全球科技竞争不断向基础研究前移。党中央、国务院高度重视基础研究顶层设计,不断优化基础研究支持体系。

《国家创新驱动发展战略纲要》将强化原始创新、增强源头供给作为一项重要战略任务。加强面向国家战略需求的基础前沿和高技术研究,加强基础研究前瞻布局,加大对空间、海洋、网络、核、材料、能源、信息、生命等领域重大基础研究和战略高技术攻关力度,以实现关键核心技术安全、自主、可控为目标。大力支持自由探索的基础研究,强化面向科学前沿加强原始创新,鼓励在新思想、新发现、新知识、新原理和新方法方面的突破,强化源头储备。建设一批支撑高水平创新的基础设施和平台,建设一批国家重点实验室,加快建设大型共用实验装置、数据资源、生物资源、知识和专利信息服务等科技基础条件平台。

《"十三五"国家科技创新规划》对基础研究进行了部署,加强自由探索与学科体系建设，强化目标导向的基础研究和前沿技术研究，组织实施国际大科学计划和大科学工程，加强国家重大科技设施建设，开展重大科学考察和调查，加强基础研究协同保障。

2018年，《国务院关于全面加强基础科学研究的若干意见》正式出台，提出我国基础科学研究到2020年、2035年和21世纪中叶的发展目标。从完善基础研究布局、建设高水平研究基地、壮大基础研究人才队伍、提高基础研究国际化水平、优化基础研究发展机制和环境5个方面提出系统部署。

经费投入持续快速增长，"十二五"以来年均增加15.3%，2018年达到1118亿元。按执行部门分组，2017年我国基础研究经费内部支出中，高等学校支出531.12亿元；研究与开发机构支出384.39亿元；企业支出28.94亿元；其他部门支出31.04亿元。按地区分组，2017年我国基础研究经费内部支出中，东部地区支出643.59亿元；中部地区支出109.07亿元；西部地区支出152.62亿元；东北地区支出70.21亿元。

基础研究人员数量不断增长，2017年度基础研究人员全时当量达29.01万人年，占全国研发人员全时当量的7.19%，较2001年增长268%。按执行部门分，2017年我国基础研究人员全时当量中，高等学校为18.06万人年；研究与开发机构为8.44万人年；企业为0.68万人年；其他部门为1.83万人年。按地区分，2017年我国基础研究人员全时当量中，东部地区为15.75万人年；中部地区为4.26万人年；西部地区为5.73万人年；东北地区为3.26万人年。

第二节　重大科学问题研究

基础研究面向国家重大需求和世界科学前沿，重点聚焦科学前沿，支持开展原创性重大科学问题研究，在干细胞及转化研究、纳米科技、量子调控与量子信息等领域取得了系列原创性突破。

一、干细胞及转化研究

基于体细胞核移植技术成功克隆出猕猴。非人灵长类动物是与人类亲缘关系最近的动物。因可短期内批量生产遗传背景一致且无嵌合现象的动物模型，体细胞克隆技术被认为是构建非人灵长类基因修饰动物模型的最佳方法。中国科学院脑科学与智能技术卓

第十五章 提升科技基础创新能力

越创新中心（神经科学研究所）研究团队经过5年攻关最终成功得到了两只健康存活的体细胞克隆猴。体细胞克隆猴的成功实现了该领域从无到有的突破。

揭示了胚胎发育及早期细胞分化过程中的特异性调控模式。同济大学揭示了组蛋白修饰在植入前胚胎发育及早期细胞分化过程中的特异性调控模式，对研究胚胎发育异常、提高辅助生殖技术的成功率具有重要意义。

发现了造血干细胞谱系分化新机制。中国医学科学院血液病医院发现功能性假基因调控造血干细胞谱系分化新机制，为体外产生功能性血细胞提供新策略。

揭示了线粒体自噬活化与干细胞分化和血液系统发育异常的相关机制。陆军军医大学揭示了线粒体自噬活化与干细胞分化和血液系统发育异常的相关机制，为诊断和治疗白血病、实体肿瘤等干细胞相关疾病提供了新的方向和思路。

建立了具备扩展多能性的干细胞培养体系。上海交通大学和北京大学建立了具备扩展多能性的干细胞培养体系，为未来在多个哺乳动物物种中广泛建立具有全能性特征的干细胞系提供了新的起点。

建立了世界首例亨廷顿基因敲入猪模型。中国科学院广州生物医药与健康研究院建立了世界首例亨廷顿舞蹈病基因敲入猪模型，为开发治疗亨廷顿舞蹈病的新手段提供了稳定、可靠的动物模型，标志着我国大动物模型的研究正走在世界的前列。

二、纳米科技研究

发现了极小纳米晶粒的晶界弛豫和异常热稳定现象。中国科学院金属研究所沈阳材料科学国家研究中心在纯铜和纯镍中制备出远低于一般稳定尺寸的纳米晶粒，发现了极小纳米晶粒的晶界弛豫和异常热稳定现象，为提高纳米金属材料的稳定性找到了重要突破口。

实现了合成气直接制备低碳烯烃。中国科学院大连化学物理研究所等针对单原子催化过程，开展了界面接触型复合催化剂、金属分散型复合催化剂的制备和合成方法学研究，研制了万方级甲烷二氧化碳自热重整制合成气装置并实现全流程稳定运行，合成气一步高选择性制备低碳烯烃进展突出，具有较好的工业应用前景。

研发出低功耗、长寿命、高稳定性的储存器材料。中国科学院上海微系统与信息技术研究所设计发明出低功耗、长寿命、高稳定性的钪-锑-碲（Sc-Sb-Te）材料，为我国研发新型存储器奠定了材料基础。

研发出了基于超分子自组装的DNA纳米机器人。国家纳米科学中心利用DNA自组装技术研发了基于超分子自组装的DNA纳米机器人,是人类第一次实现纳米机器人在活体血管内稳定工作。

实现了大型单晶石墨烯的超快生长,将合成速度提高了两个数量级,可在5秒内实现横向尺寸为0.3毫米单晶石墨烯域的生长。成功制备出了5厘米×50厘米尺寸的大单晶石墨烯。研究结果为合成大型单晶石墨烯薄片提供了一个新的方向,向实现石墨烯的工业应用迈出了一大步。

三、量子调控与量子信息研究

预测并实验验证三重简并点半金属的存在。中国科学院物理研究所实验发现超出传统的狄拉克/外尔/马约拉纳类型的费米子,对促进人们认识量子物态、发现新奇物理现象、开发新型电子器件具有重要的意义。

实现半导体三量子比特逻辑门。中国科学技术大学创新性地设计并制备了半导体六量子点芯片,在半导体量子点体系中实现三量子比特逻辑门,为未来集成化半导体量子芯片的研制奠定了基础。研制成功世界首台单光子量子计算机。

观测到第三种规律的新型量子振荡。北京大学在高质量的三维层状拓扑材料五碲化锆单晶中发现一种新规律的量子振荡——随磁场呈对数周期的磁电阻振荡,为探究新奇的相对论量子现象提供了重要的实验工具。

发现铁基超导体中马约拉纳束缚态证据。中国科学院物理研究所与合作者发现了铁基超导材料中马约拉纳束缚态证据,该研究成果为在相对高的温度实现和操控马约拉纳束缚态提供了一个潜在平台。

成功发射世界首颗量子科学实验卫星"墨子号",为我国在未来继续引领世界量子通信技术发展和空间尺度量子物理基本问题检验前沿研究奠定了坚实的科学与技术基础。

四、蛋白质与生命过程调控研究

发现调节小肠胆固醇吸收的新型蛋白质机器。武汉大学将基础研究与临床研究相结合,发现调节小肠胆固醇吸收的新型蛋白质机器,为降胆固醇提供了新的药物研发靶点。

报道完整藻胆体的冷冻电镜三维结构。清华大学团队报道了完整藻胆体的近原子分辨率的冷冻电镜三维结构，为揭示藻胆体的组装机制和光能传递途径奠定了重要基础。

系统解析了光合作用状态转换复合体结构。中国科学院植物研究所系统解析了光合作用状态转换复合体结构，揭示了状态转换的分子机制，为人工模拟光合作用提供了新思路和新策略。

揭示抑郁发生及氯胺酮快速抗抑郁机制。浙江大学揭示了抑郁发生及氯胺酮快速抗抑郁的机制，为研发氯胺酮替代品、避免其成瘾等不良反应提供了新的科学依据，对最终战胜抑郁症具有重大意义。

五、大科学装置前沿研究

依托的大科学装置建设顺利。500 米口径球面射电望远镜（FAST）已完成建设，目前已经探测到数十个新脉冲星，特别是发现了一颗新毫秒脉冲星。

在重大科学前沿研究方面取得系列突破。获得世界上迄今最精确高能电子宇宙线能谱。紫金山天文台利用暗物质粒子探测卫星"悟空"采集的数据，给出了 25 GeV～4.6 TeV 能区的高精度宇宙射线电子能谱，为判定电子宇宙射线是否来自暗物质起着关键性作用（图 15-1）。

图 15-1 "悟空"在轨示意

提升了大科学装置能力。在东方超环（EAST）上，利用纯射频波成功获得超过 100 秒的稳态长脉冲高约束等离子体，创造了新的世界纪录。为进一步提升 EAST 能力和 ITER

研制奠定了基础。

六、全球变化及应对研究

我国研制了首颗全球二氧化碳监测科学实验卫星（简称"碳卫星"）及地面二氧化碳卫星数据处理系统，突破了超高光谱分辨率遥感探测、复杂卫星姿态导引与控制、高精度二氧化碳反演与同化等核心技术，使我国痕量气体卫星遥感技术达到世界先进水平。2016年12月22日，该碳卫星在酒泉成功发射。中国科学院遥感与数字地球研究所团队攻克了叶绿素荧光卫星反演算法关键技术，中国碳卫星获得了首幅全球叶绿素荧光反演图，实现了国产卫星叶绿素荧光遥感产品从无到有的突破。卫星数据向全世界公开免费发布，我国进入全球温室气体卫星监测数据共享第一阵营。

揭示了海洋酸化对束毛藻的影响及其机制。厦门大学研究团队发现了因大气CO_2上升而引起的海洋酸化抑制束毛藻的固氮作用，为先前国际上就该科学问题的争议提供了科学解释。

揭示了我国东部地区干湿古气候的空间变化规律。中国地质大学团队发现从南海到长江中游再到华北的我国东部地区，存在千年尺度干湿古气候的三极模态变化，为预测未来我国东部地区干湿气候的长期变化趋势并采取具有区域差异的应对策略提供重要素材。

七、合成生物学研究

创建了具有正常生理功能的单染色体酵母细胞，成功将真核酿酒酵母菌分散在多条染色体上的遗传物质构建在一条染色体上，对揭示染色体三维结构与细胞生命功能的关系具有重要意义。设计构建了"与门"基因回路实现对合成型酿酒酵母基因组重排的精确调控。利用该技术对合成型酵母基因组进行多轮迭代重排，酵母种类多样性得到极大丰富，从中筛选出大量高产 β-胡萝卜素的菌株，并成功验证了表达高产 β-胡萝卜素性状的基因组合。揭示了甜茶素的生物合成过程，研究其底物识别机制，为获得更多的非天然二萜类糖基化产物、改善二萜类化合物的结构和功能多样性奠定了基础。构建了灯盏花素合成的细胞工厂，通过代谢工程改造与发酵工艺优化，灯盏花素含量达到百毫克级。在大肠杆菌中成功实现了维生素B_{12}的从头合成，解决了多基因的适配机制问题，形成集成不同来源基因组装出的从头设计人工途径，合成菌种发酵周期为工业生产菌株的1/10。

通过增加序列中稀有密码子的数量来提高蛋白翻译所需氨基酸浓度的"门槛值",利用必需基因和颜色蛋白编码基因,建立了氨基酸高产菌株的选择和筛选体系,并证明了该方法在大肠杆菌和谷氨酸棒状杆菌中的可行性。

采用模块化的合成生物学策略对希瓦菌的 NAD+ 从头合成路径、补救合成路径、通用合成路径进行系统的代谢优化与重构,系统性地阐明了电能细胞的胞内电子池 NAD(H/+)的容量是否足够大、胞内电子池是否限制胞外电子传递速率这两个微生物电生理领域的重大科学问题。

八、发育编程及其代谢调节研究

从单细胞水平系统阐明了人类精子发生过程中的基因表达调控网络和细胞命运转变路径,绘制了人类精子发生的高精度单细胞转录组图谱,解析了成年男性全部生殖细胞类型及其关键的分子标记,并初步探索了将单细胞转录组技术用于人类非梗阻性无精症的研究和诊断。

揭示了长非编码 RNA LincGET 在小鼠胚胎细胞第一次命运选择中发挥的关键作用,为研究早期胚胎中内源反转录病毒序列和长非编码 RNA 的功能提供了新思路。

九、变革性技术关键科学问题研究

发展了一种具有高效载流子分离效率的光致变色复合光催化剂。清华大学提出了一种具备快速可逆光致变色能力的 Bi_2WO_{6-x}/无定形 BiOCl(p-BWO)纳米片,可以实现快速可逆光致变色,提升了载流子分离效率,对于下一代高性能光催化剂的设计具有重要指导意义。

制备出具有高度有序的碲化铋/单壁碳纳米管(Bi_2Te_3/SWCNT)复合自支撑热电薄膜材料。中国科学院金属研究所研制出一种高性能 Bi_2Te_3/SWCNT 柔性热电材料,具有优异的柔性力学性能,可大幅提升热电材料转换效率,在柔性半导体材料和器件领域具有广泛的应用前景。

在太赫兹轨道角动量(OAM)的操控方面取得重要进展。上海理工大学实现了轨道角动量任意拓扑荷的调控、非完全相反拓扑荷的偏振依赖的太赫兹轨道角动量光束,在太赫兹超分辨成像、太赫兹通信、微粒子操控等方面具有重要应用前景。

提出了数字编码与可编程超材料。东南大学提出用二进制数字编码来表征超材料,简化了超材料的设计难度和优化流程，为雷达通信、微波成像等前沿科技发展提供了坚实支撑。

第三节 基础学科和新兴交叉学科

数理化天地生作为科学研究的基础，取得了多项举世瞩目的成就，我国基础研究能力得到稳步提升。中国在国际顶尖学术期刊发表论文数量不断提升，从2011年的159篇增至2017年的699篇。

一、数学

2012年以来，中国数学家因在数论方面的多项杰出成果荣获拉马努金奖。建立了动态相容的非线性数学期望和倒向随机分析理论，并应用于金融风险的动态度量与控制。在希尔伯特第18个问题"确定一个给定几何体（如球或者正四面体）的最大堆积（或定向堆积）密度"上取得了重大突破，找出了一种计算一般凸面体平移堆积密度的方法。

二、物理学

在碳化钨材料中接近费米能级处观测到一种三重简并节点及其拓扑表面态，证实了这种新的半金属态具有非平庸的拓扑性质。

发现了半金属立方相$PtBi_2$单晶的高场磁电阻行为，在33 T磁场下的磁电阻高达1.12×10^7%且没有达到饱和，超过目前已知的其他拓扑半金属材料中观察到的最大磁电阻。

通过在金属薄膜上引入各向异性且互相正交的圆形空气阵列，获得具有轨道角动量的太赫兹波束，实现了轨道角动量任意拓扑荷的调控和偏振/自旋依赖的太赫兹OAM光束。通过设计阿基米德螺旋线阵列结构引入动力学相位，实现了非完全相反拓扑荷的偏振依赖的太赫兹OAM光束。

三、化学

构筑了系列光（电）催化全分解水制氢体系，实现了太阳能至化学能的有效转化，其中粉末体系可见光全分解水制氢表观量子效率达 10.3%。

发明了准参量啁啾脉冲放大方案（QPCPA），可拓展超强激光的能力边界，并解决了对超强激光超高信噪比（3×10^{10}）进行单次测量的难题。实现了稳定可控的离化注入激光尾波加速方案，在厘米尺度内成功获得大电荷量、高度单能的 1.2 GeV 电子束加速。提出的利用弯曲等离子体通道实现级联电子加速方案使得级联效率接近 100%，为基于激光尾波加速的正负电子对撞机研制奠定基础；实现尾波电场结构及其时空演化的直接诊断；建成离子束流传输线实现可控高品质质子束，初步解决了激光离子加速器走向应用的难题。

通过对层状结构的 $PtBi_2$ 在 40 T 高磁场下的量子输运特性测量及第一性原理计算研究，发现了层状结构的 $PtBi_2$ 是新一类三重简并拓扑半金属。相比于碳化钨材料，$PtBi_2$ 的三重简并点距离费米面较近，可直接对应为新奇费米子的特性。

四、天文学

构建了世界上包含参数种类最齐全、精度最高而且恒星数目最多的增值星表及多个特色样本，利用 LAMOST 银河系巡天得到的海量恒星光谱数据对银河系中尘埃成分的结构进行了精确测量，并给出了目前最为精确的银河系尘埃整体分布的尺度，填补了我国在基础天文数据上的空白。

提出了恒星形成新定律，与国际上已有的两个恒星形成定律相比，该新定律弥散度更小且在低质量端无偏离，解决了恒星形成领域 20 多年来的难题，为深入理解恒星形成机制提供了新的探测线索，也证明了已形成恒星的引力在气体塌缩形成恒星方面具有重要作用。

发现了宇宙早期一个超大质量的原初星系团，该原初星系团星系密度是同一时期其他区域星系密度的近 7 倍。理论计算显示其最终会塌缩为质量约 3600 万亿倍太阳质量的星系团，表明了巨型原初星系团早在 127 亿年前就存在。此类天体的发现为研究早期宇宙中的结构形成提供了有力的支撑工具。

五、地球科学

通过地震学、大地测量学、地磁学、矿物物理学及地球动力学等学科的融合研究，厘清了地形、电磁、引力及黏滞 4 种耦合机制的相对重要性，揭示了亚年代至世纪尺度的地球自转与磁场变化规律。

直接完整观测追踪证实了整个日地能量耦合过程，为太阳风-磁层能量整个耦合过程提供了直接观测证据；发展了若干空间天气预报模式，在服务中国"天宫一号"与"神舟九号"交会对接、"嫦娥三号"飞行试验等重大航天活动中发挥了重要作用。

获得了一批重要化石新发现，为揭示重要生物类群的起源和早期演化中的重要事件提供了关键的实证材料；建立了中生代晚期和新生代某些关键时期的高分率地层序列和年代框架；发现侏罗纪昆虫和植物协同演化的证据。

系统研究了白天和晚上温度上升对北半球生态系统生产力与碳源汇功能影响及其机制，发现昼夜不对称增温对北半球生态系统碳源汇功能的影响显著，而且表现出明显的地带性规律。

通过对道虎沟地层中恐怖虫的形态学分析，得出恐怖虫实际上是一种高度特化的蚊子的结论，它与现存的水生缨翅蚊科相似。其成年雄性个体保留了幼虫阶段的腹部呼吸鳃，这是全变态昆虫中一种独一无二的幼态持续现象。

鸟类起源研究成果入选 *Science* 2014 年十大重大科学突破（图 15-2）。通过对 20 多年来新发现的、主要产自中国的化石的研究，发现羽毛在最早的鸟类出现以前，就已经在不同的恐龙类群中多次重复出现，且不仅用于飞翔，也用于保暖、展示，也可能有保持平衡的作用。研究也发现恐龙向鸟类的进化中身体逐渐变小，骨骼逐渐变得纤细。

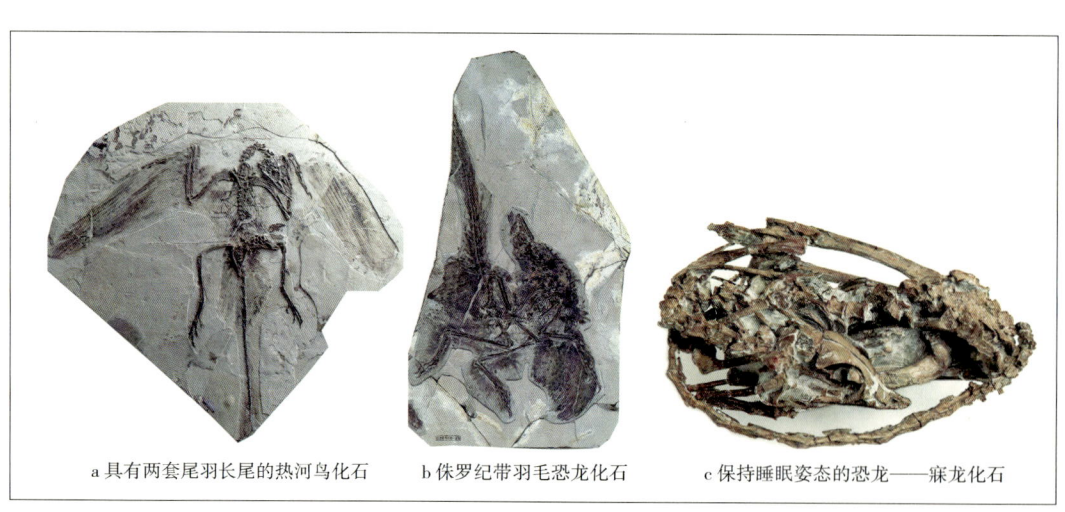

a 具有两套尾羽长尾的热河鸟化石　　b 侏罗纪带羽毛恐龙化石　　c 保持睡眠姿态的恐龙——寐龙化石

图 15-2　鸟类起源研究获突破性进展

六、生物科学

通过对斑马鱼活体成像,揭示了体内新生造血干细胞归巢停留过程,并对其停留的时空规律进行解析;发现一群表达 VCAM-1 的巨噬细胞亚群(命名为"先导细胞",usher cells),识别进入的 HSPC 并将其带入血管微环境发生长时程停留,造血干细胞随后发生增殖与分化。

在体内证实 DNMT1 可作为起始性 DNA 甲基转移酶,揭示卵子发生过程中 DNA 甲基化模式建立的机制,打破了教科书里关于 DNMT1 只是维持性 DNA 甲基化转移酶的论断。

实现化学方法高效诱导多能干细胞,开发了简单、高效、标准化制备干细胞的方法,该方案只需要给细胞用两种不同的小分子化合物,经过两个阶段的诱导,便可以将体细胞诱导到干细胞的状态,为诱导多能干细胞的研究和优化制备途径提供了全新的科学视角和解决方案。

揭示小分子化合物诱导体细胞重编程的新机制,在单细胞和全转录组水平系统深入研究了小分子化合物诱导体细胞重编程过程,发现了其中关键分子事件,通过优化小分子诱导方法,加快了重编程进程。

发现干细胞微环境的异质性与可塑性如何影响干细胞再生能力的分子机制,发现 Hoxc 在干细胞微环境中的差异性表达引起下游 Wnt 信号通路的激活的差别,从而引起毛囊干细胞再生的位置性差异。

揭示线粒体动态平衡对干细胞胚胎发育潜能的决定性作用,加深了对于体细胞重编程和胚胎发育过程的理解。

通过体内重编程将 B 细胞直接转化为有生理功能的 T 细胞。为寻找新来源 T 细胞用于细胞免疫治疗提供了新的理论指导,对于 T 细胞抗肿瘤疗法、艾滋病等 T 免疫缺陷相关疾病疗法提供新思路,具有重大的临床转化意义。

七、新兴交叉学科

提出了深空探测测角测速组合导航新技术,形成了基于恒星、行星及小行星的天文组合自主导航系统方案,设计了基于导航子系统状态估计协方差阵的整体优化估计器,实现了实时性最优的高精度组合导航。

提出了黄土重大灾害先兆预警与临灾预报方法,构建了黄土重大灾害风险控制技术体系,建立了黄土重大灾害综合防控示范研究基地,编制了黄土灾害防治技术指南,并应用到我国黄土灾害预警当中。

阐明了南海关键岛屿周边多尺度动力过程时空特征与生消机制，探清了南海关键岛屿周边混合对动力环境的调控作用，实现了南海关键岛屿周边海洋动力过程的模拟与预测。所构建的南海北部内波预测预警系统实现在海洋环境预报部门的业务化运行。

第四节 国家（重点）实验室

国家（重点）实验室已成为主要国家抢占科技创新制高点的重要载体，围绕国家使命，依靠跨学科、大协作和高强度支持开展协同创新的研究基地。为此，以国家目标和战略需求为导向，瞄准科技前沿，布局一批体量更大、学科交叉融合、综合集成的国家实验室。

一、国家实验室

组建国家实验室是党中央做出的重大战略决策。党的十八届五中全会强调，要在重大创新领域组建一批国家实验室。习近平总书记强调组建国家实验室是一项对我国科技创新具有战略意义的举措。要以国家实验室建设为抓手，强化国家战略科技力量，在明确国家目标和紧迫战略需求的重大领域，在有望引领未来发展的战略制高点，以重大科技任务攻关和国家大型科技基础设施为主线，依托最有优势的创新单元，整合全国创新资源，建立目标导向、绩效管理、协同攻关、开放共享的新型运行机制，建设突破型、引领型、平台型一体的国家实验室。这样的国家实验室，应该成为攻坚克难、引领发展的战略科技力量，同其他各类科研机构、大学、企业研发机构形成功能互补、良性互动的协同创新新格局。

二、国家重点实验室

国家重点实验室是国家组织开展基础研究和应用基础研究、聚焦和培养优秀科技人才、开展高水平学术交流、具备先进科研装备的重要科技创新基地，是国家创新体系的重要组成部分，已成为孕育重大原始创新、推动学科发展和解决国家战略重大科学技术问题的重要力量。2018年12月，中央经济工作会议明确提出重组国家重点实验室体系。

截至2018年年底，我国国家重点实验室共有501个，包括学科国家重点实验室、企业国家重点实验室、省部共建国家重点实验室、港澳国家重点实验室、国家研究中心。

国家重点实验室在科学前沿取得一批重大原创性成果，服务于国家战略需求，在信息、能源、新材料、先进制造、安全等领域，取得了一系列重要成果，显著提升了我国的国际学术影响力。2013—2017年，国家重点实验室获得国家最高科学技术奖2项，国家科技奖励550项。83%的国家自然科学奖一等奖、60%的国家技术发明奖一等奖和86%的国家科学技术进步奖特等奖均由国家重点实验室获得。

通过建设国家重点实验室培养和集聚了一批高水平人才队伍。2013—2017年，新增中国科学院院士88人，占增选总数的50%；新增中国工程院院士51人，占增选总数的28%。

学科国家重点实验室

正在运行的学科国家重点实验室共有253个，分布在8个学科领域，其中，地球科学领域44个；工程科学领域43个；生物科学领域40个；医学科学领域34个；信息科学领域31个；化学科学领域25个；材料科学领域21个；数理科学领域15个。

从所属部门来看，主要分布在教育部和中国科学院，其中教育部130个；中国科学院78个；其他部门和地方45个。从所属地域来看，主要分布在全国25个省（区、市），其中，北京市79个，上海市32个，江苏省20个，湖北省17个，陕西省13个。2017年11月，科技部会同有关部门研究制定了《国家研究中心组建方案（试行）》，在前期试点国家实验室基础上，批准组建了北京分子科学、武汉光电、北京凝聚态物理、北京信息科学与技术、沈阳材料科学、合肥微尺度物质科学6个国家研究中心。

企业国家重点实验室

企业国家重点实验室共有175个，分布在8个领域。其中，材料领域43个；制造领域25个；能源领域24个；矿产领域23个；医药领域18个；农业领域16个；信息领域13个；交通领域13个。

从所属部门来看，以地方科技厅和国务院国有资产监督管理委员会为主。其中，地方科技厅120个，占68.6%；国务院国有资产监督管理委员会53个，占30.3%。从所属地域看，企业国家重点实验室分布在全国29个省（区、市）。中、东部省（区、市）企业国家重点实验室占80.4%，其中，北京市38个，山东省17个，江苏省和广东省各13个，上海市11个。

港澳国家重点实验室

党的十八大以来,科技部与港澳相关部门共同开展了系列加强实验室建设的工作。特别是党的十九大以来,港澳国家重点实验室的发展进入新阶段。经批准依托港澳共8所高校建设20个港澳国家重点实验室。

调整港澳国家重点实验室伙伴实验室名称,完善了新建实验室的申报程序,进一步下放申报审批权限。实现了中央财政经费过境到香港、澳门支持国家重点实验室科研活动,形成了由实验室提出具体项目需求,并纳入政府间国际科技创新合作/港澳台科技创新合作重点专项中支持的操作办法。加强对港澳国家重点实验室的评估工作,进一步激励和促进实验室的发展。

港澳国家重点实验室自建设以来,得到了香港和澳门特别行政区政府的高度重视,推动了实验室硬件条件和科研环境不断提升,集聚和培养了一批有影响力的科学家和科研团队,厚植了联合内地开展科技创新合作的基础。

港澳国家重点实验室积极参与国家重大科研活动,深入开展基础和前沿研究,取得一批有标志性的重大成果,研究能力和学术水平得到较大提升,已成为港澳基础研究的骨干力量。

省部共建国家重点实验室

为加强区域创新能力,加大地方对基础研究投入,提升地方基础研究水平,完善国家重点实验室体系建设,科技部围绕区域经济社会发展需求,通过创新机制、省部共建、以省为主的方式依托单位所属高等院校和科研院所建设了一批开展具有区域特色应用基础研究的省部共建国家重点实验室,促进了中央政府和地方科技资源有效集成。

截至2018年年底,省部共建国家重点实验室数量已达30家,分布在全国26个省(区、市),涵盖包括医学、生物、工程、化学、材料、地学等多个学科领域。据统计,2017年省部共建国家重点实验室共拥有中国科学院和中国工程院院士15人,国家杰出青年科学基金获得者28人,创新研究群体2个,具备承担国家重大科研任务的能力,2017年共主持和承担各类在研课题2451项,获得研究经费7.6亿元,共获得国家级奖励4项,其中,国家技术发明奖二等奖2项,国家科技进步奖二等奖2项。省部共建国家重点实验室科研装备精良,仪器设备总台数35 809台,设备总值21.6亿元。省部共建国家重点实验室开展了多种形式的国内外学术交流与合作,2017年共承担国际合作项目23项,获得研究经费868.7万元;举办全球性学术会议24次、全国性学术会议51次,通过对外开放交流与合作，带动了各地方相关领域特色基础研究地区经济的发展。

经过几年的建设，省部共建国家重点实验室已成为集聚高水平人才和开展应用基础研究的重要基地，为地方经济社会发展提供了重要的科技支撑。

第五节　科研条件和资源共享

为提升基础研究能力，我国不断加强重大科研基础设施、国家野外科学观测研究站、国家科技资源共享服务平台等科研条件建设和资源共享，部署和建设了一批基础设施，为我国基础研究提供了系统化支撑，对于形成一个结构合理、机制灵活，具有持续创新能力的国家创新体系具有重要作用。

一、重大科研基础设施

我国高等院校和科研院所已陆续建成一定规模的国家重大科研基础设施，覆盖了物理学、地球科学、生物学、材料科学、信息科学、力学和水利工程等20多个一级学科，对我国科技发展发挥着广泛的支撑作用。在地域上，重大科研基础设施集聚效应已经初步显现，北京、上海、合肥等地区已初步形成学科领域相对集中、布局比较合理的重大科研基础设施集聚态势。

我国一批重大科研基础设施已在国际前沿领域科学研究中占有重要的一席之地，综合性能达到国际先进水平。例如，2017年国家授时中心（NTSC）对国际原子时（TAI）归算的钟权重为5.5%，排在全球时间实验室的第4位，为全球最重要的守时实验室之一。又如，贵州的500米口径球面射电望远镜（FAST）是世界最大的单口径望远镜（图15-3），提出了创新性的主动反射面及光机电一体化馈源支撑方案，把我国空间测控能力由地球同步轨道延伸至太阳系外缘，将深空通信数据下行速率提高100倍。再如，中国散裂中子源项目于2018年正式投入运行，综合性能进入国际同类装置先进行列，为多个领域的基础研究、高新技术开发提供了研究平台。

我国大部分重大科研基础设施都有全面、详细的管理制度，形成了较完备的运行管理体系。很多重大科研基础设施建立了"开放、流动、合作、竞争"的运行机制，形成了管理理念先进、人才结构合理、激励措施有效、组织管理一流、与国际接轨的国家科学研究与人才培养基地。例如，兰州重离子加速器（HIRFL）国家实验室建成20个实验

图 15-3　500 米口径球面射电望远镜（FAST）

终端，可开展核物理与原子物理、生物医学、材料科学、空间科学等学科的实验研究。年运行时间超过 7000 小时，年供束时间约 5000 小时，年提供不同能量、不同电荷态的离子种类 20 多种，已为国内外 200 多个用户单位提供了实验条件。大大提高了我国先进离子加速器物理及技术和核物理及相关学科的国际地位，增强了我国在重离子物理及其交叉学科国际前沿领域的竞争力。

二、国家野外科学观测研究站

国家野外科学观测研究站（简称"国家野外站"）是国家科技创新基地的重要组成部分，是依据国家自然条件的地理分异规律，面向国家社会经济和科技战略布局，为科技创新与经济社会可持续发展提供基础支撑和条件保障的国家科技创新基地。国家野外站主要服务于生态学、地学、农学、环境科学、材料科学等领域，通过长期野外定位监测，获取共享数据并开展高水平科学研究工作。

2018 年 6 月，《国家野外科学观测研究站管理办法》进一步明确了国家野外站的定位和各方管理职责，对国家野外站的建设、运行、考核与评估做出了明确管理说明和要求，为今后国家野外站的发展提供了管理规范。

我国已在 4 个大领域建设了 106 个国家野外站，包括 54 个生态系统国家野外站、10 个大气本底与特殊功能国家野外站、14 个地球物理领域国家野外站和 28 个材料腐蚀领

第十五章
提升科技基础创新能力

域国家野外站。通过国家野外站持续开展观测研究与资源整合，为科学研究提供了重要支撑。例如，2018年54个生态系统国家野外站新增样地资源126个，新增观测试验设施87个，新增标本和样品等实物资源近10万份、数据资源超过2 TB，累计提交数据资源元数据5000余条。

三、国家科技资源共享服务平台

国家科技资源共享服务平台要面向科技创新、经济社会发展和创新社会治理，加强优质科技资源有机集成，提升科技资源使用效率，为科学研究、技术进步和社会发展提供网络化、社会化的科技资源共享服务。为加强平台建设，科技部会同有关部门积极推动国家平台的优化整合工作，紧密衔接科技创新规范布局，突出国家平台科技资源主体和依托单位主体责任，突出科技资源共享服务能力，对国家平台进行深入调研和分析，通过组织相关部门编写国家科学数据中心、生物种质和实验材料资源库（馆）组建方案，研究确立了国家科学数据中心和资源库体系。为了支撑共享服务平台门户系统建设，提高科技资源服务水平，平台标准化工作积极开展，组织开展对《科技平台资源核心元数据》等已发布实施的重点国家标准实施情况进行跟踪和分析研究，在支撑科技平台门户系统建设，提高科技资源服务水平等方面发挥了重要基础作用。

在科学数据方面，地球系统、人口健康等国家科学数据平台已经集聚了跨部门、跨学科的多种科学数据。例如，地球系统平台通过自主加工与整合建成了涵盖五大圈层、18个学科的多时空尺度科学数据库群，资源量超过1.0 PB，累计向用户提供约640 TB的数据服务。在气象、地震等国家平台积累形成了一大批科学数据。

在生物种质资源方面，截至2017年年底，国家家养动物种质资源共享服务平台向政府、科研单位、高等院校及养殖企业等千余家实体机构提供动物实物资源近140万份，其中，活体资源超过100万份，遗传物质48种约11.4万份，网站信息下载16.36 GB。国家水产种质资源共享服务平台共整合保存了11 643种水产种质资源，已整合资源量占国内保存资源总数的90%以上。国家微生物资源共享服务平台的9个国家级菌种保藏机构的库藏资源总量达22.2万株，可共享量达14.6万株，占国内可共享菌种总量的80%以上。

在人类遗传资源方面，国家人类遗传资源共享服务平台截至2018年11月累计完成了69家共建单位的130个人类生物样本库，1319万份实物标本的标准化整理、保存与整合。全国公共脐带血细胞资源中心为临床移植医院提供造血干细胞，完成了1103例移植治疗，涉及 100 多种疾病。

在标本资源方面，截至 2017 年年底，我国植物标本资源保藏总量为 1992 万份，动物标本大约 3000 万号，各类地学标本共计 120 万件。国家标本资源共享服务平台对中国 100 余家标本馆和 30 多个保护区的 1013 万份植物标本实现数字化处理，占我国馆藏量的 50% 以上。

在实验材料资源方面，目前我国已经基本建成了包括小鼠、大鼠、豚鼠、地鼠、兔、犬、禽类和实验灵长类的国家实验动物种子中心和种质资源基地网络，拥有超过 7000 余个资源品种/品系。国家标准物质资源共享平台新增标准物质资源 577 种（其中，一级标准物质 64 种，二级标准物质 513 种），信息资源总量达到 11 450 种，全年服务用户单位 12 245 个，用户人员数量 15 647 人，实物资源共享量 61.12 万单元，提供在线订购服务 3.2 万余次。

四、科研仪器设施开放共享

2014 年，国务院发布《关于国家重大科研基础设施和大型科研仪器向社会开放的意见》（简称"70 号文"）以来，推进科研仪器设施开放共享，加强国家科技资源共享服务平台与运行及做好科技资源调查等工作相继展开。围绕 70 号文，各地方、各部门先后修订完善了 90 多个关于科研设施与仪器开放共享的政策文件，科研设施与仪器开放共享政策制度日益完善。2018 年以来，科技部会同相关部门和地方重点推进了科研设施和仪器开放共享政策落实等相关工作，《纳入国家网络管理平台的免税进口科研仪器设备开放共享管理办法（试行）》《中央级新购大型科研仪器设备查重评议管理办法》等文件相继出台，促进了免税进口科研仪器设备在符合海关监管前提下的开放共享，提高了财政资金的使用效益。

2016 年，重大科研基础设施与大型科研仪器国家网络管理平台上线运行。开放共享仪器数量不断增加，服务和管理功能不断完善，已经具备了一站式预约服务、运行服务记录采集、仪器购置查重评议、开放共享评价考核等功能，基本实现对仪器的全链条管理。截至 2018 年年底，全国 19 个省级仪器服务平台和 2792 家科研单位的仪器服务平台已完成与国家网络管理平台的互联对接，通过标准规范形成了统一的服务流程和管理机制。纳入国家网络管理平台的科研仪器数量从 2016 年的 3.5 万台（套）增加到 2018 年的 10 万台（套）。科研仪器平均有效工作机时从 2014 年的 500 小时提高到 2018 年年底的 1300 小时，利用水平明显提高。科研仪器对外服务率（对外服务机时占全年总机时的比例）从不到 10% 提高到 20% 以上，共享程度显著提升。

五、科学数据规范管理

2018 年 1 月，中央全面深化改革领导小组第二次会议审议通过了《科学数据管理办法》，3 月由国务院正式印发。作为我国首个国家层面发布的数据管理办法，为加强和规范我国科学数据管理，保障科学数据安全，提高开放共享水平提供了重要依据和行动指南。

《科学数据管理办法》对科学数据的范围做出了明确界定，对科学数据采集汇交与保存、共享利用、保密与安全等方面提出了具体措施。明确了各方职责分工，强化法人单位主体责任，体现"谁拥有、谁负责""谁开放、谁受益"；加强对科学数据共享和利用的监管，加强知识产权保护，加强数据积累和开放共享，要求科技计划项目产生的科学数据进行强制性汇交，提出加强科学数据管理能力建设。

目前，我国的科学数据主要来源于国家科技计划（专项、基金等）实施、国家重大科研基础设施的建设运行，以及相关行业领域的业务化工作等。根据《国家科技创新基地优化整合方案》，结合《国家科技资源共享服务平台管理办法》和《科学数据管理办法》的相关要求，科学数据类国家平台优化整合形成国家科学数据中心，进一步增强对我国科学数据工作的规范管理，提升其开放共享服务的水平和能力。

六、科技基础资源调查专项

科技基础资源调查专项是由中央财政资金设立，重点资助面向科学研究和国家战略需求开展的获取自然本底信息和基础科学数据、采集保存自然科技资源、系统整理与编研科技资料等科技基础性工作。

填补自然科技资源和基础科学数据的空白。抢救性收集获取了大量濒危自然科技资源并发现部分新种，建设形成了一批科技资源库（馆），实现了我国重要自然科技资源的集中保藏，获得了大量关键区域和特殊领域的基础数据及珍贵历史科学数据，形成了权威准确的科学数据产品，填补了我国自然资源、生态环境、人口健康、生物种质等多个基础研究领域的空白，丰富了我国自然科技资源的战略储备。青藏高原野生植物种质资源的调查项目入库保存了特殊环境主要种质资源，抢救了一批濒危、特有植物类群，发现了新的特有属（种）；病原微生物资源调查工作推动了病原病毒、菌株、寄生虫虫种等相关样本的集中保藏。完成了我国土壤、水文、地貌、气候等地理要素的调查，基本上实现了我国关键地理要素数据的全覆盖获取；天文底片数字化项目整编和归档了我国 1901 年来各天文台站拍摄的 3 万多张天文图片，为天文学研究提供了不可替代的历史数据；人体生理常数数据库调查项目完成了全国近 10 万人的现场调查，填补了多个典型区域和重点领域的人群基础数据资料空白。

摸清重点区域的自然本底。基础专项开展了我国重点区域及国外相关区域的综合科学考察，基本摸清了区域自然本底状况，为生态文明建设、区域协调发展等重大战略和"一带一路"倡议的实施提供了支撑。"库姆塔格沙漠综合科学考察"查明了该沙漠对周边地区生产的影响，并为保护极端生态脆弱区生物多样性提供了科学依据。"中国北方及其毗邻地区综合科学考察"对俄、蒙等中高纬度地区进行综合科学考察，填补了我国北方及其毗邻地区资源环境数据和资料的缺失和空白，为我国与俄罗斯开展水资源及相关领域合作双边会谈提供了第一手基础数据。"澜沧江中下游与大香格里拉地区科学考察"在流域尺度上开展多学科、多尺度、大范围综合科学考察，开辟了中国—湄公河区域资源环境研究国际合作的渠道，为应对全球气候变化研究、促进区域绿色发展、全面融入"一带一路"倡议等提供重要科技支撑。

形成科学研究工具。编撰出版了《中国近代地图志》《中华舆图志》《中国运河志》等一系列典籍与历史地图，对研究我国古代疆域变迁、社会经济、历史沿革等具有极其重要的价值。"三志"（《中国动物志》、《中国孢子植物志》和《中国植物志》）的编研是我国有史以来规模最大、涉及类群最多、成果最突出的生物学研究巨著，为世界物种多样性研究做出了重要贡献。《中国癌症地图集》突破性解决了我国 21 世纪以来癌症基础数据缺乏的难题。"农产品、兽药等领域急需高端标准物质的研制"项目自主研发 98 种标准物质，为推动食品安全等民生事业发展，促进政府科学决策与检测结果国际互认等发挥了重要支撑作用。

七、计量基标准

《"十三五"国家科技创新基地与条件保障能力建设专项规划》中明确提出"加强国家质量技术基础研究"。开展新一代量子计量基准、新领域计量标准、高准确度标准物质和量值传递扁平化等研究，开展基础通用与公益标准、产业行业共性技术标准、基

第十五章
提升科技基础创新能力

础公益和重要产业行业检验检测技术、基础和新兴领域认证认可技术等研究，研发具有国际水平的计量、标准、检验检测和认证认可技术，突破基础性、公益性的国家质量基础技术瓶颈，研制事关我国核心利益的国际标准，提升我国国际互认计量测量能力，在关键领域形成全链条的"计量—标准—检验检测—认证认可"整体技术解决方案并示范应用，实现国家质量技术基础总体水平与发达国家保持同步。

围绕"满足战略性新兴产业发展、国计民生需要和应对国际单位制重大变革的国家新一代计量基标准及相关关键技术"这一主线，开展基本物理常数测量关键技术和量子基准、国家战略性新兴产业、节能环保、服务民生及国防建设急需计量基标准和溯源体系，以及基础设施建设和人才队伍建设等研究工作，科技创新能力和服务支撑能力得到大幅提升。其中，改进NIM5铯原子喷泉钟的整体性能，通过了国际时间频率咨询委员会（CCTF）的频率基准和二级标准工作组（WGPSFS）评审，被接收为国际计量局（BIPM）承认基准钟之一，参与驾驭国际原子时（TAI），成为继法、美、德、英、俄后，独立参与驾驭国际原子时的国家。

第十六章
科技支撑国家竞争力提升

习近平总书记强调，科技是国家强盛之基，创新是民族进步之魂。科技创新作为提高社会生产力、提升国际竞争力、增强综合国力、保障国家安全的战略支撑，必须摆在国家发展全局的核心位置。要发挥创新引领发展第一动力作用，实施一批重大科技项目，加快突破核心关键技术，全面提升经济发展科技含量，提高劳动生产率和资本回报率。习近平总书记指出，要抓紧实施国家科技重大专项，进一步聚焦目标、突出重点，攻克高端通用芯片、集成电路设备、宽带移动通信、高档数控机床、核电站、新药创制等关键核心技术，加快形成若干战略性技术和战略性产品，培育新兴产业。

实施国家科技重大专项，是党中央、国务院做出的一项具有重大现实意义和深远历史意义的决策部署。党的十八大以来，以习近平同志为核心的党中央对科技创新的高度重视和战略谋划前所未有，科技创新被更加突出地摆在了国家发展全局的核心位置，重大专项被赋予了以重点突破和局部跃升带动科技水平整体提升的重要使命。

第一节　全面实施国家科技重大专项

2006年，党中央、国务院制定出台的《国家中长期科学和技术发展规划纲要（2006—2020年）》（简称《规划纲要》）明确提出，要瞄准国家目标实施若干重大专项，发挥制度优势和市场机制、带动生产力跨越发展、填补国家战略空白。《规划纲要》确定了核心电子器件、高端通用芯片及基础软件，极大规模集成电路制造装备及成套工艺，新一代宽带无线移动通信，高档数控机床与基础制造装备，大型油气田及煤层气开发，大型先进压水堆及高温气冷堆核电站，水体污染控制与治理，转基因生物新品种培育，重大新药创制，艾滋病和病毒性肝炎等重大传染病防治，大型飞机，高分辨率对地观测系统，载人航天与探月工程等多个重大专项，涉及信息、生物等战略产业领域，能源资源环境和人民健康等重大紧迫问题。

在党中央、国务院的统一领导下，科技部、发展改革委、财政部（简称"三部门"）会同各专项牵头组织单位，围绕国家重大战略需求和制约我国发展的重大技术瓶颈，汇聚各方资源，组织优势团队谋划推进，集中攻关，坚持"自主创新、重点跨越、支撑发展、引领未来"的指导方针，攻克了一批提高国家核心竞争力的关键技术，研制了一批满足国家战略急需的高端装备，推出了一批服务国计民生的重大产品，促进了一批具有国际竞争力的企业脱颖而出，形成了高水平的创新和产业化基地，培养和凝聚了来自海内外的高素质人才队伍，为我国在战略必争领域突破重大核心技术、开辟新的产业发展方向，培育新的经济增长点提供了有力支撑，为建设创新型国家和全面建成小康社会做出了积极贡献。

重大专项实施充分发挥了人才高地、知识高地、产业高地的集聚和辐射作用，造就了一批以两院院士为代表、具备谋划相关领域整体布局能力的战略科技人才，培养了一大批勇于开拓、甘于奉献的科技领军人才和创新团队，带动了一批科技创新型企业快速成长。

在2017年度国家科学技术奖励大会上，传染病防治专项技术总师侯云德院士荣获国家最高科学技术奖。重大专项支持的成果共获得25个奖项，其中"以防控人感染H7N9禽流感为代表的新发传染病防治体系重大创新和技术突破"项目获国家科学技术进步奖特等奖。

第二节　支撑战略性新兴产业发展

国家科技重大专项聚焦国家战略和经济社会发展重大需求，重点在电子信息、先进制造、能源等领域进行布局，持续攻克"核高基"（核心电子器件、高端通用芯片、基础软件）、集成电路装备、宽带移动通信、数控机床、油气开发、核电等领域关键核心技术，取得了一大批重大标志性成果，充分发挥了科技创新在培育发展战略性新兴产业、促进经济提质增效升级、塑造引领型发展和维护国家安全中的重要作用，为推进供给侧结构性改革、全面建成小康社会奠定了坚实的基础。

一、电子与信息领域

通过核心电子器件、高端通用芯片及基础软件产品科技重大专项的实施，我国产业自主发展能力得到提升，高端通用芯片和基础软件产品在技术上日趋成熟，以CPU和操作系统为核心的生态环境日趋完善,自主创新体系初步建立,有力支撑我国电子信息产业的发展。聚焦国家战略需求,一批核心技术取得重要突破,在重大工程中实现应用,超算CPU(双精度浮点峰值)运算速度达到了每秒3万亿次,与2006年相比,CPU整体性能提升了600倍。在数字电视领域,智能数字电视所用的SoC,2014年实现了10万颗的应用,2015年达到了32万颗,2017年突破1500万颗,有力支撑了智能电视的创新发展。通过十多年的实施,专项聚集了一批产业中坚力量,截至2017年,全国共有23个省(区、市)近500家单位参与专项研发,累计投入5万多名研发人员,国内CPU研发团队人数超过3500人;一批技术成果以知识产权标准的形式固化下来,截至2017年10月,专利申请量为14 700余件,专利授权量为7800余件,软件著作权和集成电路布图设计登记数量超过2500件,发布标准700余项。

通过极大规模集成电路制造装备及成套工艺科技重大专项的实施,中国集成电路产业技术创新如今已经站到了一个新的历史起点上。高端装备和材料从无到有,经过10多年的艰苦攻关,研制成功14纳米刻蚀机、薄膜沉积等30多种高端装备和靶材、抛光液等上百种材料产品,性能达到优良,通过了大生产线的严格考核,开始批量应用并出口到海外,从而实现了从无到有的突破,建立起了完整的产业链,使我国集成电路制造技术体系和产业生态得以建立和完善(图16-1)。制造工艺与封装集成由弱渐强,专项实施至今,主流工艺水平提升了5代,55纳米、40纳米、28纳米三代成套工艺研发成功并实现量产,22纳米、14纳米先导技术研发取得突破;封装企业从低端进入高端,三维高密度集成技术达到了先进水平。这些工艺制造的智能手机、通信设备、智能卡等芯片

图16-1 exiTin H430 TiN掩膜物理气相沉积系统

第十六章
科技支撑国家竞争力提升

产品大批量进入市场，提高了我国信息产业的竞争力。培育具有国际竞争力的企业，专项以培育世界级企业为目标，建立了一套有效的组织方法，成为机制体制创新的亮点。为了解决科技成果产品化的问题，实行"下游考核上游，整机考核部件，应用考核技术，市场考核产品"的用户考核制，通过用户和市场的考核验证，研发成功一大批经得起市场检验的高端创新产品；积极探索科技、产业、金融有效协同的新模式，与重点区域的发展规划协同布局，主动引导地方和社会的产业投资跟进，形成产业链、创新链、金融链"三链融合"协同发展的环境，扶植企业做大做强，推动成果产业化，形成产业规模，提高整体产业实力。作为基础产业的集成电路制造装备业，其成果辐射的带动面很广，利用集成电路技术取得的装备核心技术，使我国 LED 照明、传感器、光伏等泛半导体制造领域的装备国产化率大幅提升。集成电路专项实施以来，共有 200 多家企事业单位，3.8 万多名科研人员参与技术攻关，主要集中在北京、上海、江苏、沈阳、深圳和武汉 6 个重点产业聚集区；共申请了 2.3 万余项国内发明专利和 2000 多项国际发明专利，极大提升了我国集成电路技术自主创新能力。

新一代宽带无线移动通信网科技重大专项的实施全面支撑了我国移动通信技术研发与产业化，我国移动通信发展实现了从"2G 跟随""3G 突破"到"4G 同步"的跨越，已形成涵盖系统、芯片、终端和仪表等较为完整的产业链，实现了从算法、关键技术、标准、产品到应用的全链条多项关键技术的突破，我国移动通信领域的创新能力、产业实力显著提升。自 2013 年 12 月发放 4G 牌照以来，我国 4G 手机产业链快速提升，截至 2018 年 12 月 31 日，国内累计建成 4G 基站约 372 万个，用户数达到 11.7 亿；TD-LTE 全球商用网络数量达到 156 个，用户数超过 17.8 亿，占全球 4G 用户 47.23%；芯片设计工艺从 40 纳米起步，迅速进入 28 纳米、16/14 纳米阶段，又快速进入 10/7 纳米阶段。全面推进 5G 研发，2018 年 6 月，3GPP 全会批准了第五代移动通信技术标准（5G NR）独立组网功能冻结，5G 已完成第一阶段全功能标准化工作，我国提出的 5G 新型网络构架、先进编码、大规模天线等新技术纳入国际标准，为形成全球 5G 统一标准做出重要贡献。目前，我国 5G 技术研发试验第三阶段组网测试验证工作已完成，测试结果表明，5G 基站与核心网设备均可支持非独立组网和独立组网模式，主要功能符合预期，达到预期商用水平，进一步增强了产业界 5G 按期商用的信心。在组织实施过程中，宽带移动通信专项注重发挥各个方面的积极性，加强创新链和产业链的建设，充分发挥行业里的高校、企业、科研院所的优势，通过标准化的推进平台、产业协作平台、国际推广平台，统筹布局、协同推进，形成了大兵团作战的新型创新体系，有力地保障了专项目标和任务的实现，也培养了大批优秀人才，为今后移动通信事业的进一步发展奠定了坚实的基础。

二、先进制造领域

通过高档数控机床与基础制造装备科技重大专项的支持，我国高档数控机床和基础制造装备的创新发展能力逐步增强，工业基础支撑能力不断提升，满足了国民经济重点领域对制造装备的基本需求。中高档机床的水平得到持续提升，突破了高速切削、多轴联动加工等一批关键核心技术，主要产品设计制造水平稳步提高；高档数控机床主机平均故障间隔时间（MTBF）从500小时提高到1600小时，部分达到2000小时。龙门五轴机床、8万吨模锻压力机等机床装备填补多项国内空白，45种产品达到或接近国际先进水平，为核电、大飞机、探月工程等国家重大专项和一批国家重点工程提供了关键制造装备，航空航天、汽车、船舶、发电设备四大领域所需的高端机床装备品种满足度达87.8%。中档数控系统功能、性能逐步完善，国内市场占有率由10%提高到59.3%；中高端机床功能部件市场占有率提高4倍，传动功能部件部分指标达到国际先进水平，其综合性能、动静刚度等一系列检测装备填补国内空白；航空及汽车领域专用刀具实现批量应用，使进口刀具降价20%～50%。其中，汽车大型覆盖件自动冲压生产线国内市场占有率超过80%，国际市场占有率约40%（图16-2）。截至2018年年底，数控机床专项实施以来累计申请发明专利4267项，立项国家及行业标准516项，研发新产品、新技术3041项，新增产值超过800亿元，在行业研究机构、重点企业建设了19类创新能力平台，部署了百余条示范生产线，培养创新型人才5500多人。

图16-2　汽车大型覆盖件全自动冲压生产线

第十六章
科技支撑国家竞争力提升

三、能源领域

大型油气田及煤层气开发科技重大专项践行以企业为主体、产学研用相结合的科技攻关模式，集聚全社会优势力量协同创新，强化项目与示范工程结合，形成了六大技术系列 24 项关键技术，研制了 13 项重大装备，建设了 22 项示范工程。通过油气开发专项任务攻关，在推动科技创新能力提升、支撑我国油气储产量目标的实现等方面发挥了重要作用，为加快转变我国经济发展方式，确保国家油气能源安全做出了重要贡献。专项实施以来，实现了我国石油产量长期稳定，天然气产量跨越式发展，天然气产业实现"探明储量、产量和能源结构占比" 3 个翻一番，我国石油产量从 2007 年的 1.84 亿吨稳步增长到最高的 2.15 亿吨，继续保持第四产油大国地位；我国海相和深层天然气勘探开发技术取得重大进展，发现了安岳、川西、克深等 5 个千亿方至万亿方级别大气田，推动了普光、元坝等复杂气田开发。有力支撑我国天然气产量实现跨越式增长；创新发展了石油地质理论与先进勘探技术，指导发现了准噶尔盆地玛湖、鄂尔多斯盆地姬塬、华庆等大油田；形成国际领先的高含水提高采收率技术和先进的低渗透和稠油开发技术，支撑了"西部、海上、海外、新疆"四大油气生产区建设，确保我国原油产量长期稳定；石油工业上游工程技术装备基本实现自主化，自主研发 G3i 数字地震仪、GeoEast3.0、3000 型成套压裂机组等 13 项重大技术装备和软件，装备制造和工程技术服务产业快速发展；海洋深水工程技术装备取得重大突破、实现自主化发展，支持海洋油气勘探开发迈上新台阶；形成海外大型油气田勘探开发特色技术，在中亚、非洲、美洲、中东、亚太五大海外油气合作区取得重大进展，有力支撑了"一带一路"沿线国家能源合作开发；页岩气、煤层气与致密油勘探开发技术取得重大突破，引领非常规油气开发新兴产业发展（图 16-3）。大幅提升了我国油气科技自主创新能力，形成了全面覆盖石油工业上游科技的百家企业与教育部 50 多所高校、中国科学院 20 多个科研院所联合攻关的高水平研发团队；建设 9 个国家级、23 个省部级重点实验室和研发中心等高水平创新平台；申请发明专利 5123 件，制定国家、行业标准 1411 件，获得国家科学技术进步奖特等奖 3 项，一等奖 6 项，二等奖 3 项。

核电是优质高效的清洁能源，技术成熟，经济性好，持续供应能力强，加快发展清洁能源、可再生能源，有利于构筑稳定、经济、清洁、安全的能源供应体系，也有利于保护生态环境、提高人民生活质量。在大型先进压水堆及高温气冷堆核电站科技重大专项的支持下，我国的核电技术水平实现了一次大的跨越，科研管理体制实现了全社会的

图 16-3　中国首座 3000 米半潜式深水钻井平台

大协作，核电自主创新能力显著提升，为实现核电强国目标奠定了坚实基础。重点任务推进顺利，完成了 AP1000 引进技术的消化吸收，完成了 CAP1000 标准设计，实现了关键设备国产化，具备了批量化建设的技术条件；CAP1400 设计通过审查，关键试验全部完成，已进入工程建设阶段；具有第四代核电技术特征的高温气冷堆示范工程加紧实施，主设备全部制造完成，部分已安装就位，示范工程进入调试阶段，产业化探索也走到了世界的前列。装备制造能力和水平大幅提升，核电站的压力容器、蒸汽发生器、主管道等一大批重大设备实现了国产化，CAP1400 屏蔽电机主泵、数字化仪控系统、爆破阀等核心设备均已完成样机制造，高温堆控制棒驱动机构、燃料装卸料系统等已制造完成并在反应堆上安装，显著地推动了装备制造企业上台阶、上水平，使我国具备年产 6～8 台（套）三代核电设备供货能力，三代核电综合国产化率从 2008 年依托项目的 30% 提高到 85% 以上。基础材料研制实现了重大突破，超大型锻件、690 合金管、压力容器密封件、核级锆材等关键材料加工制造技术取得质的突破；高温堆燃料元件在世界上首次实现商业化生产，示范工程国产化率超过 90%；研制成功核级焊材；建成了首条从海绵锆到成品管、板、棒、带材的完整生产线，为 CAP1400 和华龙一号的自主化燃料研发提供了有力支撑。夯实了核电共性技术方面等研发基础，专项充分发挥了各大核电集团及相关科研院所的技术优势，共同针对反应堆堆芯及安全分析关键技术研究、严重事故机制及现象学研究、核电站关键材料性能研究等共性技术开展深入分析研究；完善了核电关键技术和设备试验验证体系，建设了世界上规模最大的高温气冷堆工程试验验证平台，以及一批国际领先的大型试验台架和试验设施，为我国新型核电机型设计、核电创新研发能力持续提升提供了保障。在核电专项的支持下，共培养了41个创新团队和各类科技人才、青年学术和技术带头人800余人，涌现出一批创新领军型人物，形成了新产品、新材料、新工艺、新装置等980项，申请知识产权6000余项，编制行业及企业标准849项。

第三节 服务社会民生

国家科技重大专项始终坚持以人民为中心，围绕人民日益增长的美好生活需要，把科技创新与改善民生福祉紧密结合，持续攻克水污染治理、转基因、新药创制、传染病防治等领域关键核心技术，积极推动专项成果应用和产业化，推出了一批服务国计民生的重要产品，充分发挥了科技改善民生的辐射带动作用，不断提高人民群众获得感和幸福感。

一、环保领域

水体污染控制与治理科技重大专项旨在集中攻克一批节能减排迫切需要解决的水污染防治关键技术，构建我国流域水污染治理技术体系和水环境管理技术体系，为重点流域污染物减排、水质改善和饮用水安全保障提供强有力的科技支撑。

水专项实施以来，按照"山水林田湖"流域综合治理理念，统筹上下游、干支流，在重点流域开展水污染治理和水环境管理关键技术攻关并进行大规模工程示范，研发了钢铁及石化等重污染行业废水全过程控制、城镇污水高排放标准稳定达标与再生利用、农业面源污染控制、受损水体生态修复、水环境监控预警和饮用水安全保障等关键技术1000余项，建立工程示范1500余项，发布标准规范520余项，国内外授权专利3480余项，基本建成了我国流域水污染治理、流域水环境管理和饮用水安全保障技术体系。以钢铁焦化废水处理为例，攻克酚油协同萃取解毒、非均相臭氧催化氧化等关键技术，并推广至鞍钢、武钢等大型国企，行业覆盖度超过15%，总处理能力超过1500万吨/年，处理成本同比降低10%~20%，已成为行业优选技术。研发的脱氮除磷工程技术体系，实现国标一级A并稳定达标，支撑了全国1000余座城镇污水处理厂升级改造。构建了以臭氧－活性炭、膜分离等为核心技术的饮用水安全保障工艺，并实现关键装备与材料的国产化，累计示范与推广规模达1000万立方米/天。太湖流域天地空一体化监测预警系统可提前

7天预报蓝藻水华发生，准确率达80%以上。三峡库区水质风险预警平台可实现660千米长江干流水质的实时、动态和高精度监控。

针对供水系统存在的安全隐患，优化了"从水源到水龙头"全流程饮用水安全保障技术体系，重点在太湖流域和南水北调受水区开展综合示范，全面支撑了苏州、无锡等示范城市约340万用水人口的水质全面达标，成功化解了南水北调通水后发生"黄水"等安全风险。供水关键设备和材料产业化取得突破性进展，填补了多项国内空白。支撑了太湖流域、南水北调受水区等重点地区的饮用水水质安全保障与提升，直接受益人口超过1亿人，支撑了《"十三五"全国供水设施建设与改造规划》编制、全国供水应急救援八大基地建设、供水水质督察等工作，并正在推进成果向"一带一路"沿线国家扩散。指导了30个海绵城市试点工作，因地制宜推进试点地区海绵城市建设，在加强雨水径流源头控制、提高防洪排涝能力、改善水生态环境等方面取得了显著成效。

研发了大型臭氧发生器、移动式有机物检测仪、超滤膜及膜组件、磁性树脂、聚乳酸系生物降解材料等设备、仪器、材料并实现产业化，填补多项国内空白；成立8个产业技术创新战略联盟，建成了一批助推成果产业化的平台群和载体群，服务于数百家企业，累计产值近80亿元。研发集成冶金、石化等典型行业全过程污染控制整装成套技术，促进了以清洁生产、循环经济为技术导向的产业升级。研制了一批水处理膜、生物滤池填料、工业废水无害化处理装备、便携式监测仪等核心材料和成套装备。

研发集成农业面源污染控制、农村生活污水处理整装成套技术，支撑农业农村区域面源污染负荷有效减排。形成"减量—阻断—拦截—回用"（4R）面源污染一体化控制模式。研发兼氧膜生物反应器，建立"远程监控+4S流动站"分散式污水处理设施管理模式，在洱海流域及其他省市近千个乡镇推广应用。创新流域水环境管理模式，突破了水生态环境功能分区、水环境本土基准制定、水环境天地一体化监测、容量总量控制与排污许可管理、环境风险评估预警等核心技术，建成了太湖、辽河水环境管理和三峡库区、松花江流域跨界水环境风险预警等平台，显著提升了流域水环境管理的智能化、精细化和生态化水平，有力支撑了以水环境质量改善为核心的管理转型。

专项实施还培养了上百名学科带头人和中青年科技骨干、13 000多名研究生、3万余名专业技术人才，大大提升了水环境科技创新能力。建立了成果转化与产业化平台31个、产业技术创新战略联盟8家，实现了水专项成果在全球30多个国家或地区的推广应用，推动促进了我国环保产业和经济发展。推动了太湖、洱海和淮河等重点流域水质明显改善，有力支撑了污染防治攻坚战、长江保护修复、北京城市副中心、雄安新区、冬奥会等国

第十六章 科技支撑国家竞争力提升

家重大战略或工程的实施。

二、生物医药领域

转基因生物新品种培育科技重大专项以水稻、小麦、玉米、棉花、大豆五大作物及猪、牛、羊三大动物为重点，拓展油菜、杨树和落叶松，重点突破功能基因克隆与验证、规模化转基因操作、生物安全评价三大核心技术，推进转基因生物新品种培育与产业化，为确保国家粮食安全、生态安全提供科技支撑。围绕"推进产业化、抢占制高点、强化技术储备"三大战略，开展成果验证、多点鉴定、知识产权分析等工作，推进转基因棉花、玉米、大豆产业化进程；部署基因编辑等前沿领域研究，抢占技术制高点；加强转基因抗虫水稻、抗旱节水转基因小麦与多基因聚合等产品研究，强化产品技术储备。目前，转基因专项建成了涵盖基因克隆、遗传转化、品种培育、安全评价等全链条的30个研发和产业化设施平台，构建了完整的转基因生物研发体系和生物安全管理体系。专项研发的216个抗虫棉、2个抗虫转基因水稻、1个转植酸酶基因玉米获得生产应用安全证书，36个转基因新材料完成了生产性试验。获得的重大育种价值新基因已广泛应用于转基因育种或分子标记育种；在国际上率先将基因编辑技术应用于水稻和小麦等作物育种，满足了新品种培育需求（图16-4）。

图 16-4 抗除草剂转基因大豆（左）与常规大豆（右）的抗除草剂效果对比

建成和完善了4个动植物基因研究中心、2个转基因技术研究中心、9个动植物中试与产业化基地、15个转基因生物安全评价和检测监测中心，建成了涵盖基因克隆、遗传转化、品种培育、安全评价等全链条的研发和产业化设施平台。获得的重大育种价值新基因已广泛应用于转基因育种或分子标记育种。构建了主要农作物规模化转基因技术体系，基因组编辑、RNA 干扰、无选择标记等新技术得到快速发展和应用，在国际上率先将基因编辑技术应用于水稻和小麦等作物育种，满足了新品种培育需求。建立了完善的转基因生物环境、食用饲用安全评价和检测监测技术平台。转基因生物检测和监测方法已被应用到国家行政执法和生物安全管理，进一步提升了生物安全监管能力和水平。

重大新药创制科技重大专项聚焦国家重大战略产品和重大产业化目标，在设定时限内进行集成式协同攻关的科技计划，按照"铺、梳、突"的聚焦发展策略，分阶段落实。新药创制专项总体目标是针对严重危害我国人民健康的恶性肿瘤等 10 类（种）重大疾病，自主研制和技术改造一批药物，完善国家药物创新体系，提升自主创新能力，加快医药产业发展，加速我国医药研发由仿制向创制、医药产业由大国向强国的转变。

针对重大疾病防治需求，新药专项围绕产业链部署研发链，截至 2019 年 6 月，累计 138 个品种获得新药证书，其中包括手足口病 EV71 型疫苗、Sabin 株脊髓灰质炎灭活疫苗、西达本胺、埃克替尼、阿帕替尼等 44 个 1 类新药，是专项实施前总和的 9 倍。重点支持综合性大平台、单元技术平台、资源平台等创新药物研发技术平台建设，逐步形成了以科研院所和高校为主的源头创新、以企业为主的技术创新、上中下游紧密结合的网格化创新体系，新药自主创新能力大幅提升。工业主营业务年收入过百亿元的医药企业由专项实施之初的 2 家增加至 2016 年的 19 家，促进规模以上医药工业增加值年均增长 13.4%，居各工业各门类前列，促进了医药产业快速发展。

艾滋病和病毒性肝炎等重大传染病防治科技重大专项以完善国家传染病防控科技支撑体系，全面提升我国传染病的诊、防、治水平为目标，通过核心技术突破和关键技术集成，使我国传染病科学防控自主创新能力达到国际先进水平，为有效应对重大突发疫情、保持艾滋病低流行水平、乙肝向中低流行水平转变、肺结核新发感染率和病死率降至中等发达国家水平，提供强有力的科技支撑。

初步建立了 72 小时内鉴定 300 种已知病原及未知病原的筛查技术体系，在病原监测预警、检测、确证和患者应急救治等方面突破了一批关键技术，为有效应对甲型 H1N1 流感、H7N9 流感、中东呼吸道综合征、埃博拉等重大突发疫情发挥了重要支撑作用，实现从被动应付疫情到主动应对威胁的重大转变，为维护社会稳定与安全提供了强有力的技术保障，在国际重大传染病防控中彰显了中国力量。

在艾滋病方面，艾滋病病毒核酸筛查试剂实现国产，将检测窗口期从 28 天缩短到

7天以内,基于国产药物优化一线治疗方案,使治疗费用降低了79%。在乙肝方面,5岁以下儿童乙肝表面抗原携带率降至0.32%以下,将急性、亚急性重型肝炎病死率由88.1%降至21.1%,慢性重型肝炎病死率由84.6%降至56.6%。在结核病方面,产出一系列诊断试剂,使结核分枝杆菌检测时间由4~8周缩短至6小时以内,痰液中结核分枝杆菌的检出率由25%提高到50%以上。

建立并完善了一批具备国际竞争力的技术平台,在艾滋病、病毒性肝炎和结核病领域,强化基础研究与临床诊治的结合,传染病防控科技综合支撑能力显著提高;在突发急性传染病防控方面,建立完善了病原体检测、监测预警、动物实验、生物安全、产品研发和评价等技术平台;在新发传染病病原学、病原体结构生物学等方面取得一批国际领先成果;聚集、培养了一大批领军骨干人才和青年英才,专业人才队伍得到快速发展。

第四节 深化重大专项管理改革

为全面贯彻习近平总书记关于科技创新的重要论述,落实党中央、国务院关于推进科技领域"放管服"改革和《关于优化科研管理提升科研绩效若干措施的通知》的要求,充分激发科研人员创新活力,加快国家科技重大专项组织实施,突破核心领域关键技术,保障专项总体目标圆满完成,为国家经济社会高质量发展提供科技支撑,科技部、发展改革委和财政部共同研究制定了《进一步深化管理改革 激发创新活力确保完成国家科技重大专项既定目标的十项措施》(简称《措施》)。该《措施》提出30条具体举措,压缩审批时间、减少检查频次、精简表格材料、赋予科研人员更大自主权,切实减少重大专项组织管理过程中的繁文缛节,对承担重大专项核心技术攻关任务的科研人员尤其是青年人才加大绩效奖励,激发创新创造活力,为提升我国科技和产业的核心竞争力奠定坚实基础。

一、从管理者向服务者转变,试点"绿色通道"

重大专项已进入收官攻坚的关键阶段,进一步激发科研人员创新活力,有利于加快组织实施,突破核心领域关键技术,保障专项总体目标圆满完成。因此,项目管理必须要从重大专项的实施目标出发,为科研人员做好服务,激发科研创新的活力。

《措施》规定,每年年初,三部门研究制定并公布各专项监督检查和绩效评价年度工作计划。切实统筹各层级工作，有效避免多头、重复检查。《措施》中明确将定期检查进行了分类，规定重点核心任务攻关课题坚持定期检查；一般性课题实施周期内原则上按不超过5%的比例抽查；实施周期3年（含）以下的自由探索类基础研究课题一般不开展过程检查。

在科研项目方面，赋予重大专项科研人员更大的技术路线决策权。课题负责人自主选择和调整技术路线。重大专项课题负责人具有自主选择和调整技术路线的权利。科研项目申报期间，以课题负责人提出的技术路线为主进行论证；科研项目实施期间，课题负责人可以在研究方向不变、不降低申报指标的前提下自主调整研究方案和技术路线，报项目管理专业机构备案。单位主管部门、项目管理部门应充分尊重科研人员意见。

开展专项年度计划申报"绿色通道"试点。选择综合实施绩效优秀、有代表性的专项开展年度计划申报"绿色通道"试点。在既定目标和概算范围内专项对立项计划和预算安排拥有自主权。三部门在牵头组织单位审核同意后仅开展形式审核，并形成综合平衡意见。

二、赋予科研单位科研课题经费管理使用自主权

《措施》规定，改革试点单位在编制承担重大专项课题预算时，可简化预算编制，直接费用中除设备费外，其他费用只提供基本测算说明，不提供明细，进一步精简合并其他直接费用科目。《措施》明确了压缩评审时间、减少检查频次、开展一次性绩效评价、清理简化表格、优化经费管理、加大人员激励等多项具体举措，从薪酬激励、绩效支出、弘扬科学精神、实施非物质激励等方面均提出了明确措施，将有效地发挥引领、导向和示范的作用。

完善以增加知识价值为导向的激励措施。其中，开展加大间接经费预算比例试点。根据《关于优化科研管理提升科研绩效若干措施的通知》精神确定的改革试点单位，对试验设备依赖程度低和实验材料耗费少的软件研发、集成电路设计等智力密集型课题，提高间接经费比例，500万元以下的部分为不超过30%，500万~1000万元的部分为不超过25%，1000万元以上的部分为不超过20%。对数学等纯理论基础研究课题可根据实际情况适当突破上述比例。间接经费的使用应向创新绩效突出的团队和个人倾斜。探索开展绩效总量核定试点。选择承担专项重点任务、落实国家科技体制改革政策到位、科技创新绩效突出的单位，试点探索在核定绩效工资总量方面给予倾斜支持。

第十六章
科技支撑国家竞争力提升

加大特殊人才薪酬激励力度。探索提高核心攻关任务负责人薪酬。专项可探索对全职承担专项任务的团队负责人及高端引进人才的薪酬实行"一项一策""清单式"管理和年薪制，按程序报相关部门批准后执行。年薪所需经费在课题经费中单独核定，在本单位绩效工资总量中单列，相应增加单位当年绩效工资总量。绩效支出向青年科研骨干倾斜。在保障专项任务完成和间接费用总额不变的前提下，承担单位统筹考虑本单位实际情况、与课题负责人协商一致后，可从课题间接费用中提取一定比例的绩效支出，优先支持青年科研骨干。

专栏 16-1

进一步深化管理改革　激发创新活力
确保完成国家科技重大专项既定目标的十项措施

一、完善管理制度，提高科学管理水平

（一）明确课题申报和批复程序要求。

（二）减少实施周期内的各类评估、检查、抽查、审计等活动。

（三）精简课题验收程序。

（四）实现信息互联共享。

二、优化科研项目和经费管理，赋予科研人员和科研单位更大自主权

（五）赋予重大专项科研人员更大的技术路线决策权。

（六）进一步优化概预算管理方式。

（七）开展基于绩效、诚信和能力的重大专项科研管理改革试点。

三、弘扬科学精神，激发科研人员创新活力

（八）完善以增加知识价值为导向的激励措施。

（九）加大特殊人才薪酬激励力度。

（十）弘扬科学精神，转变科研作风。

第十七章
科技促进产业高质量发展

习近平总书记指出，创新是引领发展的第一动力，是建设现代化经济体系的战略支撑。以科技创新推动产业向高质量发展转变。加强国家创新体系建设，强化战略科技力量。围绕产业链部署创新链，加快科技成果转化，打通从科技强到产业强、经济强、国家强的新通道。

党的十八大以来，科技创新从过去以"跟跑"为主，逐步过渡到"跟跑、并跑、领跑"并存的历史新阶段。以科技创新驱动产业结构升级和战略性新兴产业创新发展为主线，围绕重点产业领域，聚焦重大核心关键技术，取得了一批创新性成果。

第一节 人工智能

2017年7月，国务院印发《新一代人工智能发展规划》，提出了面向2030年我国新一代人工智能发展的指导思想、战略目标、重点任务和保障措施，部署构筑我国人工智能发展的先发优势，加快建设创新型国家和世界科技强国。

专栏 17-1

新一代人工智能发展规划重点任务

人工智能的迅速发展将深刻改变人类社会生活、改变世界。为抢抓人工智能发展的重大战略机遇，构筑我国人工智能先发优势，加快建设创新型国家和世界科技强国，按照党中央、国务院部署要求，从战略态势、总体思想、重点任务、资源配置、保障措施、组织实施6个方面制定新一代人工智能发展规划。

第十七章
科技促进产业高质量发展

当前,人工智能发展进入新阶段,成为国际竞争的新焦点、经济发展的新引擎,也为社会建设发展带来了新机遇、新挑战。我国发展人工智能具有良好基础,但与发达国家相比仍存在差距,面对新形势新需求,新一代人工智能发展规划坚持科技引领、系统布局、市场主导、开源开放原则,构建开放协同的人工智能科技创新体系,把握人工智能技术属性和社会属性高度融合的特征,坚持人工智能研发攻关、产品应用和产业培育"三位一体",全面支撑科技、经济、社会发展和国家安全。

为努力实现"三步走"战略目标,立足国家发展全局,准确把握全球人工智能发展态势,找准突破口和主攻方向,从以下方面布局重点任务。

1. 构建开放协同的人工智能科技创新体系。围绕增加人工智能创新的源头供给,从前沿基础理论、关键共性技术、基础平台、人才队伍等方面强化部署,建立新一代人工智能基础理论体系、建立新一代人工智能关键共性技术体系、统筹布局人工智能创新平台、加快培养聚集人工智能高端人才,系统提升持续创新能力,确保我国人工智能科技水平跻身世界前列。

2. 培育高端高效的智能经济。加快培育具有重大引领带动作用的人工智能产业,大力发展人工智能新兴产业、加快推进产业智能化升级、大力发展智能企业、打造人工智能创新高地,促进人工智能与各产业领域深度融合,形成数据驱动、人机协同、跨界融合、共创分享的智能经济形态。

3. 建设安全便捷的智能社会。围绕提高人民生活水平和质量的目标,加快人工智能深度应用,发展便捷高效的智能服务,推进社会治理智能化,利用人工智能提升公共安全保障能力,促进社会交往共享互信,形成无时不有、无处不在的智能化环境,全社会的智能化水平大幅提升。

4. 构建泛在安全高效的智能化基础设施体系。大力推动智能化信息基础设施建设,优化升级网络基础设施、统筹利用大数据基础设施、建设高效能计算基础设施建设,提升传统基础设施的智能化水平,形成适应智能经济、智能社会和国防建设需要的基础设施体系。

5. 前瞻布局新一代人工智能重大科技项目。加强整体统筹,明确任务边界和研发重点,形成以新一代人工智能重大科技项目为核心、现有研发布局为支撑的"1+N"人工智能项目群。

习近平总书记历来高度重视科技创新和人工智能发展，专门主持召开以人工智能为主题的第十九届中央政治局第九次集体学习会，并就推动人工智能和实体经济深度融合、促进人工智能健康发展等做出系列重要指示。

在相关部门、地方和社会各界的共同努力下，科技部启动实施了人工智能重大项目，强化人工智能基础理论和关键技术研究；推动人工智能学科建设，加大人才培养力度；建设自动驾驶、城市大脑、医疗影像、智能语音国家新一代人工智能开放创新平台；优化人工智能创新创业生态；布局人工智能创新发展试验区，促进人工智能与经济社会深度融合；搭建高端交流平台，开展人工智能学术研究、技术开发和伦理规范等方面的国际合作。

第二节　新一代信息技术

加快新一代信息技术创新突破和融合应用，已经成为世界各国抢抓历史机遇、赢得发展主动的共同选择。随着移动通信、高性能计算等领域持续发力，新一代信息技术产业正日益成为我国经济社会建设的重要支柱。

一、高性能计算

我国研制的超级计算机以"神威""天河""曙光"等为代表。"神威·太湖之光"和"天河二号"从2013年起连续10次在世界超级计算机排行榜上排名第一，2018年12月世界500强超级计算机榜单中，中国有227台超级计算机上榜，占全球的45%（图17-1）。

我国逐步完善多级超级计算中心建设，建立了以天津、广州、长沙、深圳、济南、无锡超级计算中心为代表的国家超级计算中心，以各省市超级计算中心为代表的地区级超级计算中心，以各行业、科研院所、大学超级计算平台为代表的行业级超级计算中心。

国家高性能计算服务环境（中国国家网格，CNGrid）以6个国家超级计算中心共享互连为基础，19个结点分布在全国14个城市和地区，聚合了18亿亿次/秒计算能力、7亿亿字节存储能力、面向10多个领域的数百个共享基础软件，发展了按需定制的服务模式、按需付费的交易模式和按需调配的管理模式，服务了逾万名用户，完成了数千项重大计算任务，简化了超级计算机的使用，提高了计算资源利用效率，有效拓展和深化

第十七章
科技促进产业高质量发展

图 17-1 "神威·太湖之光"超级计算机系统

了超级计算机的应用,促进了行业的技术进步。

目前,超级计算机研发能力不断提升,持续支持与超级计算能力相适应的软件和应用,特别是国家重要领域的重大科学与工程计算任务,在科技计划中,软件和应用方向投入平稳增加,应用领域快速扩展,支撑了环境、制造、能源、材料、生物医药、科学发现等众多领域创新,超级计算已经成为领域/行业不可替代的能力提升重要手段。"神威·太湖之光"投入运行仅一年多时间,完成了17道全机(千万处理器核)规模的应用,其解决的均是世界上大运算规模的挑战性问题,其中5道程序获国际超级计算应用最高奖(Gordon Bell Prize)提名,"全球大气非静力云分辨模拟"更是为我国首次摘取该项大奖。

环境领域,海洋一所和清华大学共同研发的"高分辨率海浪模式软件",实现了千万核规模的全球空间分辨率2公里海浪模式研究,可以上万倍提高我国海洋减灾防灾能力;"非线性大地震模拟工具软件"获得了唐山大地震发生过程的高分辨率精确模拟结果,对于科学家理解唐山大地震所造成的影响,并对未来地震预防预测等研究具有重要的借鉴意义;"全球气候模式的超级模拟软件"实现了全球范围对卡特琳娜台风整个生命周期的准确模拟;"天河二号"上构建的南海预报业务系统,7分钟完成全南海78小时的海浪预报,14分钟完成南海及周边地区78小时的风向和风力预报。

制造领域,中航工业第一飞机设计研究院成功研制了自主的空气动力学模拟软件CCFD,支持了国产大型运输机Y-20的研制;中国商飞民用飞机机翼全尺寸气动外形优化设计应用获得的高精度计算结果,有力支撑了我国新型民用飞机的设计。飞行器研发方面,实现了"国产C919大飞机全工况全尺寸数值气动模拟"及"神舟飞船全尺寸跨流域回收控制模拟"。

能源领域，油气能源勘探核心国产软件 GeoEast 地震数据处理软件系统在国产超级计算机上运行，极大提升了勘探过程的投入产出比。中国科技大学"托卡马克高能逃逸电子相空间大规模采样"，已完成 921.6 万个采样点的计算，并得到相应的新的统计分布规律，为未来大聚变装置的构建提供了有效支持。

材料领域，中国科学院网络中心的"钛合金微结构演化相场模拟"软件实现了千万核并行规模的相场模拟，并获得机器峰值 40% 性能，远高于普通软件 5% 的水平。其模拟钛合金材料中的微观组织演化，对于微观机制的揭示、材料性能的提升、航空航天用新型钛合金的设计和应用有重要作用，具有显著的经济效益和社会效益。

生物医药领域，华大基因利用"天河二号"将全基因组信息关联性分析计算时间从一年缩短到 3 小时；中国科学院上海药物研究所利用药物虚拟筛选成功进行了 SARS、禽流感、埃博拉、寨卡等大规模传染性疾病的药物储备研发，为国家疾病应急响应提供了技术储备和预选方案。

科学发现领域，利用超级计算能力协助构建了世界首个六星空间探测系统（中国的双星 + 欧空局的四星）；伴随超级计算能力的提高，模拟规模从 300 亿粒子到 3 万亿粒子，再到 11.2 万亿粒子，计算宇宙学的水平明显提升，助推了人类对宇宙漫长演化进程的认知；我国与日本理化学研究所合作完成的高分辨率全土星环模拟，对土星结构形成的研究进一步深化，可能发现其中新的物理过程；"天河二号"上成功部署国际上规模最大和性能最高的射电望远镜阵列数据处理软件。

二、云计算和大数据

在软件定义的云计算基础理论方面，提出了云际计算模式的基础理论。项目当前已完成云服务器单节点验证系统，可提升 CPU 利用率 4 倍，将内存性能干扰从 78% 降低到 0.2%。提出了关键支撑技术——标签化冯·诺依曼体系结构，该技术的共享 LLC 标签优化方案已被华为海思下一款服务器芯片采用，在国际 RISC-V 开源社区上，创建了标签化 RISC-V 开源分支。

在云操作系统方面，研发团队完成了云操作系统分层 API 的定义工作，共定义 API 324 个，其中的 69 个 API 作为云操作系统最小化内核 API 已给出参考实现。基于最小化内核 API，完成了与华为云、阿里云等典型云平台的对接。在云端融合方面，自然交互突破了一些核心关键设备的研发，构成了设备群，用于多通道自然人机交互。

在大数据处理方面，完成数据流执行引擎代码构建，实现分布式数据流执行引擎和参数服务器开发。在数据管理方面，率先提出多种面向子图匹配查询、路径查询的索引策略和查询优化方法；设计和实现了面向知识图谱应用的高效图数据库系统 gStore；已经申请近 10 项相关专利和软件著作权。在跨时空多源异构数据的融合、开放共享技术与平台方面，研发了大数据共享与交易平台原型系统，搭建并开通了天元大数据交易平台。

在基于大数据的软件智能开发方法和环境方面，建立了互联网、企业软件大数据的数据分类和数据汇聚、收集和整理技术体系，形成了对外提供公共服务的基础系统 Trustie-IDE，以 Web-IDE 方式对外提供开发服务，形成了软件开发智能推荐和智能问答的技术研究体系。在大数据应用方面，研制了高端装备检测时序数据管理系统，支持百万数据点秒级写入、TB 级数据毫秒级查询，覆盖 200 余座风场、20 000 台机组，超过 5 年的历史数据。

大数据技术与实际应用结合，形成诸多可用的大数据应用系统。在视觉大数据智能方面，研发了"远距离、多模态虹膜人脸步态一体化"个体透彻感知生物特征识别技术，具有高识别率、低误识率特点。在大数据交易理论方面，提出了数据交易安全屋基于云际计算协作理论，设计了一整套基于云端的安全技术、计算技术和流通规则，通过区块链、堡垒机、审核流程等技术手段保证数据的安全性，做到数据所有权和使用权分离，帮助用户安全可控、快捷高效地实现跨云数据流通共享。

第三节　新能源与新能源汽车

新能源与新能源汽车是重要的战略性新兴产业。形成风能、太阳能、智能电网、核能、氢能等新能源多样化供给新局面，新能源技术创新研发能力不断增强。坚持"纯电驱动"技术转型战略，构建了企业为主体、产学研相结合的整车、零部件和关键技术协同发展的创新体系。

一、新能源

智能电网技术及装备。已建成 320 千伏柔性直流输电工程、多个 800 千伏特高压直流输电工程和多个1000千伏特高压交流单回和同塔双回输变电工程，均为世界上最高电压等级，相关技术和装备填补了相应领域的国际空白；大电网安全控制和变电站智能化等关键技术和装备在国际上领先；可再生能源并网规模、电动汽车充换电技术等方面也保持国际先进；大容量储能系统建设、分布式电源接入和微电网技术等方面也已经跃居国际先进水平。当前已进入智能电网全面建设阶段，电网智能化水平稳步提高，智能电表、电动汽车充/换电站、用户信息采集系统等得到高效推进，显示出了我国节能减排战略、经济结构与能源结构调整、相关产业升级转型的推动作用。

氢能燃料技术。我国初步形成了以大学、研究院所为主体，涵盖制氢、储氢、输氢、氢安全及燃料电池技术的研发体系，取得了一系列创新性成果。组装自然光合体系和人工光催化剂杂化体系，实现了水的完全分解；提出了基于水相环境的含氢物质制氢理论与技术；开发出一系列新型高容量储氢材料；研制出高功率密度的碱性燃料电池、质子交换膜燃料电池及相关关键材料；突破了质子交换膜和35兆帕碳纤维高压罐的工程化技术；实现制氢规模、钢制氢瓶和稀土储氢材料生产；在可再生能源制氢方面，建立了太阳能聚光/光催化分解水制氢示范系统、生物制氢示范系统；在化石资源制氢方面，建立了世界最大规模的煤制氢及纯化装置，年产18万吨；研制出15千瓦采用天然气为燃料的燃料电池分布式热电连供样机，实现了燃料电池基站备用电源的示范运营，成为国际固体氧化物燃料电池核心部件的开发和生产基地，固体氧化物燃料电池电解质及单电池产量占全球80%，为我国氢能燃料电池产业化提供了技术储备。

光伏发电技术。截至2017年年底，我国高效单、多晶电池光电转换效率已分别达到21.3%和19.2%。光伏电池及组件、逆变器、百兆瓦级光伏电站设计集成等关键技术达到世界先进水平，研发了转换效率达23.5%的背接触（IBC）单晶硅太阳电池，创造了大面积IBC电池的世界效率，突破了大功率光伏中压直流并网变换器技术；建成了10兆瓦级太阳能塔式光热发电站，突破了大容量跨180天太阳能低温储热采暖技术（图17-2）。

全国光伏发电累计并网装机容量达到1.3亿千瓦。我国多晶硅、硅片、电池片、组件产量分别占据全球的54.8%、87.2%、69.0%、71.1%。企业发展上，我国光伏制造企业位居全球前列。2017年中国大陆进入全球产量前十的光伏制造企业数量为：多晶硅6家、硅片10家、电池片8家、组件8家。

风电技术水平显著提升。风电全产业链基本实现国产化，产业集中度不断提高。风电设备的技术水平和可靠性不断提高，在满足国内市场的同时出口到多个国家和地区。

第十七章
科技促进产业高质量发展

图 17-2　德令哈 10 兆瓦级塔式光热发电项目

风电机组高海拔、低温、冰冻等特殊环境的适应性和并网友好性显著提升，低风速风电开发的技术经济性明显增强，全国风电技术可开发资源量大幅增加。

二、新能源汽车

早在"九五"期间就开始了电动汽车技术预研；"十五"到"十二五"期间，先后启动了"电动汽车重大科技专项""节能与新能源汽车重大项目""电动汽车科技发展重点专项"等国家科技研发专项，确定以电池、电机、电控及混合动力汽车、纯电动汽车、燃料电池汽车为"三纵三横"的研发布局并不断完善，持续深入实施"纯电驱动"研发战略。"十三五"开始，科技部贯彻落实国家科技体制改革战略部署，将新能源汽车作为科技计划改革的首批试点专项，统筹基础科学研究、关键共性技术、系统集成技术、产业化技术与示范验证，构建了一体化、全链条研发体系。

研发部署。"十五"是我国新能源汽车科技创新打基础阶段，科技部启动了 863 计划"电动汽车重大科技专项"，引导我国众多产学研单位积极参与，建立了"三纵三横"研发布局；"十一五"是我国新能源汽车从打基础到示范考核的阶段，科技部组织实施 863 计划"节能与新能源汽车重大项目"，并联合财政部、工业和信息化部、发展改革委共同启动了"十城千辆"示范工程；"十二五"是新能源汽车从示范考核进入产业化的关键阶段，专家组进一步研究提出了"纯电驱动"技术转型战略的具体思路和实施方案，科技部组织实施 863 计划"电动汽车科技发展重点专项"；"十三五"是在新能源汽车产业化后实施技术升级战略的关键阶段，科技部组织实施国家重点研发计划"新能源汽车重点专项"，进一步将攻关目标升级为建立新能源智能化电动汽车技术平台，形成从基础研究、重大共性关键技术攻关到应用示范的全链条贯穿的创新链条。

科技创新成果。2011—2018 年，锂离子电池比能量从 100 瓦时/千克提升到 300 瓦时/千克，建成全球产业链最全、规模最大的动力电池产业，动力电池总体水平稳居世界前 3 位，动力电池企业全球前十中中国占据 6 位；普通纯电动乘用车平均续驶里程从刚开始的 150 千米普遍提升到 300 千米以上，纯电驱动商用车总体技术水平在全球处于领先地位，产品规模出口；我国燃料电池汽车尤其是燃料电池商用车技术也取得重大进展，2018 年年底燃料电池汽车保有量超过 3000 辆，加氢站 12 座。2011—2018 年，中国新能源汽车的年产量从不足 5000 辆发展到 127 万辆，保有量从 1 万辆提升到 261 万辆，均占全球的 53% 以上，处于领先地位。

整车技术。纯电动乘用车已基本掌握了整车控制、动力系统匹配与集成设计等关键技术。在主流车型动力性、经济性、安全性方面大幅提高，与国际先进水平基本同步，已能满足人民日常出行的需求，社会认可度快速提升。插电式混合动力客车技术趋于成熟，并实现规模化推广，已经占据国内市场主导地位；插电式/增程式混合动力乘用车不断取得技术进步和规模化应用，已具备一定的市场竞争力。新能源汽车带动了上下游产业投资，贯通了基础材料、关键零配件、制造装备等产业链关键环节的发展，建立了结构完整、自主可控的产业体系。

关键零部件技术。动力电池关键材料性能指标稳步提升，成本明显降低；单体、电池包、BMS 等方面的安全技术研究全面推进。2016 年年底，基于三元正极的能量型动力电池单体比能量最高达到 220 瓦时/千克，电池系统成本最低下降到 1 元/瓦时，较 2012 年单体比能量提高 1.7 倍、系统价格下降 50%，产能达到 100 亿瓦时，建成了珠三角、京津冀、中原经济区等一批动力电池产业集聚区，成为全球最大的动力电池生产国。驱动电机共性基础技术进一步突破，如导磁硅钢、稀土永磁材料、绝缘材料、位置传感器等。驱动电机重量比功率超过 3.3 千瓦/千克，电机峰值效率 ≥ 97%，高效区 ≥ 80%，产品关键性能指标达到国际水平，系列化产品的功率范围覆盖 200 千瓦以下电动汽车用电机动力需求，并成功进入跨国汽车公司的全球配套体系。

第十七章 科技促进产业高质量发展

第四节　高端装备

党中央高度重视科技创新对高端装备制造业的发展，重点发展航空装备、卫星及应用、轨道交通装备、智能制造与增材制造等领域。着力构建技术含量高、知识技术密集、多学科和多领域高精尖技术继承等领域的布局，着力提升自主创新能力。

一、航空装备

党的十八大以来，我国民用航空装备获得持续发展，产业规模持续扩大，产业技术创新能力和水平有了质的提升，产业体系不断完善，航空基础能力建设进一步加强。民用航空装备关键技术攻关取得重要进展，技术水平获得明显提升，重点产品按节点完成研制任务，一批新机型首飞成功，进入试飞阶段。

大型民用飞机研制获得可喜成绩。2015年11月29日，首架ARJ21支线客机飞抵成都，交付成都航空有限公司（成都航空），正式进入市场运营。2017年5月5日，大型客机C919（图17-3）成功首飞，同年11月2日总装下线，我国成为世界上少数几个拥有研制大型客机能力的国家。截至2018年6月底，C919累计拥有29家客户共计1015架订单。支线客机ARJ21取得中国民航适航证，并交付用户，具备年产30架的能力，订单数达322架。大型宽体客机C929项目也处于可行性研究阶段。大型民用飞机适航符合性设计技术与适航符合性验证技术等关键技术领域取得重要突破，研发设计等核心能力建设取得重大进展，我国民用飞机产业体系发展新模式初步形成。

航空动力预先研究成绩显著，设计体系初步建立；型号研制加紧进行，CJ-1000AX验证机的核心机开展地面性能试验，涡轴16发动机进入适航取证；燃机开发取得突破，QD128燃机打入国外市场。机载系统与空中交通管制系统研发力度不断加大，一些关键技术实现了初步突破，初步建立了系统与设备的设计研发、功能评估、测试与验证环境；空管系统集成能力有了较大提高，能够自主研制生产大部分关键系统和设备。航空零部件制造领域逐步形成产业化规模。在产品结构、技术含量及管理实践等诸多方面引领国内航空制造的方向。

图 17-3　国产商用大飞机 C919

二、卫星

随着"一带一路"倡议、中国制造 2025、京津冀协同发展等国家战略的深入实施，截至 2017 年年底，中国卫星应用已迈入"快车道"，北斗终端持有量达到 400 万余套，中国民用遥感卫星数据分发量累计超过 1000 万景。2012 年 2 月 6 日，国防科工委发布探月工程"嫦娥二号"月球探测器获得的 7 米分辨率全月球影像图。6 月 18 日，在距地面高度 343 千米的轨道上，"神舟九号"飞船与"天宫一号"成功实现自动交会对接。12 月 13 日，"嫦娥二号"成功对图塔蒂斯小行星近距离探测。12 月 27 日，我国自主建设、独立运行的全球卫星导航系统——北斗卫星导航系统正式开始提供区域服务，范围覆盖包括我国及周边地区在内的亚太大部分地区。2013 年 12 月，"嫦娥三号"探测器成功登月，我国探测器首次登上地外天体，我国也成为世界上第 3 个实现月球软着陆的国家。"嫦娥三号"携带"玉兔"月球车在月球开始工作。2015 年 12 月 17 日，我国成功发射暗物质粒子探测卫星"悟空"。

北斗卫星导航系统是自主建设、独立运行的全球卫星导航系统，是为全球用户提供全天候、全天时、高精度的定位、导航和授时服务的国家重要空间基础设施。2000 年年底，建成"北斗一号"系统，向中国提供服务；2012 年年底，建成"北斗二号"系统，向亚太地区提供服务；2018 年年底，完成"北斗三号"系统，向全球提供服务。

2018 年，我国发射卫星数量超过了历史的峰值，目前在轨卫星超过 200 颗。2018 年

第十七章
科技促进产业高质量发展

年底,"北斗三号"基本系统星座部署完成,迈开了中国北斗卫星导航系统走向全球的重要一步。虹云工程首星和"鸿雁"全球卫星通信星座首星成功发射,我国低轨通信卫星系统建设实现新突破。截至 2018 年 12 月底,中国民用陆地观测卫星产品分发数量达 3011 万景,卫星直播用户达 1.3 亿余户,空间信息正加快与大数据、云计算、物联网等高技术融合,卫星应用及战略性新兴产业规模年均增长率超过 20%,已成为服务经济社会发展的重要手段。形成固定通信广播、移动通信、数据中继等卫星通信技术服务体系,构建了北京、香港、喀什三地互联互通的卫星测控和业务监测网络,建成了连接南亚、非洲、欧洲和美洲的卫星电信港,基本形成了全球化的卫星通信服务能力。

"嫦娥四号"中继星"鹊桥"成功发射,标志着我国成功迈出了月球背面登陆工程中的第一步。2018 年 6 月 14 日,"鹊桥"进入地月拉格朗日 L2 点的任务轨道,用于"嫦娥四号"着陆器和巡视器与地球间的通信和数据传输任务。在"鹊桥"中继星支持下,"嫦娥四号"与"玉兔二号"顺利完成互拍,地面接收图像清晰完好(图 17-4)。

图 17-4 "玉兔二号"与"嫦娥四号"互拍影像

三、轨道交通装备

高速列车技术

2007 年 3 月,科技部与铁道部开始筹划合作开展高速列车技术自主创新,提出高速列车科技自主创新的原则和战略目标。2008 年 2 月,两部签署协议,共同启动《中国高速列车自主创新联合行动计划》(简称《行动计划》)。

《行动计划》明确了具有当时世界领先水平的中国高速列车顶层技术指标、十大科研创新任务，目标是研制最高运营时速 380 千米、持续运营时速 350 千米的高速列车装备，并与设计运营时速 350 千米、部分区段最高运营时速 380 千米、实现京沪两地 4 小时直达的京沪高速铁路同步投入运营。

在两部共同组织下，全国数百家产学研机构、近万名科研人员参与了《行动计划》创新和科研实验工作，研制成功以 CRH380 系列高速列车（现在全国高铁运营的主力车型）为标志的中国高速铁路核心技术装备与系统，并在陆续开通的京津、武广等设计时速 350 千米的高速铁路进行了严格的运营考验和持续优化，运行时间超过半年（经过验收的），CRH380A 高速列车在京沪铁路创造了 486.1 千米 / 小时的世界最高实验运营速度。

为实现中国高速铁路动车组自主化、标准化和系列化，全面提升中国高铁的核心竞争力，开展了中国标准动车组设计研究工作。2017 年 6 月 25 日，中国标准动车组被正式命名为"复兴号"，并于 26 日在京沪高铁正式首发。

2016 年 6 月 3 日，习近平总书记在参观"十二五"国家科技创新成就展时，详细询问了我国高铁的技术、安全情况，明确提出要对恢复 350 千米运营速度进行论证。2017 年 9 月，京沪高铁率先以 350 千米 / 小时达速运行。

"十三五"期间，科技部组织实施了"先进轨道交通重点专项"，以满足国家战略需求为目标，以国内外市场需求为导向，在既有轨道交通科技发展成果基础上，按照"以我为主、兼收并蓄"的原则，到 2020 年，实现具备交付具有世界领先水平的运营时速 400 千米跨国联运、可变结构转向架高速列车和时速 600 千米以上高速磁浮交通系统技术自主化的技术能力。

港珠澳大桥

2018 年 10 月 23 日，港珠澳大桥正式开通（图 17-5）。一桥横跨伶仃洋，天堑变通途。港珠澳大桥是连接香港、珠海、澳门的超大型跨海通道，全长 55 千米。它是中国乃至当今世界规模最大、标准最高、最具挑战性的集桥、岛、隧为一体的交通集群工程项目，被誉为交通工程的"珠穆朗玛峰"。

党和国家领导人高度重视港珠澳大桥的建设，习近平总书记出席仪式并宣布大桥正式开通。港珠澳大桥的建成将极大地缩短香港到珠海的交通时间，驾车从香港到珠海、澳门仅需 45 分钟，真正地将珠三角地区连成一片，形成港珠澳一小时经济生活圈。大桥通车后，将以香港为龙头带动整合整个珠三角区域经济的发展，并在完善粤港澳地区的

第十七章
科技促进产业高质量发展

图 17-5　港珠澳大桥东人工岛

综合运输网络、密切珠江两岸地区的经济社会联系、促进珠江两岸同步协调发展、保持港澳地区的持续繁荣稳定等方面发挥积极作用。

在大桥的前期研究和整个建设周期，共开展科研专题研究 134 项，累计投入近 6 亿元，科技创新始终贯穿其中，并成为工程的主旋律。2010 年，科技部在北京组织召开了"港珠澳大桥跨海集群工程建设关键技术研究与示范"项目可行性论证会，正式将其列入了"十一五"国家科技支撑计划，项目共设 5 个课题，总经费约 1.2 亿元，其中国拨专项经费 4895 万元、自筹经费约 7000 万元。自此，这一世界级工程建设有了国家重点科研力量的支持，为港珠澳大桥的顺利完工提供了有力支撑。

港珠澳大桥科技创新工作始终坚持"项目来源于工程、研究依托于工程、成果应用于工程、服务于行业"的问题导向，注重科研与生产的紧密结合，在技术理论、标准指南（规程）、施工工艺与产品装备、试验研究基地和项目管理等方面取得了一批世界级、行业级领先的创新性成果，有力保障了工程建设。例如，岛隧工程首创外海深插超大直径钢圆筒快速筑岛技术，实现当年开工、当年成岛的建设奇迹。针对世界首例深埋沉管，岛隧工程通过研究揭示了深埋沉管结构体系受力及变形机制，创造性地提出了"半刚性"沉管新结构，与国外专家提出的"深埋浅做"方案相比，节约预制工期一年半，节约投资超过 10 亿元，并且做到了沉管接头滴水不漏。通过科研攻关掌握了外海沉管安装成套技术，填补了国内技术空白，创造了一年安装 10 节沉管的"中国速度"，远领先于国际先进水平。

四、智能制造与机器人

智能制造

随着信息科技和先进制造技术的发展,我国智能制造装备的发展深度与广度日益提升,已形成以新型传感器、智能控制系统、工业机器人、自动化成套生产线为代表的智能制造装备产业体系的雏形。

增材制造装备领域。液态金属的打印、粉末床熔融和黏结剂喷射混合工艺的高速成形、选择性隔离烧结、连续液面生长、多射流熔融等一批新工艺、新技术获得突破。超声波增减材复合制造、智能微铸锻铣复合制造等一批增减材复合制造技术延伸了现有增材制造技术。

研制出高精度、高稳定性激光和电子束选区熔化增材制造装备,突破了面向平台互换性和动态稳定性的模块化、智能化装备设计方法,高难度复杂零件的装备高稳定性和可靠性制造技术。建立了电子束—激光复合选区熔化新工艺,将激光与电子束复合,解决了激光选区熔化能量吸收率低、成形热应力大而电子束选区熔化成形精度不足的问题;创新研制了真空SLM、高粉末床温度SLM、激光防吹粉及电子束—激光复合选区熔化(EB-LHM)等全新工艺。相关技术水平居于国际并跑、局部领跑。研制的高稳定性BLT-S300型激光选区熔化装备出口德国和法国,BLT-S310型激光选区熔化装备成为空客A330增材制造项目主要设备之一。研制的QbeamLab 200电子束选区熔化装备出口俄罗斯,并通过全俄航空材料研究院(VIAM)测试和验收。自主研制了高效面曝光光固化3D打印装备,进一步将连续面曝光成型光固化3D打印速度提高到900毫米/小时,相比传统光固化技术,成型速度提高了100倍,打破了国外对该项技术的封锁与市场垄断,打印速度居于国际领先水平。自主研发一种低成本的新型高透明材料,并利用精密微加工技术在该材料上成功制备具有微纳米结构的透氧结构,打破国际上透氧膜专利限制,透气率达国际同类材料的10倍以上,极大提高了基于氧阻聚原理3D打印的防粘效果。在航空航天大型树脂基复合材料构件制造中显示了重要的应用前景。

机器人

在前沿引领方面,探索形成贯通产业链上下游的创新平台体系,打造和强化重大应用、产业技术和原始创新三位一体、互相促进的可持续创新模式。依托国家技术创新平台,

第十七章
科技促进产业高质量发展

不断开展国际创新合作,提出了"面向智能生产的机器人互联网系统与技术研究"国际重大合作研究方向。

在市场化应用方面,我国已连续5年成为全球最大机器人消费市场。截至2018年,全国共有65个机器人产业园在建或已建成,集中在长三角、珠三角和京津冀地区。

在特种机器人方面,相继研发出多种特种仿生型机器人,可应用于物资运输、灾后救援、太空探索、海上油田海底管道检测等复杂环境;"妙手"手术机器人、骨科机器人等医疗服务机器人进入临床;智能公共安全机器人等具有自主巡逻、智能监控探测、遥控制暴等功能,对提升公共安全和反恐防暴能力具有重要意义,已广泛投入应用。智能运载工具行业发展迅速,在自动驾驶、智能轨道交通、智能运载无人机等方面取得突破。

在工业机器人减速器方面,国产工业机器人逐步支撑起自主工业机器人产业发展新格局,完成了RV减速器的设计、制造、测试及寿命试验工作。谐波减速器实现批量销售,国内市场占有率为60%,突破了批量制造、装配过程中产品可靠性和一致性等关键技术,提出了摆线轮齿廓数字化修形方法,建立了批量生产质量保障体系。

在工业软件方面,流程驱动的飞机全生命周期数字化软件系统支撑某主力战机的研制。针对我国航空工业自主创新发展的迫切需求,在提出流程驱动的飞机全生命周期数字化研制模式的基础上,开发流程驱动的飞机研制平台,在提高研制效率、缩短研制周期、提高产品质量方面发挥了积极作用。

在激光器制造方面,研制了国产高精度激光焊接机器人激光、光纤激光、皮秒激光、紫外激光等中小功率激光器,实现了批量商业化。

在医疗器械方面,研制了弹性驱动单元并开展下肢外骨骼机器人的仿生结构,完成了复杂环境下人体自然步态的数据采集和数据库建立,并实现平地、上下楼及上下坡等5种步态规划。

第五节 新材料

材料行业保持高速发展,2017年市场规模为3.1万亿元,多项材料重大科技项目得以实施,保障了重点产业供给侧结构性改革的基础。材料领域基础研究论文数为67 276篇,增长率为24.71%;高被引科技论文增长率为11.08%;材料领域的综合创新能力得到了显著提升。

一、基础材料

钢铁材料方向。超高纯轴承钢冶金质量达到国际先进水平；开发的双相不锈钢批量应用于世界上最大吨位的双相不锈钢化学品船；开发了 11 项高端硅钢新产品，其中部分产品为首发。成功研制出首套 300 毫米级大断面特厚钢板辊式淬火装备；极地船舶用超低温耐磨损腐蚀钢研制成功，为我国"冰上丝绸之路"发展提供有力支撑。突破真空自耗重熔熔滴速率控制技术、热加工终锻温度精控技术等关键技术，实现大型飞机用钢批次稳定工业化生产；2000 兆帕级桥索钢已经实现批量工业性试制与供货。研究开发的 X80 热轧钢板实现了工业试制，初步满足制管要求；研发出高性能 SA543B 核电用钢，成为新一代压水堆核岛容器用钢板首选材料。

有色金属材料方向。工业试制出了满足乘用汽车和海洋船舶使用的铝合金板材及满足先进航空航天使用的铝合金挤压材。突破了 Cu-Cr-Zr 合金带材生产的核心关键技术，建立了年产 1 万吨的高性能 Cu-Cr-Zr 合金带材产品生产线，产品性能达到或超过国际先进水平。实现高端装备用发热体/热屏和坩埚等的 1～2 代升级，形成年产 1500 吨高纯稀有金属制品工业化生产能力；解决了高纯铜锭坯晶粒度粗大的难题，建立 6N 超高纯铜批量化生产线，产能达到 60 吨/年。掌握了"大卷重宽幅钛带卷和薄壁钛焊管"的关键制备技术，开发出热、冷轧钛带卷和钛焊管产品；制备的万米级 NbTi 超导线材性能超过国际先进水平。

石油化工材料方向。开发出适用于石油磺化体系的防堵型微通道装置，已建成了百吨级超重力石油磺酸盐中试装置；创制了连续陶瓷膜反应器，实现了反应—分离耦合系统连续稳定运行。发展层状前驱体法贵金属高分散方法，建成了 300 吨/年催化剂工业示范装置 1 套，并成功应用于 4 套原设计 18 万吨/年过氧化氢工业生产装置。高含蜡石油基蜡油加氢异构深度转化催化剂在 20 万吨/年工业装置上实现工业应用。开发了用于亚硝酸异戊酯再生过程的催化剂，使得硝酸的副产量降低 80%，减少了草酸酯生产过程中的污水排放。

轻工材料方向。研究开发出初始效率≥95% 且分离效率稳定的油水分离和天然气过滤材料，形成 F9 级和 H11 级两种高效率、长寿命空气过滤材料的成套技术和产业示范线。合成了系列化匹配拉伸形变支配的短流程加工工艺的超高分子量聚乙烯（UHMWPE）树脂，研制成功可以连续挤出加工分子量 200 万以上的纯 UHMWPE 管材挤出设备。构建碱性蛋白酶、角蛋白酶、胰蛋白酶、脂肪酶等酶制剂发酵工程菌及技术和制革生物脱脂技术，达到国际先进水平。突破了环路喷射式乙氧基化装置、缩合分馏环路多功能装置、二噁烷脱除装置等表面活性剂制备中关键装置制造技术，填补该领域的国内空白。研制成功的无铅易切削不锈钢材料，不仅可以在制笔行业应用，在精密机械、电子、信息通信、生物医疗等领域同样具有广泛的应用前景。

纺织材料方向。开发出聚酯、聚酰胺纤维多重协同改性技术，建成数十个万吨级聚酯纤维多重协同改性生产线。建成了首套基于废旧纺织品的物理化学法聚酯再生生产线和低熔点聚酯再生纤维熔体直纺生产线。聚酰胺66工业丝试验产能达到800吨/年；研发了聚酰胺66气囊丝产品，相关生产线产能已经达到10 000吨/年。建成年产3000吨小纤度和年产1500吨大纤度高强度高模量PVA纤维工业生产线，用于陕西地区房屋的抗震加固。建成了首条全国产化1.5万吨/年Lyocell纤维生产线。解决了高强抗老化自清洁FEVE玻璃纤维膜结构材料制备技术及产业化难题。

建筑材料方向。掌握水工大坝用微膨胀低热水泥中方镁石晶体调控技术，在白鹤滩水电站和乌东德水电站（300米级世界高拱坝）工程试用效果良好；开发了新型道路硅酸盐水泥熟料，可延长道路工程使用寿命至少3～5年。形成了电子玻璃基板生产核心技术；成功研制出首块大尺寸、曲面异型结构超薄型无机复合防火玻璃。开展了高纯、超细、高烧结活性氮氧化铝（AlON）、氮化铝（AlN）等新型粉体原料的新型高效合成技术及合成机制研究。确定隔热耐火材料高温失效影响因素，形成矿物原料优选及高纯莫来石预合成技术。

二、战略性先进电子材料

第三代半导体材料与半导体照明技术方向。大尺寸SiC、GaN衬底和外延片制造工艺和材料性能进一步提高，与国外差距持续缩小。600～3300 V SiC SBD的产业化初见成效，开始批量应用；开发出1200 V/（50～400）A全SiC功率模块、（600～1200）V/（100～600）A混合SiC功率模块；推出耐压650 V的Si基GaN功率器件产品和48 V GaN射频功率晶体管。功率型白光LED产业化光效达到180 lm/W；硅衬底黄光、绿光的电光转换功率效率达到国际领先水平。功率型Si衬底、蓝宝石衬底白光LED光效分别达到134 lm/W和152 lm/W（@350mA）；白光OLED器件光效达到99 lm/W，寿命大于10 000小时；研发出基于光健康与非视觉生物效应等系列LED创新产品（图17–6）。

图 17-6 用高光效黄光 LED 驱动的室内外健康照明光源

新型显示方向。开发数十种覆盖全部可见光区域的纯有机发光材料。确定与观察者视觉感知和视觉健康相关的显示器件核心物理参数指标体系，建立、完善眼视光学测评指标体系。实现打印 QLED 红光量子点公斤级量产，制备出分辨率在 100 ppi 左右的 AMQLED 全彩 4 英寸屏。成功研制出 2000 lm 及 20 000 lm 激光投影机整机样机，分辨率为 2 K，光效 12 lm/W，散斑对比度优于 3.5%。

大功率激光材料与器件方向。建立了大型提拉自动控径激光晶体生长系统，设计合成出两种综合性能优异的新晶体，开发出含"软过渡层"的多层复合膜层结构。研制出承受功率 1.727 千瓦的高功率光纤光栅，并实现包层光剥离器最大承受功率 800 W，实现了 500 条宽的 976 纳米单管芯片输出 10.8 W。制备出了性能更加优异的 1064 纳米和 1950 纳米两类 DBR 单频激光谐振腔，并通过制备和选择泵浦源，实现了高效率的单频激光放大。

高端光电子与微电子材料方向。研制出 16 通道 SOI 基中心波长热调制合波器，实现了 4.6 mA 调制电流下 0.7 纳米的波长漂移。研制出与 CMOS 兼容的单偏振光栅耦合器和偏振分离光栅耦合器，耦合损耗分别 < 2.5 dB 和 < 4.6 dB。突破了深亚微米光刻、分区曝光与拼接等微纳尺度精细加工技术，器件体积从 10 年前的 3.8 mm × 3.8 mm × 1.5 mm 减小至 1.1 mm × 0.9 mm × 0.45 mm。建立了高性能 SAW 滤波器生产线 2 条，年产能 8 亿只。

三、材料基因工程

材料高通量计算算法与软件开发方面，针对材料基因工程高通量多尺度计算的需求开发软件系统,完成了模块化设计方案,关键模块已完成设计。材料高通量制备技术与装置研制方面,发明了适于微纳、薄膜、粉末、块体材料等材料跨尺度的高通量制备方法,开发了数种示范性试验装置;构建了合金微观组织梯度热处理高通量试验装置。材料高通量表征技术与装置研发方面,发展了透射电镜模式下跨尺度表征技术及装置;实现了热力耦合条件下微观组织与晶体学取向同步分析,以及微纳尺度阵列样品多参量集成表征;开发了微观结构快速分析软件和几何必需位错分析软件。材料基因工程数据库与数据技术方面,初步形成了材料基因工程数据库架构;研发出了高通量第一原理计算驱动引擎;初步建成了材料数据挖掘智能平台,部分功能已经上线运行,开放共享。

典型材料示范应用方面。面向全固态锂电池材料,开发了基于 GPU 的高通量计算平台,建立了规模水热制备和电化学沉积的高通量制备平台,初步完成了高通量测试系统,构建了数据库框架,筛选出的聚合物电解质、正极材料及固态电池性能明显提高。面向组织诱导性骨和软骨修复材料,初步确定了影响骨和软骨诱导性的关键材料因素,开发出用于硬/软骨组织修复材料的高通量制备方法,研发出新一代骨诱导多孔磷酸钙人工骨及胶原基水凝胶人工软骨修复材料。面向稀土永磁材料,构建了 Nd-Ce-Pr-Fe-B 多组元合金体系的热力学数据库,开展了高丰度稀土永磁材料组织结构模拟和设计,开发了高通量制备技术,成功研发出了磁能积达到 43.5 MGOe、(La,Ce) 混合稀土含量高达 30 wt% 的高性能磁体。面向轻质高强镁合金,获得了可用于镁合金设计的物性参数;开发了块体镁合金高通量制备方法;开展了同步辐射高通量原位表征研究;初步构建了镁合金凝固过程模拟、缺陷及性能预测相关模型,并进行了试验验证。面向航空用先进钛基合金,实现了原子模拟百量级的高通量计算;初步构建八元钛合金热、动力学数据库;提出基于调幅分解的微观结构调控新途径并建立相场模型;初步优化了 3 种航空部件的成型工艺。面向新型镍基高温合金,初步建立了热力学及动力学计算平台、高通量表征方法及燃机/航机用单晶合金成分优化准则;实现了粉末高温合金热加工工艺的高通量设计;建立了大型铸件本体试样显微疏松缺陷与拉伸力学性能之间的关系模型。

四、纳米材料与器件

碳纳米管 CMOS 器件。发展了一整套高性能碳纳米管 CMOS 晶体管的无掺杂制备方法,综合性能较同类硅基器件高 10 倍以上。

精致设计的催化剂助力单壁碳纳米管可控手性生长。提出了一种利用碳纳米管与催化剂对称性匹配的外延生长碳纳米管的新方法，通过对碳纳米管成核的热力学控制和生长速度的动力学控制，实现了结构为（2m，m）（m 为正整数）类碳纳米管水平阵列的富集生长。该研究为单壁碳纳米管的单一手性可预测生长提供了一种新方案，也为碳纳米管的应用，尤其是碳基电子学的发展奠定了基础。

二氧化碳直接制液体燃料。创造性地采用氧化铟/分子筛（In_2O_3/HZSM-5）双功能催化剂，实现了 CO_2 加氢一步转化高选择性得到液体燃料的重大突破，转化率在13.1%时，C5+ 成分在烃类组分中选择性高达78.6%，甲烷选择性只有1%，并在100毫升装置上进行了进一步的验证，具有较好的工业应用前景。

发现高速、低功耗 Sc-Sb-Te 新型相变材料。设计发明出低功耗、长寿命、高稳定性的 Sc-Sb-Te（钪–锑–碲）材料。基于该材料，在130纳米 CMOS 工艺制备的相变存储器实现了700皮秒的高速可逆写擦操作，循环寿命大于 10^7 次，操作功耗比三星、英特尔的 Ge-Sb-Te（锗–锑–碲）存储器件降低了90%，且10年的数据保持力相当。

智能纳米药物靶向清除肿瘤微环境中血小板增加血管 BPR 效应。MMP-2 底物肽修饰的聚合物本身无明显毒副反应，能显著降低内载化疗药物的毒性及血小板清除抗体的不良反应，为靶向肿瘤血小板的治疗方式提供了重要依据，为增强肿瘤血管 EPR 效应提供新技术和思路，对纳米医学在肿瘤治疗中的应用具有积极推动作用。

肿瘤靶向光热治疗纳米探针。研制了 NIR 荧光/MRI 介导的肿瘤靶向光热治疗纳米探针，通过双靶向作用使纳米探针在肿瘤部位高浓度富集，利用双模态成像确定肿瘤边界，引导激光准确照射，实现光热治疗。

仿萤火虫高强度长时间化学发光水凝胶材料。采用天然壳聚糖、化学发光试剂 N-(4-氨基丁基)-N-乙基异鲁米诺（ABEI）和催化剂 Co^{2+}，制备了一种具有高强度和长时间化学发光的水凝胶，其发光在黑暗中肉眼可见，且持续时间长达150小时以上。提出了新的"辉光"型化学发光机制——慢扩散控制的异相催化作用机制，为无标记纳米化学发光新一代体外诊断技术的研究提供了高效的化学发光材料。

五、先进结构与复合材料

高性能纤维与复合材料方面。突破了基本型（T300级）碳纤维的研制、工程化及航空航天应用关键技术，基本实现重点型号的自主保障。突破了高强型（T700级）碳纤维的研制和工程化关键技术，完成了部分装备的应用研究，初步实现装备应用。开展了高强中模型（T800 级）碳纤维的工程化及其应用关键技术攻关，已进入重点型号典型件地面考核验证阶段。开展了高模（M 系列）、高强高模型（MJ 系列）碳纤维研发，M40 等部分品种具备了小批量试制生产能力。基本掌握百吨级湿法纺丝碳纤维生产线建设及部分关键装备设计制造技术，干喷湿纺碳纤维生产线及工业级碳纤维生产线建设已初见成效，为我国碳纤维产业从试制型走向规模型奠定了一定基础。

高温合金方面。突破带冠单晶涡轮叶片疏松控制技术、第二代粉末高温合金涡轮盘纯净度控制技术、难变形高温合金大尺寸涡轮盘锻造技术等，保证了重点装备的研制进度。开展第三代粉末涡轮盘用 GH4104、GH4975 等新型变形高温合金预研，突破了关键技术原型，试制出亚尺寸试验件。开发了高性能变形和铸造高温合金及其盘件和机匣制备技术，探索研究了第四代单晶高温合金、第四代粉末高温合金和 Nb-Si 系金属间化合物等高温合金新材料。

高端装备用特种合金方面。突破了超纯净钢冶炼技术，连续工业生产轴承钢纯净度和质量稳定性大幅提升，达到国际先进水平。实现了 600 ℃超超临界电站锅炉管的全部自主化制造；研制出 700 ℃超超临界电站锅炉管用 C-HRA-1、C-HRA-3 和 984G 耐热合金，并完成工业规模 6 吨级铸锻件和锅炉管试制。试制的 200～250 千米/小时动车组车轮和车轴已实现载客运行，在中国标准动车组上已完成装车考核并小批量供货。开发出了大型压铸模具用热作模具钢及其热加工关键技术，生产出了单块 2.5 吨的压铸模具钢模块，用于奔驰汽车减震塔铝合金压铸件的生产。

海洋工程用关键结构材料方面。国产钛合金管路系统陆地示范验证平台建设及服役考核完成，验证钛合金管材、管件、焊接接头、法兰等在海洋环境下的良好耐蚀性。针对海洋石油钻探用轻质铝合金钻杆及油套管，研制出新型高性能耐蚀铝合金管材；优化得出了性能优良的高耐腐蚀白铜合金。

3D 打印材料及先进粉末冶金技术方面。成功研制出激光选区烧结、激光选区熔化、激光近净成型、熔融沉积成型、电子束选区熔化成型等工艺装备。金属增材制造技术与世界先进水平保持同步，相关产品应用于航空航天、汽车、生物医疗、文化创意等领域。

六、新型功能与智能材料

新型稀土功能材料方面。通过钕铁硼永磁材料成分和工艺的改进，大幅提高了稀土永磁材料的抗震性能和退磁温度。突破真空蒸镀、化学涂覆双渗镝工艺技术，实现渗镝烧结钕铁硼磁体磁能积与矫顽力之和大于70，建成百吨产业化生产线。开发出新型铈永磁体及双主相制备技术，并初步实现产业推广。实验室条件下研制出磁能积$(BH)_{max} \geq 54$ MGOe 的大块各向异性纳米晶磁体，为第三方检测的国际最高水平。解决了大块永磁材料均匀性差和难以饱和充磁的技术瓶颈，成功研制出高铁永磁驱动电机实验样机的稀土永磁材料。

高性能分离膜方面。实现了陶瓷纳滤膜、金属钯膜、碳化硅膜、碱扩散渗析膜、热法 PVDF 中空纤维膜、PDMS 复合膜 6 种关键膜材料的国产化，建成了海水淡化反渗透膜、3 种水质净化纳滤膜、4 种污水处理 PVDF 膜、陶瓷纳滤膜、酸扩散渗析膜、金属膜等 11 条规模化生产线。开发出"低成本制浆造纸废水零排放工艺"并建成膜法制浆废水零排放工程。突破海水淡化反渗透膜材料关键技术，在三沙永兴岛和西沙岛屿上建立了两个千吨级海水淡化系统，保障了岛屿生活用水的安全和需求。实现国产金属膜材料产品规模化生产并应用于我国核燃料、多晶硅及有色冶金生产过程。

第六节　现代服务业

我国现代服务业的科技工作重点是推动了生产性服务业、新兴服务业、文化与科技融合、科技服务业等新兴领域的发展，着力优化现代服务业产业发展空间的布局，进一步促进了现代服务业的自主创新能力，重点在现代物流、电子商务、文化科技等方面实现加快发展，科技创新引领产业发展成效显著。

随着电子数据交换技术、全球卫星定位系统（global positioning system，GPS）、地理信息系统（geographic information system，GIS）、第三代移动通信技术（3G）、射频技术、云计算、物联网等先进信息技术的开发，我国物流产业正处于转型过程中。物流技术装备市场不断涌现出传统物流装备与现代物联网感知相结合的新型产品。例如，带射频识别芯片的周转箱集装单元，射频识别技术应用于仓储输送设备等；物流信息系统的网络化，即车联网，主要应用于车辆信息通信、车队管理、商品货物检测、车辆追踪定位等；智能追溯系统，主要用于食品、药品的射频识别双向追溯系统。

截至 2017 年，全国社会物流总额为 252.8 万亿元。从构成上看，工业品物流总额为 234.5 万亿元，按可比价格计算，同比增长 6.6%；进口货物物流总额为 12.5 万亿元，同比增长 8.7%；农产品物流总额为 3.7 万亿元，同比增长 3.9%；再生资源物流总额为 1.1

第十七章
科技促进产业高质量发展

万亿元,同比下降 1.9%;单位与居民物品物流总额为 1.0 万亿元,同比增长 29.9%。我国社会物流总额逐步增加,现代物流产业的发展速度和专业化程度不断提升,我国社会物流效率有所改进,物流市场环境不断转好。行业内普遍以全社会物流总费用占 GDP 的比例来评价整个经济体的物流效率,社会物流总费用占 GDP 的比例越低,代表该经济体物流效率越高、物流产业越发达。2010—2017 年,全国社会物流总费用从 7.1 万亿元上升到 12.1 万亿元,年复合增长率为 7.91%,体现出我国物流行业在需求旺盛的情况下,物流总费用规模也不断扩大。在此期间,全国物流总费用占 GDP 的比例从 17.8% 下降至 14.6%,物流效率总体有所提升。

党的十八大以来,我国重点加强了电子商务新技术研发、集成与应用方面的技术升级与研发工作。聚焦于研究网络化生产经营和消费服务技术领域,重点发展了电子商务云服务、3D 内容的个性化创意创作、自适应流通、通关协同和网络交易业务集成等关键技术,形成了新一代电子商务服务技术架构及解决方案。着力加强网络市场智能检测、电子票据、安全交易保障技术和系统研发,加强可信交易环境建设等领域。通过促进电子商务在跨境贸易、农村商贸、居民社区等重点方向的模式创新,进一步推进了移动电子商务、供应链协同电子商务、跨境电子商务、电子商务支付结算等新技术、新模式的开发和应用,构建起面向体验经济的示范平台。

数字技术驱动电子商务产业创新,正不断催生新业态新模式。大数据、云计算、人工智能、虚拟现实等数字技术为电子商务创造了丰富的应用场景,正在驱动新一轮电子商务产业创新。零售企业依托数字技术进行商业模式创新,对线上服务、线下体验及现代物流进行深度融合,推动零售业向智能化、多场景化方向发展,积极打造数字化零售新业态。生产制造企业依托工业互联网平台,进行在线化、柔性化和协同化改造,逐步形成以"寄售""自营""撮合"为代表的 B2B 电子商务交易模式,探索出供应链金融、服务佣金、大数据信息费等盈利模式,制造企业搭建的物联网平台也逐步释放电子商务交易能力。

"十三五"以来,我国相继完成《科技平台 资源核心元数据》《科技平台 服务核心元数据》等 7 个规范标准草案的起草,相关标准将有效指导国家科技资源共享服务平台科技资源目录汇交、管理和共享的相关工作。完成现有理化天地生等各领域的近 10 PB 数据资源面向业务云的协同服务,大大提升科研成果的利用率,完成向现代服务产业的商业成果转化,重塑现代服务业技术体系、产业形态和价值链。

在文化服务上,形成了文化产品及文化传播资源库,目前包括电影文化数据库 1 个、中国文化元素素材库 1 个、国家文化分类数据库 1 个。电影文化数据库信息涵盖了导演、编剧、主演、类型等电影元数据，以及剧情简介、票房统计、观众评分等电影影响力数据，包括1990年以来所有国产电影约2800部，其中观众长影评近10万条；中国文化元素素材库包括人物、山水、花鸟、宗教、建筑、漆器、皮影、脸谱等40余类；国家文化分类数据库则包含100多个国家和地区的民族、宗教、语言、教育等信息，为文化传播机制探索提供了必要数据基础。整合全国文化资源完成了民族民间文化资源汇聚平台，已收集整理资源总量24万件。

在科技服务上，成立了长三角智能制造与现代服务科技创新战略联盟，加强各主体之间的交流和深度合作，促进知识共享和供需对接，形成优势互补。建设了长三角科技资源服务平台、京津冀综合科技服务平台、成渝城市群综合科技服务平台、哈长城市群综合科技服务平台，提供研发服务、知识产权、技术转移、科技金融、链式孵化五大方面功能。已经汇聚了科学仪器30 000多台、研发机构1000多家、技术专家7万多人、国家级高新技术园区8家、技术成果23万多项，累计完成技术交易500多亿元，完成科技融资150多亿元，服务企业超过1万家。

在共性关键技术应用上，现代服务业的科技支撑作用不断增强。现代服务业领域共部署了238个项目，突破了电子商务、现代物流、文化科技等领域一大批共性关键技术，初步构建了现代服务业共性技术支撑体系和标准规范体系。抓住基础产业、制造业及服务业融合协调可持续发展的机遇，实施示范工程，解决产业发展中的服务模式创新、技术方案、标准规范制定、人才培养等关键问题，以局部突破带动全局发展。面向市场，着力培育了一批有影响力的现代服务业企业，充分整合并有效利用相关产业、领域的相关要素资源，创新服务模式，催生数字生活和数字医疗等领域新模式、新业态，带动并形成了一批服务业龙头企业。

在产业布局方面，建设现代服务业产业集群不断优化。结合经济、社会、文化发展的实际需要，突出区域特色，批准建设了北京、武汉、上海等7个示范城市，62个现代服务业产业化示范基地和34个文化与科技融合示范基地，形成了"一轴两带多中心"的现代服务业区域布局，即包括北京、上海、广州在内的东部临海中心轴，北部发展带、南部发展带，沈阳—大连—长春东北中心、郑州—武汉—长沙中部中心和重庆—成都—西安西部中心。

第十八章
农业农村科技助力乡村振兴

习近平总书记指出,要把发展农业科技放在更加突出的位置,给农业现代化插上科技的翅膀,要把乡村振兴战略作为新时代"三农"工作总抓手。党的十九大明确提出实施乡村振兴战略,并作为七大战略之一写入党章。

党的十八大以来,中央经济工作会议、中央农村工作会议对实施乡村振兴战略做出了全面部署,不断强调要落实高质量发展的要求,坚持农业农村优先发展,坚持质量兴农、绿色兴农,加快推进农业由增产导向转向提质导向,加快推进农业农村现代化,走中国特色社会主义乡村振兴道路,让农业成为有奔头的产业、让农民成为有吸引力的职业、让农村成为安居乐业的美丽家园。

第一节 农业农村科技成果

我国农业的技术创新成果主要体现在农作物种业科技创新、畜禽科技、食品加工与安全控制、农机装备和农业信息化技术创新及林业科技创新,这些创新对我国建设绿色、生态农业具有重大意义。

一、种业科技创新

粮安天下,种筑基石。"一粒种子可以改变一个世界,一个品种可以造福一个民族"。粮食安全事关国计民生和长治久安,种业是现代农业的核心和命脉。中华人民共和国成立以来,我国保存了49万份农作物种质资源,育成主要农作物品种2万余个,实现品种更新换代5~6次,良种覆盖率提高到96%,良种对我国粮食增产贡献率达到43%。党的十八大以来,在973计划、863计划、国家科技支撑计划、国家重点研发计划支持下,我国种业科技具备了从基础研究、技术创新、应用研究到成果推广的创新能力，建立了较完善的种质资源保护与利用体系。总体上，我国现代种业科技创新已位居世界前列，为保障我国粮食安全、支撑农业供给侧结构性改革和实施乡村振兴战略提供了强有力的科技支撑。

在农作物育种方面，基于基因组学的基因资源挖掘和新种质创制取得了重大进展，作物基因组学研究保持国际领先地位，解析了水稻核心种质资源的基因组遗传多样性，并恢复"籼""粳"亚种的正确命名，绘制了小麦A、D基因组的精细图谱（图18-1）。重大突破性农作物新品种培育，保障了国家粮食安全，提升了农作物育种的国际竞争力。杂交水稻国内推广15亿亩，累计增产1.4亿吨，在国外年种植面积达9900多万亩，杂交水稻在美国年推广面积已超过美国水稻种植面积的50%；"济麦22"累计推广2.7亿亩；"郑单958"累计推广近5亿亩。

在畜禽育种方面，良种率不断攀升。我国生猪、奶牛、家禽、羊等累计培育了173个优良新品种（配套系），完成无应激皮特兰猪新品系、高繁殖力大白猪新品系、抗腹泻种猪新品系、肉质优良种猪新品系、萧翔绿壳蛋鸡品系、苏禽绿壳蛋鸡新品种、

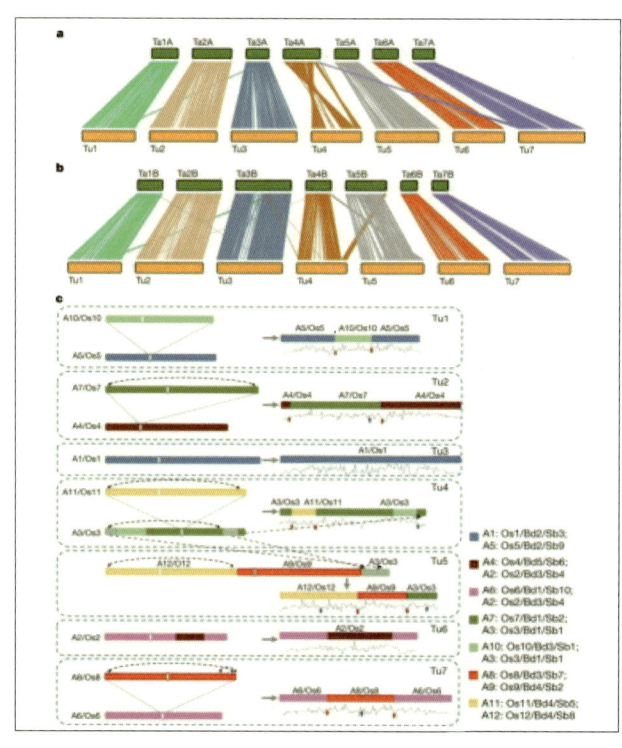

图18-1　小麦A基因组7条染色体从禾本科共同祖先基因组起源的演化模型

双肌肉羊新品系、安徽白山羊新品种选育。蛋鸡良种国产比例已达67%，黄羽肉鸡达到完全国产化。

在水产育种方面，扇贝、海带、鲍、对虾、蟹、刺参、紫菜、文蛤、珠母贝、大黄鱼、鲆鲽鱼等人工培育品种种类居于世界前列；完成了大黄鱼、半滑舌鳎、对虾、牡蛎、扇贝全基因组测序，建立了基于全基因组信息品种遗传改良技术，培育出39个国家水产新品种，占我国全部海水新品种数量的80%，有效支撑了水产养殖业发展。

二、绿色宜居村镇技术服务新农村建设

2011—2015年，绿色宜居村镇领域初步建立了村镇建设标准系统，在城镇空间布局、村镇区域规划、绿色住宅建造、建筑节能、防灾减灾、土地调查监测、环境快速检测、饮用水应急处理、人居环境改善、多功能建材等领域研发了大量经济、适用、急需的新材料、新设备与新产品，科研成果得到广泛应用；建立了一批村镇宜居社区与小康住宅、环境综合整治和饮用水安全保障科技示范工程，有力地推动了我国新农村建设。

面向村镇住宅建设的需求，集成自主研发关键技术和配套新型建筑材料，开展装配式交错桁架、混凝土板—柱—框架结构装配式住宅示范工程建设。采用压制生产，原材料可使用50%以上工业废弃物，施工方便简捷、节能耐久。新技术、新材料和新工艺利用达70%以上，工程动态造价降低15%，工厂化率提高60%，抗震性达到国家标准要求，房屋节能50%以上。一批灾害评估、规划设计、住宅建设等方面的技术成果在抗震救灾和灾后恢复重建中发挥了重要作用。建设了国家重大移民搬迁工程等一批小康住宅建设示范基地。

初步构建了我国村镇建设的技术创新体系，建设了一批技术创新平台，培养了一批高水平科技创新团队，壮大了基层技术人才队伍，整体提升了我国村镇建设科技支撑能力，推动了我国村镇建设和城乡统筹发展，为大力实施乡村振兴战略奠定了坚实的科技基础。

三、农业装备科技创新助力农业现代化

我国农业装备产业科技创新体系不断完善，研发能力和实力不断增强，与世界先进水平整体差距逐步缩小，有力地支撑了中国特色农业现代化发展。建设了土壤植物机器系统技术国家重点实验室、国家农业机械工程技术研究中心、农业装备产业技术创新战略联盟等国家级和省部级科技创新、产业服务等平台，培养了一支高水平科技创新队伍，

基本形成了市场导向、企业主体、产学研融合的产业技术创新体系，覆盖科研、制造、推广应用等链条，服务大中小微型企业。攻克了精细耕作、精量播种、高效施肥、精准施药、节水灌溉、低损收获、增值加工等关键核心技术，具备研发生产4000多种农机产品能力，主要农机产品年产量超过500万台（套），农机产品保有量超过8000多万台（套），总动力达到10亿千瓦，形成了与我国农业发展水平基本相适应的大中小机型和高中低档兼具的农机产品结构，满足90%的国内市场需求。

我国农业装备科技创新在关键核心技术及重大装备方面取得突出成效，构建了自主的农业智能化装备技术体系，推动农业装备信息化、智能化发展。动植物生长监测、智能感知与控制技术等应用基础及关键共性技术研究紧跟前沿，助推农业精细生产，水肥药利用率提高了15%以上，农产品生产过程损失降低10%以上；200马力级以上拖拉机、水稻精量穴直播机、60行大型播种施肥机、精量植保机械、10千克/秒喂入量智能稻麦联合收获机、六行智能采棉机、高含水率玉米籽粒收获机等重大装备实现自主化，与国际先进水平齐平，一批先进适用农业机械化技术及高性能装备应用推广和辐射扩散提升产业整体水平，基本解决了水稻、小麦、玉米、马铃薯、棉花、大豆、油菜、甘蔗等主要农作物高质高效机械化生产技术瓶颈及装备制约难题，增加农业生产效益30%以上，支撑全国农作物耕种收综合机械化率达到68%，有力地促进了农业机械化和农机装备转型升级高质量发展（图18-2）。

图18-2 国产400马力拖拉机

第十八章
农业农村科技助力乡村振兴

四、食品科技创新实现农产品高效转化

食品加工业涵盖食品原料控制与储运、加工与转化、物流与消费等环节，上牵亿万农户，是与"三农问题"密切关联的国民经济战略性基础产业；下联亿万国民，是与公众膳食营养和饮食安全息息相关的"国民健康产业"，是"利三农、惠民生、高科技、助健康"的"民生大产业"。2018年，全国规模以上食品企业40 793家，完成主营业务收入8.09万亿元，增速5.33%。我国食品科技研发实力不断增强，基础研究水平显著提高，高新技术研发与世界先进水平整体差距明显缩小，食品科技支撑产业发展能力明显增强。

系统构建了食品品质功能形成与调控新理论新方法，揭示了果实芳香品质调控新机制；初步攻克了中华传统食品风味与品质保真、标准化与工业化技术难题，开发了大宗油料适度加工与综合利用、果蔬及加工制品中真菌毒素快检与脱除等新型绿色加工技术；研发了日处理量万吨级的油脂精炼E型浸出器、600升容量大型超高压装备等核心加工装备，打破了发达国家技术封锁和装备垄断；研制了可交换式多温区果蔬贮运一体化装备，有效支撑了"一带一路"国际市场开拓；创建了我国主要食品及高频跨境食品质量多元快检与溯源技术体系及平台，不断满足消费者对进口食品优质化及安全化的需求，在食品加工制造、机械装备、质量安全、保鲜物流、营养健康等主要领域科研成果得到广泛应用，有效提升了农产品加工转化能力和附加值。

五、现代林业科技创新助力打造绿水青山

我国森林覆盖率由8.6%提高到22.96%，全国林业产业总值由不足30亿元提高到7.33万亿元，林业科技进步贡献率达到48%。美国宇航局卫星监测数据显示，近20年中国对世界绿地增长面积贡献了25%。现代林业科技创新是实现我国生态安全、促进绿色发展的关键。

突破了一批速生用材、珍贵用材树种规模化繁育与良种壮苗技术、丰产优质高效培育技术，使林木良种年均产量达2200吨，良种穗条15亿条（根），主要造林树种良种使用率达60.8%，单位面积生产力平均增加15%以上，有效提升了人工林资源供给能力，并在国家生态修复、国土绿化、国家储备林工程、退耕还林等林业重大工程中得到有效应用；突破了木材、竹材高效和高值化利用加工关键技术，资源利用效率提高20%以上，创新了人造板节能环保与绿色制造关键技术，显著提升了木制品的环保性能，创新了竹缠绕复合管道自动化制造技术，提升了再生资源的高效利用，总体技术处于国际领先水平，

促进了我国木材、竹材产业转型升级和绿色发展；突破了非木质资源高值化加工关键技术和产品创制，创新人工林活性成分高效提取及加工利用技术，实现活性成分提取率提高30%以上，实现杜仲、银杏、竹资源等全产业链技术创新，为重点区域乡村振兴、山区精准扶贫、农村增收和山区经济发展提供了技术支撑。

六、现代渔业科技创新有效保障"蓝色粮仓"

涉及渔业技术的专利申请数量保持稳步增长态势，年申请量突破500件，申请量居国际前列。水产品提供了国民动物蛋白需求的30%，2017年水产品人均占有量46.37千克，全国渔民人均纯收入18 452.78元，水产品进出口总量923.65万吨、进出口总额324.96亿美元，创历史新高。突破了藻、虾蟹、贝、鱼、参等人工养殖原理与技术，构建了30多个水产名特优种的规模化苗种繁育与健康养殖技术和生产体系，86个国家级海洋牧场示范区获批建设，建立了渔农综合种养、离岸深水养殖新模式，近海捕捞实现了零增长，远洋捕捞作业渔场遍及40个国家和大洋公海及南极海域，水产品加工实现了规模化生产，建立了"基础研究—种质种苗—养殖模式—资源管理—精深加工"的全链条渔业发展模式，为保障粮食安全和改善膳食结构做出了巨大贡献。

七、畜禽疾病防控科技保障畜牧业安全生产

畜禽养殖产业是关系国计民生的农业支柱产业，党的十八大以来，畜禽养殖领域主要以"安全、环保、高效"为目标，瞄准重大动物疫病防控与高效安全养殖，聚焦疫病、环境、装备等多个领域，取得了一批重要成就，攻克了一系列重大动物疫病、人畜共患病防控等关键技术难题。总体上，我国畜禽重大疫病和人畜共患病防控研究水平已居于世界前列，已成为引领我国畜禽疫病防控与高效安全养殖领域及兽医公共卫生的主要科技支撑力量。

在重大动物疫病防控方面，我国已经完全消灭了牛瘟、牛肺疫、马传染性贫血病和猪水疱病，成功研制的马传染性贫血活疫苗已成功应用于世界多个国家，免疫效果显著。一些主要动物传染病，如猪肺疫、牛气肿疽、马鼻疽、猪丹毒等传染病均已得到基本控制。

在重要人畜共患病方面，对H7N9禽流感流行病学和致病机制的研究，保障了国家家禽产业发展和人民健康，也对亚洲乃至世界公共卫生做出了突出贡献。重大突发动物源性人畜共患病跨种感染和传播机制研究取得了一系列原创性成果，冠状病毒重要蛋白结构和功能解析引领国际前沿，寨卡病毒、狂犬病病毒和乙型脑炎病毒等神经嗜性人畜

第十八章
农业农村科技助力乡村振兴

共患病研究取得突破性进展，为相关疫病的防控治疗提供新的药物靶点。

在兽医公共卫生方面，我国在多黏菌素耐药肠杆菌和碳青霉烯类耐药肠杆菌耐药机制的研究上处于世界领先地位，率先发现了新的可转移黏菌素耐药基因，解析了其在动物、人和环境中的流行规律，引领了全球黏菌素耐药性研究的潮流，在丰富耐药性形成理论的同时也为全球耐药性的防控与我国畜禽养殖业抗菌药物的减量化行动提供了科学的依据和理论支持。

在重大动物疫病、人畜共患病疫苗和综合防控技术研究方面，口蹄疫疫苗研究取得重大技术突破，实现了国际首例反向遗传构建的制苗种毒产业化生产，应用全国并出口，是我国口蹄疫防控的主导产品，社会效益显著。种禽场禽白血病净化研究取得突破性进展，成为我国第一个不用疫苗仅通过种源净化和生物安全实现有效防控重大动物疫病的成功示范，不仅对全国禽白血病净化具有极其重要的引领作用，对其他动物疫病的防控也有显著的启示作用。

八、粮食丰产科技创新助力粮食增产

国家"粮食丰产科技工程"以保障国家粮食安全和增产增收为根本，认真贯彻"藏粮于地，藏粮于技"的粮食安全科技战略，立足东北、华北、长江中下游三大平原，围绕水稻、小麦、玉米三大粮食作物丰产增效目标，以攻关田、核心区、示范区、辐射区"一田三区"建设为依托，突出粮食丰产技术创新、技术集成和示范应用，以技术创新带动粮食产业科技全面升级。

"十三五"期间，根据国家科技体制改革总要求和我国粮食科技发展的现实需求，上升为"粮食丰产增效科技创新"国家重点研发专项。在13个省累计建设落实"一田三区"项目区27.80亿亩，增产粮食1.37亿吨，每亩平均增产49.47千克，增幅9.68%，增加效益2783亿元。与全国同期粮食生产相比，亩增产量是全国平均亩增产量的2.29倍，有效促进了我国粮食综合生产能力的提高，实现了粮食总产量达6.2亿吨的历史性跨越。

创建了小麦、玉米、水稻丰产增效"三协同"调控理论模型，研制了粮食生产光热肥水资源高效利用、耕地地力培育、节水节肥节药、机械化轻简化栽培、灾害绿色防控等关键技术，建立了小麦玉米周年丰产栽培技术体系、水稻精确定量栽培技术体系，三大作物攻关田创造了双季稻1335.2千克/亩（江西鄱阳）、稻—麦1547.3千克/亩（江苏连云港）、麦—玉1680.3千克/亩（山东枣庄）、春玉米1264.90千克/亩（辽宁建平）

的超高产纪录。组装集成了具有区域特色的粮食作物绿色可持续发展技术模式 410 套，筛选三大作物新品种 420 个，研制新产品、新材料、新装置、新工艺 567 个（套）。

积极探索粮食丰产技术研发与示范转新机制，创新"项目 + 基地 + 企业"转化推广模式，形成了以行政主导、市场主导和行政、市场相结合等多种粮食丰产技术扩散机制。项目区培育农业新型主体 857 个，肥料生产效率提高 16.0%，灌水生产效率提高 21.1%，粮食增产科技贡献率达 61.7%，高于全国平均水平 7.3 个百分点，为实现粮食增产、保障国家粮食安全提供了强有力的技术支撑。

第二节 农业高新技术产业

党中央、国务院高度重视农业科技园区工作，先后 9 次将其写入中央 1 号文件。国家农业高新技术产业示范区（简称"示范区"）与农业科技园区的建设和推进，在探索农业创新驱动发展路径，深入推进农业供给侧结构性改革，促进农业增效、农民增收、农村增绿等方面做出了积极贡献。

一、农业高新技术产业示范区

为加快推进示范区建设发展，提高农业综合效益和竞争力，大力推进农业农村现代化，国务院办公厅印发《关于推进农业高新技术产业示范区建设发展的指导意见》，首次以农业高新技术产业为主题，从国家层面上部署国家农业高新技术产业示范区建设。

1997 年和 2015 年，国务院分别批准建设杨凌、黄河三角洲农业高新技术产业示范区（图 18-3）。在抢占现代农业科技制高点、引领带动现代农业发展、培育新型农业创新主体等方面发挥了重要作用：培育创新主体，培育一批研发投入大、技术水平高、综合效益好的农业创新型企业。做强主导产业，加大高新技术研发和推广应用力度，着力提升主导产业技术创新水平。集聚科教资源，引导高等学校、科研院所的科技资源和人才向示范区集聚。培训职业农民，提升农民职业技能，优化农业从业者结构。促进融合共享，推进一二三产业融合发展，推动城乡融合发展。推动绿色发展，发展循环生态农业，推进农业资源高效利用。强化信息服务，促进信息技术与农业农村全面深度融合，发展智慧农业。加强国际合作，结合"一带一路"倡议和农业"走出去"，统筹利用国际国内两个市场、两种资源。

第十八章
农业农村科技助力乡村振兴

图 18-3　杨凌农业高新技术产业示范区

二、农业科技园区蓬勃发展

已建设国家农业科技园区共 279 家，带动建设省级农业高新技术产业开发区 26 家、省级农业科技园 1219 家。为进一步规范园区管理，明确新阶段工作方向，2018 年科技部等部门印发了《国家农业科技园区发展规划（2018—2025 年）》和《国家农业科技园区管理办法》。通过集聚创新资源，培育农业农村发展新动能，着力拓展农村创新创业、成果展示示范、成果转化推广和职业农民培训四大功能，加强农业先进技术组装集成，促进传统农业的改造与升级。

通过建设科技特派员创业基地、星创天地等创新创业平台，围绕主导产业，通过"龙头企业＋示范基地＋家庭农场"等模式，培育农业科技企业、专业合作社、家庭农场等新型农业经营主体，为科技特派员、返乡农民工、大学生、乡土人才创新创业营造了良好环境。2017 年，全国园区引进培育企业数量达到 26 370 家。其中，高新技术企业数量为 1825 家，占企业数量的比例为 6.92%；涉农高新技术企业的数量达到 1181 家，占高新技术企业的比例为 64.71%；上市公司的数量为 254 个，占入驻企业数量的比例为 1% 左右。内蒙古赤峰科技园培育出蔬菜专业合作组织 187 个，蔬菜经纪人 600 余人，建成蔬菜产地批发市场 31 处，年交易额达 13 亿元，使示范区和辐射区 30 多万农户受益。

发挥农业科技成果示范基地的作用，建立核心区试验、示范区转化、辐射区推广的技术扩散和联动机制，有力推动结构调整和产业升级。截至 2017 年，全国园区申请的专利授权数量达到 120 803 件，发明专利数量达 5134 件，占比约为 4.25%。园区引进项目总数共 4438 个，开发项目数量达到 3971 个，引进的新技术、新品种和新设施的数量分别为 4216 个、9337 个和 2488 个，推广的新技术、新品种和新设施的数量分别为 5109 个、8768 个和 3612 个。

充分发挥培训示范作用，以技术培训提高农民致富能力，带动农民就业，以稳定就业促进农民增收。2017 年全国园区农民人均可支配收入均值为 19 354.89 元，相比 2017 年所在地级市农民人均可支配收入全国均值 15 697.07 元，超出 23.30%。2017 年全国园区培训农民 515 万人，带动当地农民 1318 万人就业；全员劳动生产率 10.77 万元/人，各项创新指标明显优于全国平均水平。北京延庆国家农业科技园区结合园区核心企业的产业发展和国家扶贫政策，积极开展技术培训与推广，已在 24 个国家级和省级贫困县进行了技术体系的推广应用，共推广蛋鸡饲养规模约 5000 万只，可解决约 24 万人的脱贫工作。

注重产学研合作，充分发挥技术集成和要素集聚的作用，引入高校、科研院所、企业、社会组织等，吸引返乡农民、金融投资、创新要素等向农业农村逆向流动。截至 2017 年，已有 194 家园区建立了自己的测试检测中心，各园区共有测试检测中心 763 个，各园区共有院士专家工作站 410 个，科技企业孵化器 630 多个；97 家园区设立技术交易机构，各园区共有技术交易机构 231 个；144 家园区建设了众创空间 467 个，88 家园区构建了星创天地 474 个；科技特派员数量达到 23 071 人。

第三节　农业科技服务体系

深入推广科技特派员制度，加强星创天地管理服务，健全农业科技服务体系，深入开展科技创业和服务。农业科技服务体系进一步完善，为促进农业发展做出了重要的贡献。

一、深入推行科技特派员制度

科技特派员工作自 2012 年起先后 6 次被写入中央 1 号文件。2016 年国务院办公厅印发《关于深入推行科技特派员制度的若干意见》，在国家层面对科技特派员工作做出制度安排。2017 年科技部在福建南平市召开现场会，研究部署深入推进工作，科技特派员制度实施进入新阶段。

科技特派员制度坚持以服务"三农"为出发点和落脚点、以科技人才为主体、以科技成果为纽带，坚持"高位嫁接、重心下移"，推动各类要素综合集成，着力解决农民生产经营中的现实科技难题，着力提升农民运用适用技能脱贫增收的能力，积极动员科研人员和各方面力量投身农业农村主战场,探索了一条人才强、科技强促进农业强、助力脱贫攻坚和农民增收的农业科技社会化服务新路径。

目前,全国已有84万多名科技特派员活跃在农业农村生产一线,领办创办1.15万家企业或合作社,平均每年转化示范2.62万项先进适用技术,直接服务6500万农民,在特色种养、农产品精深加工、乡村文旅等方面培育了一大批兴农富民的乡村产业,涌现出一大批"把论文写在大地上"的优秀典型。科技特派员覆盖"三区三州"各深度贫困县,与全国80%的建档立卡贫困村建立结对关系,成为科技助力脱贫攻坚的生力军。科技特派员制度日益引起国际组织关注,联合国开发计划署支持科技部向发展中国家和国际社会传播这一做法。

科技特派员成为党的"三农"政策重要的宣传队、现代农业科学技术的传播者、科技创新创业的领头羊、乡村脱贫致富的带头人,改善了农业农村一线人才和科技短缺的局面,加快了科技成果向现实生产力的转移转化,促进提高了乡村治理能力,带给了广大农民更多的科技获得感和创新福祉。

二、加强星创天地管理服务

落实《中共科学技术部党组关于创新驱动乡村振兴发展的意见》等文件,加大对星创天地的建设管理和服务力度,加快推进农村创新创业。强化星创天地规范管理,在开展星创天地创新能力监测评价基础上,研究起草《发展"星创天地"工作指引》,出版《星创天地政策汇编》及《国家级星创天地案例》。开展第三批国家级星创天地备案审核工作,经地方推荐、形式审查、备案审核、公示公告等程序确定618家星创天地通过备案,集聚创业导师7136名,培训农村创业人才130万人次,孵化企业5224家。加强星创天地宣传推广,在《中国农村科技》杂志开设星创天地专栏进行持续宣传。组织举办"2018年中部地区国家级星创天地现场交流会""第二届全国星创天地建设培训班",开展"星创智汇营""星创故事汇"主题活动,召开全国星创天地工作推进会,加强星创天地培训交流。

三、高等学校新农村发展研究院

2017年,按照国家科技创新和农业农村工作的总体部署,39家新农村发展研究院以加强农业科技服务基地建设和提升现代农业技术培训品质为核心,推进农业科技与地方产业发展的有效结合，将农业科技推广与新型农民的技术培训、农村信息化建设有机统一。各新农村发展研究院结合现有的特色和优势，在工作中强化与农业科技园区的合作，推进科技成果与市场的对接，形成技术成果持续再生、开放流动和有效转化的技术转移新机制。

各新农村发展研究院围绕农科教结合，开创了科技小院、教授工作站、教授服务团、综合实验站、农民田间学校、成果转化示范基地等高效农业科技服务模式。2017年，39家新农村发展研究院累计建成225个综合示范基地、628个特色产业基地、1815个分布式服务站，共有专职推广教师811人，累计培训农民67万人次。各新农村发展研究院围绕创新驱动乡村振兴发展，深入开展政策研究和理论创新，为各级政府部门提供规划、政策建议等战略性报告共计551份。

第四节　县域科技创新能力

支持县域开展以科技创新为核心的全面创新，推动"大众创业、万众创新"，加快实现创新驱动发展，是打造发展新引擎、培育发展新动能的重要举措，对于推动县域经济社会协调发展、确保如期实现全面建成小康社会奋斗目标具有重要意义。

2017年，国务院办公厅发布《关于县域创新驱动发展的若干意见》，在国家层面进行了顶层设计。2018年，科技部深入推动《关于县域创新驱动发展的若干意见》落实，出台了《创新型县（市）建设工作指引》，遴选产生了首批52个创新型县（市）建设名单，涵盖全国28个省（区、市）和新疆生产建设兵团，在全国打造一批各具特色的县域创新驱动发展的示范引领高地和乡村振兴的科技样板（图18-4）。2018年12月，在湖南长沙召开了全国县域创新驱动发展现场会，进一步推动县域创新驱动发展工作落实。

建立县（市）创新能力监测信息采集平台，在对全国东中西17个省（区、市）32个县市开展抽样调查研究及试点填报工作基础上，科学设计县域创新能力监测指标体系。印发《科技部关于请提供县（市）创新能力监测数据的函》，首次对全国1879个县（市）2017年度的县（市）创新能力开展监测工作。共计1870个县（市）通过平台填报数据，填报率达到99.5%。针对县（市）创新能力监测数据开展第三方评价，独立编制2017年度全国县（市）创新能力评价报告，为提升县域科技创新能力，加强分类指导，整合创新资源，构建多层次、多元化县域创新格局提供科学决策支撑。

第十八章　农业农村科技助力乡村振兴

图 18-4　首批 52 个创新型县（市）

第五节　科技助力脱贫攻坚

党中央高瞻远瞩、深谋远虑，将脱贫攻坚摆在治国理政的突出位置，以前所未有的力度推进精准扶贫方略。科技扶贫是国家扶贫开发的重要内容，助力我国全面消灭贫困、顺利进入小康社会。

一、科技扶贫举措

2016 年，科技部、教育部、中国科学院、中国工程院、国家自然科学基金委员会、国防科工局、国务院扶贫办共同实施"科技扶贫行动"。2017 年，科技部启动科技扶贫"百千万"工程。2018 年，科技部印发《关于印发深入推进科技扶贫助力打赢脱贫攻坚战三年行动实施方案的通知》，在"三区三州"大力实施"三区"人才支持计划科技人员专项计划。

坚持把满足人民对美好生活的向往作为科技创新的落脚点，把惠民、利民、富民、改善民生作为科技创新的重要方向，采取超常规举措，充分发挥部门职能和行业优势，统筹行业、片区、定点扶贫，动员全国科技工作者参与扶贫开发，将创新驱动与脱贫攻坚紧密结合，扎实推进科技扶贫精准脱贫。坚持"纵向到底"，建立部、省、市、县四级科技管理部门抓扶贫的联动机制。坚持"横向到边"，联合科字口部门、国务院扶贫办，调动全社会科技力量投身服务于脱贫攻坚，形成全国一盘棋的科技扶贫大格局。

深入推行科技特派员制度，进一步激发广大科技特派员创新创业热情。科技特派员已覆盖全国所有县（市、区），其中广西、重庆、陕西、甘肃 4 个省（区、市）2017 年年底实现了万名科技特派员对 18 998 个贫困村全覆盖，2018 年全国覆盖近 5 万个贫困村。84.6 万名科技特派员长期活跃在农业农村一线，与农民建立利益共同体 3 万个，创办企业 1.15 万家，带动农民增收超过 1010 万户。自 2014 年科技部等 5 部门共同启动"边远贫困地区、边疆民族地区和革命老区（简称'三区'）人才支持计划科技人员专项计划"以来，中央财政累计投入经费 18 亿元，向中西部 1118 个"三区"贫困县选派科技人才 84 468 名，为贫困地区精准输送科技服务和创业带动紧缺人才（图 18-5）。

图 18-5　北京科技特派员在线网站

推广先进技术成果。科技扶贫围绕贫困地区产业发展中的关键性技术瓶颈，加大适宜新品种和先进适用技术在贫困地区的示范和推广应用，为贫困地区培育壮大扶贫特色、支柱产业。积极参与党员干部现代远程教育工作，发挥科技部门优势，通过制作视频培训课件，介绍先进适用技术成果，宣传创新创业扶贫典型，大规模培训农村党员干部和农民群众，使越来越多的农民成为懂技术的内行人、会经营的明白人，在科技扶贫精准脱贫中充分发挥主体作用。截至 2018 年，已制作播出 949 期 3340 部党员干部现代远程

第十八章
农业农村科技助力乡村振兴

教育培训课件,《星火科技30分》节目免费在300多家县级电视台播出。为持续不断地把国家科技计划产生的最新、最先进适用的技术成果收集、整理、凝练出来,满足农村生产一线和扶贫开发对技术的迫切需求,科技部将863计划、国家科技支撑计划、农业科技成果转化资金项目等国家科技计划项目取得的农村先进适用科技成果编辑成册,及时送到田间地头、送到科技扶贫一线。

实施科技扶贫项目。科技部统筹安排星火计划、火炬计划、农业科技成果转化资金、中央引导地方科技发展专项、国家重点研发计划等科技项目为贫困地区经济社会发展提供新动能。2016—2018年,中央引导地方科技发展专项共支持科技扶贫项目538个,投入资金5.16亿元;带动贫困地区自筹25.58亿元。甘肃省"秦巴山片区(甘肃)精准扶贫富民产业培育"项目建立中药材、苹果、苦荞等示范园8个,占地共计3200亩,培育了一批小微企业和龙头企业,其中3户年销售过500万元、2户年销售收入过2000万元;带动周边1750户农户增收,其中贫困农户增收5000元以上。2018年在国家重点研发计划"主要经济作物"和"蓝色粮仓"重点专项中,探索设立2个定向项目,每个项目1500万元,推动贫困地区扶贫产业发展。

建设创新创业平台载体。指导支持贫困地区建设一批专业化、特色化的星创天地、科技特派员服务站,支持有条件的贫困县建设农业科技园区,引进和孵化一大批科技型企业,推进新型农业社会化科技服务体系建设,充分发挥各类平台载体在扶贫开发中的技术集成、要素聚集、应用示范和辐射带动作用,培育创业创新主体。已在贫困县建设各类平台载体746个,其中国家农业科技园区53个、国家级星创天地219家、国家可持续发展实验区16个,为贫困地区创业创新搭建了坚实的载体和平台。

开展科学普及和技术培训。坚持不仅"富口袋",更"富脑袋",引导贫困群众树立主体意识、科学意识,掌握科学技术,提升内生动力。通过开展科技列车行、流动科技馆进基层、全国科技活动周等多种形式的进乡入村科普活动,提高贫困地区农民科学文化素质。

加强东西部扶贫协作,引导和鼓励东部发达地区国家高新区、国家农业科技园区等创业创新平台开展科技精准帮扶结对,推动中西部贫困地区对接利用外部资源,拓宽贫困群众就业增收渠道。截至2018年,组织高校、科研院所、园区与贫困地区建立科技精准帮扶结对2252对,帮扶主体投入资金5.75亿元,共建科技示范基地3659个,示范推广新成果9092个,培训656 279人次,增加就业岗位9.2万个,带动8165个贫困村的109 160户贫困户54.5万人增收19.9亿元。

二、"百千万"工程

科技扶贫"百千万"工程是科技部2017年启动、贯穿"十三五"时期的重要科技扶贫举措,即每年在贫困地区建立"一百个"科技园区、星创天地等平台载体,每年动员组织高校、科研院所、园区、企业等与贫困地区建立"一千个"科技扶贫帮扶结对,到2020年实现贫困村科技特派员全覆盖。

2018年有10个贫困县列入首批创新型县(市)建设名单,在贫困地区支持建设国家级农业科技园区11个,国家级星创天地164家,其中在深度贫困地区建设农业科技园区2个,星创天地22家。

推动科研院所、高校、龙头企业等与贫困地区新建帮扶结对1240对,帮扶主体投入25.74万人,资金3.35亿元,建设示范基地1987个,示范推广新成果4181个,培训人员36.1万人次;新增就业岗位53 635个,带动农民数量32.07万人,增收12.04亿元,带动贫困村1248个,贫困户67 481户,为贫困县增加产值36.32亿元,税收1.61亿元。

2018年科技特派员覆盖贫困村数达到48 259个,其中深度贫困村16 157个。服务贫困村专合组织65 326个,创办合作组织19 251个,在贫困村建立科技示范基地19 251个,引进新品种新技术64 010个,开展科技培训18.2万场,培训农民682.9万人次,培育科技示范户、致富带头人26.3万人,帮扶建档立卡贫困户79.7万户,帮助贫困户脱贫41.6万户,帮助贫困村集体经济增收38.3亿元。

专栏18-1

科技部定点扶贫

井冈山市,地处湘东—赣西边界,现有人口16.8万人,国土面积1297.5平方千米,其中林地168万亩,耕地仅15.26万亩,被誉为"中国革命的摇篮"。2017年2月26日,井冈山市在全国率先宣布脱贫,走出了一条科技引领脱贫的新路子,推动了由"输血式"扶贫向"造血式"扶贫的转变。

永新县地处江西西部,全县面积2195平方千米,总人口53万人,是全国著名的革命老区、将军大县,也是国定贫困县、罗霄山脉集中连片特困县。国家科委把永新县作为科技扶贫重点地区进行扶持,涉及蚕桑、林业、果业、大棚蔬菜等支柱产业和教育、医疗等民生事业。2018年7月,永新县实现脱贫摘帽。

第十八章
农业农村科技助力乡村振兴

陕西省佳县地处陕西东北部、黄河中游西岸，县域面积2144平方千米。在科技部帮扶以来，实施了星火计划、科技富民强县、科技惠民计划项目近40个，项目资金7676万元，在发展红枣、小杂粮、羊子、山地苹果等特色产业方面起了积极推动作用，并且"龙头企业＋合作社＋基地＋农户＋市场"的农业产业化经营模式得到快速发展，切实推动了全县农业产业的长足发展。

柞水县地处陕西南部、商洛西部，总面积2332平方千米，总人口16.5万人，辖9个镇办81个村居，是一个"九山半水半分田"的国家扶贫开发重点县。柞水县培育县级以上创新企业17家、重点实验室7家、省级产品研发中心1个，启动国家农业科技园区和科技资源统筹中心建设，拉动投资2.4亿元。

屏山县地处四川省大小凉山余脉，总人口32万人，辖区面积1504平方千米，辖15个乡镇（2个彝族乡）。在科技部和国家外专局定点帮扶下，先后培训屏山各级干部700余人次、各类专业人才1000余人次。投入近千万元支持屏山产业发展，促进了屏山茶叶、水果和纺织扶贫特色产业发展。

赣县区地处江西省南部、赣州市中部，总面积2993.09平方千米。赣县区找准科技扶贫切入点，探索出了"产业＋科技＋贫困户""科技＋合作社＋农户""科技特派员＋企业＋农户"的科技精准扶贫工作模式，有力促进了蔬菜、甜叶菊、脐橙、油茶等产业发展，取得了良好成效。

英山县地处湖北省黄冈市，坚持不懈地依靠科技创新，发展经济，提升能力，为实现脱贫致富夯实了产业基础，积蓄了发展能量，已跻身于全国六大茶叶基地示范县。

光山县地处河南省信阳市大别山区北麓，是一个典型的浅山丘陵地区。在科技部定点帮扶下，挖山种茶，请专家、学技术、引品种、精加工，依靠地方优势，引导群众发展特色种植业，助力百姓脱贫致富。

魏县地处河北省邯郸市，被确定为科技部定点帮扶县，采取"龙头企业＋农户""专业合作社＋农户"等形式发展股份制经济，带动农民脱贫。

三、片区扶贫

片区扶贫是科技扶贫支持贫困地区区域发展的重要举措。科技挺进大别山，将科技扶贫扩展到井冈山区和陕北老区，分别服务一个革命摇篮和一个革命圣地；与各民主党派中央和全国工商联共同设立贵州黔西南"星火计划、科技扶贫"试验区；设立四川巴中市"星火计划、科技扶贫"试验区；牵头联系秦巴山片区区域发展与扶贫攻坚。

秦巴山片区区域发展与扶贫攻坚。秦巴山片区覆盖河南、湖北、重庆、四川、陕西、甘肃6个省（市）80个县（市、区），集革命老区、大型水库库区和汶川地震灾区于一体，是国家扶贫开发攻坚战主战场中国土面积最大、涉及省份最多、贫困问题最复杂的片区。科技部、国家铁路局、中国铁路总公司共同联系秦巴山片区区域发展与扶贫攻坚，积极承担起沟通、协调、指导、推动作用，深入开展调查研究，协调落实片区内重大基础设施建设项目，大力支持片区特色支柱产业发展，引导创新资源流入和创新平台建设，培养科技特派员创业扶贫骨干，探索建设"科技扶贫示范区"。

四川巴中市"星火计划、科技扶贫试验区"。在科技部支持与指导下，按照"党政推动、科技带动、市场驱动"原则，坚持机制创新、产业创新和体系创新，培育了食用菌、中药材、畜禽等特色优势产业，探索了全国宣传推广的"一主双股"科技特派员创业新模式，搭建了星创天地、科技扶贫直通车等科技服务平台，培训了"巴山秀才"等新型职业农民，推广了新品种、新技术80余项，实现产值28.3亿元，带动了12.6万户农民依靠科技实现精准脱贫。

贵州黔西南"星火计划、科技扶贫"试验区。黔西南"星火计划、科技扶贫"试验区是国家科委与8个民主党派中央共同设立的，在统一战线联席会议成员单位的倾力帮扶下，坚守生态和发展两条底线，以实施科技扶贫为载体，经济社会发展稳步推进。截至2017年，试验区地区生产总值完成1067.6亿元，城镇、农村居民人均可支配收入分别为27 758元、8596元，减少贫困人口10.52万人。

贵州毕节。国务院批准建立毕节"开发扶贫、生态建设"试验区，科技部与各民主党派中央、全国工商联、毕节试验区专家顾问组通力合作，紧盯"精准扶贫""访民情、惠民生聚民心"等目标，围绕主导产业着力技术攻关，为毕节打赢精准扶贫攻坚战奠定了坚实基础。毕节共实施国家科技项目35个，累计投入项目经费4117万元；在竹荪、天麻、核桃、马铃薯、可乐猪、乌骨鸡等主要农畜产品研究方面取得了丰硕成果，选育的品种22个获得省级审定，获得国家地理标志产品认定15个；建成国家农业科技园区1个、国家级高新技术产业化基地1个。农民人均纯收入从"十二五"前的3354元增加到7668元；科技扶贫带动1.5万人脱贫致富。

第十九章
科技支撑民生改善与社会发展

习近平总书记指出，需要依靠更多更好的科技创新实现经济社会协调发展，建设天蓝、地绿、水清的美丽中国，要聚焦重大民生问题，大幅增加公共科技供给，让人民享有更宜居的生活环境、更好的医疗卫生服务、更放心的食品药品。

党的十八大以来，党中央、国务院对科技创新支撑民生改善和社会发展做出系列部署，资源环境领域科技创新能力不断增强，生物医药科技改进民生福祉成效显著，科技创新有力支持生态文明建设和公共服务体系建设。

第一节 资源开发与环境保护

我国环境保护、海洋探测、资源开发等领域科技创新能力水平不断提升，重大科技成果不断涌现，大气、水、土壤污染防治等方面成效显著，为打赢污染防治攻坚战和海洋强国建设等提供了科技支撑。

一、资源开发

资源勘探与开发。完成华北、华南、青藏高原关键地区与重点矿集区野外地质调查和深部探测，总结形成区域岩浆和矿产的时空分布规律。研究了弓长岭铁矿的富矿形成时代及形成机制，建立了大庙斜长岩杂岩体的岩浆演化序列，并对大庙式岩浆型铁矿的类型及生成矿期进行了划分，编制了冀东地区变质相图，基本建成了大庙式岩浆型铁矿科学基地。对南秦岭柞-山矿集区冷水沟铜钼金矿、池沟铜钼矿，小秦岭矿集区西沟钼矿，北秦岭南台钼矿，宁陕地区新铺钼矿进行了综合研究，基本查明了这些铜钼矿床的地质背景、成矿岩体特征、成矿类型、成矿时代，总结了成矿规律，探讨了成矿模式及找矿模型,总结了适于南秦岭柞-山矿集区的找矿技术方法,建立了栾川矿集区500平方千米的三维地层建模、岩体模型、南泥湖矿区三维地质模型,结合各重点工作区实际,采用不同方法,开展了找矿预测工作。

在穿透性地球化学立体勘查方面取得重大进展。初步揭示大深度元素垂向迁移机制,并经胶东焦家式金矿3200米钻探验证。

在航空地球物理探测技术方面,完成航空重力梯度仪首次地面车载和飞行测试。飞行试验验证了旋转加速度计式重力梯度仪能够适应航空动态测量环境,获得国内首批航空重力梯度测量原始数据。

在资源开发利用方面,发展了一系列高效开发理论,形成了资源开发、评价的技术体系;在深部矿山开发方面,提出深部金属矿集约化连续采矿理论与技术,构建大矿段多采区协同开采理论模型,开发了大矿段多采区协同机械化智能采矿方法,研发出180立方米/小时大流量膏体两级卧式搅拌机。我国自主开发完成的载流X荧光品位分析仪、矿浆粒度分析仪等产品已完成工业示范,并开始在国内外选矿企业推广应用。海洋油气及水合物开发方面,在南海神狐海域实现天然气水合物成功试采,连续试采60天。我国自主设计、自行集成建造的第六代深水3000米半潜式钻井平台在南海投入实际应用;300英尺自升式钻井平台实现产业化(图19-1)。提出了定量评价气候变化与人类活动对流域地表径流与耗水影响的新方法,创建了多尺度、多层分布式农田耗水观测系统,创建了考虑生态的干旱内陆河流域水资源科学配置理论与调控方法。

图19-1 南海神狐海域试采平台

第十九章
科技支撑民生改善与社会发展

土地资源监测。我国在土地资源调查监测与利用领域，获得了大量基础性数据和资料，初步建立了土地资源调查、监测与利用的技术体系，制定了多项土地资源调查、监测与利用的相关标准，探索并形成了一套较为成熟的数据更新与信息化建设机制。

在村镇土地高精度快速调查监测技术开发与示范方面，突破了 GPS/北斗/GLONASS 多星座融合技术，完成了无人机与巡查车高度集成的总体设计方案；突破了无人机遥感影像全自动快速成图技术。

在农林生态环境方面，揭示了产量效率协同提高的生理与分子机制，探索集成了缩差增效栽培调控技术途径。在面源污染方面，量化了化肥在春玉米种植模式下的分配比例，揭示了小麦玉米农田氮素平衡与淋失通量，建立了根层—深层包气带氮磷淋溶区域模型。

节能减排与循环经济。提出了长江流域地区热环境营造整体解决方案。提出了既有建筑节能改造能效提升诊断决策全过程解决方案，节能效率提升15%。攻克了夏热冬冷地区节能结构一体化围护体系技术难点。

我国研发的烧结保温砌块成套应用技术和烧结保温砌块超薄灰缝的施工技术，达到了国际先进水平。固体废弃物本地化再生建材利用成套技术，变"生态包袱"为"绿色财富"。梁—钢拱组合结构体系在特殊的服役环境中取得突破，九堡大桥是我国第一座全桥采用组合结构的越江桥梁。青奥板块绿色建筑示范工程为我国夏热冬冷地区区域尺度的建筑能源供应与建筑节能适宜技术应用的综合设计提供参考。

二、环境保护

大气污染监测与防治。在国家重点研发计划"大气污染成因与控制技术研究"重点专项的支持下，我国大气污染监测实现了固定源在线监测技术超高灵敏和超快响应等监测需求；采用多源异构数据的采集、传输和质控技术方法，建立和完善了数据观测质量保证和质量控制方法体系。

燃煤电站和工业锅炉超低排放技术，对我国雾霾治理工作的持续有效推进起到了关键作用，为我国空气质量管理决策能力的提升提供科技支撑。针对区域污染防治和重点产业园区全过程控制的技术难题，统筹基础研究—监测预警—技术示范，完成污染防治先进技术评估与示范和重点地区联防联控技术集成与示范，为青岛上合峰会和上海进博会等重大活动提供空气质量保障工作。在重点区域联防联控方面，初步建立了由区域到精确点位的污染监测技术体系，开展了北京及周边地区大气复合污染动态调控与多目标优化决策技术研究。

土壤污染防治。结合《土壤污染防治行动计划》的目标和任务，国家重点研发计划启动"场地土壤污染成因与治理技术"重点专项。该专项围绕我国场地土壤污染防治的重大科技需求，重点支持场地土壤污染形成机制、监测预警、风险管控、治理修复、安全利用等技术、材料和装备创新研发与典型示范，形成土壤污染防控与修复系统解决技术方案与产业化模式，在典型区域开展规模化示范应用，实现环境、经济、社会等综合效益。

固体废弃物资源化利用。面向国家生态文明建设与保障资源安全供给的国家重大战略需求，在国家重点研发计划中启动"固废资源化"重点专项，围绕源头减量—智能分类—高效转化—清洁利用—精深加工—精准管控全技术链部署重点研究任务，着力解决协同控制、分质转化两大科学问题，突破六大环节关键技术，形成四大类重点区域固废系统解决方案，建立10项综合性集成示范基地。

生态系统修复与保护。在国家重点研发计划"典型脆弱生态修复与保护研究"重点专项的支持下，针对半干旱区受损生态系统恢复重建及资源持续利用的主要问题，开展典型草原、沙地、荒漠草原和黄土丘陵区退化植被的恢复技术集成与试验示范，研发、集成和试验示范了典型草原退化植被恢复重建技术、沙地生态系统持续恢复关键技术等27套生态修复技术，形成9套生态修复模式。

库布其荒漠化治理成为绿色产业新范式（图19-2）。该模式提升了荒漠化产业的品牌效应，形成了荒漠化地区经济社会发展的绿色产业基础，也为维护荒漠化治理的长效性提供了经济保障。库布其模式现已推广到新疆、甘肃、河北等地区的荒漠化治理当中，有效推动了生态修复、产业发展、民生改善和社会进步的协同发展。

围绕生态脆弱区影响国家生态安全的生物多样性修复与保护、生态文明制度建设科技支撑两条主线开展研究与示范。

多层次开展生物多样性修复与保护理论和技术研究，完善了极小种群野生植物保护理论。深入研究了动物濒危与种群衰退的遗传学机制、生态学机制，编制完成了一系列濒危动物保护技术与规范。我国首次普查性地进行了全国自然遗产潜力区系统评估与筛选，构建了我国自然遗产评估理论与方法框架，初步筛选了30个优先遗产潜力区，向世界遗产中心提交了5份世界遗产预备清单。

全方位开展生态文明理论与技术研发，以9个地区为试验示范区，开展了资源环境承载力评价、自然资源资产负债表编制，研究提出了8套编制标准/规范。识别中国和

第十九章
科技支撑民生改善与社会发展

图 19-2　库布其沙漠中利用黄河分凌减灾的水进行沙漠生态修复形成的沙漠湿地景色

全球主要生态退化区域，分析了其生态退化演变过程，提出了全球与中国生态退化区生态技术需求清单。

三、海洋强国建设

海洋探测。我国深海探测运载作业技术实现重大突破，初步实现了深海潜水器功能化、谱系化。"蛟龙号"载人潜水器创造了下潜7062米的中国载人深潜纪录，使我国在载人深潜深度上跻身世界前列；"深海勇士号"潜水器进一步提高了中国载人深潜核心技术及关键部件的自主创新能力，国产化率超过95%，其与"海马号"有缆遥控无人潜水器、"潜龙二号"无缆自治无人潜水器共同构建形成了我国4500米级深海全功能作业能力；"海燕号"水下滑翔机、"海翼号"水下滑翔机和"海牛号"海底钻机等已实际应用于科学研究和调查。

海洋环境监测。监测预报技术全面突破，有效支撑了海洋权益维护、海洋管理和海洋安全保障。攻克了高频地波雷达、合成孔径声呐、系列浮标潜标、波浪滑翔器、大深度剖面测量仪等一大批核心关键技术，部分成果已成功转化并占领国内市场；建成台湾海峡及周边海域海洋立体监测系统、深远海海洋环境监测预报系统、南海深海海底观测网试验系统、全球海洋数值预报等技术系统，已投入业务化运行。

海洋资源开发利用。关键技术取得突破，打破了发达国家的长期垄断。我国自主设计、自行集成建造的第六代深水 3000 米半潜式钻井平台在南海投入实际应用,"蓝鲸一号"水合物试采在南海取得重大突破,深水高精度地震勘测设备、海上油气钻井测井装备初步实现产业化,提高了中国企业的核心竞争力;海洋能技术进入了从装备开发到应用示范的发展阶段,兆瓦级海洋潮流能装备正式并网发电,200 千瓦波浪能装备初步具备远海岛礁应用能力。

极地观测与探测。研发了极地冰盖深冰芯钻、冰架热水钻、冰下地质钻、冰盖观测机器人、空间天气监测系统、大气激光雷达、海—冰—气无人冰站、巡天望远镜等一批先进的创新装备,并成功应用于极地现场的样品和数据采集;北斗导航系统在极地得到了应用推广。"雪龙"船完成了东北、中央和西北航道的探索工作,航道海冰预报技术和精度得以提高,支持了我国 15 艘船舶 22 个航次对东北航道的利用。我国极地冷海钻机、钻井及相关配套技术已实现了在北极亚马尔天然气项目上的应用。

第二节　科技应对气候变化

我国高度重视气候变化问题,积极推进应对气候变化的战略和行动。在一系列国家科技计划支持下,应对气候变化科技呈现出跨越式发展的态势,在气候变化科学、影响与适应、减缓等方面都取得了令人瞩目的进展,为我国制定有效应对气候变化的战略和政策、参与全球气候治理等提供了科学支撑。

一、气候变化科学研究取得突破性进展

天—地—空全球变化观(监)测网和数据集建设成效显著。依托气象、农林、水利、环保、科学院等部门的观测基础,构建了涵盖气象、水文、环境、灾害及自然生态系统的面向全球变化研究的观测研究网络。建立了全国颗粒物质量浓度观测站、酸雨观测站、沙尘暴观测站和大气成分本底监测站,具备了对大气环境和温室气体本底的观测能力。在 2600 多个地面气象观测站的基础上相继建成了 5 万多个中小尺度加密自动气象(雨量)站,极大提高了观测密度和数据应用时效,提升了对中小尺度天气和气象灾害的监测能力。形成了自主卫星对地观测体系,风云气象卫星、对地观测卫星和全球二氧化碳监测科学实验卫星陆续投入使用,大幅提高了我国天气预报、气象防灾减灾、应对气候变化、生态环境监测和空间天气监测预警能力。

第十九章
科技支撑民生改善与社会发展

我国已形成了大量原创性的全球变化数据产品，特别是在全球尺度数据集建设方面取得了重大突破，数据产品质量得到国际同行的高度认同。发布了"全球陆地均一化气温数据集"和"中国地区气候变化预估数据集"；建立了全球植被结构数据产品（叶面积指数、集聚度指数、林下植被反射率）、全球陆地碳源汇、中国人为源 CO_2 排放清单等数据产品；多尺度（中国—亚洲—全球）高时空分辨率的气溶胶排放清单数据集，被多个国际大型研究计划（MICS-Asia、EDGAR-HTAP 等）所采用。

对气候变化事实的研究取得突破性进展。我国在全球气候变化的事实、成因及多尺度相互作用，20 世纪暖期的历史地位、现代暖期与历史暖期成因机制的异同，海陆气相互作用的过程与机制及其与全球气候的关系，气候系统的敏感性、突变及其变化的可预报性，全球变化敏感区的气候与环境变化规律及其预测等领域都取得了丰硕的研究成果，深化了对地球系统复杂性的认识，降低了科学认识上的不确定性。我国还组织发起了季风亚洲全球变化区域集成研究（MAIRS）、西北太平洋海洋环流与气候试验（NPOCE）等国际区域合作计划，开展了具有中国特色又兼具全球意义的全球气候变化基础科学研究。

中国气候变化的检测归因取得创新成果。我国自主研发的区域气候变化检测归因技术填补了国内空白，为我国深入开展区域尺度归因研究提供了核心技术；系统分析中国区域气温变化高于全球平均的原因及人类活动对重大极端气候事件的影响等科学问题。

地球系统动力学模式为气候变化科学研究和气候变化预估提供了重要工具。研发了具有中国独创特色的地球系统动力学模式，模式性能达到国际先进水平，并已应用于我国气候模拟研究与短期气候预测业务，为防灾减灾发挥了重要作用。研制和发展的我国高分辨率气候模式系统及其评估系统，在全球模拟性能方面与国际上先进的同类模式相当，在东亚季风区更具一定优势。建立了我国自己的全球植被生态系统动力学模式、气溶胶和大气化学模式、以碳氮循环为主的陆地和海洋生化过程模式，并形成了完整的生态和环境系统模式的第一版本。在第 5 次国际耦合模式比较计划（CMIP5）中，我国有 5 个单位的 6 个模式参与，进一步提升了国际影响力。

在气候变化预估方面，研究发现，到 21 世纪末中国区域增温幅度为 1.3～5.0 ℃（相对于 1986—2005 年平均值）；未来东亚夏季风将明显增强，到 21 世纪末全国降水平均增幅 5%～14%；未来中国区域的极端事件将增加，到 2024 年夏季至少有 50% 可能出现长时间的高温热浪过程。

二、实施气候敏感领域影响和风险评估

开展农林水健康等气候敏感领域的影响与风险评估工作。在全国尺度上，基于观测到的气候和环境因素变化影响事实，建立了过去数据资料逐步回归、地理探测器、归因函数、判断矩阵等挖掘技术、傅抱璞模型、生境分布模型、融水径流模型等气候变化影响评估（模型）技术，定量评估气候与非气候影响因素的贡献，系统评估了气候变化对我国关键脆弱领域（农业生产、森林、草原、湿地生态系统、生物多样性、水资源、海岸带、冰川、沙漠化人体健康及社会经济）的影响，明确气候变化对长江、海河、黄河贡献超过50%，完成了中国214个三级河流流域的洪涝灾害风险评估；水稻16%的面积表现为气候变化减产；全国19.76%的森林生长受气候变化影响等；基于最新的温室气体排放情景（RCPs），综合评估未来气候变化的风险，识别并划分气候变化的敏感区、极端事件的危险区、承险体的风险区，完成中国综合气候变化风险区划方案，绘制了气候变化风险格局分布图；发展了分离气候与非气候影响因素的关键技术，定量分离人类活动和气候变化对我国生态、社会和经济的影响程度，为有关领域和部门加强管理措施、适应气候变化提供参考。

组织开展适应气候变化的理论机制研究。开展适应气候变化机制研究。探讨冰冻圈、陆地生态系统、南海珊瑚礁、人类健康、粮食生产系统、社会经济系统等对气候及环境变化的适应机制，探讨气候变化条件下灾害发生的新特征、未来环境风险及适应范式，探索气候变化与人类活动双驱动力对流域水循环的影响机制，阐明内陆河流域山区水库—平原水库群多目标调节反调节机制，探索气候变化下流域水资源综合调配机制、流域防洪风险补偿机制，探索天山地形云降水微物理演变特征和典型地形云的生消演变机制。

开展适应气候变化的理论研究创新。在气候变化影响评估与大量适应实践基础上，针对不同地区（行业）现状，提出了"发展型""增量型""转移适应"等新理念。提出"边缘适应"概念，明确了系统边缘是适应气候变化的重点区域和优先议题。在系统内部主要以渐进的、递增的方式适应气候变化，而在边缘部分则是以转型适应为主。"边缘适应"概念的提出，为适应气候变化工作找到了切入点与突破口，是适应气候变化方法论创新的探索。

组织开展适应气候变化技术研发与示范。开展农业、水资源、林业、海岸带、人体健康等关键领域和部门的适应气候变化技术研发；开展三峡工程、南水北调、青藏铁路、

第十九章
科技支撑民生改善与社会发展

西气东输等国家重大工程适应气候变化技术评估，开发完善适应气候变化决策支持系统；构建国家、领域、区域适应技术清单和技术体系；完善、修订、建立各类技术标准；指导我国主要敏感领域和脆弱地区适应气候变化行动实践。

在全国开展适应气候变化技术示范工作。基于适应气候变化的理论探索、方法学研究和一系列适应行动，形成了具有中国特色的适应气候变化方法学和技术体系。确立气候风险分析—适应目标确定—适应措施遴选—技术优选评价—实施示范—监测评估的适应行动实施方法和步骤。适应气候变化技术示范基地分布在全国各地气候变化的敏感区和脆弱区，涉及农林牧业、水资源、人体健康、自然保护区、沿海地区等各个领域（图 19-3）。

图 19-3　我国适应气候变化技术与措施示范工程

三、减缓气候变化技术取得重大突破

工业节能与低碳关键共性技术及装备取得突破。全系列 600 千安超大容量铝电解槽是国际上容量最大、能耗指标最低的电解槽技术，技术经济指标达到世界领先水平；大型新型干法水泥工艺装备已达世界先进水平，日产万吨的水泥成套装备基本可以自行设计与制造。钢铁高效低成本冶炼技术、新一代控轧控冷技术、一贯制生产管理等工艺突破，以及难回收余热动力回收、利用高炉熔渣直接成纤生产矿渣棉及其制品等研发取得系列创新性成果，工艺技术水平和工序能耗及综合能耗指标已达国际先进水平。氯碱工业用全氟离子交换膜、湿法炼胶等生产工艺及万吨级煤制芳烃装置，对二甲苯和煤制烯烃等大型石化、煤化工技术装备等化工领域也取得重大突破。工业节能与低碳技术装备的突破，不仅显著拓展了工业节能减碳空间，也通过污染物协同减排为污染攻坚战做出了积极贡献。通过国家重大科技攻关项目部署"新一代可循环钢铁流程工艺技术"，高炉出铁过程烟尘控制关键技术，烧结烟气中 SO_2、NO_x 及二噁英脱除技术，水泥窑氮氧化物减排关键技术等。

二氧化碳捕集、利用与封存（CCUS）技术取得系统化提升，各环节关键技术取得突破。CO_2 捕集方面开发了低能耗 CO_2 捕集吸收剂、富氧燃烧锅炉和用于整体煤气化联合循环发电（IGCC）系统的干煤粉加压气化炉，燃烧后、富氧燃烧和基于 IGCC 的燃烧前 CO_2 捕集等主要技术路线均建成规模为 10 万吨/年级的示范装置，捕集系统性能达到世界先进水平。CO_2 利用方面建成了 5 万吨/年级 CO_2 捕集与驱油全流程示范，建成千吨级千米深 CO_2 驱替煤层气技术试点，已形成了矿物和工业固废为原料的 CO_2 矿化利用工艺，开发了 CO_2 矿化发电技术。CO_2 合成尿素、甲醇等化工利用技术已较为成熟，也开展了 CO_2 制聚碳材料、CO_2 制高附加值有机含氧化学品及微藻固碳等技术的小规模试验，为拓展利用领域奠定了基础。CO_2 封存方面，完成了全国地质封存潜力评价，建成了 10 万吨/年级陆上咸水层 CO_2 封存示范，已累计封存 CO_2 约 30 万吨。后续开展了连续的环境监测研究，未发现 CO_2 泄漏、逸出等环境安全问题。

农林业开展减排与增汇技术研发与示范。研发减少稻田甲烷和农田氧化亚氮排放技术措施，通过农业管理措施提高土壤有机碳含量，研发养殖业户用沼气技术、作物秸秆养殖和能源化利用技术，增强农业减排增汇能力；开展林业生态科技工程、大兴安岭森林资源恢复与利用关键技术研究及产业化示范、东北森林碳增汇关键技术研究与示范；加强农业、林业领域温室气体排放和碳计量、农业领域减少温室气体排放和增加碳汇等方面的研究工作。

第十九章 科技支撑民生改善与社会发展

四、气候变化战略研究与国际谈判

气候变化研究模型方法和平台及战略研究建设支撑推动我国全面积极参与和贡献全球气候治理。一方面，通过自主开发的中国能源环境经济模型和全球多区域气候变化综合评价模型平台，对能源系统变革、低碳发展优化路径、协同控制等多目标研究进行集成模拟，直接支撑了国家关于2020年碳排放强度下降40%～45%及2030年碳排放达到峰值的重大决策；另一方面，在谈判战略研究中根据不断发展变化的形势，积极探索在维护我国和广大发展中国家合理权益的同时，促进合作共赢、公平正义、共同发展的国际气候治理机制的变革和建设的对策与思路，促进气候谈判从"零和博弈"转向互利合作，与其他国家一起促成了《巴黎协定》的签署。

构建节能减排评估指标体系，完善评估方法。"十一五"以来，在国家科技支撑计划支持下，对钢铁、电力、建材等11个行业的2053项节能减排技术进行了筛选评估，提出先进适用技术669项；提出包括108项中长期减排支撑技术的清单，绘制了重点行业分阶段碳减排技术发展路线图，识别了未来重点引进和推广的先进低碳技术；总结提炼出36种减排集成技术模式，量化分析了推广应用前景、减排潜力与投资需求。

五、基地人才和国际合作

伴随应对气候变化科技工作的深化，我国基地建设和人才培养取得明显成效。目前，我国直接或间接参与全球变化研究的国家和部门重点实验室约有100个（在220个国家重点实验室中有18个从事全球变化研究），并建设了130多个不同类型的数据平台（库）。研究队伍规模持续扩大，成果产出显著增长。过去30年，中国学者在气候变化领域发表的国际学术论文累计数量居世界第3位，仅次于美国和英国；从年度发文量看，由1986—1996年占全球总量的1%，上升到1997—2006年的4%和2007—2017年的11%以上，2014年跃居全球第2位，仅次于美国。人才队伍中涌现出一批具有国际影响力的团队和学者。2017年，中国科学院青藏高原研究所姚檀栋院士成为首位获得"地理学诺贝尔奖"——瑞典维加奖的亚洲学者。我国学者发起创立的"海洋生物地球化学与碳汇"永久论坛被世界学术品牌美国"戈登科学前沿论坛"设立为永久论坛。在IPCC科学评估工作中，中国作者的人数从第1次评估报告（FAR）的9名增加到第5次评估报告（AR5）的43名，在发展中国家中位列第一。中国科学家在第3至第5次评估（TAR、AR4和AR5）中，连续3届代表发展中国家担任第一工作组（WG1）的联合主席。在AR5中，中国科学家作为第一作者撰写的论文被引用近千篇，在科学基础、影响适应和减缓政策方面分别约占所有引文量的 2.8%、1.4% 和 1.8%，取得了良好的国际影响。随着我国科学家学术成果的国际认同度不断提高，多名科学家在国际学术组织和国际知名科技期刊担任重要职务。

第三节 生物医药与人口健康

科技促进人口发展和优生优育，公共卫生事业稳步提升，我国应对突发传染病从被动防御逐步向主动防御转变，我国自主创新药物，特别是中医药，取得了进一步的发展，医疗器械逐步实现国产化，国家临床医学中心建设稳步推进。

一、人口发展与优生优育

辅助生殖技术水平不断提高。通过优化和改进辅助生殖技术，主要辅助生殖技术成功率达 55%～60%；改进人卵母细胞冻存和复苏系列技术，改良冷冻试剂；自主建立了护理—临床—实验室多节点网格性质控管理系统，使试管婴儿临床妊娠率由 46% 提高至 55% 以上，优质胚胎的囊胚形成率稳定在 80% 以上，选择性单胚移植妊娠率在 55%～60%。

地中海贫血防控见成效。研究团队共完成了 274 161 例地中海贫血人群筛查，进行产前诊断 944 例，预防了 167 例重症地中海贫血患儿的出生；研发的基于荧光定量 PCR 技术的目的基因相对拷贝数定量分析缺失型 α-地中海贫血快速基因检测技术获得医疗器械注册证书，已在广西壮族自治区妇幼保健院等医院推广应用。

二、重大疾病防治与实用卫生技术

前沿关键技术持续突破，转化应用加速。在基因编辑技术方面，成功构建一批遗传背景一致的生物节律紊乱猕猴模型；利用 CRISPR 技术获得基因敲入的食蟹猴；成功利用基因编辑技术修复马方综合征基因突变。在干细胞技术方面，全长牙髓再生的临床研究获得成功；成功研制"全自动干细胞诱导培养设备"，实现诱导多能干细胞自动化诱导培养、克隆、分化等功能。在组织器官修复与替代方面，临床上成功采用具有渐变仿人体骨骼结构的钛合金支撑棒治疗股骨头坏死；在患有小耳畸形的儿童患者身上利用 3D

第十九章
科技支撑民生改善与社会发展

打印等技术制造出了新的耳朵，有 3 名患儿的耳朵能够维持正常形状；脊髓损伤修复研究取得重要进展。在疫苗研发技术方面，基于肿瘤新生抗原的个体化疫苗用于晚期肺癌等恶性肿瘤的治疗进入临床研究；率先敲开第三代宫颈癌疫苗研制大门，只需要 7 种病毒颗粒就能覆盖 20 种人乳头瘤病毒型别；研发的不具有致病性的寨卡病毒减毒活疫苗株可作为新型溶瘤病毒特异杀伤胶质瘤干细胞，为胶质母细胞瘤的临床治疗开辟了新方向。在免疫治疗技术方面，批准上市两个国产 PD-1 单抗药物，分别用于治疗全身系统治疗失败后不可切除或转移性黑色素瘤及经二线系统化疗复发或难治性经典型霍奇金淋巴瘤；在细胞免疫疗法治疗胃癌和胰腺癌中获得里程碑式突破，客观缓解率和疾病控制率分别达到 33% 和 75%。

绘制出 PI3K/AKT 通路在中国乳腺癌人群的突变谱，并展示了乳腺肿瘤中驱动该通路活化的功能性突变；采用"健侧颈神经移位术"治疗中枢性偏瘫患者，提出的改变中枢功能重塑新理论获国际认可；率先开展干细胞肝衰竭系列研究，使乙肝肝衰竭病死率由 70% 降至 45%；牵头慢性乙肝临床治愈研究"珠峰"项目，阶段性结果显示临床治愈率已经达 29.69% 以上；建立全年龄段儿童肝移植供肝选择标准与获取技术体系，创建多模式肝动脉显微吻合新技术使血管并发症总体发生率降至 5% 以下，并率先提出适合中国儿童的免疫抑制剂个体化用药方案，显著扩大我国儿童肝移植受益人群、提高手术成功率；国内牵头了中国慢阻肺大规模流行病学调研，对具有全国代表性的 10 省市 5 万余名城乡居民，进行细致现场调查及严格肺功能检测，反映我国慢阻肺等呼吸疾病的流行状况、患病人数与患病影响因素；通过对 2000 多例系统性红斑狼疮的基因测序，发现了一种新型系统性红斑狼疮易感性基因位点，为该病的精准靶向治疗提供了全新方向；通过近 50 万人的大规模、多中心、长期随访前瞻性队列研究，探讨固体燃料使用产生的室内空气污染与心血管死亡、全因死亡风险的关系。

三、自主创新药物

党的十八大以来，我国自主创新药共 16 种。其中，2018 年国内共上市 9 种 1 类新药（其中，5 种抗肿瘤药物，3 种抗病毒药物，1 种抗慢性肾病药物），包括恒瑞的吡咯替尼、正大天晴的安罗替尼、和记黄埔的呋喹替尼、君实生物的特瑞普利单抗、信达生物的信迪利单抗、歌礼药业的达诺瑞韦、前沿生物的艾博韦泰、珐博进的罗沙司他及杰华生物的重组细胞基因因子衍生蛋白等，实现了数量上的新突破。在质量上艾博韦泰是全球首个长效 HIV 融合抑制剂，达诺瑞韦是国内企业首个丙肝新药，罗沙司他是全球首个口服低氧诱导因子脯氨酰羟化酶抑制剂，这些药品的上市，说明中国药品研发方面的鼓励和引导创新政策取得了巨大成效。

另外，数据显示，截至 2018 年 12 月，共有 40 个 1 类新药上市申请获得受理（按受理号计），豪森药业的氟马替尼、百济神州的赞布替尼、北京万泰生物的重组人乳头瘤病毒 16/18 型双价疫苗（大肠杆菌）、再鼎医药对甲苯磺酸尼拉帕利等重磅新药品种均处于上市进程，代表着国内新药创新逐渐步入收获期。中国国产创新药申报临床试验的数量逐年增加，一些全新靶点、全新结构的新药申报呈增加趋势，如全球研发热点 CAR-T 细胞治疗产品，中国已有 5 家共 6 个品种通过临床试验申请。大量创新药的研发加速也催生了中国专业新药研发平台的壮大。

四、中医药现代化

按照"整体布局、协同发展、突出重点、集成攻关、做大做强"的战略思路，围绕推进中药产业的可持续性发展和产业技术升级，初步形成按区域布局和具有明显区域特色的中药创新技术支撑体系，建立区域性特色中药材生产、加工技术及标准规范体系；实现人参的新品种选育、非林地栽参等重大关键技术的突破。

低纬高原地区天然药物资源野外调查与研究开发项目系统摸清了低纬高原地区天然药物资源现状，为云南天然药物研发提供了重要科学依据；成功开发出了以云南省苗药、彝药为基础的创新药，灯盏花系列药物及金品系列药物，经济效益显著，社会效益突出，获 2012 年度国家科学技术进步奖一等奖。

基于整体观的中药复方系统研究策略成果发布在国际顶级的分析方法学期刊 *Analytical Chemistry*，名贵中药材天麻与蜜环菌的共生机制研究成果发表在 *Nature Communications*。中成药大品种技术提升持续推进，过亿元中药品种数超 500 个，中药大健康产业规模已超万亿元，并在带动农民增收、保护生态环境、促进区域发展、支撑医改实施等多方面发挥了重大作用。中医药的国际认可度进一步提升，中药国际化步伐显著加快，传统医学纳入世界卫生组织发布的《国际疾病分类》，中药提取物——"三七三醇皂苷"进入《德国药品法典》。

第十九章
科技支撑民生改善与社会发展

五、医疗器械国产化

医疗器械国产化不断发展，一批技术难度大的重大产品取得突破。国产武威医用重离子加速器于2018年5月完成注册检测并已开展正式临床试验；由上海联影医疗科技公司和复旦大学附属中山医院联合开发，配备有自主研发的国际领先的3.0 T超导磁体的国产首台正电子发射断层成像（PET）/核磁共振成像（MR）设备于2018年10月获国家药品监督管理局认证；国产脑起搏器产品获得国家科学技术进步奖一等奖，并在孟加拉国完成了该国历史上首例脑起搏器植入手术；数字PET解决了传统PET"超高速闪烁信号数字化"难题，目前已进入临床试验收官阶段，有望国际领跑。生物医用材料国产化取得长足进步，距骨、月骨、桡骨小头、颅骨、颌面骨等8种假体经设计生产并应用于临床实验，取得了医疗器械3D打印口腔科材料的国家食品药品监督管理总局注册证；二尖瓣反流修复器械ValveClamp、经导管三尖瓣置换装置LuX-Valve、经导管主动脉瓣置换装置、Xinsorb支架等一系列人工瓣膜和可吸收支架已显示出长期临床效果，填补了国内空白。

2018年，共有50个医疗器械获得创新医疗器械资格认定并进入特别审批程序，另有19个创新医疗器械成功获批上市，11个医疗器械被纳入医疗器械优先审批程序，3个成功通过优先审批程序上市。示范推广有所加强，国内医疗器械行业竞争力不断提升，2018年新增布局4个创新医疗器械产品应用示范工程项目，并通过遴选《创新医疗器械产品目录（2018）》，召开首届全国医疗器械科技创新大会及中国医疗器械创新创业大赛等形式，加强创新医疗器械产品示范推广。目前，在医学影像领域，我国企业已基本具备全系列产品线研发能力，CT机、核磁、彩色超声等部分高端产品已占有较大市场份额。

六、国家临床医学研究中心

科技部会同卫生健康委、军委后勤保障部和国家市场监督管理总局，先后分4批完成了50家国家临床医学研究中心的建设，覆盖了20个疾病/专科领域。建成包括9446家各级医疗机构的、跨学科、跨地域的新型协同创新网络，共覆盖全国32个省、自治区、直辖市、特别行政区，在全国省级行政区域的总体覆盖率达到94.12%。在此基础上，建成60余个大型生物样本库、数据库和近150个临床研究队列，覆盖人群706余万人次，获得了一批高质量的循证医学研究成果。

国家心血管疾病临床医学研究中心鉴别出东亚人群血脂异常相关易感基因和突变位

点；国家慢性肾病临床医学研究中心在肾脏疾病分子机制和标志物创新性研究方面取得了突破性进展；国家消化系统疾病临床医学研究中心研发了高敏感性、高特异性胃癌早期预警试剂盒，并在全国进行推广，推动我国胃癌的早诊早治。系统提升我国重大疾病防治水平和协同创新能力，引领带动研究成果转化，牵头或参与制定国内外临床指南、专家共识、行业标准共191项；取得科技成果专利367件；获得各类科技奖133项；推广了一批规范化诊疗研究，约310项专业技术在全国基层得到不同形式和不同程度的推广应用，提高基层医疗服务水平。

第四节　公共安全与防灾减灾

公共安全是国家安全和社会稳定的基石，是保障广大人民群众生命财产安全、全面建成小康社会的重要支撑。在政府的高度重视和大力支持下，公共安全科技取得长足发展。

一、社会安全

党的十八大以来，公共安全面向国家重大战略需求，重点围绕国家公共安全综合保障、社会安全监测预警与控制、生产安全保障与重大事故防控、国家重大基础设施安全保障、城镇公共安全风险防控与治理、综合应急技术装备、公正司法与司法为民7个方面的关键科技瓶颈问题开展技术攻关和应用示范，立项133个，安排国拨经费36亿元，公共安全科技取得了重大进展。

国家公共安全应急信息平台面向应对突发事件的国家重大需求和国情，立足于自主研发与创新，实现了我国公共安全应急信息平台体系关键技术和装备的突破、系统集成与应用，项目成果在国务院应急办和12个国家部门、10个省（区、市）联动示范，建成厄瓜多尔ECU-911系统，为特立尼达和多巴哥、巴西、新加坡等国家及为联合国世界卫生组织提供应急平台系统建设、咨询、规划、设计等服务，ECU-911系统作为厄中两国合作典范，为厄瓜多尔地震应急救援提供了有力保障。

视频图像深度应用技术方面，着力解决海量视频的存储、检索、快速筛查技术，破解人体运动特征视频识别、视频情报化处理等技术难题，提升视频监控系统的智能化程度，构建比较完整的视频图像侦查技术体系，进一步拓展视频图像在打、防、管、控等各项公安业务中的应用。物证获取与检验鉴定技术方面，重点攻克物证发现提取、固定保全、

第十九章
科技支撑民生改善与社会发展

检验鉴定及分析应用等方面的若干技术难题，进一步提高现场物证的获取能力、流通环节相关物品的查缉能力与溯源能力，拓展物证检验鉴定技术的应用范围，更好地满足侦查破案工作快速反应的需要。

三维人脸实时建模比对技术、短时语音声纹识别技术/人员多维特征采集数据门、太赫兹远程高分辨率三维成像设备等进一步提升了人脸识别的能力，X光机行李安检仪自动识别技术提高了物检效率，易制毒化学品电子溯源系统实现全供应链信息实时采集上传、实时监控并保障易制毒化学品的有效管理。车辆多维特征识别技术提升了车辆监测准确率，基于场景感知的目标准确识别实现了复杂场景中漏检率低、虚警率低的目标准确检测，监狱场所视频监控初步实现异常行为自动识别。高效安全的视频编码算法与芯片大幅提高监控视频编码效率，基于国密白盒算法实现监控视频跨域安全共享，基于云边协同的多维数据融合实战应用平台在多地进行示范。

压缩空气气动发射器原理样机实现了同一种弹非致命处置与致命打击一体化，液冷高磁场磁体技术和谐波回旋管技术均已突破，低、慢、小无人飞行器探测跟踪、无附带损伤捕获拦截装置完成核心部件研制。法医学数字化鉴定技术快速发展，建立基于大数据分析技术的遗传标记筛选方法，文件材料及文件形成时间鉴定技术首创规模化历时样品库。

二、生产安全

包括煤矿安全生产监测监控，瓦斯、火灾、顶板、水害等重大灾害预警与防治，非煤矿山典型灾害预测控制，危险化学品事故监控，职业危害预防，烟花爆竹事故预防与控制，大城市重大危险源及安全生产网络化监管，放射源监管，城市火灾防治，社会治安动态预警与综合防控，通信网络监测与防范，地震监测、预测、预报与防御，重大地质灾害监测预警，雷电灾害监测预警，极端冰雪气候预测预警与灾害防治等。

立足于深部矿井的煤与瓦斯突出灾害、矿井热害、水害、顶板及地压等灾害防治关键技术和装备的研发，以及中小煤矿的防突和机械化安全开采等关键技术和装备的研究，解决深部矿井煤与瓦斯突出、水、地压及热害等灾害和中小煤矿防突、机械化开采、老空水探测等关键技术难题，提升隐蔽火源探测、应急避险与救援整体技术与装备的能力。

非煤矿山典型灾害预测控制关键技术与装备方面，针对深井岩爆与突出、采空塌陷、矿山尾矿库溃坝、露天边坡和排土场滑坡、大规模地压活动等矿山典型灾害的风险辨识、监测预警、预防控制的技术装备研发需求开展研究，形成了煤与瓦斯突出动力灾害预警技术、地震波层析成像预警技术、大地电磁法采空区探测技术、地质超前预报技术、震源定位技术、尾矿综合预警安全决策方法、露天矿山边坡和排土场灾害智能预警技术等一批关键技术方法。

化工园区安全生产保障技术方面，提出了基于风险—财产—费效分析的化工园区选址与布局安全优化、典型高危工艺本质安全技术体系、基于风险的石化装置腐蚀检查方法及腐蚀评估策略、化工园区公共管廊的无损检测和预警、安全监测数据挖掘和信息融合、基于多源遥感数据的化工园区动态监测等一批技术方法。

特种设备安全保障方面，围绕着特种设备长周期安全高效运行保障技术体系的建立，在材料性能评价、失效机制、检测和监测装置、安全评定及寿命和风险评估、安全高效设计和工程应用等方面，共解决支撑性关键技术320多项，提高了我国特种设备安全保障的技术层次和水平。

三、食品安全

2014年在食品安全风险评估方面，我国实现了将大米砷限量国家标准（稻米无机砷限量标准）直接转化为国际标准。

在食品安全检测试剂与装备方面，针对食源性微生物，开发了检测试剂与装备，并向国家食品药品监督管理总局备案。为加快食品安全科技创新工程实施示范，打造国内食品安全的"绿洲"，科技部启动了国家食品安全（横琴）创新工程，包括横琴创新工程、国家食品安全电子商务园（斗门创新工程）和海上丝绸之路创新品牌行3个部分。

四、城镇与重大基础设施安全

在解决安全生产领域网络化监管系统共性关键技术问题的基础上，建立了大城市重大危险源网络化监管系统。围绕长输管线、城市管网、战略储备用大型储油罐等生命线工程解决了安全风险寿命评价和检测监测等关键技术，在大型输油、输气管道等重大工程中应用成效显著，改善了安全保障水平，取得了巨大的经济效益、社会效益。

在城市综合风险评估方面，城市复杂环境下多灾种时空耦合模拟技术与系统建立城市供水管网震害评估模型等9个震害评估模型，地震次生城市火灾模拟模型，城市危化品泄漏扩散模型，区域性疏散模型等。在城市脆弱性方面，建立城市脆弱性分析与综合风险评估技术与系统，建立典型灾害综合风险评估指标模型、城市脆弱性分析方法与模型、城市灾害链动态风险评估方法等。在城市物联网方面，建立基于物联网智能感知的城市典型风险综合监测系统，突破基于物联网智能感知的城市典型风险源监测技术，并建立基于物联网智能感知的城市典型风险源综合监测系统。

超高层建筑施工装备集成平台具有高承载、高适应、高安全和智能化等特性，针对超高层建筑开发了不受高度限制、无须消耗电能、速度可调的高效载人逃生装置。发展了管线精准探测技术，研发了大规模管网病害诊断技术，实现了市政管网从静态风险评估到动态运行风险监测预警的跨越，研发了复杂地质条件下地下管道非开挖精细化注浆修复成套技术。建立城市群跨区域多因素综合风险评估技术、城市人员宏微观基本运动行为的建模方法和网络化运营大客流冲击风险防控技术、大规模人群转移模拟分析和路径优化技术、城市群跨区域协同会商与态势汇总技术。

五、应对极端气象灾害

在极端气象灾害监测预警及风险防范方面，研发了区域/全球一体化大气模式动力框架技术，开展天气—气候一体化无缝隙模式预报研究，综合气象资料处理和同化技术形成业务化应用，部分预报结果优于美国环境预报中心和欧洲中心预报，可显著提高重大灾害性天气的短时短期精细化无缝隙预报能力，进一步推动中国气象资料综合处理技术和气象分析产品走向自主研发道路。

研究了在气候变暖背景下南方旱涝的主要时空演变特征及其区域差异，初步建立了灾害监测指标；系统分析了东亚季风季节进程的主要特征及其与海温的关系，分析了对南方旱涝灾害的影响；研究了南方旱涝灾害与关键因子年际关系的年代际变化及其成因；系统评估了南方旱涝预测的不确定性和预报误差的主要特征；开展了干旱致灾因子指标适用性研究，评估了南方粮食的干旱灾害风险，建立了影响评估模型。

根据全球气候变化对气候灾害的影响及区域适应研究建立了极端高温、低温、降水等群发性极端事件数据集，揭示了群发性极端事件的时空演变特征；重建了中国东部夏季的三类雨型早期预测概念模型，发展了汛期气候预测的客观方法；确定了不同暴雨洪涝灾害预警等级的临界面雨量，进行了风险评估和区划；联动分析了气候灾害变化与作物生育期、农业适应技术的关系；研究了作物"自适应抗逆"的适应栽培技术；区域极端事件的监测方法和指标已被WMO（世界气象组织）采用。

六、抗地震地质灾害

重大地震灾害快速识别与风险防控方面，建立基于活动地块理论和地球动力学模型及中国大陆地区构造环境的地震危险性预测理论和技术方法，实现了由经验预测向数值预测方法的转变，初步形成地震短临预测预报技术系统，定期产出中国大陆地震风险概率图，5级以上地震（概率＞1%）平均命中率达72%。

重大地质灾害快速识别与风险防控方面，构建青藏高原周缘百年尺度强震特大地质灾害数据库，揭示震后地质灾害链动态演进机制，提出水动力型滑坡水—力耦合破坏机制与致灾机制，建立滑坡—抗滑桩体系和滑坡—锚固体系协同作用力学模型，研发了地质灾害实时监测预警平台，推动中国滑坡预警在国际上首先走向实用化和业务化运行。

在地震分析预测方面，形成了观测、科研与预测相结合的捕捉有效形变的方法，能完整地获取震前、震后的形变数据；研发了数字前兆资料分析处理系统，实现了地震预报数据处理和研究由模拟分析向数字化分析的转变，并采用人机交互方法，对数据异常进行自动识别与告警，提高了数据处理效率；设计开发了氢、汞及短临地震观测技术系统，并在全国多个地区推广应用；实现了原地应力测试技术研究与钻孔应力应变观测系统总成技术，并建立了8种应力状态假设条件下的线性和非线性模型，实现了对相关问题的求解。

在地震危险性评估方面，提出了一套特大地震震源模型参数定量化评估方法，研发了快速、简易的场地效应评估技术，并在南北地震带进行了应用示范；结合汶川地震、玉树地震等震害资料，给出了高烈度条件下各类建筑结构的地震损伤评定指标及损伤水平的划分方法、主要生命线系统社会综合影响评估方法。

在地震灾情获取方面，研发了可搭载于通用飞机的应急测绘航摄遥感数据实时获取与机上快速处理系统，以及可搭载救援直升机的便携式航摄遥感系统，具有自适应航摄飞行导航与相机控制能力，实现了飞机落地即可获得灾区完整影像图的目标；研发了多尺度地理信息快速制图软件系统、面向政府的应急测绘灾情信息综合服务网络平台，构建了应急测绘基础地理信息数据库；提出了基于社会网络信息源的极重灾区判别技术，研制了废墟内部灾情采集微型飞行器、车载地震现场小型手机信息发现器、便携式灾情采集终端等地震灾情获取设备样机；研发了面向多用户不同终端的地震灾情发布软件、基于手机短信的灾情上报与灾情推送软件，建立了24小时实时在线的多方协同灾情分析与决策会商服务平台。

第十九章
科技支撑民生改善与社会发展

针对我国突发性巨灾，面向灾害应急救援中的重大科技需求，开展了多尺度基础地理信息与综合灾情信息集成分析技术、应急实时灾区数据快速获取与处理技术、应急通信保障技术、灾情综合研判与风险分析技术、灾情应急决策支持与远程会商协同技术、重大自然灾害社会响应系统等研究，完成了巨灾应急救援信息系统研发与集成。形成横向覆盖行业、纵向贯通地方的应用网络，为提高国家和地方的巨灾应急救援信息服务水平提供技术支撑。

七、综合应急技术装备

研制与集成了 13 种传感器和 1 个惯性稳定平台，突破了自组网及应急通信装备等关键技术，并在典型区开展了多次野外综合实验。自主研发了一体化综合减灾智能服务系统，并基于该系统同步开展国家、部门、地方层面的示范应用，实现了减灾服务的综合、一体、智能、精准、快速和新颖化；研制了一批大型应急装备及个体防护装备。

攻克大载荷两栖车辆总体设计技术和铰接车辆降阻技术，研发水陆两栖履带车辆重载半主动悬架系统，全密封、高功率密度电传动及分布式驱动控制系统和轻量化油电混合水上推进装置，研制出有效载荷达 35 吨全地形水陆两栖运输车。系统解决了制约高原高寒地区灾害现场安置装备发展的理论与技术难题，研发了高原高寒地区主食加工、住宿、应急净水、应急供油、垃圾和动物尸体处置及洗消防疫 6 类方舱装备。设计了灾害环境下新一代系列化个体防护服、新型长效兼容呼吸防护装备，实现了关键个体防护装备国产化。

在国内系统设计了航空应急救援标准体系；按照"信息主导、体系对抗"的思路，建立了航空应急救援指挥体系，研发了集预案规划、仿真推演、预案评估、指挥调度等功能在内的航空应急救援综合指挥系统，实现了民航及城市救援系统的信息对接；基于复杂救援任务背景，研发了航空救援协同训练与评估系统；在巴彦淖尔等地建立了多个航空应急救援基地，产生了良好的社会效益及经济效益。

第五节 城镇化与城市发展

党的十八大报告提出，新型城镇化建设是破解我国经济持续健康发展结构性问题的重要途径，是中国面向未来经济社会发展的重大战略之一。党的十八大以来，在国家科技支撑计划、863计划、973计划、国家重点研发计划等国家科技计划支持下，中国城镇区域规划的技术创新和集成能力迅速提高，城镇区域规划类型逐渐增多、范围不断扩大，极大地改善了我国城镇和人口的空间布局。城镇功能不断提升，数字化城市管理带动了城市各行各业信息化管理，大幅促进了城市数字化产业的发展。通过城镇化领域发展和科技创新引领，全面带动了建筑制造业的产业升级。我国在重大工程建造科技方面已达到国际先进（部分国际领先）水平，在建筑节能和绿色建筑方面推进成效显著，得到了国际社会的高度认可。

一、规划设计方法

提出了以目标和效果为导向的建筑设计理念，改变了传统设计模式。建立了基于性能目标导向的绿色建筑参数化反向设计优化方法，形成建筑方案多目标优化软件，为方案阶段绿色建筑性能的即绘即模拟提供了可能；建立了不同气候区不同建筑类型的开源策略库，量化其对节能、减排、节材及可再生能源利用的贡献，建立了目标和效果导向的绿色建筑设计新理论、新方法和系列导则；建立了严寒及寒冷地区、夏热冬冷气候区和极端热湿气候区等不同的气候条件、不同区域特点、不同建筑类型的绿色公共建筑设计新方法和地域气候适应型绿色公共建筑设计分析工具及多主体、全专业设计协同技术平台。

二、建筑节能

提出了长江流域地区热环境营造整体解决方案，为长江流域主要城市典型建筑每年20千瓦时/平方米能耗目标的实现提供了经济可行的策略；提出了既有建筑节能改造能效提升诊断决策全过程解决方案，节能效率提升15%；建立了建筑节能基础数据库，已导入检索数据条目约3亿条；攻克了夏热冬冷地区节能结构一体化围护体系技术难点，外围护结构预制化程度提升到70%。

我国开发的基于吸收式换热的集中供热技术，是我国集中供热领域的一项重大原始创新。研发了一批高效节能的空调设备系统，能效达到国际领先水平，形成的藏区多能源互补供热装置的集成化设计技术和装置，在设计工况下系统的太阳能集热效率可达52%。研制适用于地铁车站"大风量高效直接蒸发式组合空调机组"，比传统系统能效提升35%。

第十九章
科技支撑民生改善与社会发展

近零能耗建筑技术体系及关键技术不断发展。建立不同气候区典型近零能耗建筑模型及目标优化分析方法,预测近零能耗建筑未来发展不同情景下的节能减排影响,推动被动式和主动式关键技术及产品研发和集成应用,开展不同气候区示范工程技术方案比较、优化及技术经济分析,大幅提升建筑部品及产品的性能及其应用水平,带动相关产业和技术升级换代,推进建筑节能和绿色建筑向更高水平发展。

绿色机场规划设计、建造等多项自主研发技术有效支撑北京大兴国际机场建设。航站楼双层出发设计、五指廊放射构型,保障不同类型的旅客快捷出港;基于空地一体化的飞行区规划设计方法,在国内首次创新性地建设带有侧向跑道的全向跑道构型,有效减少飞行航线绕行,以及对机场周边人口聚集区的噪声影响;航站楼绿色建造关键技术研发应用,可降低航站楼能耗20%以上,节约能耗费用1.32亿元/年,跑道构型及绿色建造可节省滑行和飞行燃油6.6万吨/年(图19-4)。

图 19-4 北京大兴国际机场

三、绿色建筑材料与室内空气质量

首次较系统地量化了单株植物和植物群落生态功能的指标体系,构建了国内第一个适于上海城镇碳汇绿化植物资源信息库;开发试制了绿化卷材颗粒物高速计量封装设备、卷材高速成型设备,填补国内知识产权空白;自主研发了单克隆抗体免疫荧光检测技术、单克隆抗体间接竞争酶联免疫吸附检测技术,提出了一系列快速、准确测定室内材料SVOC散发和吸附特性参数的新方法。

围绕建筑室内材料和物品污染源散发机制及控制技术，从绿色建筑领域室内环境保障需求出发，提出了"全链条一站式"室内空气质量提升策略，研发了室内材料和物品散发特性与调控技术、气味污染源快速识别技术及装置等，相关研究成果为2008年北京奥运会、北京城市副中心建设、2018年青岛上合组织峰会等重大工程提供了保障。

研制出高透过性、高效净化气体污染物的净化涂层材料应用于纸面石膏板，甲醛净化率达90%，有效减少室内空气污染，产品已经在大中城市的家用住宅得到了很好的推广和使用。建立了跨行业、跨专业建材产品全过程的能耗和碳排放数据；建立了典型产品环境负荷和碳排放数据库、建材清单数据库，形成建材产品（水泥）生命周期能耗分析系统。

绿色建材多项技术取得突破性进展。海水海砂、珊瑚礁砂等地域性天然原料混凝土研制核心技术取得突破，为建设工程材料"就地取材"提供技术支撑，研究成果积极服务南海岛礁及中马友谊大桥、内马铁路等"一带一路"重大工程建设。研发了烧结保温砌块成套应用技术、烧结保温砌块超薄灰缝的施工技术，达到了国际领先水平，大幅提高烧结保温砌块结构安全性。研发了一体化复合墙体板材，其燃烧性能等级达到A2级，EPS及PU的阻燃技术达到国际领先水平，全钢化真空玻璃新产品性能达到国际领先水平。研发了脱硫石膏、污泥等固体废弃物本地化再生建材利用成套技术，石膏用量减少10%～15%，煤耗下降20%，实现了固体废弃物变废为宝高值化应用，变"生态包袱"为"绿色财富"。

四、高性能结构与绿色建造施工

自主研发的钢-混凝土组合结构系列新技术综合指标居于世界先进水平，相比传统结构技术可减轻自重40%～60%、减少用工30%～80%、缩短工期40%～50%、节约材料20%～50%、降低造价10%～20%，已大量推广应用于27个省（区、市），其中研发的"大跨建筑钢-混凝土组合结构新技术"于2012年获土木工程领域第一个国家技术发明奖一等奖。自主研发了国际领先的非等同现浇"干式连接"装配框架PPEFF体系，成功完成了世界规模最大、具有世界先进水平的PPEFF体系大型足尺框架结构实验，并开展工程示范，示范工程预制率达82%，现场用工减少32%，建筑垃圾减少50%以上，现场辅助材料投入减少50%以上，整体施工效率提升近200%。

研发了以高性能（高强/耐候/耐火等）钢结构体系、柔性与刚性大跨度空间结构体系、超高层建筑高效结构体系等一系列高性能结构体系；发展完善了工程结构精细化试验方法与测试技术、绿色建造技术与施工安全控制技术、多重灾害作用下设计计算理论与设计方法等。同时，在大型复杂结构和超高层建筑结构设计、分析和施工关键技术方面取得了一系列国际先进的核心技术成果。

超高层施工集成平台实现建筑领域重大创新与进步。超高层集成平台技术，可承受千吨荷载、抵抗百吨竖向剪力、抵抗14级大风。与平台配套研发的智能监控预警系统，可进行全方位实时监控。平台在国内多个超高层项目中得到应用，获得多项技术奖励。

五、建筑信息化与智能化

研发了建筑信息模型协同工作应用平台（PKPM-BIM），建立了统筹建筑、结构、设备、概预算、生产、施工管理与施工技术等的装配式建筑全产业链的信息数据和应用软件的集成应用体系，实现了建筑全生命周期内的3D可视化、实时数据获取和智能操控，多项成果填补了国内空白。构建了国内首个全国性、全产业链标准化部品部件库和网络平台，并与国家物联网标识管理公共服务平台无缝对接。构建了工业化建筑标准体系，较好地实现对绿色建筑主要工程阶段、主要功能、各建筑类型、各气候区及建筑全过程的覆盖。

从物联网和分布式构架的概念出发，将物理场模型与并行计算原理深度融合，原创性地提出了全智能建筑体系架构，建立了我国原创的建筑智能化技术体系，为最终建立面向大型公共建筑的扁平化、无中心建筑智能化系统平台提供了有力支撑，有力促进了信息化技术对建筑行业的新一轮技术变革。

第六节　可持续发展示范区和实验区

国家可持续发展议程创新示范区和国家可持续发展实验区，作为我国贯彻落实可持续战略，推动落实《中国21世纪议程》《2030年可持续发展议程》的区域示范平台，进行积极的探索与实践，发挥了重要作用。

一、国家可持续发展议程创新示范区

2015年9月，习近平主席出席联合国发展峰会，同各国领导人一道通过了《2030年可持续发展议程》。我国高度重视议程的落实工作。2016年9月，我国发布《中国落实

2030年可持续发展议程国别方案》，提出了建立中国落实2030年可持续发展议程创新示范区（简称"创新示范区"）等一揽子落实举措。2016年12月，国务院印发《中国落实2030年可持续发展议程创新示范区建设方案》，就创新示范区建设做出了明确部署。

创新示范区建设的总体定位是，深入贯彻党的十九大精神，以习近平新时代中国特色社会主义思想为指引，结合《2030年可持续发展议程》的落实，按照"创新理念、问题导向、多元参与、开放共享"的原则，以推动科技创新与社会发展深度融合为着力点，探索以科技为核心的可持续发展问题系统解决方案，为我国破解新时代社会主要矛盾、落实新时代发展任务做出示范并发挥带动作用，为全球可持续发展提供中国经验。

自《中国落实2030年可持续发展议程创新示范区建设方案》发布以来，科技部会同有关部门制定了《国家可持续发展议程创新示范区申报指引》，成立了专家咨询委员会和工作专家组，深入有关地方广泛调研，指导地方结合自身特色，研究确定创新示范主题，组织编制发展规划和建设方案，遴选备选地区。2018年2月13日，国务院正式批复同意太原市、桂林市、深圳市建设国家可持续发展议程创新创新示范区。这3个城市成为首批创新示范区，既体现了我国东中西不同地域布局的代表性，也体现了可持续发展不同阶段和面临的不同类型问题的代表性。

自首批创新示范区建立以来，多方联动全力支持3个创新示范区的建设。科技部、外交部、发展改革委、生态环境部等部际联席会议成员单位，围绕桂林生态旅游、太原水体与大气污染治理、深圳社会治理等示范主题，结合自身职能，在创新示范区开展了有关政策的先行示范，初步构建了"一区一策"基本框架。科技部在重点研发计划中针对三地典型问题研究编写了重点专项定向指南，为地方解决瓶颈问题提供科技支撑；通过组织创新示范区与各部际联席会议成员单位交流座谈，为地方寻求政策支持搭建平台；通过研究建立创新示范区的评价评估机制，加强对创新示范区的统筹指导；通过在国务院新闻办举办发布会、组织3个创新示范区参加国际活动等方式，为创新示范区扩大国际影响积极宣传。

3个创新示范区不断建立健全了组织保障机制，推动建设方案稳步落实。随着工作的深入推进，创新示范区建设的国际影响日益扩大，汇聚国际资源的效应初步显现，正在成为可持续发展国际经验交流的活跃平台，成为中国负责任大国形象的具体体现。

2019年5月6日，国务院正式批复同意承德市、郴州市、临沧市建设国家可持续发展议程创新示范区。三地分别围绕"城市群水源涵养功能区可持续发展""水资源可持续利用与绿色发展""边疆多民族欠发达地区创新驱动发展"的主题开展创新示范区建设。

第十九章
科技支撑民生改善与社会发展

二、国家可持续发展实验区

国家可持续发展实验区工作始于 1986 年，是由国家科委、国家计委等政府部门和地方政府共同推动的一项地方性综合试点工作。在国际层面，国家可持续发展实验区（简称"实验区"）也是全球实施可持续发展战略的重要组成部分和联合国推动可持续发展的重要平台。在 2002 年的"里约 +10"和 2012 年的"里约 +20"峰会上，为展示中国政府推动可持续发展的重要窗口，实验区两次被写入《中华人民共和国可持续发展国家报告》，并在两次大会期间开展了一系列的宣传展示工作，产生了良好的影响，得到了包括联合国、欧盟等机构官员和专家的一致好评。我国已经建立起实验区 189 个，省级实验区 300 余个，形成了从国家到地方共同推动可持续发展的局面。

从 1986 年实验区建立至今，实验区建设与发展大体上经历了 3 个阶段：城镇社会发展综合试点示范阶段；可持续发展实验区推进阶段；总结提升、全面落实科学发展观阶段。

实验区在人口、资源、环境相协调等方面进行了一系列探索与试验，主要成效表现为：以可持续发展理念为基本出发点，探索出了一种以减少和消除不可持续的生产和消费方式为主要内容；以科技发展为主导，注重人与自然之间和谐发展的新型经济发展模式。针对地区经济、社会、资源、人口、环境发展不相适应、不相协调的问题和矛盾，各实验区开展了社会事业领域可持续发展研究与实践，探索建立经济社会协调运行的新机制，强化社会服务功能，提高人口质量，改善人居环境，保障公共和社会安定，推动各项社会事业全面进步。通过工业化带动，实验区逐步探索出"集约发展、统筹协调、合理布局、综合提高"的新型城镇化道路。针对工业化过程中出现的生态环境恶化和资源利用效率低等问题，各实验区从制度、科技、政策、管理和机制等方面探寻解决办法，重视生态保护，在保护的前提下实现开发利用已成为许多实验区遵循的原则。实验区取得的成效在国际社会产生重要影响。国际合作交流贯穿了实验区 30 余年的建设过程，一方面，我们向发达国家学习了先进的管理经验、管理模式和新技术；另一方面，通过实验区对外展示了我国可持续发展的成就和经验。

第二十章
区域科技与经济协调发展

习近平总书记指出，一个地方、一个企业，要突破发展瓶颈、解决深层次矛盾和问题，根本出路在于创新，关键要靠科技力量。越是欠发达地区，越需要实施创新驱动发展战略。欠发达地区可以通过东西联动和对口支援等机制来增强科技创新力量，以创新的思维和坚定的信心探索创新驱动发展新路。

党的十八大以来，创新驱动发展战略在各地深入实施，科技支撑重点区域能力显著增强，区域创新高地加快形成，国家自创区和国家高新区改革先行先试成效初显，区域创新发展引领地方经济转型升级，区域协同发展出现新态势。

第一节 支撑国家重大区域战略

科技创新为粤港澳大湾区建设、京津冀协同发展、长三角区域高质量一体化、长江经济带等国家重大工程和战略的实施，为加快形成创新高地、建设创新型国家和世界科技强国提供了有力支撑。

一、京津冀协同创新

2014年2月，习近平总书记主持召开京津冀协同发展座谈会，首次提出"京津冀协同发展"的国家战略，明确了北京全国科技创新中心的战略定位。2014年11月，习近平总书记对京津冀协同发展做出重要批示，指出京津冀协同发展根本要靠创新驱动，要形成京津冀协同创新共同体，建立健全区域创新体系，整合创新资源，以弥合发展差距、贯通产业链条、重组区域资源。这一重要论述指出了推进京津冀协同发展的战略方向和根本动力，明确了建设京津冀协同创新共同体的重要使命。2015年4月，习近平总书记

第二十章
区域科技与经济协调发展

主持召开中央政治局会议，研究审议《京津冀协同发展规划纲要》，明确了打造京津冀协同创新共同体的任务部署。2019年1月，习近平总书记再次赴京津冀三省市视察工作，主持召开座谈会并发表重要讲话，充分肯定京津冀协同发展战略实施以来取得的显著成效，对下一步推动京津冀协同发展做出重要指示。

为贯彻习近平总书记关于推动京津冀协同发展的重要讲话精神和落实党中央、国务院做出的重大战略决策，根据《京津冀协同发展规划纲要》任务部署，2015年科技部与发展改革委联合印发了《京津冀协同发展科技创新专项规划》，明确了京津冀协同创新的工作思路、原则、目标、重点任务和保障措施，以及三省市科技创新的工作定位。科技部会同有关部门及三省市积极推进京津冀协同创新共同体建设。

京津冀协同创新体系基本建立。为统筹协调各项任务落实，科技部联合三省市科技管理部门成立了京津冀科技创新协同推进工作小组，形成了"1+3"科技创新协同联动工作体系。三省市科技主管部门在科技部支持下先后签署《京津冀协同创新发展战略研究和基础研究合作框架协议》《京津冀科技创新券合作协议》《关于共同推进京津冀协同创新共同体建设合作协议（2018—2020年）》《外籍人才流动资质互认手续合作协议》《中关村管委会 河北雄安新区管委会共建雄安新区中关村科技园协议》等系列合作框架协议。在相关部门共同努力下，5年来，京津冀科技创新能力明显提升，三省市创新要素流动渠道日趋畅通，有效促进科技成果"京津研发、河北转化"，资源共享、优势互补、分工协作的京津冀协同创新体系基本建立。

促进重点领域协同创新和产业升级。支持北京市建设国家新一代人工智能创新发展试验区和国家新能源汽车技术创新中心，打造高端高新产业创新引领区。推动三省市合作共建产业技术创新战略联盟76家，支持三省市布局建设8个创新型产业集群，促进区域产业协同创新发展。支撑环境污染联防联控，"京津冀区域大气污染联防联控支撑技术研发与应用"研究深入推进，实施"雄安新区多水源联合调配与地下水保护"等重点研发计划项目，水体污染控制与治理科技重大专项启动京津冀西北水源涵养和白洋淀项目示范工程。强化医学领域协同创新，支持京津冀17家依托单位建设国家临床医学研究中心，推进京津冀临床医学协同创新网络建设，联合三省市285家医疗机构建立京津冀协同创新网络。

打造高水平国家自主创新示范区。积极推进中关村与津冀区域政策互动、衔接，科技部支持京津冀在对外开放、产业协同发展等方面先行先试一批政策、措施，如支持天津国家自主创新示范区围绕新能源和新能源汽车、新一代信息技术产业，建设新能源汽车动力电池创新中心、天津京南智能产业技术研究院等研发机构。

推进京津冀全面创新改革试点。科技部推动三省市落实《京津冀系统推进全面创新改革试验方案》，提出科技成果转化收益分配、高新技术企业所得税优惠等一批改革举措。支持河北省研究制定《关于落实以增加知识价值为导向分配政策的实施意见》，推进知识产权质押贷款风险补偿改革等14项改革，并率先在石家庄、保定、廊坊三市开发区、科研院校、创新型领军企业中开展试点。目前已有累计13项创新政策在京实施，药品上市许可持有人制度、外国留学生在华就业创业等举措已向全国复制推广。三省市积极落实《京津冀系统推进全面创新改革试验方案》，其中，北京市深化科技成果自主处置使用权，推动科技成果使用权、处置权、收益权改革，完善科研人员成果转化收益分配机制。

积极开展雄安新区科技创新规划研究。科技部制定了支持雄安新区规划建设的相关工作方案，提出5个方面共15条具体举措。开展雄安新区科技创新专项规划研究，形成研究报告，会同中央网信办、发展改革委、农业部、中国科协形成了科技创新改革专题研究报告。与河北省有关方面共同研究支持雄安新区科技创新改革有关事项，提出支持雄安新区规划建设和创新发展的具体意见。

加快建设北京科技创新中心。科技部会同北京市及有关部门研究编制《北京加强全国科技创新中心建设总体方案》和重点任务分工，定期召开北京推进科创中心建设办公室会议。北京市政府与科技部、教育部、国家自然基金委员会分别签订了《共同加强北京全国科技创新中心建设协议（重点任务）（2017—2018年）》。支持北京市建设国家新能源汽车技术创新中心。与发展改革委共同批复北京建设怀柔国家综合性科学中心。

专栏20-1

支持北京建设国家科技创新中心

2014年2月，习近平总书记在北京视察工作时，明确指出在北京建设国家科技创新中心。通过5年来的建设，北京全国科技创新中心科技创新综合水平全国居首。《中国城市科技创新发展报告2018》结果显示，北京排名全国首位。在美国2018年7月发布的《全球科技中心报告》中，北京被评为高速成长的科技中心。英国Nature增刊《2018自然指数—科研城市》显示，北京蝉联全球第一，在全球创新版图中的地位和影响力不断提高。

第二十章
区域科技与经济协调发展

为深入贯彻落实习近平总书记关于北京建设具有全球影响力的科技创新中心的重要指示和讲话精神，面对复杂严峻的国际形势和艰巨繁重的改革发展任务，以建设创新型国家和世界科技强国为战略支柱和骨干支撑，科技部等部门会同北京市编制了《北京加强全国科技创新中心建设总体方案》《北京加强全国科技创新中心建设重点任务实施方案（2017—2020年）》《共同加强北京全国科技创新中心建设协议（重点任务）（2017—2018）》并推动各项任务实施。以"全力推进全国科技创新中心建设，加快构建高精尖经济结构"作为重点工作，科技部集成优质资源予以支持。包括北京承担国家重点研发计划、建设新一代人工智能创新发展试验区，共同开展科技冬奥行动计划等。"三城一区"展现新面貌，聚焦中关村科学城，建设中国（北京）知识产权保护中心和中国（中关村）知识产权保护中心。"突破"怀柔科学城，综合性国家科学中心建设全面展开，综合极端条件实验装置、地球系统数值模拟装置建设顺利推进。深化改革实现新突破，推出全面深化改革、扩大对外开放的117项具体举措。出台支持建设世界一流新型研发机构实施办法，探索与世界接轨的科研管理与运行机制。设立市科技创新基金，50%投向原始创新。高质量发展激发新动能，人工智能、无人机、大数据、医药健康、5G等高精尖产业加速态势明显。

促进科技成果"京津研发、河北转化"。支持河北省出台《河北·京南国家科技成果转移转化示范区建设实施方案（2017—2020年）》，明确8个方面的重点任务；支持河北省召开京南国家科技成果转移转化示范区工作座谈会，提出"七个一批"的工作抓手；河北省启动京南国家科技成果转移转化示范区建设专项，支持22项京津冀重点科技成果落地转化。支持京津冀协同创新科技成果转化创业投资基金（首期10亿元）在三省市设立4支创业投资子基金，总规模52亿元。支持河北省实施"五个共建"（科技园区、创新基地、转化基金、技术市场、创新联盟）行动，河北省与京津联合共建研发平台96个、产业技术创新联盟76个，各类科技园区55个、创新基地65个，引进转化科技项目570项，吸引落户京津高科技企业1400余家。2018年，河北省吸纳京津技术成交额204亿元，同比增长24.6%。

推动三省市合作共建一批科技园区。充分发挥中关村、天津国家自主创新示范区的辐射带动作用，加快天津滨海中关村科技园、宝坻京津中关村科技园、保定·中关村创新中心、石家庄（正定）中关村集成电路产业基地等载体建设。2018年9月，天津滨海中关村科技园新增注册企业770家，注册资本金约96亿元。保定·中关村创新中心示范作用初步显现，96家知名企业和机构入驻，其中，来自北京的企业和机构接近总数的50%。石家庄（正定）中关村集成电路产业基地建设初具规模，已推动总投资达380亿元的16个重大项目落地。亦庄·永清高新技术产业开发区已正式组建园区管理机构，由京冀双方人员交叉任职，签约项目达40个。

推动跨区域创新创业蓬勃发展。推进科技和金融结合，科技部和京津冀三省市联合设立规模10亿元的"国投京津冀科技成果转化创业投资基金"，不断完善基金管理运作机制。发展创新创业平台，建设众创空间223个、国家专业化众创空间3个、国家级科技企业孵化器15个，联合19个大学科技园成立京津冀大学科技园联盟。支持4个京津冀国家高新区纳入首批25个区域科技服务业试点名单。启动科技创新券互认互通，京津冀三省市共遴选出首批753个提供开放共享服务的科技服务机构作为接收异地创新券的合作"实验室"。提升技术转移服务能力，通过搭建京津冀科技成果转移转化服务平台，实现信息共享。加快专业化人才队伍建设，推动京津冀技术转移人才实训基地建设。

二、粤港澳大湾区国际科技创新中心建设

建设粤港澳大湾区，是习近平总书记亲自谋划、亲自部署、亲自推动的国家战略。2017年7月，习近平总书记出席《深化粤港澳合作 推进大湾区建设框架协议》签署仪式，几个月后，粤港澳大湾区建设写入党的十九大报告。2019年2月，中共中央、国务院正式印发《粤港澳大湾区发展规划纲要》，提出加快建设粤港澳大湾区科技创新中心。科技部坚决贯彻习近平总书记重要指示和党中央、国务院决策部署，积极支持粤港澳大湾区打造国际科技创新中心。

支持粤港澳有关机构积极参与国家科技计划。2018年2月，科技部、财政部共同发布了《关于鼓励香港特别行政区、澳门特别行政区高等院校和科研机构参与中央财政科技计划（专项、基金等）组织实施的若干规定（试行）》，明确港澳机构可通过竞争择优方式承担中央财政科技计划项目，获得项目经费资助，规定了港澳机构参与中央财政科技计划组织实施的相关事项，构建了中央财政科技计划支持港澳的长效机制，有力支持了港澳特区科技创新发展。

建立科技合作及联合资助机制。2018年9月，科技部与香港特别行政区政府签署了《内地与香港关于加强创新科技合作的安排》，成为新时期内地与香港深化合作的行动指南

和顶层设计。签署了《科学技术部与香港特别行政区政府创新及科技局关于开展联合资助研发项目的协议》，拟重点支持香港优先发展生物科技、人工智能、智慧城市及金融科技等领域。

深化体制机制改革。经多部门协同配合，中央财政科研经费下达至16家支持香港的国家重点实验室，打通了中央财政科研经费过境香港使用的渠道。按照与内地机构同等待遇的原则，推动香港在内地设立的科研机构享受支持科技创新进口税收政策。2018年8月，科技部会同教育部、财政部开展了中央级单位重大科研基础设施和大型科研仪器开放共享的评价考核工作，推动相关单位向港澳开放重大科研基础设施和大型科研仪器。推动内地与港澳科技资源共享，向港澳开放国家科技成果库、科技报告等科技资源，加强与港澳科技成果数据的共享。全面实施外国人来华工作许可制度，提高大湾区外国人才服务管理国际化水平。深入实施外国人才签证制度，为大湾区引进的外国高端人才来华工作、出入境提供便利。开展外国高端人才服务"一卡通"试点工作，优化外国高端人才在大湾区工作生活环境。

支持国家重点实验室建设。科技部共支持珠三角9市建设27家国家重点实验室，支持香港建设16家国家重点实验室，支持澳门建设4家国家重点实验室。2018年7月，科技部批准依托澳门大学建设"智慧城市物联网国家重点实验室"，依托澳门科技大学建设"月球与行星科学国家重点实验室"，并于同年10月举行了揭牌仪式。

支持深港科技创新合作区建设。以香港落马洲河套地区为重点，以提升创新能力为主线，集聚国际创新资源，构建深港创新及科技园。发挥深港两地优势，在河套设立国际离岸创新示范区，在全面推进香港与内地创新能力开放合作中发挥先导作用。

三、长三角科技创新共同体建设

2018年11月，习近平总书记在首届中国国际进口博览会上宣布，支持长江三角洲区域一体化发展并上升为国家战略。科技部认真贯彻党中央、国务院决策部署，积极支持长三角三省一市优化创新资源布局，促进区域创新资源便捷自由流动，在区域创新高地建设、关键共性技术联合攻关、科技创新基地平台布局、科技资源开放共享、科技成果转移转化等方面深化合作，加快协同创新发展。

支持区域创新高地建设。科技部支持上海张江国家综合性科学中心建设，助力上海加快推进具有全球影响力的科技创新中心建设，成为引领长江经济带创新发展的龙头和高地。支持江苏、安徽、浙江三省开展创新型省份建设，21个城市开展创新型城市建设，集成部省资源加快探索具有自身特色的创新驱动发展路径。支持长三角建设国家自主创新示范区5个、国家高新区34个，成为转方式调结构的重要载体和引擎。积极支持上海闵行、江苏苏南、浙江等地区建设国家科技成果转移转化示范区，促进重大创新成果跨区域高效流动和落地转化。

支持三省一市开展关键共性技术联合攻关。围绕区域产业、民生等方面共性需求，长三角加强区域内产学研协同，开展联合攻关，科技部通过国家科技计划项目予以支持。例如，在大气污染治理方面，支持开展长三角区域大气污染联防联控支撑技术攻关，有关成果在G20杭州峰会、世界互联网大会、南京青奥会等重大活动空气质量保障中发挥了重要作用。

推动科技创新基地平台建设。支持长三角建设国家重点实验室101个、国家工程技术研究中心73个、国际科技合作基地138家。支持以安徽、上海等地区为主，谋划建设量子信息科学国家实验室。与发展改革委共同支持上海张江、安徽合肥依托大科技基础设施建设综合性国家科学中心。推动大科学设施集群化发展，上海光源、蛋白质科学研究设施等面向长三角开放共享，吸引长三角众多高等院校、科研院所及企业。

推进科技资源开放共享。江苏、浙江、安徽和上海三省一市搭建长三角科技资源共享服务平台，引导长三角地区各类优质科技资源的加盟，建立规范化的科技资源服务运营，实现长三角科技资源信息共享、服务共享；推动长三角地区三省一市率先尝试开展创新券跨区域的互认互通工作，为创新券在长江经济带其他地区跨区域互认互通打下基础。

加快科技成果转移转化。科技部支持建设国家科技成果转移转化示范区，2016年、2017年先后批复设立浙江、江苏苏南、上海闵行国家科技成果转移转化示范区。创新中央财政的投入方式，设立国家科技成果转化引导基金，积极引导社会资本，带动全社会增加科技成果转化投入。截至2018年年底，在长三角三省一市共设立9支创业投资子基金，其中，上海4支、浙江1支、江苏3支、安徽1支，总规模183.5亿元，转化基金出资41.6亿元。

支持跨区联动，开展一体化创新示范。共同推动G60科创走廊建设，打造科技和制度创新双轮驱动、产业和城市一体化发展的先行先试走廊。以沪通、沪嘉合作试点为抓手，共建创新生态实践区，举办"上海—南通科技项目对接洽谈会""沪嘉科技人才交流活动""上海、杭州—河山（桐乡）'绿色智造技术'科技对接活动"等，促进成果供需有效对接。探索区区协同，推动嘉太昆（嘉定区、太仓市、昆山市）、青吴嘉（青浦区、

第二十章
区域科技与经济协调发展

吴江区、嘉善县）等毗邻地区合作，探索建立产业与创新资源有序流动与创新政策一体化的服务网络。

专栏 20-2

支持上海建设国家科技创新中心

2014年5月，习近平总书记在上海考察时，做出上海"要加快向具有全球影响力的科技创新中心进军"的重要指示。在科技部和上海市委市政府的坚强领导和各部门的积极推动下，上海科技创新中心建设取得了重要进展，各项创新指标均位于全国前列，其中，综合科技创新水平指数达85.63%，R&D投入强度达4%，财政科技支出占比达5.17%，万人发明专利拥有量达41.54件。

科技部支持上海实施重大科技项目，强化关键领域技术供给，2018年，重大专项支持上海承接项目53个，涉及经费23.04亿元；国家重点研发计划支持上海承接项目108个，涉及中央财政资金20.03亿元。持续加大创新基地和平台建设支持力度，目前，上海共拥有国家重点实验室44个、省部共建国家重点实验室1个、工程技术研究中心21个、农业科技园3个、国际科技合作基地29个。依托上海现有的2个国家可持续发展议程创新示范区、1个国家自主创新示范区、2个国家级高新区，不断加快创新型产业集群建设，探索以科技为核心的可持续发展系统解决方案，培育新增长点，目前，上海共集聚了国家高新技术企业9047家。加快培育科技金融和创新创业生态环境，中央引导地方科技发展专项资金累计支持上海金额6750万元。目前，上海拥有国家级孵化器4个、国家备案众创空间78个（其中，国家级专业化众创空间4个）、科技型中小企业信息库入库登记企业8345家。

促进上海成果转化与科技创业融通发展，推动大众创业、万众创新再上台阶。支持上海闵行国家科技成果转移转化示范区建设，支持成果转化相关基金发展、国家技术转移东部中心建设、上海创新创业大赛。推动上海强化重点领域研发平台，加速创新网络建设。科技部与上海市共同举办的"浦江创新论坛"逐步成为具有广泛国际影响力的高层次国际创新论坛，成为我国创新领域重要的知识交流平台和理念传播平台。支持建设上海国家新一代人工智能创新发展试验区。

四、长江经济带发展

2014年9月,国务院印发《关于依托黄金水道推动长江经济带发展的指导意见》,部署将长江经济带建设成为具有全球影响力的内河经济带、东中西互动合作的协调发展带、沿海沿江沿边全面推进的对内对外开放带和生态文明建设的先行示范带。2017年10月,习近平总书记在中国共产党第十九次全国代表大会上的报告指出,以"共抓大保护、不搞大开发"为导向推动长江经济带发展。2018年10月,科技部办公厅印发了《科技支撑长江经济带高质量发展实施方案》,提出科技支撑长江经济带发展的总体思路、重点任务和工作要求。

科技部建立了与相关省市人民政府定期会商的工作机制,通过签署合作议定书的形式,加强工作协同,推动地方科技创新工作。2018年6月,科技部、贵州省人民政府在北京举行了2018年工作会商会议暨新一轮会商合作议定书签字仪式。同年10月,科技部、上海市人民政府在上海举行了2018年工作会商,并签署了战略合作协议。

促进区域创新的合作、联动与协同,带动长江经济带发展。推动北京中关村国家自主创新示范区与贵州合作发展大数据产业、上海张江国家自主创新示范区与甘肃合作建设兰(州)白(银)科技创新改革试验区,开展科技入滇,深化东西部协同创新合作。加强上海张江、武汉东湖、安徽(合芜蚌)、苏南、长株潭、成都、杭州、重庆等国家自主创新示范区及沿江国家级高新区建设,打造创新政策先行先试、高新技术产业培育壮大、科技与经济紧密结合的前沿和主阵地。支持上海、安徽(合芜蚌)、四川(成德绵)和武汉系统推进全面创新改革试验,着力破除制约创新的体制机制障碍,及时总结凝练可复制推广的经验举措。深入实施科技特派员制度和"三区"人才支持计划科技人员专项计划,助力打赢秦巴山区、武陵山区、大别山区等集中连片特困地区脱贫攻坚战。

积极开展生态环保科技创新行动。依托"水体污染控制与治理"国家科技重大专项,设置专门项目,着力解决长江上游三峡库区普遍存在的城市水污染控制问题,创新饮用水安全保障技术,消除了太湖藻类暴发引发的饮用水危机。在国家重点研发计划部署项目,支持长江经济带污染防治攻坚、水资源高效开发利用等相关技术研发,相关项目在长江经济带沿线实施或由长江经济带沿线科研单位承担。利用绿色技术银行,加强绿色技术储备,建立长效合作机制,围绕重点区域、重大需求提供绿色技术系统解决方案。针对长三角臭氧污染日益严峻的形势,2018年启动了长三角区域细颗粒物和臭氧协同防控策略与技术集成示范,旨在阐明长三角大气污染协同控制原理,建成区域大气污染立

第二十章 区域科技与经济协调发展

体监测预警与调控决策业务化平台，支撑长三角区域空气质量达标和持续改善。针对典型化工园区大气污染及其对周边环境的影响，开展大气污染全过程控制与技术集成示范，建成在线监测预警体系与实时监控平台，提出风险防控方案。

第二节 国家自创区与高新区

国家高新区作为我国高新技术产业发展的一面旗帜，取得了举世瞩目的成就。为进一步强化自主创新的示范引领效应，加大创新创业政策先行先试的力度，在国家高新区建设国家自主创新示范区（简称"国家自创区"），并取得积极进展。

一、国家自主创新示范区

2013年9月30日，中共中央政治局在北京中关村以"实施创新驱动发展"战略为题举行了第九次集体学习。中关村是我国第一个国家级高新技术产业开发区，也是第一个国家自主创新示范区。习近平总书记指出，面向未来，中关村要加大实施创新驱动发展战略力度，加快向具有全球影响力的科技创新中心进军，为在全国实施创新驱动发展战略更好发挥示范引领作用。

国家自创区锐意改革，大胆创新，在自主创新能力提升、新兴产业发展、企业主体培育、创新创业生态建设、开放发展和辐射带动等方面，加大体制机制创新和先行先试力度，取得了明显成效，已经成为我国依靠创新驱动推进经济社会发展的突出典范，是推动我国建设现代化经济体系、实现高质量发展的重要力量。2018年，国家自主创新示范区加速扩容，数量达到20个，涉及全国46个城市，覆盖53+1个国家高新区，呈现由北至南、由东向西的多点"辐射"态势（图20-1）。从依托单一国家高新区建立的单一自创区，到依托多个国家高新区建立的城市群自创区。从在创新资源密集的地区建立自创区，到在创新资源相对短缺的地区建立自创区。国家自创区区域布局进一步均衡，辐射带动作用进一步增强，对东北振兴、西部大开发、长江经济带、京津冀协同发展等国家重大战略及"一带一路"倡议的引领支撑作用进一步凸显，有力支撑了国家创新驱动发展战略的加速落实。

增长速度和发展质量同步提升。国家自创区始终坚持质量第一、效益优先，经济发展呈现增长与质量、结构、效益相得益彰的良好局面，已成为国民经济增长、区域经济

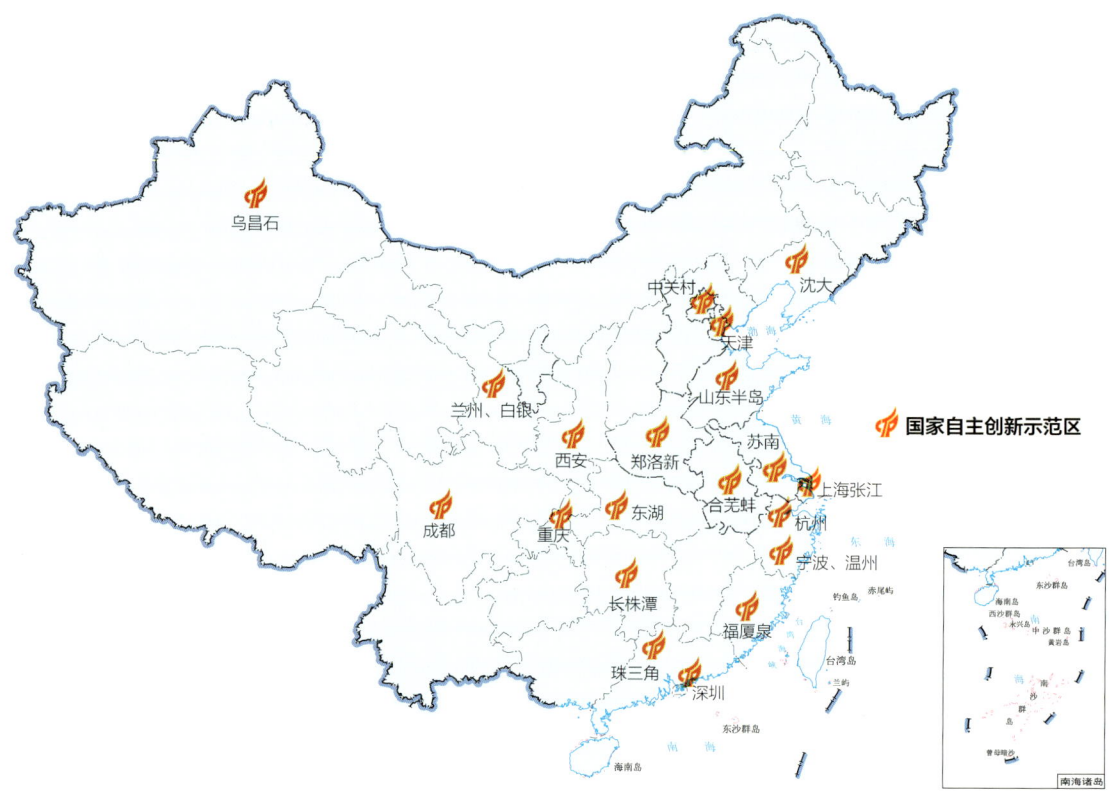

图 20-1　20 个国家自主创新示范区空间布局

结构调整和发展方式转变的主力军。2017 年，17 个国家自创区所覆盖的国家高新区共实现营业收入 21.6 万亿元，工业总产值 12.9 万亿元，净利润 1.59 万亿元，上缴税费 1.15 万亿元，出口总额 2.91 万亿元。有 9 个国家自创区在高基数上依然保持了两位数的经济高速增长，对稳增长做出巨大贡献。17 个国家自创区人均营业收入达 168 万元，人均利润 12.5 万元，人均上缴税额 9.1 万元，成为价值创造和经济效率的全国高地。

先行先试政策创新取得重大进展。中关村先行先试政策实现全国推广，从 2009 年起，中关村率先"试水"，先后试点了"1+6""新四条""新新四条"等系列政策，在下放成果管理权限、实施股权激励、扩大科研经费使用自主权、研发费用税前加计扣除等方面进行了有益探索，试点成熟的 16 项科技创新政策先后推广到了全国。各地自创区个性化政策创新持续涌现，东湖、苏南、天津、郑洛新、沈大等国家自创区先后出台了"黄金十条""新黄金十条""科技新九条""津十条""众创十二条""金融八条"等一系列全国知名的、首创性的政策措施。多点突破科技成果转化机制瓶颈，东湖自创区科

第二十章
区域科技与经济协调发展

技成果"三权"改革获国务院肯定,并在全部国家自创区推广实施;重庆自创区在国有技术类无形资产管理制度上做出重大改进,开展科技成果初始权益分配改革试点;成都自创区依托西南交通大学在全国率先探索"职务科技成果混合所有制"改革,形成"早确权、早分割、共享制"改革经验;长株潭自创区在全国率先支持以专利使用权出资注册公司,率先实行两个70%的创新激励政策等。

现代化产业体系加快构建。创新型特色产业集群不断壮大,国家自创区坚持发展创新型经济,大力实施"互联网+""中国制造2025"战略,聚焦发展创新型特色产业,培育出若干世界级创新型产业集群,如中关村的新一代信息技术、杭州的信息经济、东湖的光电子信息、张江的生物医药和集成电路、合肥的人工智能等在新旧动能转换过程中释放出巨大能量。新兴产业生成能力不断增强,国家自创区加大前瞻谋划和超前布局,瞄准科技前沿,发力未来产业,积极发展引领产业变革的颠覆性技术和前沿技术,以互联网、大数据、人工智能推动各行业转型升级,催生"互联网+""物联网+""智能+"等"N+X"跨界融合新业态,"硬科技"大量涌现,在新一轮全球产业格局变迁中,抢占未来部分领域的主动权。东湖自创区在VR/AR、智能网联(自动驾驶)、全光网络等领域涌现一批新兴企业和新业态。杭州自创区大力推进智慧物联、网络安全、区块链,形成了一批"互联网+"未来产业集群。深圳自创区无人机占全球八成市场份额。新的经济形态蓬勃发展,国家自创区精准把握新经济浪潮,推进生产要素和产业组织方式更新迭代,智能经济、平台经济、分享经济、数字经济、场景经济等新经济形态在国家自创区得以率先探索、萌芽、爆发。

高水平创新源头供给能力持续增强。国家自创区坚持创新是引领发展的第一动力,加速布局一批重大科技基础设施群、世界一流大学和科研机构、国际前沿领域的创新平台及新型研发组织。2017年,国家自创区研发经费内部支出达到5048.9亿元,同比增长16.9%。每万名从业人员拥有发明专利已接近全球专利产出最高的地区。主导、参与制定多项国家标准、国际标准,如华为短码方案成为全球5G技术标准之一。信息网络、人工智能、生物技术、清洁能源、新材料、先进制造等领域创新呈现群体跃进态势。4G及5G通信、互联网、基因测序、超材料、石墨烯、量子通信、无人机、3D显示、柔性显示、新能源汽车等领域创新跻身世界前沿。"国之重器"大量涌现,研制出高铁永磁牵引系统、虚拟轨道列车,以及国内首款量产40纳米北斗芯片、国内首款嵌入式神经网络芯片。

高层次创新人才加快聚集。国家自创区坚持以集聚和用好各类人才为首要目标,大力实施海内外高层次人才引进战略。2017年,国家自创区从业人员达到1278万人,从事科技活动的人员超过306万人，占总数的24%；大专及以上学历人数占比达63%，人员质量进一步提升。外籍常驻人员达6.1万人，留学归国人员达11.6万人，国际化人才不断集聚。人才服务机制持续创新，在高层次人才引进方面，鼓励海外留学人员回国创新创业，拓宽外国人才来华绿色通道。中关村发布20条国际人才新政，外籍配偶及子女可申请永久居留、外籍科学家能牵头国家科技项目等多项措施为全国首创。在人才评价方面，中关村率先开通职评"直通车"，启动"中关村外籍人才申请在华永久居留积分评估工作"，率先探索建立市场化的外籍人才评价引进机制。深圳自创区推动职称评审工作转由社会组织承接，增加用人单位评价自主权。

大众创业、万众创新升级版加速形成。国家自创区把创业作为新经济起点，调动各类创新主体的积极性和创造性，完善创业孵化链条，推动高等院校、科研院所和龙头骨干企业开放科技资源，大力发展（专业化）众创空间、新型孵化器等丰富多样的创业载体，打造大众创业、万众创新升级版。国家自创区集聚了约一半的全国备案的专业化众创空间，创业训练营、开放办公空间、互联网生态圈、跨境孵化器等孵化新形态推动全国创业纵深发展。2017年，国家自创区日均新注册企业不低于699家。中关村、武汉、成都等自创区年新增注册企业数都超过1万家。中关村的创业大街、成都的菁蓉国际广场、杭州的梦想小镇、西安的众创示范街区成为全国创业者向往的创新创业热土。前沿科技创业、场景式创业、跨区域创业等一批顺应互联网时代的新范式在自创区崛起。

爆发式成长主体持续涌现。国家自创区充分把握新经济时代下企业成长规律，坚持分类培养、精准培育，加快打造以高新技术企业、"瞪羚企业"、"科技小巨人"、"独角兽企业"等为战略重点的企业生态群落，大批非线性成长企业、影响世界的大公司涌现，成为实现产业爆发式增长的核心力量。2017年，国家自创区集聚了4.1万家高新技术企业，约占全国高新技术企业总数的1/3。中关村、张江、深圳、杭州等国家自创区成为"瞪羚"和"独角兽"的策源地，估值超10亿美元的"独角兽"大量涌现，大批创业新星涌现市场。全国164家"独角兽企业"中有126家在国家自创区，国家高新区2857家"瞪羚企业"中有2363家在国家自创区。

创新引领辐射带动作用不断增强。国家自创区发挥增长极的作用，主动融入京津冀、长江经济带、"一带一路"等，通过试点探索、制度创新、政策推广、技术交易、共建园区等多种方式，将先进的发展理念和科学发展方式推广到周边和全国各地，形成良好的模式和制度示范，从自身协同到周边辐射再到全国辐射，实现从自我发展到共同发展，在促进我国区域创新一体化、东中西平衡发展和跨区域合作方面发挥了重要作用。围绕"一

第二十章
区域科技与经济协调发展

带一路"沿线国家需求,国家自创区积极探索建设境外科技园、跨境经济合作园等海外园区,引导有实力的企业深度参与,探索产能合作、技术溢出和成熟模式输出,传播中国智慧、经验和力量,助推中国国际影响力、感召力、塑造力进一步提升。

二、高新技术产业开发区

党的十八大以来,国家高新技术产业开发区(简称"国家高新区")进入新的发展阶段。国家高新区以实施创新驱动发展战略为宗旨,进一步解放思想,增强忧患意识和紧迫感,勇于破除一切束缚创新驱动发展的观念和体制机制障碍,进一步发挥"敢为天下先"的精神,大胆先行先试。在科技和经济结合、科技和金融融合、知识产权保护和运用、人才吸引和培育,以及产城融合、国际化发展等方面开展了全方位的改革探索。

截至2018年年底,国家高新区队伍扩大到168+1家(其中"1"指苏州工业园),分布在全国除西藏以外的所有省(区、市),国家高新区在重大自主创新、新兴产业发展、科技创业孵化、新型市场主体培育、机制体制改革和政策创新、科技与经济融通发展等方面取得了重要成绩,已成为我国高新技术产业发展的主阵地、创新驱动发展战略的核心载体、科技与经济结合的重要平台。

经济创造能力不断提升。2018年,168个高新区预计实现营业收入33万亿元,出口总额3.3万亿元,净利润2万亿元,实际上缴税费1.7万亿元,园区新注册企业超过40万家。北京中关村、上海张江、广东深圳等自创区对本地GDP增长贡献率超过20%,成为创新发展的"领头雁"。

具有全球竞争力的创新型产业格局加速形成。国家高新区结构优化和动力转换取得明显成效,产业国际竞争力不断提升,新业态和新经济增长点持续涌现。2017年,国家高新区形成109个创新型产业集群,高技术制造业主营业务收入占全国比例超过35%。东湖光纤光缆、光器件、激光产品国内占有率均超过50%,张江集成电路产业产值约占全国集成电路产业产值的35%,天津高新区新能源领域风能产业占据全国市场份额的30%。新产业新业态积蓄新动能,高新区高技术服务业企业数量是高技术制造业的2.2倍,主要经济指标增速平均比高技术制造业高10个百分点以上。人工智能、自动驾驶、区块链、虚拟现实、网络安全、增材制造等新业态飞跃式发展。在关键前沿技术开发、重大产品与装备制造、国际技术标准创制等方面涌现一大批高端技术和产品,带动我国产业迈向全球价值链中高端。

自主创新能力显著提升。 国家高新区坚持创新是引领发展的第一动力,集聚了一批高水平创新资源和平台,自主创新能力不断提升。2017 年,国家高新区集聚了各类大学 790 所、研究院所 2600 家,累计建设国家重点实验室 329 个、新型产业技术研发机构 719 个。企业研发经费支出占园区生产总值的 7.09%,是全国研发经费支出与国内生产总值比例(2.12%)的 3.3 倍,占全国企业研发投入的 47.1%。发明专利申请授权量占全国发明专利申请授权量的 22.3%;PCT 国际专利申请量占全国 29.4%;每万名从业人员授权发明专利、拥有有效发明专利达到全国平均水平的 9 倍以上。72 家高新区被国家知识产权局认定为试点(或示范)园区。

创新创业生态持续优化。 国家高新区注重创新创业资源与要素的培育和集聚,积极调动各类创新创业主体的积极性,推动"双创"迈向更高层次和水平。截至 2017 年年底,国家高新区聚集了全国 50% 左右的国家级科技企业孵化器和众创空间,4971 家创业投资机构,是我国天使投资、风险投资最活跃的地区。2017 年,国家高新区新注册企业 38.6 万家,同比增长 36.9%,平均每天新注册企业 1058 家,创新创业已经成为国家高新区的价值导向和生活方式。

以人才为核心的创新要素加快汇聚。 2017 年,国家高新区从业人员达到 1940.7 万人,较上年增加 134.7 万人,其中大专以上学历占比 56.3%;当年吸纳高校应届毕业生 61.5 万人,较上年增加 7.6 万人,国家高新区成为吸纳高校毕业生就业的重要渠道。吸引集聚大批国内外高层次人才,2017 年国家高新区拥有留学归国人员 12.6 万人,外籍常驻人员 6.26 万人,其中 1726 人为园区推选并入选,25 家高新区成为国家"海外高层次人才创新基地"。

创新型市场主体加快培育。 国家高新区坚持分类培养、精准培育,打造以高新技术企业、"瞪羚企业"、"科技小巨人"、"独角兽企业"等为战略重点的企业生态群落。截至 2017 年年底,国家高新区内高新技术企业达到 4.9 万家,占全国高企数量近四成。集聚了"独角兽企业"125 家,占全国"独角兽企业"的 76.8%,"瞪羚企业"2857 家。集聚了互联网百强企业 96 家、生物医药百强企业 53 家,培育了一批引领时代的科技企业。

全球链接与辐射带动作用不断增强。 国家高新区紧抓创新全球化的发展机遇,深度融入"一带一路",集聚辐射全球创新资源的能力显著提升,加速世界级的创业团队、资本、技术的双向流动,通过搭建国际技术转移服务平台、异地孵化器、国际创新园、跨境经济合作园等方式,探索产能合作、技术溢出和成熟模式输出,成为我国深度融入全球经济体系的重要平台。国家高新区通过一区多园、异地孵化、飞地经济、共建协同创新平台或合作联盟、布局跨区域产业链等方式,带动区域经济、科技一体化发展。主动对接"京津冀协同发展""长江经济带"等国家战略,服务全国创新发展的能力稳步提高。中关村将开放实验室、创业孵化、平台服务等资源,以市场化运营机制导入津冀地区。

管理体制改革取得重大突破。国家高新区围绕政府职能、行政审批、组织机构、人事管理、薪酬改革,着力构建精简高效的管理服务体系。东湖、成都等多个高新区探索实施了"负面清单"管理模式。上海张江高新区推进行政审批权下放园区试点,基本实现"园内事园内办结"。杭州高新区以"四张清单一张网"为重点,推进服务型政府建设。济南高新区的"大部制"改革和"双轨制"人事制度改革举措,成为全国高新区行政管理体制改革标杆。深化商事制度改革,全面实施"五证合一、一照一码"、先照后证、资本认缴、一址多照和一照多址,推进"互联网+""一站式"政府服务,推出全国首个移动端全程无介质电子化登记平台、全国首张创新创业通票,营商环境持续改善,市场活力明显增强。

科技产业新城区加快形成。国家高新区不断完善园区城市功能,提升云、网、端等信息化基础设施建设水平,推动信息技术广泛渗透到经济与社会生活的各个领域,促进产、城、人的有机融合,万物互联、智能感知、社交活跃、数据共享的城市新空间初显雏形。不断提升经济社会发展质量和水平,健全新型社会治理服务体系,持续探索新时代前沿的治理模式。树立绿水青山就是金山银山理念,努力践行集约高效、绿色发展的新型工业化道路,建立健全低碳循环发展的经济体系。2017年,国家高新区规模以上企业万元增加值综合能耗为0.471吨标准煤,同比下降6.4%,是全国万元国内生产总值能耗(0.534吨标准煤)的86.7%。75家高新区获得国际或国内认证机构评定认可的ISO 14000环境管理体系认证。

第三节　区域创新与协同发展

为推动地方实施创新驱动发展战略,支撑创新型国家建设,聚焦创新要素集聚能力、综合实力和产业竞争力、创新创业环境、创新支撑社会民生发展、创新政策体系和治理架构等重点方面,创新型省份和创新型城市建设取得积极进展。

一、创新型省份建设

2016年4月,科技部印发《建设创新型省份工作指引》,明确八大重点任务:着力营造宜业环境,突出政策创新;着力强化企业主体,加快产业创新;着力构筑高端载体,加速引领创新;着力夯实人才根基,激励持续创新;着力形成多元投入,促进金融创新;着力突出科技惠民,推动社会创新;着力加强全球合作,提升开放创新;着力完善创新体系,支撑全面创新。截至2018年年底,已支持江苏、安徽、浙江、陕西、湖北、广东、福建、山东、四川、湖南10个省开展了创新型省份建设(图20-2)。

创新型省份建设取得积极进展。2017年十省高新技术企业达到82 960家,较2013年增长4.18倍,占全国高新技术企业的63.51%;高新技术企业主营业收入19.51万亿元,比2013年增加2.75倍,占全国高新技术企业营业收入的61.28%。创新创业活力显著增强,2017年十省国家级科技企业孵化器达598家,在孵企业4.2万家,均占全国的1/2。技术市场成交合同金额5440亿元,较2013年增长3.27倍。创新创业人才队伍不断扩大,2017年十省研发人员达到262万人,占全国的65.02%。创新平台载体取得重大突破,十省国家高新区达到93家,较2013年增长2.72倍,占全国高新区的60%。国家高新区营业收入16.47万亿元,占全国高新区营业收入的53.65%。体制机制改革走在前列,如湖北先后出台了"科技成果转化十条""高校院所科技人员服务企业新九条""科创20条"。

二、创新型城市建设

2016年12月,科技部、发展改革委两个部门联合印发《建设创新型城市工作指引》,提出"十抓"重点任务:抓改革政策的落地、抓创新要素的集聚、抓创新成果的转化、抓创新企业的培育、抓创新载体的建设、抓创新人才的激励、抓创新服务的完善、抓创新投入的带动、抓创新对社会民生的支撑、抓创新生态的营造。截至2018年年底,科技部已支持合肥、深圳等78个城市开展了创新型城市建设,覆盖了所有省会城市。创新型城市建设取得积极进展,如图20-2所示。

第二十章 区域科技与经济协调发展

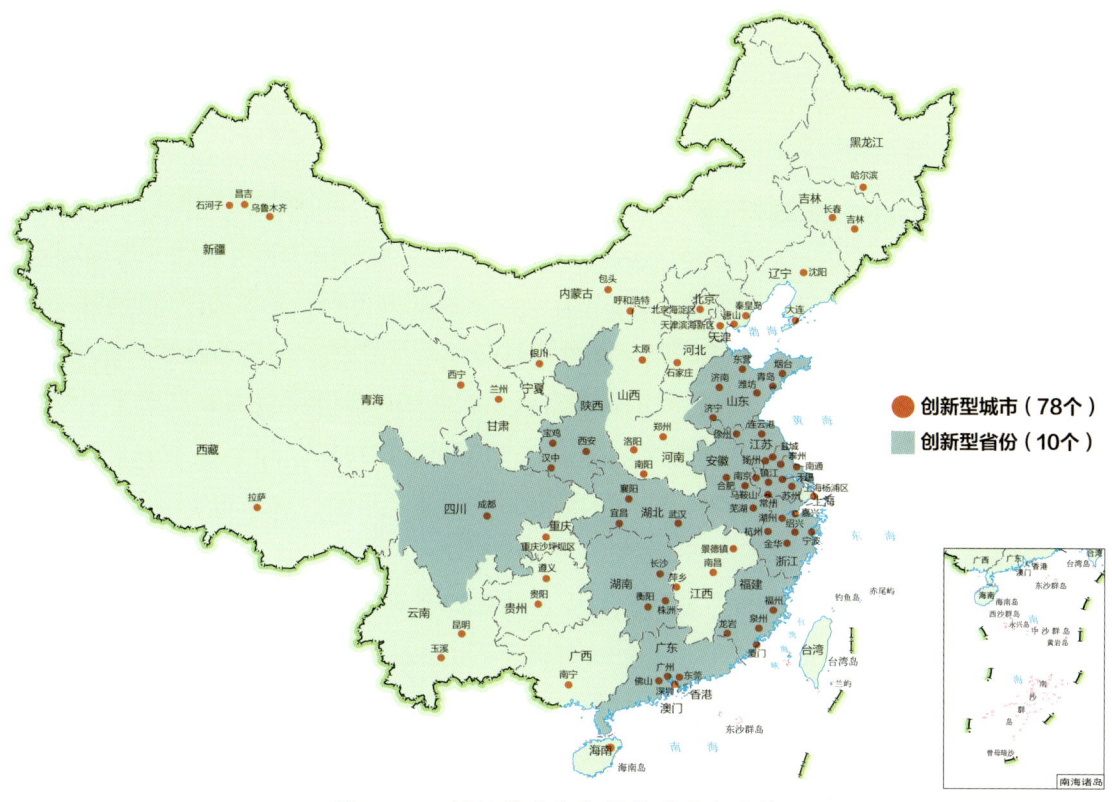

图 20-2 创新型省份和创新型城市名单

城市竞争力不断增强。中国社科院和联合国人居署联合发布的《全球城市竞争力报告 2018—2019》显示,深圳进入全球前 10 强,苏州、武汉、南京等 16 个城市进入前 100 强。英国 Nature 杂志刊登《2017 自然指数—科研城市》,南京、武汉、广州、合肥、杭州、长春等 10 个城市进入全球科研城市前 50 强。

持续加大科技投入,科技创新能力显著增强。2017 年 78 个城市财政科技支出总量达到 2107 亿元,是 2011 年的 3.4 倍;平均的财政科技支出占比达 3.86%。财政科技投入有效地撬动全社会研发投入。研发经费支出达到 8474 亿元,是 2011 年的 2.45 倍;研发投入强度达到 2.02%,比 2011 年提高 0.35 个百分点。研发投入带动科技产出成果丰硕。万人发明专利拥有量达到 17.5 件,约为 2011 年的 2.8 倍。

高端产业加快集聚壮大。2017 年 78 个城市高新技术企业总数达到 77 018 家,是 2011 年的 3.3 倍,约占全国的 60%;共建有 78 个高新区,营业总收入达到 17.23 万亿元,是 2011 年的 2.68 倍。

探索形成了一批支持创新的改革经验。例如，成都开展了以事前产权激励为核心的职务科技成果权属改革；沈阳实施"定向研发、定向转化、定向服务"的订单式研发和成果转化机制。

三、全面创新改革试验

科技部与发展改革委会同有关方面，充分发挥区域在改革创新方面的示范带动作用，探索发挥市场和政府作用的有效机制、促进科技与经济深度融合的有效途径、激发创新者动力和活力的有效举措、深化开放创新的有效模式。2016年国务院批复同意了京津冀、上海、广东（珠三角）、安徽（合芜蚌）、四川（成德绵）、湖北（武汉）、陕西（西安）、辽宁（沈阳）8个区域改革试验方案，在市场公平竞争、知识产权保护、科技成果转化等8个方面开展改革探索。

按照党中央、国务院部署，发展改革委、科技部牵头，会同有关部门和地方大力推动改革试验，取得积极成效。建立了全面创新改革长效机制，国家层面建立部际协调机制，统筹改革试验推进工作。形成了两批可复制推广的改革举措，第一批13项、第二批23项改革经验已分别于2017年9月、2018年12月由国务院办公厅印发通知复制推广。制定了一批支持创新的重大政策，各部门积极指导协调地方改革探索，在此基础上，研究制定了60余项政策文件，及时将改革探索上升到政策和制度层面。促进了区域率先向创新驱动转型，改革试验期间，各区域不断将改革形成的制度优势，转化为产业发展的经济优势，经济发展质量加快提升。

四、部省工作会商

会商以落实习近平总书记关于科技创新的重要论述和对地方发展的系列指示要求为根本遵循，对标创新型国家和科技强国建设目标要求，加强部省战略对接、政策协同、资源集聚、措施衔接，推动地方真正把科技创新摆在发展全局的核心位置，实施创新驱动发展战略，推动高质量发展。

会商内容包括议定书和议题两个方面。议定书明确未来5年部省双方合作框架和合作机制，重在定方向、定目标。议题围绕议定书事项（或部分事项），明确未来两年的具体任务，重在细化、实化。首先，围绕落实习近平总书记对科技创新、对地方发展的指示要求，就国家科技工作总体部署和地方创新发展重大需求进行对接，共同协商部省在顶层设计、战略制定、规划安排等方面的合作思路，推动在抓创新的方法、目标、路径等方面形成同频共振，合力落实国家战略部署、促进地方发展目标实现。其次，加强国家和地方、科技和产业政策的配套衔接，共同强化政策的引导和服务、激励和约束作用，形成部省"组合拳"，推动国家科技部署在地方更好落实，支持地方培育形成更多创新优势，共同营造有利于创新的生态环境，激发各类创新主体的创新活力和全社会的创造潜能。最后，围绕创新型国家建设，紧密结合地方发展的阶段、需求，发挥地方特色优势，在打造区域创新高地、加快科技成果转移转化、优化创新基地规划布局、加强创新人才培养引进、开展重大科技研发攻关、加强基础研究和应用基础研究、促进开放协同创新等方面，共同凝练合作的重点领域和内容，统筹配置科技资源，协同推进落实。目前，科技部已与全国 31 个省（区、市）建立了部省会商工作制度。特别是"十二五"以来，科技部与地方共举行 70 余次会商会议，围绕落实国家战略部署和服务地方发展需求，共同就科技创新的思路、目标、切入点和着力点等深入协商、形成共识，集聚资源、合力实施了 1600 多项具体任务，取得积极成效。

实践证明，部省会商已成为科技部落实党中央决策部署的重要抓手、服务地方发展需求的重要平台、推动工作更好落实的重要渠道、完善区域创新体系的重要手段，对加快实施创新驱动发展战略，建设创新型国家发挥了重要作用。

第四节　科技对口支援和东西科技合作

党的十八大以来，党中央、国务院从国家战略高度进一步谋划和推进欠发达地区的发展，高度重视科技创新在欠发达地区发展中的关键作用，强调要通过对口支援等机制，紧紧依靠创新驱动发展，统筹部署产业、经济、科技、社会事业各方面工作。

一、科技援疆

认真贯彻党中央、国务院关于新疆工作的各项决策部署，不断加大政策、项目、基地、平台、人才等创新资源的支持力度，科技援疆工作取得显著成效，有力支撑新疆社会稳定和长治久安。科技部已组织召开了 5 次全国科技援疆工作会议（图 20-3），逐步形成中国科学院、中国工程院、教育部等部门，江苏、浙江等 21 个对口援疆省市的"大科技"援疆机制，新疆 14 个地州实现科技援疆"全覆盖"。科技部联合发展改革委共同编制印发《全国科技援疆规划（2011—2020年）》。

图 20-3　第五次全国科技援疆工作会议

科技部支持新疆承担了一批国家科技计划项目，实施了一批重大科技工程，推动了一批重大科技成果在新疆落地转化，对促进优势特色产业创新发展，推动农业领域科技创新，推动科技更好惠及民生发挥了重要作用。各援疆省市从单一的技术和资金输出，逐渐转变为开展技术合作、人才培养、基地建设等以造血为目的的互利互惠行动。

二、科技援藏、援青

深入落实党中央、国务院关于西藏工作决策部署，结合西藏和四省藏区经济社会发展实际需求，加大创新政策、平台基地、人才引进等方面支持力度，积极提升区域科技创新能力，为西藏和四省藏区经济社会发展和长治久安总目标实现提供有力支撑。加强科技援藏和援青工作顶层设计，编制完成《"十三五"全国科技援藏规划》《"十三五"科技援青规划》。按照党中央部署要求，紧密结合区域发展实际需求，对"十三五"时期动员各方力量开展科技援藏、援青的重点工作进行了全面部署。科技部、西藏自治区人民政府已召开4次全国科技援藏工作座谈会（图20-4）。

加强科技基础平台建设。指导西藏培育建设青稞和牦牛种质资源与遗传改良国家重点实验室，提升高原特色学科领域和优势产业领域技术创新能力。根据西藏实际发展需求，将各类优质科技资源加速向西藏开放共享。

第二十章 区域科技与经济协调发展

图 20-4　第四次全国科技援藏工作座谈会

推动藏区科技精准扶贫。按照国家脱贫攻坚总体部署，积极推进科技扶贫行动在西藏的实施，指导西藏培养壮大基层科技人员队伍，大力引导科技成果转移和转化，带动农牧民增收致富。深入推行科技特派员制度，与农民结成利益共同体，推广新品种新技术，为农民开展技术培训，推动农村科技创新创业。通过"三区"人才支持计划科技人员专项计划，支持西藏和四省藏区选派科技人员，培养本土人才。

三、东西科技合作

科技支宁

深入贯彻落实习近平总书记视察宁夏时的重要指示精神，2017年8月，科技部与宁夏回族自治区共同在银川组织召开首次"科技支宁"东西部合作对接会，建立由部区双方主要领导任组长的"科技支宁"东西部合作协调领导小组；2018年9月，在银川召开了第二次对接会，总结经验和成效，搭建新的合作平台，深化东西科技合作。

2017年"科技支宁"东西部合作机制建立以来，科技部加强与宁夏的对接，紧紧围绕宁夏发展的重大需求，不断加大对宁夏科技及经济社会发展的支持力度，积极建设园区载体，搭建平台、做好服务，推动东部科技创新资源向宁夏流动，将"科技支宁"打造成东西部科技创新合作的样板，示范带动西部地区创新驱动发展。

有关省市、高校和科研院所积极响应习近平总书记关于东西部科技合作的重要指示精神，充分发挥东部地区科技人才、技术成果方面的优势，围绕宁夏创新所需开展重大关键技术联合攻关、"双创"载体共建、人才引进培养、创新主体培育，带动创新资源向宁夏聚集，取得了一批科技创新成果，极大地激发了宁夏的科技创新活力。

合作机制不断完善。形成了"8+6"合作机制，即北京、天津、上海、江苏、浙江、福建、山东、湖北8个省市，中科院、工程院、农科院、浙江大学、西北农林科技大学、江南大学6家院校，协同支持宁夏科技发展。

形成多方联动、协同支持的良好局面。宁夏财政安排专项资金支持东西部科技创新合作。有关省市深度参与，如江苏对签约落地的东西部科技合作项目给予资金支持；北京、天津、福建多次组织召开技术对接会；工程院组织举办"宁东煤炭清洁高效安全发展院士行"活动，与宁夏联合成立了中国工程科技发展战略宁夏研究院。

一批项目、平台、园区、人才落户宁夏。例如，神华宁煤集团与中科院山西煤化所合作的"煤炭间接液化核心技术及关键装备重大创新"项目成果实现产业化；与中科院联合建设中国葡萄酒产业技术研究院；北京中关村在银川合作共建银川中关村创新中心银川高新区与绍兴高新区、石嘴山高新区与长沙高新区、石嘴山经开区与杭州经开区、吴忠国家农业科技园区与杨凌农高区开展结对共建。

科技入滇

为落实习近平总书记考察云南重要指示要求，支持云南吸引集聚全国优势科技资源，加快创新驱动发展，自2012年起，科技部与云南省联合积极推进了3届科技入滇对接活动，吸引国内外科研平台、科技型企业、科技成果、人才和团队入滇落户。科技入滇已打造成为云南加强区域科技创新交流与合作的品牌，为云南主动服务和融入"一带一路"倡议，建设面向南亚东南亚科技创新中心提供了有力支撑。汇聚创新资源，合作签约项目喜人，在科技部和云南省政府的共同推动下，科技入滇对接活动得到了全国各省（区、市）科技管理部门、高等学校、科研机构和知名科技企业的积极响应和大力支持；云南省与省外高等学校、科研机构、科技企业共签署合作协议达成"四个落地"签约项目近2000项。打造创新动能，项目落地成效显著，在院士专家团队的带领下，一批重大科技成果在云南转化应用，产生了较好的经济社会效益，如新型动力电池、氮化镓材料、相变储能材料、3D打印设备、雨生红球藻、药用级黄腐酸钠等一批云南急需的重大科技成果在滇实现转化应用。构建合作创新网络，支撑开放合作新格局，通过科技入滇，云南省政府与中国科学院、清华大学、上海交通大学等院校建立了长期稳定的战略合作关系。

第二十章
区域科技与经济协调发展

深圳与新疆科技合作

支持深圳与新疆合作推进丝绸之路经济带创新驱动发展试验区建设。建立了新疆、科技部、深圳、中国科学院四方合作领导小组，2016年联合签署《试验区建设合作备忘录》，2018年研究出台《丝绸之路经济带创新驱动发展试验区总体规划纲要》及《新疆创新试验区总体实施方案（2018—2020）》。经过多方努力，试验区的示范作用逐步凸显，产业转型升级明显加快，四方合作成效显著。科技部支持新疆实施科技项目，中国科学院在新疆部署重大科研基础设施，深圳在新疆启动建设深圳新能源汽车示范基地，连续3年在深圳高交会举办丝路创新交流会，新疆组建了中科援疆基金、丝路创新基金和科技成果转化基金。经过两年多的建设，试验区高新技术企业增加了102家，高新技术企业营业收入增长36%，技术合同成交额增长13.4%，集聚了新疆60%以上的科研机构、73%的高校和65%以上的科技人才，对新疆创新发展发挥了重要的示范引领和辐射带动作用。2018年11月，国务院正式批复乌鲁木齐、昌吉、石河子高新区建设国家自主创新示范区。

上海张江与甘肃兰白试验区科技合作

支持上海张江与甘肃合作推进兰白试验区建设。科技部与甘肃省人民政府多次召开兰白试验区建设三方座谈会，支持甘肃兰白试验区持续深化与上海张江的创新合作。2016年，发起设立总规模6亿元的兰白张江基金，陆续成功举办"上海张江企业兰州行""高端人才甘肃行"等活动，一批企业入园进区，一批创新平台获批组建。2018年2月，国务院正式批复兰州、白银高新区建设国家自主创新示范区。

第五节 科技成果转化

习近平总书记高度重视科技成果转化工作，强调要加快创新成果转化应用，彻底打通关卡，破解实现技术突破、产品制造、市场模式、产业发展一条龙转化的瓶颈。

一、创新创业

党的十八大以来，创新发展已成为全社会的高度共识和自觉行动。各地方把科技创新作为地方经济社会发展的主战略和主抓手，围绕成果转化、创新创业、基地平台、人才激励等方面提出一系列重大举措,探索形成各具特色的创新发展道路。各部门密切协作、狠抓落实,出台系列政策文件,实施行动计划,加强试点示范,促进经济、财政、金融、贸易、产业、投资、教育政策与科技政策的协同联动,凝聚形成创新发展的合力。各类创新主体和广大科研人员参与创新的主动性、积极性、创造性显著增强。科技创新走进千家万户,成为百姓生活方式的重要选择,全社会崇尚创新、支持创新、投入创新的氛围日益浓厚,创新创业蔚然成风。

"双创"政策覆盖对象更加多元化。2015年,国务院先后出台了《关于深化高等学校创新创业教育改革的实施意见》《关于改革完善博士后制度的意见》《关于支持农民工等人员返乡创业的意见》,加强对博士后研究人员、大学生、农民等不同群体的创业指导和创新创业服务。

进一步加入对科技型中小企业的财政支持力度,充分发挥中央财政资金的引导作用,凝聚带动社会资源。2015年,国务院相继出台《关于发展众创空间推进大众创新创业的指导意见》《关于大力推进大众创业万众创新若干政策措施的意见》,要求各级财政要根据创新创业需要,统筹安排各类支持小微企业和创新创业的资金,加大对创新创业支持力度;支持有条件的地方政府设立创业基金,扶持创新创业发展。要求发挥中小企业发展专项资金、国家新兴产业创业投资引导基金、国家科技成果转化引导基金的引导作用,引导银行、创业投资等社会资金支持创业企业和早期中小型企业发展。

推动建立"双创"物理空间。2015年,国务院先后出台了《关于发展众创空间推进大众创新创业的指导意见》《关于加快构建大众创业万众创新支撑平台的指导意见》,提出了各类科技园、孵化器、创业基地、农民工返乡创业园等加快与互联网融合创新,打造线上线下相结合的众创载体;发展创客空间、创业咖啡、创新工场等新型众创空间,建立"众创、众包、众扶、众筹"等大众创业万众创新支撑平台。2015年,国土资源部、科技部等六部门联合出台《关于支持新产业新业态发展促进大众创业万众创新用地政策的意见》,对战略新兴产业、众创空间等用地需求优先安排用地供应,并可适度增加年度新增建设用地指标。

推进简政放权,为创业者提供更加便捷的服务。《2015年推进简政放权放管结合转变政府职能工作方案》《关于简化优化公共服务流程方便基层群众办事创业的通知》于2015年先后出台,推进工商营业执照、组织机构代码证、税务登记证"三证合一",清理行政收费,降低创业成本,简化办事环节和手续,优化公共服务流程,为创新创业清障搭台。

第二十章 区域科技与经济协调发展

国家专业化众创空间示范深入推进，引导和支持龙头骨干企业、科研院所、高校、新型研发机构建设专业化众创空间，促进市场主体多方协同，打造专业化、网络化、国际化的创新创业平台，先后备案建设了50家国家专业化众创空间。建成4298家众创空间、3255家科技企业孵化器和400余家企业加速器，开展41个科技创新孵化链条试点，形成从产品创意到产品生产全服务的生态体系，2017年服务创业团队和初创企业近40万家，带动社会资本投入超过930亿元，带动就业超过200万人。现代农业众创空间、一站式综合服务平台"星创天地"有效带动科技特派员、大学生、返乡农民工等人员开展创业。638家"星创天地"培训创业人才227万人，孵化企业10 335家，创造产值利润354亿元。

积极开展以"双创活动周"为代表的创新创业文化宣传，举办全国创新创业大赛，支持辽宁、海南等地创新创业大赛，使创新创业理念更加深入人心（图20-5）。国务院确定每年5月30日为"全国科技工作者日"。全国科技活动周、全国科普日、全国科学实验展演会演等活动持续开展，社会反响热烈。组织"科技列车西藏行"，启动"科普援藏"工作。支持香港创科博览和澳门科技活动周。科普基地和活动的税收优惠政策延续实施到2017年，进口科普影视作品税收优惠政策延续到2020年，为科普基地和产业发展营造良好社会氛围。

图20-5 2018年全国大众创业万众创新活动周

与"一行三会"在中关村、上海、厦门等25个地区推进科技与金融结合试点，地方密集出台300多项科技金融政策文件，示范效应显著。国家科技成果转化引导基金累计设立14支创业投资子基金,中央财政投入56亿元,引导地方政府、金融机构、民间资本投资规模达247亿元。截至2016年年底,全国448支创业风险投资引导基金累计出资518.65亿元,引导带动创业风投资金2393亿元。截至2017年9月,全国科技企业贷款余额2.95万亿元,存量客户8.2万户。与银监会、人民银行联合开展投贷联动试点,10家银行在5个国家自主创新示范区开展"创业投资+银行信贷"试点。首台(套)重大技术装备保险补偿机制试点、专利实施保险、贷款保证保险等科技保险产品和服务相继推出。建设绿色技术银行,探索绿色技术和金融结合的转移转化模式,得到国际社会的肯定。

二、科技成果转化

2015年以来,全国人大修订完成《促进科技成果转化法》,国务院发布《实施〈中华人民共和国促进科技成果转化法〉若干规定》,国务院办公厅印发《促进科技成果转移转化行动方案》,形成从修订法律、制定配套政策到部署具体行动的"三部曲"系统推进的新格局。这部修订后的法律变化比较大的重点制度有5个方面:在完善科技成果市场化定价机制方面,修订以后的法律条款,在不排斥资产评估的前提下,明确了市场化定价的合法性,并且明确了市场化定价的方式和程序;加大了对成果完成人和转化工作做出重要贡献的人员的激励力度,法律明确奖励义务,充分尊重企业自主权;进一步完善了科技成果处置、收益和分配有关的制度,国家设立的研究和开发机构包括高等院校对它持有的成果,可以自主转让、许可或作价投资,现在法律规定把这个权力下放给了大学和研究所;进一步完善了科研成果的评价体系,明确了相关部门的职责,有关部门应当建立有利于促进科技成果转化的绩效考评体系,政府相关的部门应当对成果转移绩效做出重要贡献的加大支持力度;加强科技成果报告和信息的发布工作,法律当中提出来要建立和完善科技报告制度并建立科技成果的信息系统,向社会发布科技项目实施的情况及科技成果和相关知识产权信息。

保护知识产权,实行更加严格的知识产权保护制度,推动创新发展,推动创新成果的转移转化工作,保护企业的创新投资取得应有的效益。各研究开发机构、高等院校的科技成果转化活动日益活跃,科技成果转化和产业化成效显著。

设立了8个国家科技成果转移转化示范区,重点行业和区域示范加快推进,各地方、各部门加快出台具体落实措施,技术转移转化中介机构加快发展,各类技术交易市场超过1000家。2016年高校服务企业社会获得的科研经费达到1791亿元,科技成果直接交易额达到130.9亿元。科研人员获得科技成果转化奖励金额和人次均显著增长，科研机构和高校科技成果转化呈现"量""质"齐升局面。

以转让、许可、作价投资方式转化科技成果合同金额、项数迅速增长。2017年，2766家研究开发机构、高等院校中有转让、许可、作价投资转化活动的有957家，其成果转化合同金额达121.1亿元。以转让、许可、作价投资方式转化科技成果合同总金额超过1亿元的单位有31家，同比增长55.0%。财政资助项目产生的科技成果转化合同金额和合同项数成倍增长。2017年，财政资助项目产生的科技成果以转让、许可、作价投资方式转化合同金额为32.4亿元，同比增长372.3%，合同项数为2489项，同比增长198.1%。其中，中央财政资助项目产生的科技成果转化合同金额为23.7亿元，同比增长7.0倍，合同项数为1350项，同比增长3.5倍。

科技成果交易均价显著提高，技术入股金额激增。2017年，以转让、许可、作价投资方式转化科技成果的平均合同金额为122.2万元，同比增长23.9%。以作价投资方式转化科技成果的合同金额达52.0亿元，同比增长1.1倍，作价投资平均合同金额1001.1万元，同比增长134.2%，分别是转让、许可平均合同金额的17.3倍和9.9倍。大额科技成果转化项目频出。2017年单项转化合同金额超1亿元的成果为7项，超5000万元的为38项，超1000万元的为221项。其中，山东理工大学的"聚氨酯化学发泡剂专利技术"许可合同金额达5.2亿元，中科院大连化学物理研究所的"分子筛及催化剂技术"作价投资合同金额2.5亿元。

现金和股权奖励总金额大幅增长，股权奖励金额激增。2017年科研人员获得的现金和股权奖励金额达47.2亿元，同比增长24.2%，占现金和股权收入总金额的比例为51.4%，其中股权奖励为25.0亿元，同比增长99.5%。奖励人次和人均奖励金额稳步提升。现金和股权奖励科研人员6.2万人次，同比增长0.5%，人均奖励金额7.6万元，同比增长23.6%。研发与转化主要贡献人员获得的奖励金额迅速增长，现金和股权奖励总金额达42.6亿元，同比增长70.8%，占奖励科研人员总金额的比例达到90.3%，高于2016年的65.7%，超过《实施〈中华人民共和国促进科技成果转化法〉若干规定》奖励占比不低于50%的规定，政策红利显著释放。

2018年，我国技术要素市场加速发展壮大，形成了以《促进科技成果转化法》及其若干规定、技术转让所得税、技术交易增值税等为主的政策法规体系，以11家国家技术转移区域中心和453家技术转移示范机构为节点的服务运营体系，以国家、省、市、县管理部门及千余家技术合同登记机构为支撑的管理监督体系。2018年，全国共签订登记技术合同超过41万项,成交金额超过1.77万亿元,同比增速达到32%。

三、科技服务体系

科技成果转化引导基金

为贯彻落实《国家中长期科学和技术发展规划纲要(2006—2020年)》,加快推动科技成果转化与应用,培育和发展战略性新兴产业,2011年7月4日,财政部、科技部决定设立国家科技成果转化引导基金(简称"转化基金"),并联合印发了《国家科技成果转化引导基金管理暂行办法》。2014年,转化基金正式启动,侧重于引导金融资本和社会资本加大对科技型中小企业转移转化科技成果的支持,主要支持方式有设立创业投资了基金、贷款风险补偿和绩效奖励等支持方式,引导和带动金融资本、民间资本和地方政府共同加大科技成果转化投入,创新支持机制和模式,促进科技成果转化。截至2018年年底,转化基金已批准设立4批共21支子基金,总规模313.01亿元,其中,转化基金出资75.47亿元(按年度分期出资),引导地方政府和社会资本出资237.54亿元,已投资科技成果转化项目174个,投资额近百亿元,主要分布在北京、上海、江苏、湖南、陕西、青海等19个省市。

科技企业孵化器

2016年,国务院先后发布《关于加快众创空间发展服务实体经济转型升级的指导意见》《关于建设大众创业万众创新示范基地的实施意见》《"十三五"国家科技创新规划》,都对孵化器工作提出具体要求。财政部、国家税务总局发布《关于科技企业孵化器税收政策的通知》,对符合条件的科技企业孵化器和众创空间享受免征房产税、城镇土地使用税、增值税、所得税的优惠政策。2016年全国孵化器共实现四税减免2.3亿元。

"双创"工作进入提质加速期,科技企业孵化器(简称"孵化器")以其完备的孵化服务体系和棋布全国省市区县的庞大规模,已成为新常态下发展新经济、培育新动能的重要载体和抓手。截至2018年年底,全国创业孵化机构总数达到11 808家,其中,孵化器为4849家,同比增长19.2%;众创空间为6959家,同比增长21.3%。全国在孵企业和团队62.0万家,其中,孵化器在孵科技型中小企业20.6万家,同比增长17.7%;众创空间服务的初创企业和创业团队41.4万家。2018年,创业孵化机构运营收入为646.2亿元,其中,孵化器总收入463.3亿元,众创空间总收入182.9亿元;运营成本为515.7

亿元，其中，孵化器运营成本为341.5亿元，众创空间运营成本为174.2亿元。在孵企业和团队科技含量进一步提升，其中，在孵企业拥有有效知识产权超过65.6万件，其中发明专利10.6万件。全国创业孵化机构从业人员达到21.8万人，其中孵化器从业人员总计7.3万人，众创空间从业人员14.5万人。创业带动就业作用进一步发挥，在孵企业和创业团队人员数达到395万人。

国家技术转移示范机构

科技部、教育部、中国科学院共同实施"国家技术转移促进行动"以来，截至2016年，已覆盖高校、科研院所、企业等的各类技术转移服务机构453家。国家技术转移示范机构通过模式探索与机制创新，技术转移服务整体效能显著提升，逐步发展成为中国技术转移体系的核心力量，为促进科技创新与科技成果转移转化，激发大众创新创业活力，繁荣技术市场，支撑经济社会发展发挥了重要作用。

高校、科研院所技术转移机构数量占比超过五成。高校技术转移机构中，66家为依托国家"211工程"大学的机构，如清华大学、同济大学、浙江大学、西安交通大学等；科研院所技术转移机构中，中国科学院技术转移机构46家，如中国科学院青岛产业技术创新与育成中心、中国科学院北京国家技术转移中心等；政府所属技术转移机构主要包括科技成果转化中心、科技研发中心等。

截至2017年年底，示范机构已在全国30个省（区、市，除西藏）及新疆生产建设兵团和5个计划单列市全面布局。其中，创新资源最为丰富、技术转移最为活跃的为北京、江苏、上海等地，示范机构数量居全国前列，分别为58家、45家和26家。

第二十一章
融入全球科技创新体系

习近平总书记指出,加强创新能力开放合作。要以全球视野谋划和推动科技创新,坚持融入全球科技创新网络,树立人类命运共同体意识。

党的十八大以来,我国致力于构建以合作共赢为核心的新型国际关系,对发达国家、新兴经济体和发展中国家的政府间科技合作进行分类布局,有效加强多边科技合作,推进"一带一路"倡议,开创与沿线国家科技创新互联互通新局面,积极探索科技开放合作新模式、新路径、新体制,全方位融入全球创新网络,国际科技创新合作在国家整体外交战略中的地位日益凸显。

第一节 国际科技创新合作布局

目前,我国已与160个国家和地区建立了科技合作关系,签订了114个政府间科技合作协定,加入了200多个政府间国际科技创新合作组织。截至2019年,科技部驻外机构分布在亚洲、欧洲、北美洲、南美洲、大洋洲和非洲的53个国家,共有80个驻外使领馆、团(图21-1)。我国广泛开展双边、多边合作,主动参与全球创新治理,打造全方位、多层次、宽领域的国际科技创新合作布局。

一、创新对话

我国与美国、欧盟、俄罗斯、德国、法国、加拿大、比利时、澳大利亚、以色列及巴西开启了十大创新对话机制,旨在落实双(多)边政府间科技合作协定和领导人承诺,深化政府间创新对话与科技合作,充分讨论和交流双方共同关切的问题。中美创新对话机制在2010年成立,中欧(盟)创新对话机制在2012年成立,中法、中比、中俄创新

第二十一章
融入全球科技创新体系

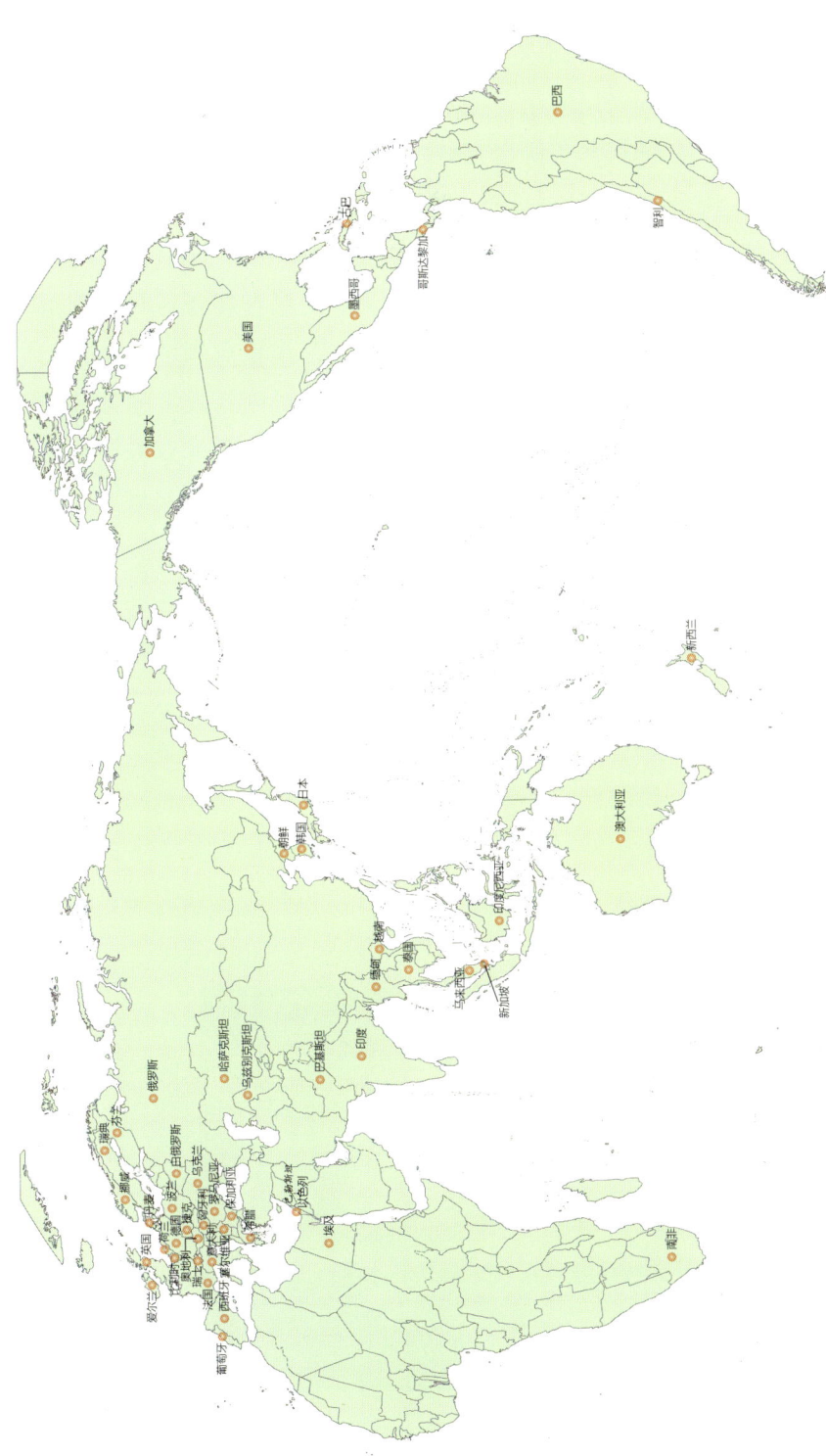

图 21-1 2019 年科技部驻外使领馆、团分布国家

447

对话机制等陆续启动。

中美创新对话为两国间的科技、经济部门及企业开启了一个全新的双边沟通机制,使双方可就有关创新的具体问题展开高层对话,围绕创新分享彼此最佳实践,扩大互利共赢。中美创新对话由我国科技部部长和美国白宫科技政策办公室主任共同主持召开,首次中美创新对话于 2010 年 10 月在北京举行,迄今已成功举办 7 次。在历次中美创新对话上,双方就两国创新战略、市场准入、技术转移、知识产权政策、创新的最佳实践、产学研创新合作、培育良好的创新环境等议题深入讨论,推动双方加强对两国创新战略和政策的理解,并在此基础上探讨中美共同感兴趣的科技合作重点领域,进一步提升了双方开展创新合作的意愿。创新对话将双方关注点从最初对创新政策的分歧逐渐转移至创新成功经验和最佳实践的探讨和分享,增信释疑,有效地化解双方在创新领域的摩擦和争端,多次为两国元首会晤创造良好气氛,为历届中美战略与经济对话贡献重要成果。

中欧(盟)创新对话机制在 2012 年成立。2019 年 4 月 9 日,作为第二十一次中欧领导人会晤的唯一配套活动,第四次中欧创新合作对话在布鲁塞尔成功举行(图 21-2)。中欧双方确认《中欧科技合作协定》展期。中欧科技合作水平不断提升,双方共同建立了科技创新联合资助机制,实施 2018—2020 年度中欧科研创新旗舰合作计划,并在农业食品、可持续城镇化、生物技术、民用航空等领域取得积极合作进展,一致同意共同制定中欧科技创新合作路线图,为未来中欧科技创新合作规划方向。面对复杂多变的国际形势,中欧科技创新合作始终保持稳步发展态势,不断增强双方科技创新交流合作的契

图 21-2　2019 年 4 月 9 日,第四次中欧创新合作对话在布鲁塞尔成功举行

合点，拓展合作深度和广度，发挥中欧创新合作对话的平台作用，增进互信和理解。

中俄创新对话机制于2016年正式启动，为中俄全面战略协作伙伴关系增添了新的内涵。2017—2018年，分别在我国、俄罗斯举办两届中俄创新对话。中俄创新对话机制聚焦两国在创新战略与规划、创新政策与机制、科技金融、中小微型企业创业发展等方面的战略对话，推动中俄双方创新发展机构、科技型中小微企业、科技园区、创业孵化器、风险投资机构等在创新创业领域开展务实合作（图21-3）。

图21-3　2017年6月13—14日，首届中俄创新对话在北京成功举行

2018年，召开了中以创新合作联委会第四次会议、第五届中德创新大会、第九届中意创新合作周，开启中加创新对话。2017年发布《科技创新共塑未来·德国战略》，与德国在科技战略领域实现协调与对接，开创了大国科技合作的先例。依托中德电动汽车、清洁水、智能制造、政策对话等合作平台，打造创新全链条合作。2017年，中英联合发布科技创新合作战略，这是首个由中外方共同制定并联合发布的战略，列入中英高级别人文交流机制会议成果。实施中英旗舰挑战计划，在农业科技和健康老龄化领域部署旗舰合作项目，切实服务两国民生。加强中法科技创新合作顶层设计，落实2019年习近平主席访法涉科技领域成果和中法科技合作联委会共识，促进中国高新区与法国竞争力集群对接与合作，推动中法中小企业产学研项目合作，拓展合作领域，创新合作方式。落实2019年习近平主席访意涉科技领域成果，拓展中意合作渠道；加强中意基础研究合作和科研设施共享；继续举办中意创新合作周，为初创企业开展合作搭建平台，提供服务，推动科技与经济深度融合。加强与北欧次区域国家、南欧国家等有科技优势领域的国家开展有特色的合作，合理布局，多层推进，进一步深化国别科技创新合作。

二、科技伙伴计划

我国与非洲、东盟、南亚、阿拉伯国家、拉共体成员国、上合组织成员国、中东欧国家等广大发展中国家建立了七大科技伙伴计划。在伙伴计划框架下，根据各国发展需求，通过共建国家联合实验室、资助杰出青年科学家来华工作、开展先进适用技术培训等，帮助相关国家提升科技创新能力。通过建设国际技术转移中心、先进技术示范与推广基地，实施国际科技特派员行动，推动先进适用技术的转移。通过科技创新政策规划与咨询，与相关国家共享中国科技发展经验。2018年，配合高访举办重大科技活动。在南非举办中南科学家高级别对话会和中南科技创新合作成果图片展，习近平主席出席对话会开幕式并参观图片展。谈判推动形成重要双多边文件。我国启动"中国—中东欧国家科技创新伙伴计划"，发布《中国—东盟科技创新合作联合声明》。中俄科技合作成果纳入两国总理第23次定期会晤联合公报。《上合组织成员国2019—2020年科研机构合作务实措施计划（路线图）》纳入上合组织政府首脑理事会第17次会议成果。

中非科技伙伴计划。2009年11月，为推进中非科技合作，协助非洲国家开展科技能力建设的"中非科技伙伴计划"正式启动。在此计划框架下，中非选择双方共同关注的与社会民生和国家经济发展息息相关的科技领域，开展包括技术示范与推广、联合研究、技术培训、政策研究、科研设备捐赠等多种形式的具体合作。

中国—中东欧科技创新合作机制。目前，我国已与中东欧16个国家中的捷克、匈牙利、波兰、保加利亚、罗马尼亚、塞尔维亚、斯洛文尼亚、斯洛伐克、克罗地亚、马其顿、黑山11个国家建立了政府间科技合作委员会机制，并定期召开委员会例会。

2012年，总理级的中国—中东欧国家合作（"16+1合作"）机制建立。2019年，随着希腊的加入，该机制升级为"17+1合作"机制。科技创新合作是中国—中东欧国家合作的重要内容和亮点。2014年和2015年，中国—中东欧国家创新技术合作和国际技术转移研讨会分别召开，各方共同发布旨在加强技术转移合作的《合作宣言》，并一致同意创建虚拟"16+1合作"技术转移中心。2016—2018年，共举办3届"中国—中东欧国家创新合作大会"。2018年7月，在第7次中国—中东欧国家领导人会晤期间，各方共同达成《中国—中东欧国家合作索非亚纲要》，宣布"在公平基础上，加强在研究和创新领域的互利合作，启动'中国—中东欧国家科技创新伙伴计划'"。各方将开展联合研究，加强科技人员交流，开展科普合作，推动创新生态体系建设，促进科技成果转化与应用，提升科技服务能力。

中国—东盟科技伙伴计划。我国和东盟的经济、科技都取得了长足发展，双方在经济、科技领域的互补性增强，民间的科技合作日益频繁。我国在促进高新技术产业发展、科技改善民生等方面积累了丰富经验，对东盟国家具有借鉴意义。东盟国家通过科技支撑发展的成功实践，也值得中国学习。在创新全球化大背景下，我国和东盟的科技合作已成为潮流。我国和东盟的科技合作已驶入快车道，即将迎来发展的高潮。在此背景下，为深化中国与东盟在科技和可持续发展领域的合作，加速推进"中国—东盟科技伙伴计划"的实施，已与东盟各成员国建立务实高效、充满活力的新型科技伙伴关系，共享经验，通力合作，充分发挥科技在经济和社会发展中的关键作用，促进区域可持续发展。通过开展我国和东盟及其成员国的科技与创新合作，共享科技发展经验，增强区域内各国科技能力，助力加速地区经济增长、社会进步和文化发展，增进地区间的积极合作和相互援助，促进我国和东盟成员国在科技领域的融合，共同迎接科技和经济全球化，为实现联合国千年发展目标做出贡献，造福我国和东盟各国人民。

三、多边科技创新合作

科技创新日益成为国家多边外交中的重要议题，目前我国参加的国际组织和多边机制已超过1000个，其中政府间国际组织就有200余个。国际竹藤组织、亚太空间合作组织和联合国亚太地区农业工程与机械中心3个国际组织已将总部设在中国。我国与各类国际组织广泛开展合作，充分利用多边舞台主动参与全球创新治理，参与了国际热核聚变实验堆（ITER）计划、地球观测组织/全球综合地球观测系统（GEO/GEOSS）、欧洲核子研究中心（CERN）、LHC大型强子对撞机、平方公里阵列射电望远镜（SKA）等国际大科学计划和大科学工程，并主动谋划发起和牵头组织国际大科学计划，为解决人类共同面对的问题提出中国方案、贡献中国力量。从无到有、从少到多，多边科技创新合作正在为促进世界经济增长和完善全球治理贡献科技创新方案。

我国通过积极参与二十国集团（G20）、全球绿色目标伙伴峰会（P4G）、世界经济论坛、金砖国家合作、清洁能源和创新使命机制、北极合作、亚太经合组织（APEC）科技创新政策伙伴关系机制（PPSTI）、部长级会议、第四代核能系统国际论坛（GIF）、经合组织（OECD）、科技政策委员会（CSTP）、国际能源署（IEA）、能源研究和技术委员会（CERT）、亚欧会议（ASEM）、卡耐基科技部长会议、南方科技促进可持续发展委员会（COMSATS）、国际遗传工程和生物技术中心（ICGEB）、全球研究基础设施共享高官会议（GSO）、联合国相关机构等多边治理机制，提升了中国在多边机制的话语权和引领力；参与并构建全球创新治理新格局，服务国家整体外交；向世界分享中国发展经验，阐述中国机遇与主张，贡献中国智慧和方案。例如，2014年，科技部主办APEC PPSTI会议，经过竞选中方担任2015—2016年机制主席、2017—2018年机制副主席。2015年，出席联合国气候变化巴黎大会创新使命倡议启动仪式，成为创新使命倡议创始国之一。2016年，中国主办首届G20科技创新部长会议，该会议是在G20框架下首次由我国倡议召开并建立的科技创新部长会议机制，彰显了我国在G20科技创新领域的议程设置力和影响力。2017年，中国主办第八届清洁能源部长级会议和第二届创新使命部长级会议，为全球清洁能源发展注入正能量；主办第五届金砖国家科技创新部长级会议，努力拓展合作共识，将中国理念、中国方案上升为金砖共同理念、共同方案。2018年，我国代表出席首届P4G并在开幕式上致辞，分享中国绿色发展经验，为加快实现联合国2030年可持续发展目标贡献中国方案。

中国积极支持大学、科研院所、产业界参与了国际热核聚变实验堆（ITER）计划、地球观测组织（GEO）、国际大洋发现计划（IODP）、平方公里阵列射电望远镜（SKA）建设准备阶段等大科学计划和大科学工程，通过在参与的核心议题上主动发挥引导作用，维护国家利益；在继续深入参与的基础上将我国优势领域引入，确保我国科研界、工业界在其中发挥优势地位，通过国际竞争提升我国基础研究和高新技术创新能力；培养优秀人才，为我国提出并牵头组织国际大科学计划和工程充分积累人力资源与国际经验；宣传中国成果，为国际治理提供中国方案和中国智慧，体现大国责任。国务院发布《积极牵头组织国际大科学计划和大科学工程方案》，使我国牵头开展国际大科学计划及工程的实力不断增强。

四、科技援外

通过开展对发展中国家的科技援助项目，落实政府间协议，有力支撑了总体外交大局和"一带一路"等重要倡议。不仅稳固和提升了相关双边关系，也为相关国家培养了科研人员及科技管理人才，提高了其科技自主创新水平和能力，有力推动了其经济社会发展。

发展中国家技术培训班是科技援外工作的重要组成部分。从1989年起，科技部每年支持国内企业、高校和科研机构承办发展中国家技术培训班项目，帮助广大发展中国家培养专业技术人才，开展科技能力建设，提升自主创新能力，服务于当地经济和社会发展。

30 年来，发展中国家技术培训班充分发挥公共科技外交优势，促进了双方利益的高水平融合，得到广大发展中国家政府和培训学员的高度评价，已成为我国与发展中国家合作的一张亮丽"名片"。

据统计，2011—2018 年，科技部共举办了近 400 个发展中国家技术培训班，培训学员总数超过 9000 人，培训领域主要涉及农业（含林业、牧业、渔业）、新能源、信息技术与先进制造、资源环境，以及医疗卫生和其他民生领域。覆盖 82 个发展中国家和地区，以成熟适用技术为主，涉及农业、信息与制造、新能源、医疗卫生、资源环境和科技政策与管理等领域，促进学员所在国家经济社会发展效果显著，培养了一批知华友华的中高端专业技术人才，成功推动我国企业、产品与技术标准"走出去"，在国际上形成了独特品牌与良好声誉。2013 年启动实施"国际杰青计划"，截至 2018 年已有来自印度、巴基斯坦、乌兹别克斯坦、孟加拉国、缅甸、蒙古、泰国、斯里兰卡、尼泊尔、埃及、保加利亚、塞尔维亚等国家的 400 多名青年科学家来华在各领域开展科研工作。2011—2016 年，建立一大批国际科技合作基地与平台，包括联合实验室/联合研究中心 53 个，技术示范推广基地 160 个，技术转移中心 23 个，科技园区 9 个。

第二节 与港澳台科技合作

我国内地（大陆）与港澳台地区科技创新合作迈上新台阶，完成首批跨境科研经费拨付试点，充分发挥内地与香港、澳门科技合作委员会作用，推进建设香港科技创新平台，全面提升内地（大陆）与港澳台科技创新合作水平。

一、与香港和澳门合作

鼓励港澳科技人员参与国家重大科技项目。科技部、财政部于 2018 年 2 月联合发布《关于鼓励香港特别行政区、澳门特别行政区高等院校和科研机构参与中央财政科技计划（专项、基金等）组织实施的若干规定（试行）》（简称《规定》），做出了中央财政科技计划支持港澳科技发展的总体制度安排。根据《规定》精神，通过内地与香港、内地与澳门科技合作委员会的联络机制，双方协商暂定香港 10 所大学和澳门 4 所大学作为试点，可申报国家重点研发计划有关重点专项，为今后港澳机构全面参与科技计划积累经验。科技部组织代表团于 2018 年 5 月赴香港出席由香港特别行政区政府举办的"内地与香港创科合作——新时代、新机遇"研讨会,解答了科研经费过境、港澳科研人员直接申报国家科技计划等香港科研人员迫切关心的问题,在香港科技界引起热烈反响。2018年10月,科技部正式发布关于"变革性技术关键科学问题""发育编程及其代谢调节""合成生物学"3个重点专项的指南,先行试点对港澳科研机构开放,鼓励香港科研机构牵头或联合内地单位共同申报,承担研发任务并获得中央财政科研经费的直接支持,并于2019年1月发布了"干细胞及转化研究"等6个重点专项继续对港澳开放。

构建长效合作和联合资助项目机制。2018年9月,科技部与香港特别行政区政府签署《内地与香港关于加强创新科技合作的安排》(简称《安排》)。本次签署的《安排》是继内地与香港、澳门《关于建立更紧密经贸关系的安排》(CEPA)和《国家发展和改革委员会与香港特别行政区政府关于支持香港全面参与和助力"一带一路"建设的安排》之后,两地签署的又一重要合作框架文件。2018年9月,科技部与香港创新及科技局签署《科学技术部与香港特别行政区政府创新及科技局关于开展联合资助研发项目的协议》,落实联合资助计划的运作和执行细则,共同支持两地科研人员开展研发合作。目前,双方正在商讨适时启动联合资助的项目征集工作。2018年,国家自然科学基金委员会与香港研究资助局按照协议内容联合开展合作研究项目资助工作,通过共同征集、各自评审及组织召开联合评审会的方式,确定年度资助项目清单。

完善在港澳的国家重点实验室等科研基地的建设。2018年9月,科技部为新成立的商汤科技智能视觉国家新一代人工智能开放创新平台及16家调整名称后的在港国家重点实验室授牌;2018年7月,批准在澳门新建2家国家重点实验室。在今后国家重点实验室的申报程序上,不把与内地国家重点实验室建立伙伴关系作为前置条件,可由港澳高校等单位根据自身优势,自主提出实验室建设需求,通过港澳特别行政区政府相关部门申报。推动港澳地区首个国家备案众创空间落户澳门青年创业孵化中心。

推动吸收香港专家进入国家科技专家库。2017年9月以来,科技部会同香港创新及科技局、香港中联办就香港专家加入国家科技专家库进行了密切沟通,并于2018年4月召开了国家科技专家库吸纳香港专家座谈会。目前,香港创新及科技局向科技部推荐了近300名生物医药、电子信息、人工智能等香港优势领域的高水平专家。科技部已在国家科技专家库系统中为每位专家开通了账号。

为加强港澳各界及青年对祖国科技创新发展的了解,增进对国家的认识和认同,科技部、国家自然科学基金委员会等单位在香港、澳门成功举办"创科博览2018""2018

科技周暨中华文明与科技创新展""2018年度海洋科技发展的国际热点与展望学术研讨会""2018年度未来核心水技术研究与应用学术研讨会""2018年度量子信息科技学术研讨会"等一系列活动,为展示祖国科技创新成就、深化内地与港澳科技人文交流提供了重要平台,有力地提升港澳青年的国家归属感和民族自豪感(图21-4)。

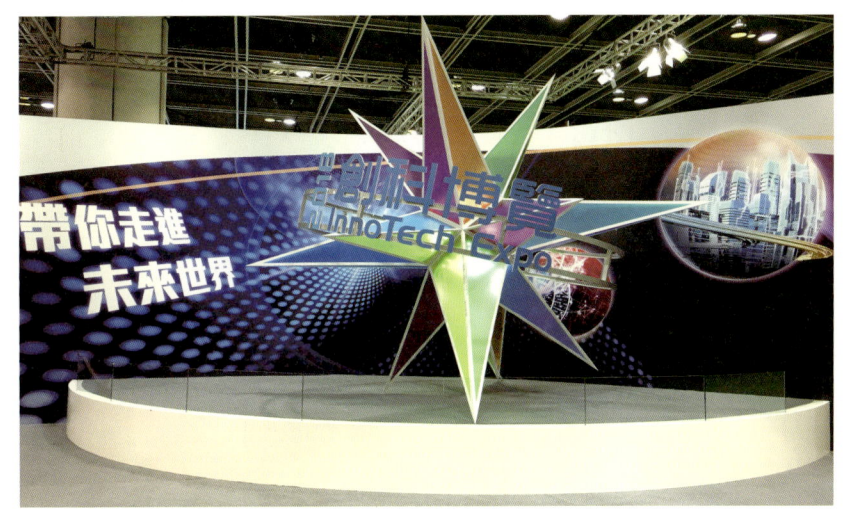

图21-4　2018年10月,"创科博览2018"大型科技成果展览在香港会展中心开幕

二、与台湾合作

2018年,科技部成功举办第三届两岸产业技术前瞻论坛等活动,来自两岸科技与产业界的专家学者共100余人参会。本届论坛有效地维护了两岸科技产业合作平台,推动了两岸科技产业界交往交流,巩固了两岸联合研发项目取得的成果。

科技部继续与台湾相关主管部门合作开展联合资助研发合作。在合作领域上,围绕双方共同感兴趣的方向开展合作研究,侧重支持惠民及民生领域。继续在厦门召开两岸青年创新创业研讨会,邀请两岸投资与创业人士交流探讨,为两岸的青年创业者提供了交流与学习的机会,支持两岸青年共同就业创业,进一步促进科技成果转移转化。继续支持中国生产力促进中心协会组织"台湾大学生暑期科技园区实习活动"。继续支持由科技部火炬中心主办的中国创新创业大赛港澳台赛。

第三节　国际科技合作能力

人才、项目、基地是开展国际科技合作的主要载体，也是我国推动国际科技合作的重要抓手。聚焦国家重大科技需求，逐步建立人才、项目、基地一体化的国际科技合作资源配置体系。

一、国际科技合作项目

为充分集聚国内国际两种创新资源，推动对外科技合作务实发展，按照中央财政科技计划管理改革的统一部署，2014年，国际合作专项整合到国家重点研发计划中。2016年，国家重点研发计划在国际合作方面优先启动了政府间和战略性2个重点专项。从总体布局看，政府间重点专项与战略性重点专项都是落实中央决策部署、履行党和国家领导人对外承诺、促进科技外交和国际科技合作的抓手。从专项定位看，政府间重点专项的主要任务是落实国家外交承诺、履行双多边科技合作，以及内地同香港、澳门，大陆同台湾地区的科技创新合作协议任务，由合作双方按照约定的支持方式共同实施。战略性重点专项的主要任务是支撑国家重大发展战略实施，落实国家重大国际合作倡议，培育国际大科学计划和大科学工程，促进有重要发展前景的重大科技创新合作，推动国际科技合作基地发展和产业标准突破，引导产业技术国际合作布局。

二、国家国际科技合作基地

2007年，科技部正式启动国家国际科技合作基地（简称"国合基地"）认定工作，目的是引导全国对外科技交流与合作由一般性的人员交流、一次性的项目合作向长期合作、深度合作推进，推动建立国家层面的国际科技合作平台。截至2017年年底，国合基地总计认定729家（经评估清退8家，剩余721家），包括国际创新园31家、国际联合研究中心210家、国际技术转移中心45家、示范型国际科技合作基地443家，基本覆盖国家研发战略重点领域，初步形成一个较为完整的国际合作与创新平台网络。

通过国合基地的认定，有力推动了国际科技合作的平台纳入"国家队"序列。通过整合"国家队"合作平台，统筹国际科技创新资源，有效打破各部门在国际科技合作工作与团队建设上的条块分割，强化各部门在国际科技合作中的协同与融合发展，有力支撑并推动了国家国际科技合作的总体战略。通过强化部省会商协调机制，结合各省（区、市）特点和优势，联合商议国际科技合作发展规划和具体实施方案，形成互动机制，将区域发展与国际科技合作整体布局相结合。推动国家级国合基地和各地方国际科技合作平台联动，在一些重大项目实施过程中共同谋划、联合部署、相互支撑、形成合力，有力支撑国家国际科技合作战略的实施。以各行业产业升级为目标，以国合基地为平台，将政府的主导作用、企业的主体作用、市场的基础作用、行业中介的服务作用有机融合在一起，实现了国际科技资源的集聚整合与优化配置。推动国合基地与海外合作方按照共商、共建、共享的原则，不断充实完善合作内容和方式，推动国际资源与国内资源的优化配置，搭建了内外互动的桥梁和纽带。

国合基地通过引进国外名校、知名企业共建科技创新平台，不断壮大和提高了创新载体的数量和质量，增强了合作的广度与深度。例如，航天机电系统技术国际联合研究中心、浙江清华长三角研究院国际技术转移中心等多家基地有效整合和聚集了相关领域、国别的国际科技创新资源，形成合力，打造了资源共享、协同合作的平台。

国合基地始终围绕创新发展，服务科技外交大局，有针对性地依托政府间合作协议，通过共建科技园区、举办科技政策与适用技术培训班等多种方式，推动了双多边的务实合作。例如，中国—东盟技术转移中心、新疆节水灌溉技术国合基地、网新绿色智慧城市国合基地等多家基地与东盟、南美、非洲等地区国家联合开展技术研究、成果转移转化，协助受援国提升科技水平，解决了当地农业、污水治理、工业发展等方面的技术瓶颈，为促进双多边关系稳定起到了积极作用。

国合基地在"一带一路"沿线国家中的互联互通不断加强，一批标志性项目有序实施，复合型基础设施网络正在形成，极大地便利了各国技术和人才的流动。例如，浪潮高效能计算机国合基地、卫星测绘技术与应用国际联合研究中心、鄱阳湖生态保护国合基地等多家基地实现了农业、医疗器械、通信等技术或标准"走出去"，打造了国际合作新平台，实现了优势技术和产业对"一带一路"建设的有效支撑。

三、项目、基地与人才紧密结合

截至2017年，国合基地承担各类国际科技创新合作项目14 638项，项目投入累计776.88亿元，申请专利225 106项，完成国际技术转移1817项，在统筹推进共性技术、前沿技术、现代工程技术和颠覆性技术的国际联合攻关方面做出巨大贡献，协助解决了涉及全局性、跨行业、跨地区的重大技术问题，多项技术填补了国内空白。例如，核工业西南物理研究院国合基地、科学岛物质科学国合基地等多家基地协同推进核聚变科学与实验研究，为国际热核聚变实验堆（ITER）计划提供了关键技术支撑。空天生物工程国际联合研究中心、空间光学仪器国际联合研究中心、航天机电系统技术国际联合研究中心等多家基地通过开展国际合作，解决了技术难题，为载人航天及后续工程提供了重要的技术储备。累计引进诺贝尔奖获得者 22 人、发达国家院士 146 人、发展中国家院士 113 人、海外高层次人才 2200 余人，有力地推动了我国研究团队的转型升级。

第四节 "一带一路"科技创新合作

"一带一路"是创新之路，搞好"一带一路"建设也要向创新要动力。随着"一带一路"建设的深入，科技创新的作用得到各国普遍关注，促成的全球化合作成果惠及众多国家和地区的人民。

一、绘制"一带一路"科技创新合作蓝图

2016 年 9 月，科技部、发展改革委、外交部、商务部印发《推进"一带一路"建设科技创新合作专项规划》（简称《专项规划》），成为指导"一带一路"科技创新合作的总体蓝图，在《专项规划》基础上，科技部牵头进一步凝练提出了科技人文交流、共建联合实验室、科技园区合作、技术转移 4 项具体行动，形成《"一带一路"科技创新行动计划》报国务院批准。2017 年 5 月，习近平主席在"一带一路"国际合作高峰论坛开幕式上发表主旨演讲指出，要将"一带一路"建设成创新之路，宣布启动"一带一路"科技创新行动计划，开展科技人文交流、共建联合实验室、科技园区合作、技术转移 4 项行动。

2019 年 4 月 26 日，习近平主席在第二届"一带一路"国际合作高峰论坛开幕式上发表主旨演讲，进一步提出将继续实施共建"一带一路"科技创新行动计划，同各方一道推进科技人文交流、共建联合实验室、科技园区合作、技术转移四大举措。本届高峰论坛首次设立"创新之路"分论坛，由科技部主办，中国科学院、中国工程院和中国科学技术协会协办，共邀请了来自 33 个国家、地区和国际组织近 150 名中外代表参会，与会代表分享合作经验，展望合作前景，探讨合作倡议，为下一阶段各国科技创新合作指

明了发展方向与实现路径。论坛期间科技部与有关国家科技创新主管部门共同发布了《"创新之路"合作倡议》，科技部与奥地利、日本、墨西哥、以色列、希腊、新西兰等国相关部门签署的科技创新领域合作文件，以及与乌兹别克斯坦、乌拉圭、南非、以色列、马耳他、印尼等国相关部门签署的成立联合研究中心、联合实验室的合作文件同时纳入《第二届"一带一路"国际合作高峰论坛成果清单》。

二、高起点、高水平科技合作

创新是推动发展的重要力量。要将"一带一路"建成创新之路，"一带一路"建设本身就是一个创举，搞好"一带一路"建设也要向创新要动力。

积极共建实验室，搭建多层次科研合作平台。支持开展各层级联合实验室建设，促进项目、人才、平台的有效联动。积极鼓励产学研等各类主体与沿线国家共建机构间联合实验室，继续推动共建政府间联合实验室。2017—2018年，先后启动中国—南非矿产资源开发利用联合研究中心、中国—印尼港口建设与灾害防治联合研究中心、中国—克罗地亚生态保护国际联合研究中心等政府间联合科研平台建设。积极打造一批表现卓越、旗舰引领的"一带一路"联合实验室。

深化实质性科技合作。"一带一路"相关国家和地区技术发展水平存在差异，依靠互联互通推动经济社会发展的需求也非常迫切。深化拓展实质性科技合作，通过合作建立联合实验室和创新平台、开展科技园区合作和技术研发、联合培养人才等方式，加强对相关需要的认知和把握，研发适应本土化发展的专用适用技术，提出有针对性解决方案，促进相关技术和产能合作。海外科技园区（包括科技园、高新区、农业园区、孵化器、技术转移中心、工业园区等）是我国落实"一带一路"倡议的重要途径，已经成为以国际视野推动开放创新的重要途径。各地方和企业已经在海外建成一批科技园区，建立海外研发中心；中关村硅谷创新中心、瀚海硅谷科技园、上海张江波士顿企业园等海外科技园区成为我国企业融入当地创新环境、适应当地创新生态的助推器。

坚持创新驱动发展，建设21世纪数字丝绸之路。加强在数字经济、人工智能、纳米技术、量子计算机等前沿领域合作，推动大数据、云计算、智慧城市建设，连接成21世纪的数字丝绸之路。促进科技同产业、科技同金融深度融合，优化创新环境，集聚创新资源。为互联网时代的各国青年打造创业空间、创业工厂，成就未来一代的青春梦想。

共建"一带一路"，带动全球互联互通不断加强。在共建"一带一路"框架内，以"六廊六路多国多港"合作为主线的硬联通国际合作不断深入,包括政策和标准对接在内的软联通合作不断加强,跨国经济走廊合作日益深化,基础设施项目合作稳步推进,经贸合作园区建设不断取得积极进展。我国与菲律宾、印尼等8个国家启动或探讨建立科技园区合作关系。2013年以来,中国科学院与乌兹别克斯坦、斯里兰卡等国家合作共建了9个境外科教机构,构建了长效持续科技合作的机制;与塔吉克斯坦等国共建的中亚生态与环境研究中心,重点开展现代农业、生态环境治理、信息技术等研究;中国—斯里兰卡联合科教中心重点开展气候变化、海洋科学、水下考古等研究。在国内设立了5个"中国科学院—发展中国家科学院卓越研究中心",利用中国科学院已有的科研机构和科技资源,为相关国家解决特定需求、培养专业人才。2016年,中国科学院与俄罗斯科学院、发展中国家科学院等发起举办了"一带一路"科技创新国际研讨会,发表了《北京宣言》,进一步明确了深化相关国家和地区科技合作的目标任务、重大举措、体制机制和政策保障。

三、共同应对地区性和全球性挑战

习近平总书记提出,在新的历史条件下,我们提出"一带一路"倡议,就是要继承和发扬丝绸之路精神,把我国发展同沿线和世界各国发展结合起来,把中国梦同沿线和世界各国人民的梦想结合起来,赋予古丝绸之路以全新的时代内涵。国际金融危机后,世界经济深度调整、贫富分化加剧,反全球化、民粹主义抬头。其深层次根源,仍然是发展不平衡问题。求同存异、共生共荣是中国秉承的历史担当,习近平总书记提出"一带一路"倡议,着力于世界各国人民追求和平与发展的共同梦想,致力于推动经济全球化朝着更加开放、包容、普惠、平衡、共赢的方向发展。

"一带一路"相关国家和地区自然地理条件复杂、生态系统多样,在全球环境保护和应对气候变化中占有重要位置。我国在这方面有着长期持续的研究积累,特别是在空天地一体化的生态环境监测评估、数据采集分析和技术保障等方面具有独特优势。加强相关国家和地区科技合作,大力倡导生态文明理念,推动绿色低碳发展,深入研究其生态环境的规律特点,可以为应对全球性重大挑战提出有效政策建议和系统解决方案。中国科学院结合自身优势特点,以资源环境、经济发展、民生改善中的科技问题为重点,组织发起了若干国际科技合作计划和项目,着力解决全球和"一带一路"相关国家和地区所面临的重大科技挑战。例如,"第三极环境"(TPE)国际计划吸引了10多个国家30多个研究机构参与,从区域和全球尺度深入研究"一带一路"资源环境科学问题,提出了区域可持续发展的协同应对战略。2016年,又发起了"数字一带一路"国际科学计划,通过获取空天地综合数据资源,构建共建共享的地球大数据平台,为应对"一带一路"相关国家和地区生态环境变化提供了科学的决策支持手段。

"一带一路"在促进交通、能源等领域合作已经取得了显著成果,从更长远的视角来看,在共同推动全球可持续发展及清洁能源、气候变化、生态环境、数字地球等关系世界各国发展的共同议题方面,各国携手合作具有更加深远的意义。

四、为"一带一路"建设提供人才保障

科技人才合作交流是促进国家之间民心相通、友好合作的有效途径。在"一带一路"建设的带动下,我国与相关国家和地区已经建立多领域、多层次、多渠道的人才交流合作机制和网络,既扩大了我国科学家的国际视野、拓宽了研究领域,又为沿线国家和地区培养了一批科技人才,巩固和深化了已有的国际科技合作基础,为"一带一路"建设有效推进创造了良好的人文社会环境。

2016年9月,《推进"一带一路"建设科技创新合作专项规划》决定用3～5年的时间,让来华交流(培训)的科技人员达到15万人次以上,来华工作杰出青年科学家人数达到5000人以上,大幅提高科技人文交流的规模和质量。2017年,"一带一路"科技创新行动计划措施之一就是开展科技人文交流,在未来5年内安排2500人次青年科学家到中国从事短期科研工作,培训5000人次科学技术和管理人员,投入运行50家联合实验室。

目前,已与"一带一路"共建国家建立了多领域、多层次、多渠道的人才交流合作机制。2017—2018年,依托科技部"国际杰青计划"、中国科学院"国际人才计划"等相关计划渠道,中国共支持800余名"一带一路"共建国家青年科学家来华开展短期科研,举办了146个发展中国家技术培训班、培训"一带一路"共建国家学员2100余人;举办了"一带一路"青少年科技夏令营、丝路杯"一带一路"青少年优秀原创科幻作品大赛等各类科普活动。

2019年,第二届"一带一路"国际合作高峰论坛期间,习近平主席进一步提出,将积极实施创新人才交流项目,未来5年支持5000人次中外创新人才开展交流、培训、合作研究,"一带一路"科技人文交流迈上新台阶。

附 录

中 国 科 技 发 展 70 年

附录 1
国家科技规划总体情况

规划名称	发文单位	规划期	目标、重点部署或任务
《1956—1967年科学技术发展远景规划纲要（修正草案）》	国务院	1956—1967年	**方针**：重点发展，迎头赶上。 **目标**：迅速壮大我国的科技力量，力求使某些重要和急需的部门在12年内接近和赶上世界先进水平，使我国建设中许多复杂的科技问题能够逐步依靠自己的力量加以解决，做到更省更快更好地进行社会主义建设。 **重要任务**：从13个方面提出了57项重要的科学技术任务。这13个方面是：（一）自然条件及自然资源；（二）矿冶；（三）燃料和动力；（四）机械制造；（五）化学工业；（六）建筑；（七）运输和通信；（八）新技术；（九）国防；（十）农、林、牧；（十一）医药卫生；（十二）仪器、计量和国家标准；（十三）若干基本理论问题和科学情报。
《1986—2000年科学技术发展规划》	国务院	1986—2000年	**基本方针**：经济建设必须依靠科学技术，科学技术工作必须面向经济建设。 **指导方针**：切实贯彻科学技术是第一生产力的思想；坚持改革开放；坚持自力更生、自主开发与引进技术相结合的方针；坚持"百花齐放、百家争鸣"的方针；坚持提高与普及相结合的方针。 **战略目标**：以国家的经济、社会发展的目标和部署为依据，运用现代科学技术增强综合国力和提高人民生活水平，着重解决工农业大规模现代化商品生产中的问题，有效地控制和缓解人口、资源和环境的压力。在若干我国具有优势的科学技术领域，必须勇于创新，保持发展势头，继续在世界先进行列中占有一定的地位；在高新技术和基础研究的若干重点领域有所突破，达到世界先进水平，并形成部分具有国际竞争力的高新技术产业。到2000年我国工业主要领域大体达到经济发达国家20世纪70年代或80年代初的技术水平，到2020年达到经济发达国家21世纪初的技术水平，在总体上缩短与世界先进水平的差距。 **发展重点**：农业科学技术；工业科学技术；社会发展方面的科学技术；高新技术和高新技术产业；基础研究和应用基础研究；国防科学技术。

续表

规划名称	发文单位	规划期	目标、重点部署或任务
《国家中长期科学和技术发展规划纲要（2006—2020年）》	国务院	2006—2020年	**指导方针：** 自主创新，重点跨越，支撑发展，引领未来。 **总体目标：** 自主创新能力显著增强，科技促进经济社会发展和保障国家安全的能力显著增强，为全面建设小康社会提供强有力的支撑，基础科学和前沿技术研究综合实力显著增强，取得一批在世界上具有重大影响的科学技术成果，进入创新型国家行列，为在21世纪中叶成为世界科技强国奠定基础。 **总体部署：** 一是立足于我国国情和需求，确定若干重点领域，突破一批重大关键技术，全面提升科技支撑能力；二是瞄准国家目标，实施若干重大专项，实现跨越式发展，填补空白；三是应对未来挑战，超前部署前沿技术和基础研究，提高持续创新能力，引领经济社会发展；四是深化体制改革，完善政策措施，增加科技投入，加强人才队伍建设，推进国家创新体系建设，为我国进入创新型国家行列提供可靠保障。 **战略重点：** 一是把发展能源、水资源和环境保护技术放在优先位置，下决心解决制约经济社会发展的重大瓶颈问题；二是抓住未来若干年内信息技术更新换代和新材料技术迅猛发展的难得机遇，把获取装备制造业和信息产业核心技术的自主知识产权，作为提高我国产业竞争力的突破口；三是把生物技术作为未来高技术产业迎头赶上的重点，加强生物技术在农业、工业、人口与健康等领域的应用；四是加快发展空天和海洋技术；五是加强基础科学和前沿技术研究，特别是交叉学科的研究。
《"十二五"国家自主创新能力建设规划》	国务院	2011—2015年	**建设目标：** 创新基础条件建设布局更加合理；重点领域创新能力明显提升；创新主体实力明显增强；区域创新能力布局不断优化；创新环境更加完善。 **总体部署：** 加强政府统筹规划指导，更加发挥市场在资源配置中的基础性作用，引导社会创新主体积极参与，重点推进科学研究实验设施和各类创新基地建设，加强科技资源整合共享和高效利用，健全国家标准、计量、检测和认证技术体系，支撑科技跨越发展；加快推进重点产业关键核心技术研发和工程化能力建设，提升重点社会领域创新能力和公共服务水平，构建各具特色、协调发展的区域创新体系，支撑经济社会创新发展；加强创新主体能力、人才队伍和制度等创新环境建设，深化国际交流与合作，强化知识产权创造、运用、保护和管理能力，激发全社会创新活力，提高创新效率和效益。

附录 1
国家科技规划总体情况

续表

规划名称	发文单位	规划期	目标、重点部署或任务
《国家重大科技基础设施建设中长期规划（2012—2030年）》	国务院	2012—2030年	**建设目标：** 到2030年，基本建成布局完整、技术先进、运行高效、支撑有力的重大科技基础设施体系。传统大科学领域设施得到完善和提升，新兴领域设施建设布局较为完整，能够全面支撑前沿科技领域开展原创性研究；设施技术水平持续提高，一大批设施的技术指标居国际领先地位；设施共建、共管、共享的体制机制更加完善，运行和使用效率整体进入世界前列；设施科技效益和经济社会效益显著，取得一批有世界影响力的科研成果，催生一批具有变革性、能带动产业升级的高新技术；基本形成若干布局合理的世界级重大科技基础设施集群，设施整体国际影响力和地位显著提高。 **总体部署：** 未来20年，瞄准科技前沿研究和国家重大战略需求，根据重大科技基础设施发展的国际趋势和国内基础，以能源、生命、地球系统与环境、材料、粒子物理和核物理、空间和天文、工程技术7个科学领域为重点，从预研、新建、推进和提升4个层面逐步完善重大科技基础设施体系。
《"十三五"国家科技创新规划》	国务院	2016—2020年	**指导方针：** 自主创新，重点跨越，支撑发展，引领未来。 **总体目标：** 国家科技实力和创新能力大幅跃升，创新驱动发展成效显著，国家综合创新能力世界排名进入前15位，迈进创新型国家行列，有力支撑全面建成小康社会目标实现。 **总体部署：** 一是围绕构筑国家先发优势，加强兼顾当前和长远的重大战略布局；二是围绕增强原始创新能力，培育重要战略创新力量；三是围绕拓展创新发展空间，统筹国内国际两个大局；四是围绕推进大众创业万众创新，构建良好创新创业生态；五是围绕破除束缚创新和成果转化的制度障碍，全面深化科技体制改革；六是围绕夯实创新的群众和社会基础，加强科普和创新文化建设。
《新一代人工智能发展规划》	国务院	2016—2020—2025—2030年	**战略目标：** 分三步走，第一步，到2020年人工智能总体技术和应用与世界先进水平同步，人工智能产业成为新的重要经济增长点，人工智能技术应用成为改善民生的新途径，有力支撑进入创新型国家行列和实现全面建成小康社会的奋斗目标。第二步，到2025年人工智能基础理论实现重大突破，部分技术与应用达到世界领先水平，人工智能成为带动我国产业升级和经济转型的主要动力，智能社会建设取得积极进展。第三步，到2030年人工智能理论、技术与应用总体达到世界领先水平，成为世界主要人工智能创新中心，智能经济、智能社会取得明显成效，为跻身创新型国家前列和经济强国奠定重要基础。

续表

规划名称	发文单位	规划期	目标、重点部署或任务
《新一代人工智能发展规划》	国务院	2016—2020—2025—2030年	**总体部署：** 发展人工智能是一项事关全局的复杂系统工程，要按照"构建一个体系（开放协同的人工智能科技创新体系）、把握双重属性（人工智能技术属性和社会属性）、坚持三位一体（人工智能研发攻关、产品应用和产业培育）、强化四大支撑（支撑科技、经济、社会发展和国家安全）"进行布局，形成人工智能健康持续发展的战略路径。 **重点任务：** 构建开放协同的人工智能科技创新体系；培育高端高效的智能经济；建设安全便捷的智能社会；加强人工智能领域军民融合；构建泛在安全高效的智能化基础设施体系；前瞻布局新一代人工智能重大科技项目。
《国家自主创新基础能力建设"十一五"规划》	国务院办公厅	2006—2010年	**方针：** 自主创新，重点跨越，支撑发展，引领未来。 **主要目标：** 原始创新能力有较大提升，基础科学研究、战略高技术研究的支撑条件得到强化，科技引领经济和社会发展的能力进一步增强；集成创新能力显著增强，产业关键共性技术研发、系统集成和工程化条件比较完善，对产业结构调整的支撑和带动能力有效提升；引进消化吸收再创新能力取得重大突破，在重大技术装备研制和重点工程设计等方面引进技术消化吸收和再创新的研究试验设施显著增强，对重点工程和重大任务的保障能力大幅提高；企业技术创新主体地位全面强化，企业研发条件和创新环境明显改善，形成一批拥有自主知识产权和知名品牌、国际竞争力较强的优势企业；高层次创新人才大量涌现，为人才的培养和使用创造良好的环境与条件，培养、吸引、凝聚一大批优秀科技人才，尤其是学科和产业技术带头人。 **总体部署：** 全面贯彻落实《国家中长期科学和技术发展规划纲要（2006—2020年）》，围绕提升原始创新能力、集成创新能力和引进消化吸收再创新能力，保障重大科技专项等战略性任务的顺利实施，加强系统设计和前瞻布局，以改革为动力，充分发挥市场主体和政府引导作用，从研究实验体系、科技公共服务体系、产业技术开发体系、企业技术创新体系和创新服务体系5个层面推进自主创新基础能力建设，构筑自主创新能力的物质支撑体系。 **重大工程：** 重大科技基础设施建设工程、科技基础条件平台建设工程、知识创新工程、技术创新工程。

续表

规划名称	发文单位	规划期	目标、重点部署或任务
《1963—1972年科学技术发展规划》	国家科委	1963—1972年	**方针**：自力更生，迎头赶上。 **目标**：为农业增产提供各方面的科学技术成果，系统地解决实现农业技术改革中的科学技术问题；重点掌握20世纪60年代工业科学技术，为建立一个完整的现代工业体系，为发展新兴工业、提高现有工业的技术水平，提供科技成果；切实保证国防尖端技术初步过关；加强我国资源的综合考察，加强资源保护和综合利用的研究，为国家建设提供必要的资源根据；在保护和增进人民健康、防治主要疾病和计划生育等方面的重要科技问题上，做出显著成绩；加速发展基础和技术科学，充实科学理论的储备，加强科学调查和实验资料的积累，建立和加强重要及空白薄弱的部门；大力培养人才，充实现代化实验装备，在各个重要的科技领域形成研究中心，建立一支能够独立解决我国建设中科技问题的、"又红又专"的科技队伍。 **任务**：重点集中在自然条件和资源的调查研究、农业科学技术、工业科学技术、医学科学技术、技术经济、技术科学、基础科学等方面。
《1978—1985年全国科学技术发展规划纲要（草案）》	中国科学院、国家科委	1978—1985年	**目标**：部分重要的科学技术领域接近或达到20世纪70年代的世界先进水平；专业科学研究人员达到80万人；拥有一批现代化的科学实验基地；建成全国科学技术研究体系。 **重点任务**：根据全面安排、突出重点的原则，对自然资源、农业、工业、国防、交通运输、海洋、环境保护、医药、财贸、文教等各方面的科学技术研究任务，做了全面安排，从中确定了108个项目作为全国科学技术研究的重点。要求集中力量，在农业、能源、材料、电子计算机、激光、空间、高能物理、遗传工程8个影响全局的综合性科学技术领域、重大新兴技术领域和带头学科，做出突出成绩。
《国家中长期科学技术发展纲要（1990—2000—2020年）》	国家科委	1990—2000—2020年	分农业、林业、水利、能源、交通运输、机械电子、汽车工业、船舶工业、信息与通信、金属材料、化学工业、石油炼制及石油化工、建材工业、新材料、消费品工业、航空航天、国防、生物技术、基础研究和应用基础研究、科技人才、医药卫生与计划生育、建设、地质矿产、再生资源、海洋、生态环境保护与自然灾害防御、安全生产、社会公共安全、测绘、标准化和计量科学等领域（行业）给出发展战略目标、指导思想、重点任务和关键技术、支撑条件和主要措施。

续表

规划名称	发文单位	规划期	目标、重点部署或任务
《科学技术发展十年规划和"八五"计划纲要（1991—1995—2000）》	国家科委	1991—1995—2000年	**指导方针**：坚定不移地贯彻"经济建设必须依靠科学技术，科学技术工作必须面向经济建设"的战略方针，坚持"科学技术是第一生产力"，促进科技与经济紧密结合，最大限度地发挥科学技术对经济、社会的引导和推动作用；坚定不移地落实"发展高科技，实现产业化"的战略部署；坚定不移地执行党的"尊重知识、尊重人才"的政策，充分调动广大科技人员的积极性、主动性和创造性；坚定不移地深化科技体制改革，建立有利于科技进步、有利于经济繁荣和社会发展、充满生机和活力的新机制；坚定不移地实行自主开发与引进技术相结合的方针，把我国传统产业的发展转到新的技术基础上来；坚定不移地推进国际科技合作与交流。 **发展目标**：今后十年，我国的科学技术工作要以经济、社会发展的目标和部署为依据，并根据科技发展自身的规律，重点面向国民经济建设主战场，为国民经济再翻一番服务；大力发展高技术及其产业；持续稳定发展基础性研究，统一规划，合理配置力量，形成纵深格局，推动我国科学技术事业的全面发展。 **重点任务**：一是面向经济建设主战场，运用科学技术特别是以电子信息、自动化技术改造传统产业，使传统产业生产技术和装备现代化、经营管理科学化，建立节能、降耗、节水、节地的资源节约型经济；二是有重点地发展高技术，实现产业化；三是在调整人和自然关系的若干重大领域，特别是在人口控制、环境保护、资源能源的合理开发和利用等方面的科学技术，取得重大成果；四是在基础性研究上取得显著进展。
《全国科技发展"九五"计划和到2010年长期发展规划纲要（汇报稿）》	国家科委	1996—2010年	**指导方针**：经济建设必须依靠科学技术，科学技术工作必须面向经济建设，努力攀登科学技术高峰。 **战略目标**：到2000年初步建成适应社会主义市场经济体制和科技自身发展规律的新型科技体制，科技进步对经济增长的贡献率有较大提高，经济建设和社会发展基本转向依靠科技进步和提高劳动者素质的轨道。到2010年，使基本建立的新型科技体制更加巩固和完善，实现科技与经济的紧密结合，形成科技经济有机结合的格局，为建成社会主义现代化强国奠定坚实的基础。 **发展重点**：主要围绕农业、基础设施和基础工业、支柱产业、高技术产业、高技术研究与发展、社会发展、基础性研究、国防科技开展工作。

附录 1
国家科技规划总体情况

续表

规划名称	发文单位	规划期	目标、重点部署或任务
《国民经济和社会发展第十个五年计划科技教育发展专项规划（科技发展规划）》	国家计委、科技部	2001—2005年	**指导方针：** 有所为、有所不为、总体跟进、重点突破，发展高科技、实现产业化，提高科技持续创新能力、实现技术跨越式发展（简称"创新、产业化"方针）。 **总体目标：** 贯彻落实科教兴国战略，深化科技体制改革，初步建立适应社会主义市场经济体制和科技自身发展规律的国家创新体系；加速提高我国产业的国际竞争力，促进国民经济可持续发展，提高人民生活质量，增强综合国力和保障国家安全；大幅提高我国科技的总体水平和自主创新能力；全面提高全民族的科技素质。 **战略部署：** 在"促进产业技术升级"和"提高科技持续创新能力"两个层面进行战略部署。一是以企业为技术创新主体，重点攻克产业发展的关键技术，推动高新技术产业发展，运用高新技术改造传统产业，促进产业技术升级和结构调整；二是充分发挥大学和科研院所的作用，大力开展战略高技术研究和原创性基础研究，提高科技持续创新能力，力争在有相对优势或战略必争的关键领域实现技术的跨越发展。 **重点任务：** 加强关键共性技术攻关，为经济结构战略性调整和可持续发展提供支撑；增强科技持续创新能力，实现跨越式发展；提高国防科技自主创新能力，增强国防建设的科技支撑；深化科技体制改革，建设国家创新体系。
《国家"十一五"科学技术发展规划》	科技部	2006—2010年	**指导方针：** 自主创新，重点跨越，支撑发展，引领未来。 **战略目标：** "十一五"期间，要基本建立适应社会主义市场经济体制、符合科技发展规律的国家创新体系，形成合理的科学技术发展布局，力争在若干重点领域取得重大突破和跨越发展，R&D投入占GDP的比例达到2%，使我国成为自主创新能力较强的科技大国，为进入创新型国家行列奠定基础。 **战略部署：** 要集中力量组织实施一批重大专项，加强关键技术攻关，超前部署前沿技术，稳定支持基础研究，支撑和引领经济社会持续发展；要加强科技创新的基础能力建设，进一步深化科技体制改革，完善自主创新的体制机制，为科技持续发展提供制度保障和良好环境。 **重点任务：** 瞄准战略目标，实施重大专项；面向紧迫需求，攻克关键技术；把握未来发展，超前部署前沿技术和基础研究；强化共享机制，建设科技基础设施与条件平台；实施人才战略，加强科技队伍建设；营造有利环境，加强科学普及和创新文化建设；突出企业主体，全面推进中国特色国家创新体系建设；加强科技创新，维护国防安全。

续表

规划名称	发文单位	规划期	目标、重点部署或任务
《国家"十二五"科学和技术发展规划》	科技部	2011—2015年	**指导方针**：自主创新，重点跨越，支撑发展，引领未来。 **总体目标**：自主创新能力大幅提升，科技竞争力和国际影响力显著增强，重点领域核心关键技术取得重大突破，为加快经济发展方式转变提供有力支撑。基本建成功能明确、结构合理、良性互动、运行高效的国家创新体系，国家综合创新能力世界排名由目前第21位上升至前18位，科技进步贡献率力争达到55%，创新型国家建设取得实质性进展。 **战略部署**：加快实施国家科技重大专项。在"十一五"全面启动实施基础上，重点突破，整体推进，力争在重点领域实现战略性跨越。围绕培育和发展战略性新兴产业，加强技术研发、集成应用和产业化示范，集中力量实施一批科技重点专项。围绕产业升级和民生改善的迫切需求，加强重点领域的科技攻关，力争突破一批核心关键技术和重大公益技术，切实支撑经济社会发展。前瞻部署若干重大科学问题研究，突破制约经济社会发展的8个关键领域重大科学问题，实施6个重大科学研究计划，强化重点战略高技术领域研究，加强科技创新基地和平台的建设布局。组织实施创新人才推进计划，加强科技领军人才、优秀专业技术人才、青年科技人才的培养、引进和使用，建立60个左右科学家工作室、300个左右重点领域创新团队和创新人才培养示范基地。深化科技管理体制改革和政策落实，深入实施国家技术创新工程和知识创新工程。加强知识产权的创造、应用、保护和管理。深化国际科技合作，营造更加开放的创新环境。

附录 2
国家最高科学技术奖获得者情况

吴文俊（1919—2017）：中国科学院院士，著名数学家，其主要成就表现在拓扑学和数学机械化两个领域。他继承和发展了中国古代数学的传统（即算法化思想），转而研究几何定理的机器证明，彻底改变了这个领域的面貌。他的这项工作是国际自动推理界的先驱性工作，被称为"吴方法"，产生了巨大影响。获 2000 年度国家最高科学技术奖。

袁隆平（1930—）：中国工程院院士，杂交水稻研究领域的开创者和带头人。他指导助手找到天然雄性不育的"野败"，将其作为杂交水稻的不育材料，并提出了水稻杂种优势利用的观点，打开世界自花授粉作物育种的先河。他领导的科技攻关组完成了三系配套并培育成功杂交水稻，实现了杂交水稻的历史性突破。他还提出"两系法亚种间杂种优势利用"的发展概念。他在国际"超级稻"的概念基础上，提出了"杂交水稻超高产育种"的技术路线，在实验田取得良好效果，引起国际上的高度重视，为进一步解决大面积、大幅提高水稻产量难题奠定了基础。获 2000 年度国家最高科学技术奖。

黄昆（1919—2005）：中国科学院院士，著名物理学家，对固体物理学做出了许多开拓性的重大贡献，是我国固体物理学和半导体物理学的奠基人之一。他不仅对固体物理学做出了重要贡献，还对高等院校中普通物理、固体物理和半导体物理的教学做出了十分重要的贡献。获 2001 年度国家最高科学技术奖。

王选（1937—2006）：中国科学院院士，中国工程院院士，著名计算机应用专家，主要致力于文字、图形、图像的计算机处理研究。他主持的中国计算机汉字激光照排系统和电子出版系统的研究开发成果达到国际先进水平，在国内外得到迅速推广应用，使中国报业技术和应用水平处于世界最前列。获 2001 年度国家最高科学技术奖。

金怡濂（1929—）：中国工程院院士，高性能计算机领域著名专家，是我国巨型计算机事业的开拓者之一。他作为技术开发的主要负责人，先后提出多种类型、各个时期居国内领先或国际先进水平的大型、巨型计算机系统的设计思想和技术方案，并组织科技人员共同刻苦攻关，予以实现，取得了一系列创造性、突破性成果，为我国高性能计算机赶超世界先进水平做出了卓越贡献。获2002年度国家最高科学技术奖。

刘东生（1917—2008）：中国科学院院士，地球环境科学研究领域专家。他在中国古脊椎动物学、第四纪地质学、环境科学和环境地质学、青藏高原与极地考察等科学研究领域，特别是黄土研究方面取得了大量研究成果，使中国在古全球变化研究领域跻身世界前列。获2003年度国家最高科学技术奖。

王永志（1932—）：中国工程院院士，著名航天技术专家，我国载人航天工程的开创者之一和学术技术带头人。他在我国战略火箭、地地战术火箭及运载火箭的研制工作中做出了突出贡献，特别在载人航天工程中做出了重大贡献。获2003年度国家最高科学技术奖。

叶笃正（1916—2013）：中国科学院院士，著名气象学家，国际全球气候变化科学的开拓者，我国全球气候变化研究的奠基人。他开创青藏高原气象学，创立大气长波能量频散理论，创立东亚大气环流和季节突变理论，创立大气运动的适应尺度理论，开拓全球变化科学新领域，对我国现代气象业务事业发展做出了卓越贡献。获2005年度国家最高科学技术奖。

吴孟超（1922—）：中国科学院院士，著名肝脏外科专家。他创立了肝脏外科的关键理论和技术体系，开辟了肝癌基础与临床研究的新领域，创建了世界上规模最大的肝脏疾病研究和诊疗中心，培养了大批高层次专业人才。获2005年度国家最高科学技术奖。

李振声（1931—）：中国科学院院士，著名小麦遗传育种专家。他系统研究了小麦与偃麦草远缘杂交并育成"小偃"系列品种，创建了蓝粒单体小麦和染色体工程育种新系统，开创了小麦磷、氮营养高效利用的育种新方向。获2006年度国家最高科学技术奖。

附录 2
国家最高科学技术奖获得者情况

吴征镒（1916—2013）：中国科学院院士，著名植物学家，从事植物学研究和教学 70 年，是我国植物分类学、植物系统学、植物区系地理学、植物多样性保护及植物资源研究的权威学者，为现代植物学在中国的发展，以及植物资源的保护和利用做出了基础性、开拓性、前瞻性的重要贡献。获 2007 年度国家最高科学技术奖。

闵恩泽（1924—2016）：中国工程院院士，著名石油化工领域专家。他主要从事石油炼制催化剂制造技术领域研究，是我国炼油催化应用科学的奠基者，石油化工技术自主创新的先行者，绿色化学的开拓者，在国内外石油化工界享有崇高声誉。获 2007 年度国家最高科学技术奖。

王忠诚（1925—2012）：中国工程院院士，著名神经外科专家，我国神经外科的开拓者之一。在医学理论方面，他首次提出"脑干结构与功能可塑性"等创新理论与观点，编著了我国第一部《脑血管造影术》专著，并在国内率先采用并推广显微神经外科技术，建立了神经外科手术新方法，攻克了脑干、脊髓肿瘤的手术"禁区"。获 2008 年度国家最高科学技术奖。

徐光宪（1920—2015）：中国科学院院士，著名化学家和教育家，我国稀土化学的开创者之一，在稀土分离理论及其应用、稀土理论和配位化学、核燃料化学等方面做出了重要的科学贡献。他发明的具有国际领先水平的稀土串级萃取理论已在我国稀土工业得到普遍应用，引导了我国稀土分离技术的全面革新，使我国实现了从稀土"资源大国"到"生产强国"的飞跃。他还在量子化学和化学键理论方面取得了一系列创新成果，编著的《物质结构》一书成为该领域几代人的经典教材。获 2008 年度国家最高科学技术奖。

谷超豪（1926—2012）：中国科学院院士，著名数学家。他在微分几何、偏微分方程和数学物理及其交汇点上做出了重要贡献，特别是首次提出了高维、高阶混合型方程的系统理论，在超音速绕流的数学问题、规范场的数学结构、波映照和高维时空的孤立子的研究中取得了重要突破。获 2009 年度国家最高科学技术奖。

孙家栋（1929—）：中国科学院院士，著名航天技术专家，我国人造卫星技术和深空探测技术的开创者之一，1999 年获"两弹一星"功勋奖章。他主持完成了我国第一颗人造卫星、返回式卫星和静止轨道试验通信卫星的总体设计，担任"东方红三号"通信广播卫星、"风云二号"静止气象卫星、中巴资源卫星3个我国第二代应用卫星航天工程的总设计师,担任我国北斗卫星导航系统一代和二代工程总设计师,是我国月球探测的主要倡导者之一。获2009年度国家最高科学技术奖。

师昌绪(1920—2014):中国科学院院士,中国工程院院士,著名材料科学家。他在国内率先开展了高温合金及新型合金钢等材料的研究与开发,组建了中国科学院金属腐蚀与防护研究所,领导建立了全国自然环境腐蚀站网,为我国材料研究与工程应用提供了大量基础性数据,推动了我国材料疲劳与断裂、非晶纳米晶等学科的发展。获2010年度国家最高科学技术奖。

王振义(1924—):中国工程院院士,著名血液学专家。他成功实现将恶性细胞改造为良性细胞的白血病临床治疗新策略,奠定了诱导分化理论的临床基础;确立了急性早幼粒细胞白血病(APL)治疗的"上海方案",使APL成为第一个可治愈的成人白血病,阐明了其遗传学基础与分子机制,树立了基础与临床结合的成功典范。获2010年度国家最高科学技术奖。

谢家麟(1920—2016):中国科学院院士,著名物理学家,我国粒子加速器事业的开拓者和奠基人。他率领团队建成我国第一台高能量电子直线加速器;组织确定2.2 GeV的正负电子对撞机和"一机两用"方案,领导建成北京正负电子对撞机,创造了国际加速器建设史上的奇迹,我国从此在τ-粲物理研究领域占据国际领先地位;领导建成亚洲第一台自由电子激光装置;成功研制世界上第一台紧凑型新型加速器样机。获2011年度国家最高科学技术奖。

吴良镛(1922—):中国科学院院士,中国工程院院士,著名建筑学家、城乡规划学家。他创立了人居环境科学及其理论框架,建立了一套以人居环境建设为核心的空间规划设计方法和实践模式,成功开展了从区域、城市到建筑、园林等多尺度多类型的规划设计研究与实践,在京津冀、长三角、滇西北等地取得一系列前瞻性、示范性的规划建设成果,创造出一批传统文化内涵和现代艺术整体性相统一的建筑。获2011年度国家最高科学技术奖。

郑哲敏(1924—):中国科学院院士,中国工程院院士,著名力学家,我国爆炸力学的奠基人和开拓者之一,中国力学学科建设与发展的组织者和领导者之一。他阐明了爆炸成形的机制和模型律,解决了火箭重要部件的加工难题。与合作者一

附录 2
国家最高科学技术奖获得者情况

起提出的流体弹塑性模型，堪称爆炸力学的学科标志，在地下核爆炸效应、穿甲破甲、爆炸处理水下软基等方面取得重要成果，倡导建立海洋工程力学、环境灾害力学等多个新的力学分支学科。获 2012 年度国家最高科学技术奖。

王小谟（1938— ）：中国工程院院士，著名雷达专家，我国现代预警机事业的开拓者和奠基人。他主持研制成功我国第一部三坐标雷达和我国第一部中低空兼顾雷达，首次提出基于二维有源相控阵体制的三面阵背负罩新型预警机工程方案，并带领和组织国内同步研发，为我国自行研制预警机奠定了坚实基础。国产预警机正式立项后，他倾心指导年轻的总师们确定总体技术方案，开展工程研制，为我国首型预警机的成功研制做出了重要贡献。获 2012 年度国家最高科学技术奖。

张存浩（1928— ）：中国科学院院士，著名物理化学家。他在催化、火箭推进剂、化学激光、分子反应动力学等领域均有建树。开创了我国高能化学激光的研究领域，主持研制出我国第一台氟化氢\氘化学激光器，开拓和引领了我国短波长化学激光的研究和探索，在国际上首次研制出放电引发脉冲氧碘化学激光器，研制出中国第一台连续波氧碘化学激光器。获 2013 年度国家最高科学技术奖。

程开甲（1918—2018）：中国科学院院士，著名核物理学家，我国核试验科学技术的创建者，1999 年获"两弹一星"功勋奖章。他建立发展了我国核爆炸理论，创立了核爆炸效应研究领域，领导并推进了我国核试验技术体系的建立和科学发展，指导建立核试验测试诊断的基本框架，研究解决核试验的关键技术难题，开创了我国抗辐射加固技术研究领域。获 2013 年度国家最高科学技术奖。

于敏（1926—2019）：中国科学院院士，著名核物理学家，我国核武器研究和国防高技术发展的杰出领军人物之一，1999 年获"两弹一星"功勋奖章。他在我国氢弹原理突破中解决了一系列基础问题，提出了从原理到构形基本完整的设想，在氢弹研制方面起了关键作用。长期领导核武器理论研究、设计，解决了大量理论问题，对中国核武器进一步发展到国际先进水平做出了重要贡献。获 2014 年度国家最高科学技术奖。

赵忠贤（1941— ）：中国科学院院士，著名物理学家。他是我国高温超导研究主要的倡导者、推动者和践行者，带领团队在高温超导研究的两次重大突破中都做出了重大贡献：独立发现液氮温区氧化物超导体和发现临界温度可达 55 K 的系列铁基超导体。为高温超导研究在中国扎根并跻身国际前列做出了重要贡献。获 2016 年度国家最高科学技术奖。

屠呦呦（1930—）：著名药学家。她发现具有独特结构的新化合物青蒿素，对疟疾有高效、速效作用，为人类抗疟药物发展开拓了新的方向。以青蒿素为基础的组合疗法（ACT）在全球得到广泛使用，年治疗上亿疟疾患者，挽救了数百万人的生命。2015 年获诺贝尔生理学或医学奖，获 2016 年度国家最高科学技术奖。

王泽山（1935—）：中国工程院院士，著名火炸药学家。他建立了发射装药理论，发明了低温度感度发射装药技术，建立了"最大膛压低、做功能力高"的弹道，使我国武器发射装药技术水平处于世界前沿地位。解决了废弃火炸药处理的世界性难题，为我国火炸药储备提供了核心关键技术，引领了火炸药资源化再利用的研究方向。获 2017 年度国家最高科学技术奖。

侯云德（1929—）：中国工程院院士，著名病毒学专家，我国分子病毒学、现代医药生物技术产业和传染病防控技术体系的主要奠基人。他带领团队成功研制出我国首个基因工程药物——重组人干扰素 α1b，随后又相继研制出 7 种基因工程新药。他主导完成的基因工程药物产业化对我国改革开放早期的科技成果产业化发展具有重要意义。他在我国现代传染病防控技术体系建设上做出了卓越贡献，主导了 2009 年我国 H1N1 流感大流行的防控应对和科技攻关，这是人类历史上首次对流感大流行进行成功干预。获 2017 年度国家最高科学技术奖。

刘永坦（1936—）：中国科学院院士，中国工程院院士，著名雷达与信号处理技术专家。他率领团队成功研制出我国第一部对海新体制实验雷达，实现我国对海探测技术的重大突破。2011 年成功研制出具有全天时、全天候、远距离探测能力的新体制雷达，实现我国对海远距离探测技术的重大突破。获 2018 年度国家最高科学技术奖。

钱七虎（1937—）：中国工程院院士，著名防护工程学家。他建立了我国工程防护理论体系，解决了核武器空中、触地、钻地爆炸及新型钻地弹侵彻爆炸等若干工程防护关键技术难题，对我国防护工程各个时期的建设发展做出了突出贡献。获 2018 年度国家最高科学技术奖。

附录 3
我国主要科技指标

附表 3-1　国家财政科技拨款情况（1953—2017 年）

单位：亿元

年份	国家财政科技拨款	年份	国家财政科技拨款	年份	国家财政科技拨款
1953	0.6	1970	30.0	1987	113.8
1954	1.2	1971	37.7	1988	121.1
1955	2.1	1972	36.1	1989	127.9
1956	5.2	1973	34.6	1990	139.1
1957	5.2	1974	34.7	1991	160.7
1958	11.2	1975	40.3	1992	189.3
1959	19.2	1976	39.3	1993	225.6
1960	38.8	1977	41.5	1994	268.3
1961	19.5	1978	52.9	1995	302.4
1962	13.7	1979	62.3	1996	348.6
1963	18.6	1980	64.6	1997	408.9
1964	24.3	1981	61.6	1998	438.6
1965	27.2	1982	65.3	1999	543.9
1966	25.1	1983	79.0	2000	575.6
1967	15.4	1984	94.7	2001	703.3
1968	14.8	1985	102.6	2002	816.2
1969	24.2	1986	112.6	2003	944.6

续表

年份	国家财政科技拨款	年份	国家财政科技拨款	年份	国家财政科技拨款
2004	1095.3	2009	3276.8	2014	6454.5
2005	1334.9	2010	4196.7	2015	7005.8
2006	1688.5	2011	4797.0	2016	7760.7
2007	2135.7	2012	5600.1	2017	8383.6
2008	2611.0	2013	6184.9		

注：为规范财政科技支出统计，2013年对财政科技支出统计口径重新进行了界定，并追溯调整了2007—2011年数据。

数据来源：1953—1979年的数据来自《中国科技发展60年》；1980—1984年的数据来自《中国科技统计年鉴2015》；1985—2017年的数据来自《中国科技统计年鉴2018》。

附表 3-2 R&D 人员和 R&D 经费情况（1987—2018 年）

年份	R&D 人员 / 万人年	R&D 经费 / 亿元	R&D 经费投入强度
1987	43.5	74.0	0.61%
1988	47.7	89.5	0.59%
1989	49.2	112.3	0.65%
1990	61.7	125.4	0.66%
1991	67.1	159.5	0.72%
1992	67.4	198.0	0.73%
1993	69.8	248.0	0.70%
1994	78.3	306.3	0.63%
1995	75.2	348.7	0.57%
1996	80.4	404.5	0.56%
1997	83.1	509.2	0.64%
1998	75.5	551.1	0.65%
1999	82.2	678.9	0.75%
2000	92.2	895.7	0.89%
2001	95.7	1042.5	0.94%

附录 3
我国主要科技指标

续表

年份	R&D 人员 / 万人年	R&D 经费 / 亿元	R&D 经费投入强度
2002	103.5	1287.6	1.06%
2003	109.5	1539.6	1.12%
2004	115.3	1966.3	1.21%
2005	136.5	2450.0	1.31%
2006	150.2	3003.1	1.37%
2007	173.6	3710.2	1.37%
2008	196.5	4616.0	1.45%
2009	229.1	5802.1	1.66%
2010	255.4	7062.6	1.71%
2011	288.3	8687.0	1.78%
2012	324.7	10 298.4	1.91%
2013	353.3	11 846.6	2.00%
2014	371.1	13 015.6	2.03%
2015	375.9	14 169.9	2.07%
2016	387.8	15 676.7	2.12%
2017	403.4	17 606.1	2.15%
2018		19 657.0	2.18%

数据来源：1987—1990 年的 R&D 人员数据来自《中国科技发展 60 年》；1991 年的 R&D 人员数据来自《中国科技统计年鉴 2002》；1992—2017 年的 R&D 人员数据来自《中国科技统计年鉴 2018》。1987—1994 年的 R&D 经费数据来自《中国科技发展 60 年》；1995—2017 年的 R&D 经费数据来自《中国科技统计年鉴 2018》；2018 年的 R&D 经费数据来自《2018 年国民经济和社会发展统计公报》。R&D 经费投入强度数据由 R&D 经费 /GDP 得到，GDP 数据来自中国国家统计局。

附表 3-3　科技论文收录情况（1987—2018 年）

单位：万篇

年份	科学引文索引 SCI	工程索引 EI	科学会议引文索引 CPCI-S（ISTP）
1987	0.5	0.2	0.2
1988	0.6	0.3	0.3
1989	0.7	0.3	0.2
1990	0.8	0.3	0.2
1991	0.7	0.2	0.3
1992	0.6	0.4	0.5
1993	1.0	0.6	0.5
1994	1.0	0.9	0.5
1995	1.3	0.8	0.5
1996	1.4	0.9	0.4
1997	1.7	1.3	0.6
1998	2.0	1.0	0.5
1999	2.4	1.5	0.7
2000	3.0	1.3	0.6
2001	3.6	1.9	1.0
2002	4.1	2.3	1.3
2003	5.0	2.5	1.9
2004	5.7	3.4	2.0
2005	6.8	5.4	3.1
2006	7.1	6.5	3.5
2007	8.9	7.6	4.3
2008	11.7	8.9	6.5
2009	12.8	9.8	5.5
2010	14.4	11.9	3.8
2011	16.6	12.7	5.3

续表

年份	科学引文索引 SCI	工程索引 EI	科学会议引文索引 CPCI-S（ISTP）
2012	19.3	12.4	7.8
2013	23.2	16.4	6.9
2014	26.5	17.3	5.7
2015	29.7	21.9	7.1
2016	32.4	22.7	8.6
2017	36.1	22.8	7.4
2018	41.5	25.7	

注：从 2000 年起，SCI 论文统计用检索系统改为 SCI-Expanded。从 2008 年起，ISTP 替换为 CPCI-S。

数据来源：2007 年之前的数据来自《中国科技发展 60 年》；2008—2017 年的数据来自《中国科技统计年鉴 2018》；2018 年的数据截至 2019 年 2 月 28 日的检索数据。

附表 3-4　国内专利和国内发明专利申请量和授权量（1985—2018 年）

单位：件

年份	国内专利申请量	#国内发明专利申请量	国内专利授权量	#国内发明专利授权量
1985	9411	4065	111	38
1986	13 680	3494	2671	52
1987	21 663	3975	6401	311
1988	28 582	4780	11 293	617
1989	27 367	4749	15 480	1083
1990	36 585	5832	19 304	1149
1991	45 686	7372	21 395	1311
1992	62 282	10 022	28 590	1386
1993	68 888	12 133	57 518	2606
1994	68 487	11 191	40 336	1659
1995	69 535	10 018	41 881	1530
1996	83 026	11 471	40 337	1383

续表

年份	国内专利申请量	#国内发明专利申请量	国内专利授权量	#国内发明专利授权量
1997	90 071	12 713	46 389	1532
1998	96 233	13 726	61 378	1655
1999	109 958	15 596	92 101	3097
2000	140 339	25 346	95 236	6177
2001	165 773	30 038	99 278	5395
2002	205 544	39 806	112 103	5868
2003	251 238	56 769	149 588	11 404
2004	278 943	65 786	151 328	18 241
2005	383 157	93 485	171 619	20 705
2006	470 342	122 318	223 860	25 077
2007	586 498	153 060	301 632	31 945
2008	717 144	194 579	352 406	46 590
2009	877 611	229 096	501 786	65 391
2010	1 109 428	293 066	740 620	79 767
2011	1 504 670	415 829	883 861	112 347
2012	1 912 151	535 313	1 163 226	143 847
2013	2 234 560	704 936	1 228 413	143 535
2014	2 210 616	801 135	1 209 402	162 680
2015	2 639 446	968 251	1 596 977	263 436
2016	3 305 225	1 204 981	1 628 881	302 136
2017	3 536 333	1 245 709	1 720 828	326 970
2018	4 146 772	1 393 815	2 335 411	345 959

数据来源：1985—1990年专利数据来自1988年和1990年国家知识产权局统计年报；1991—2017年专利数据来自历年《中国科技统计年鉴》；2018年专利数据来自国家知识产权局2018年12月月报。

附录 3　我国主要科技指标

附表 3-5　部分科技指标排名（1991—2017 年）

年份	R&D 经费	国内发明专利授权量	科学引文索引 SCI	工程索引 EI	科学会议引文索引 CPCI-S
1991	15	11	15	9	13
1992	14	13	17	6	9
1993	14	9	15	5	10
1994	15	12	15	4	10
1995	15	10	15	7	10
1996	14	12	14	6	11
1997	13	11	12	4	9
1998	12	11	12	5	10
1999	10	8	10	3	8
2000	9	7	8	3	8
2001	7	8	8	3	6
2002	6	8	6	2	5
2003	6	6	6	3	6
2004	6	5	5	2	5
2005	6	4	5	2	5
2006	6	4	5	2	2
2007	6	4	3	1	2
2008	4	4	2	1	2
2009	4	3	2	1	2
2010	3	3	2	1	2
2011	3	2	2	1	2
2012	3	2	2	1	2
2013	2	2	2	1	2
2014	2	2	2	1	2
2015	2	1	2	1	2

续表

年份	R&D 经费	国内发明专利授权量	科学引文索引 SCI	工程索引 EI	科学会议引文索引 CPCI-S
2016	2	1	2	1	2
2017	2	1	2	1	2

数据来源：R&D 经费排名是根据各国按本币计量的 R&D 经费按照平均汇率计算后排序得到，按本币计量的 R&D 经费数据来源于 OECD 的《主要科学技术指标》；国内发明专利授权量根据世界知识产权组织（WIPO）公布数据排序得到；论文排名来自历年《中国科技统计年鉴》。

附表 3-6　公有经济企事业单位专业技术人员情况（1952—2016 年）

单位：万人

年份	合计	工程技术	农业技术	科学研究	卫生技术	教学
1952	35.8	13.4	2.0	0.1	17.9	0.8
1953	49.0	17.6	4.5	0.2	23.3	1.1
1954	57.7	22.5	5.3	0.3	19.6	7.7
1955	72.8	28.2	7.0	0.5	23.7	9.4
1956	96.4	41.5	9.1	1.6	30.2	11.2
1957	102.6	41.3	11.4	1.0	34.3	12.0
1958	107.2	43.1	10.2	2.9	33.4	17.6
1959	160.2	64.6	15.7	4.8	42.9	25.6
1960	184.2	71.7	16.4	5.9	45.7	36.4
1961	209.9	85.3	20.3	4.3	52.2	39.4
1962	194.2	78.8	18.3	3.4	54.1	32.6
1963	215.4	92.0	21.8	4.1	57.7	33.2
1964	240.4	106.0	23.9	4.5	62.7	36.1
1965	257.6	115.7	24.2	4.9	66.0	39.0
1971	337.1	103.3	22.3	6.9	78.8	116.1
1972	374.8	112.1	23.9	6.8	85.2	136.1
1973	403.3	121.7	25.6	9.1	91.9	143.6

附录 3
我国主要科技指标

续表

年份	合计	工程技术	农业技术	科学研究	卫生技术	教学
1977	502.5	139.6	27.7	15.5	114.7	190.5
1978	559.1	146.4	29.2	28.7	126.1	212.4
1979	583.0	152.1	31.3	31.1	134.4	217.4
1980	772.4	186.2	31.1	33.2	153.0	239.1
1981	835.2	207.7	32.8	35.1	168.0	253.5
1982	908.8	235.5	36.2	38.8	180.7	268.1
1983	1281.0	280.2	40.5	34.5	193.4	539.6
1984	1392.2	316.3	43.5	35.5	207.9	561.2
1985	1473.0	340.4	45.1	36.1	216.1	606.7
1986	1540.3	358.1	46.5	39.4	222.6	612.1
1987	1704.2	401.2	48.8	34.8	232.5	663.5
1988	2053.7	437.6	50.2	35.0	246.8	720.1
1989	2332.1	480.7	53.2	34.8	262.5	800.0
1990	2436.9	510.1	55.1	34.6	272.0	828.0
1991	2391.9	502.4	46.3	34.2	275.8	858.1
1992	2493.5	520.5	47.7	33.7	282.8	875.0
1993	2596.5	536.4	49.6	33.4	291.6	901.4
1994	2677.1	553.5	52.0	32.1	299.6	928.7
1995	2705.4	562.6	53.6	30.3	303.5	963.4
1996	2801.9	574.5	57.9	30.3	313.1	1016.2
1997	2860.3	571.9	61.1	30.3	321.4	1064.8
1998	2877.4	565.7	63.6	29.1	325.5	1107.5
1999	2904.3	565.5	65.4	28.4	333.0	1150.8
2000	2887.4	555.1	67.0	27.5	337.2	1178.3
2001	2847.7	531.6	67.5	26.6	339.0	1205.1

续表

年份	合计	工程技术	农业技术	科学研究	卫生技术	教学
2002	2834.4	528.9	66.7	26.3	340.2	1223.9
2003	2774.6	499.3	68.3	27.5	344.1	1234.7
2004	2750.4	480.8	70.5	28.2	353.2	1245.6
2005	2756.7	479.1	70.6	31.1	358.1	1258.9
2006	2773.9	489.4	70.2	32.7	361.2	1276.4
2007	2801.5	501.8	70.1	34.9	364.1	1283.6
2008	2863.6	517.7	71.6	36.9	388.8	1294.9
2009	2888.0	531.1	71.5	38.8	392.9	1286.9
2010	2815.7	541.5	68.9	34.0	384.0	1241.4
2011	2918.7	571.6	71.4	40.4	410.7	1262.8
2012	2977.4	595.0	71.2	41.6	414.5	1265.1
2013	3026.0	614.0	73.3	43.2	427.6	1280.7
2014	3061.1	634.1	72.9	43.9	429.5	1287.2
2015	3087.8	644.8	72.2	45.1	437.0	1289.6
2016	3094.0	649.4	72.1	46.2	437.2	1287.7

注：1966—1970 年数据不详；1974—1976 年数据不详；2008 年及以前年份统计口径为国有企事业单位，不包含集体企事业单位情况。

数据来源：1952—1996 年数据来自《全国专业技术人员统计资料汇编（1952—2001）》；1997—2016 年数据来自《中国科技统计年鉴 2018》。

附表 3-7　国家高新区发展情况（1989—2017 年）

年份	国家高新区数/个	企业数/个	年末从业人员数/万人	工业总产值/亿元	营业收入/亿元	净利润/亿元	上缴利税/亿元	出口创汇额/亿美元
1989	27	1690	4.6	167.8	302.1	2.4	1.4	2.6
1990	27	1652	12.3	544.4	756.7	6.0	4.8	6.9
1991	27	2587	13.8	711.7	873.0	8.0	3.9	7.1
1992	52	9899	34.0	186.8	230.9	23.9	9.9	16.4

附录3
我国主要科技指标

续表

年份	国家高新区数/个	企业数/个	年末从业人员数/万人	工业总产值/亿元	营业收入/亿元	净利润/亿元	上缴利税/亿元	出口创汇额/亿美元
1993	52	9687	54.7	447.3	563.6	53.0	21.5	31.2
1994	52	11 748	79.6	852.7	942.6	73.7	36.4	107.9
1995	52	12 980	99.1	1402.6	1529.0	107.4	69.0	29.3
1996	52	13 722	129.1	2142.3	2300.3	140.5	97.7	43.0
1997	53	13 681	147.5	3109.2	3387.8	206.6	143.3	64.8
1998	53	16 097	183.7	4333.6	4839.6	256.2	220.8	85.3
1999	53	17 498	221.0	5944.0	6775.0	398.7	338.6	119.0
2000	53	20 796	250.9	7942.0	9209.3	597.0	460.2	185.8
2001	53	24 293	294.3	10 116.8	11 928.4	644.6	640.4	226.6
2002	53	28 338	348.7	12 937.1	15 326.4	801.1	766.4	329.2
2003	53	32 857	395.4	17 257.4	20 938.7	1129.4	990.0	510.2
2004	53	38 565	448.4	22 638.9	27 466.3	1422.8	1239.6	823.8
2005	53	41 990	521.2	28 957.6	34 415.6	1603.2	1615.8	1116.5
2006	53	45 828	573.7	35 899.0	43 320.0	2128.5	1977.1	1361.0
2007	54	48 472	650.2	44 376.9	54 925.2	3159.3	2614.1	1728.1
2008	54	52 632	716.5	52 684.7	65 985.7	3304.2	3198.7	2015.2
2009	56	53 692	810.5	61 151.4	78 706.9	4465.4	3994.6	2007.2
2010	83	55 243	960.3	84 318.2	105 917.3	6855.0	5446.8	2648.0
2011	88	57 033	1074.0	105 679.6	133 425.1	8484.2	6816.7	3180.6
2012	105	63 926	1270.0	128 603.9	165 689.9	10 243.2	9580.5	3760.4
2013	114	71 180	1460.0	151 367.6	199 648.9	12 443.6	11 043.1	4133.3
2014	115	74 275	1527.0	169 936.9	226 754.5	15 052.5	13 202.1	4351.4
2015	146	82 712	1719.0	186 018.3	253 662.8	16 094.8	14 240.0	4732.7
2016	146	91 093	1806.0	196 838.7	276 559.4	18 535.1	15 609.3	4389.5
2017	156	103 631	1941.0	202 826.6	307 057.5	21 420.4	17 251.2	4780.7

注：2014年规范了报表制度指标及定义，增加了"营业收入"指标，取消了"总收入"指标，"营业收入"列2014年以前数据为企业总收入汇总数据。

数据来源：历年《中国火炬统计年鉴》。

附表 3-8　全国技术合同成交情况（1991—2018 年）

年份	合同数/项	技术合同交易额/亿元	年份	合同数/项	技术合同交易额/亿元
1991	208 098	94.8	2005	265 010	1551.0
1992	235 697	151.0	2006	205 845	1818.0
1993	245 967	207.6	2007	220 868	2226.0
1994	222 356	228.9	2008	226 343	2665.0
1995	221 182	268.3	2009	213 752	3039.0
1996	226 962	300.2	2010	229 601	3906.6
1997	250 496	351.4	2011	256 428	4763.6
1998	281 782	435.8	2012	282 242	6437.1
1999	264 496	523.5	2013	294 929	7469.1
2000	241 008	650.8	2014	297 037	8577.2
2001	229 702	782.0	2015	307 132	9835.8
2002	237 093	884.0	2016	320 437	11 407.0
2003	267 997	1084.0	2017	367 586	13 424.2
2004	264 638	1334.0	2018	411 985	17 697.4

数据来源：1991—2017 年数据来自历年《中国火炬统计年鉴》；2018 年数据来自《关于公布 2018 年度全国技术合同交易数据的通知》。

附表 3-9　高技术产品进出口贸易情况（1991—2017 年）

年份	高技术产品出口贸易额/亿美元	占工业制成品比重	高技术产品进口贸易额/亿美元	占工业制成品比重	高技术产品进出口贸易差额/亿美元
1991	29	5%	94	18%	−66
1992	40	6%	107	16%	−67
1993	47	6%	159	18%	−112
1994	63	6%	206	21%	−143
1995	101	8%	218	20%	−117
1996	127	10%	225	20%	−98
1997	163	10%	239	21%	−76
1998	203	12%	292	25%	−90

附录3 我国主要科技指标

续表

年份	高技术产品出口贸易额/亿美元	占工业制成品比重	高技术产品进口贸易额/亿美元	占工业制成品比重	高技术产品进出口贸易差额/亿美元
1999	247	14%	376	27%	−129
2000	370	17%	525	29%	−155
2001	465	19%	641	32%	−177
2002	679	23%	828	34%	−150
2003	1103	27%	1193	35%	−90
2004	1654	30%	1613	36%	41
2005	2182	31%	1977	39%	205
2006	2815	31%	2473	41%	342
2007	3478	30%	2870	40%	608
2008	4156	31%	3418	44%	738
2009	3769	33%	3099	43%	671
2010	4924	33%	4127	43%	797
2011	5488	31%	4632	41%	856
2012	6012	31%	5069	43%	943
2013	6603	31%	5582	43%	1021
2014	6605	30%	5514	42%	1091
2015	6553	30%	5493	45%	1060
2016	6042	30%	5237	46%	804
2017	6708	31%	5867	46%	841

数据来源：《中国科技统计年鉴2001》和《中国科技统计年鉴2018》。

致 谢

本书的编撰出版是在科技部党组的领导下集中力量完成的。中央宣传部出版局对本书的出版给予了大力支持和权威指导，将本书作为庆祝新中国成立70周年重点图书，列入中央宣传部"2019年主题出版重点出版物"。在图书编撰过程中，部分科技界老领导和老专家给予了悉心指导，并提供了丰富史料和宝贵建议，特别是马俊如、齐让、黎懋明、石定环、王晓方、赵玉海、靳晓明、王元、申茂向、梁战平等同志还亲自参与了部分章节的审稿和定稿工作；中国电子科技集团、钢铁研究总院、河北省科技厅、江西省科技厅、陕西省科技厅，赣州市科技局、延安市科技局、平山县科技局等单位提供了大量相关领域历史资料。本书的编撰出版也得到了其他单位和各方面专家的大力支持和积极帮助，凝结了全体参与人员的心血和汗水，在本书付梓之际一并表示衷心的感谢！

编写组

2019 年 7 月